中国海相碳酸盐岩油气勘探开发理论与技术丛书

鄂尔多斯盆地下古生界海相碳酸盐岩油气地质与勘探

付金华 孙六一 冯强汉 包洪平 等著

石油工业出版社

内 容 提 要

本书从构造—沉积演化、储层发育、烃源条件及成藏组合等方面，系统总结了鄂尔多斯盆地下古生界碳酸盐岩层系天然气成藏的基本地质条件，分析预测了下古生界天然气成藏的有利区带及目标，并简要介绍了在盆地碳酸盐岩层系天然气勘探中实用的地震、测井、烃源评价及储层改造等关键勘探技术。

本书可供从事油气勘探开发的科研人员及大专院校相关专业师生参考阅读。

图书在版编目(CIP)数据

鄂尔多斯盆地下古生界海相碳酸盐岩油气地质与勘探/付金华等著. —北京:石油工业出版社,2018.10

(中国海相碳酸盐岩油气勘探开发理论与技术丛书)

ISBN 978-7-5183-2667-9

Ⅰ. ①鄂… Ⅱ. ①付… Ⅲ. ①鄂尔多斯盆地－早古生代－海相－碳酸盐岩油气藏－石油天然气地质 ②鄂尔多斯盆地－早古生代－海相－碳酸盐岩油气藏－油气勘探 Ⅳ. ①P618.130.2 ②TE344

中国版本图书馆 CIP 数据核字(2018)第 118713 号

出版发行:石油工业出版社

(北京安定门外安华里 2 区 1 号　100011)

网　　址:www.petropub.com

编辑部:(010)64253017　图书营销中心:(010)64523633

经　　销:全国新华书店

印　　刷:北京中石油彩色印刷有限责任公司

2018 年 10 月第 1 版　2018 年 10 月第 1 次印刷

787×1092 毫米　开本:1/16　印张:14.25

字数:360 千字

定价:150.00 元

(如出现印装质量问题,我社图书营销中心负责调换)

版权所有,翻印必究

《中国海相碳酸盐岩油气勘探开发理论与技术丛书》
编委会

主　　任：赵文智

副 主 任：胡素云　张　研　贾爱林

委　　员：（以姓氏笔画为序）

　　　　　弓　麟　王永辉　包洪平　冯许魁

　　　　　付金华　朱怡翔　李　宁　李保柱

　　　　　张光亚　汪泽成　沈安江　赵宗举

　　　　　洪海涛　葛云华　潘文庆

《鄂尔多斯盆地下古生界海相碳酸盐岩油气地质与勘探》编写人员

付金华　孙六一　冯强汉　包洪平　郭彦如
白云来　任军峰　王前平　黄正良　赵太平
刘宝宪　周义军　王红伟　刘海锋　凌　云
马占荣　白海峰　张雅玲　伍　勇　于　波
武春英　刘志军　毕明波　郭　庆　蔡郑红

前　言

鄂尔多斯盆地是我国第二大沉积盆地,蕴藏着丰富的油、气、煤、盐等矿产资源。因其下古生界寒武系与奥陶系发育广泛的以碳酸盐岩为主的沉积层,因此又和四川盆地、塔里木盆地一起,并称为我国三大碳酸盐岩盆地。

20世纪80年代末,在盆地中部的靖边地区发现了奥陶系顶部碳酸盐岩古风化壳气藏,并由此展开了针对下古生界碳酸盐岩层系的规模勘探与开发,至20世纪末快速探明并成功开发了向京津冀地区及盆地周边城市供气的主力气田——靖边气田,成为当时我国陆上最大的碳酸盐岩型整装大气田,也同时揭示出鄂尔多斯盆地下古生界碳酸盐岩层系具有巨大的天然气成藏潜力。

进入21世纪以来,随着对盆地下古生界勘探的不断深入,对盆地碳酸盐岩领域的天然气成藏地质研究也不断深化,特别是"十一五""十二五"以来针对海相碳酸盐岩领域先后启动了国家重大专项及中国石油重大专项的研究,为碳酸盐岩领域的研究提供了系统综合的研究平台,使得对领域目标的研究更为集中,对关键地质问题的分析也不断得以持续性地深化。在鄂尔多斯盆地下古生界碳酸盐岩领域也逐步形成了一些创新性的地质认识,进而推动盆地下古生界碳酸盐岩领域的天然气勘探不断取得新的勘探发现和重要突破:如在鄂尔多斯盆地碳酸盐岩勘探领域与区带的研究中,提出将盆地下古生界奥陶系勘探划分为"盆地中部奥陶系风化壳""古隆起周边白云岩体""台地边缘礁滩相带""盆地东部盐下"四大成藏区带的观点,明确了碳酸盐岩领域天然气勘探的主攻目标和方向;在对古隆起东侧奥陶系天然气成藏条件的分析中,通过小层岩相古地理编图、沉积微相及相序分析、成藏控制因素综合分析,构建了古隆起东侧奥陶系中组合靖西台坪相带岩性圈闭大区带成藏模式,为奥陶系中组合天然气成藏新区带勘探发挥了重要作用;在针对奥陶系盐下的天然气成藏研究中,提出上古生界煤系烃源由"供烃窗口"区侧向供烃成藏的奥陶系盐下深层成藏新模式,并针对盐下领域提出了风险勘探部署建议,推动靖边地区的奥陶系盐下深层勘探取得新的发现,实现了盆地盐下天然气勘探的历史性突破。本书即是在对近年来盆地下古生界碳酸盐岩领域研究、地质认识成果总结的基础上完成的。

该书共分八章。第一、二章分别介绍了盆地构造—沉积演化背景和早古生代沉积与古地理特征;第三、四、五章分别从储层、烃源岩、生储盖组合方面分析了下古生界碳酸盐岩层系天然气成藏的基本地质条件;第六章探讨了盆地下古生界碳酸盐岩领域区带成藏特征及有利勘探目标;第七章简要介绍盆地下古生界碳酸盐岩领域的勘探及开发成果;第八章是对一些针对盆地碳酸盐岩气藏勘探的关键实用勘探技术的简要介绍。因此,该书既是对碳酸盐岩领域地质研究成果的总结,也是紧密结合生产实践的区带目标评价与勘探经验分析,相信会对碳酸盐岩领域的地质研究和油气勘探工作有所裨益。

本书是在多年致力于或关注鄂尔多斯盆地碳酸盐岩领域油气勘探的众多科技工作者和地质研究人员的成果智慧基础上的集成、总结与升华,没有他们的勘探实践与辛劳付出,就没有地质认识的不断深化。

另外,本书在完成过程中,曾得到中国石油长庆油田分公司勘探开发研究院、勘探事业部、油气工艺研究院诸多领导、同事的帮助,也得到中国石油勘探开发研究院、东方地球物理公司研究院长庆分院、西北大学、成都理工大学、中国地质大学(北京)等相关科研协作单位的专家、教授的支持和帮助,在此一并表示衷心的感谢。

由于笔者水平有限,书中认识定有诸多不够深入乃至错谬之处,敬请读者批评指正。

目　　录

第一章　盆地早期构造及沉积演化背景 (1)
第一节　区域构造背景及沉积演化特征 (2)
一、中—新元古代——大陆裂谷及坳拉谷 (2)
二、寒武纪——陆表海台地 (3)
三、奥陶纪——局限海台地及构造转换 (4)
第二节　中央古隆起形成与早古生代沉积分异 (5)
一、中央古隆起的形成 (5)
二、早古生代沉积分异 (8)

第二章　早古生代沉积与古地理特征 (11)
第一节　早古生代地层发育特征 (11)
一、寒武系—奥陶系地层分区特征 (11)
二、寒武系—奥陶系地层划分对比标志 (13)
三、寒武系—奥陶系平面分布特征 (17)
第二节　寒武纪沉积与古地理演化 (23)
一、寒武纪沉积相类型与特征 (23)
二、寒武纪岩相古地理演化 (27)
第三节　奥陶纪沉积与古地理演化 (31)
一、奥陶纪沉积相类型与特征 (31)
二、奥陶纪岩相古地理演化 (35)

第三章　下古生界碳酸盐岩储层发育特征 (41)
第一节　储集岩类型及特征 (41)
一、风化壳溶孔型储集体 (41)
二、白云岩晶间孔型储集体 (43)
三、岩溶缝洞型储集体 (45)
四、台缘礁滩孔隙型储集体 (47)
第二节　控制储层形成的主要成岩作用 (48)
一、原生孔隙的消失——胶结作用 (48)
二、次生孔隙的形成——白云岩化作用 (49)
三、孔隙的改造——溶蚀作用 (50)
第三节　储层发育分布的主要控制因素 (50)
一、沉积层序对储层发育的控制 (50)

二、沉积相带展布对储层发育的控制作用 …………………………………………… (52)
　　三、前石炭纪岩溶古地貌对储层发育的控制作用 ………………………………… (54)
　　四、孔隙充填对风化壳储层分布的控制作用 ……………………………………… (55)

第四章　烃源岩发育特征与生烃潜力评价 …………………………………………… (62)
第一节　上古生界煤系烃源岩发育及分布特征 …………………………………… (62)
　　一、上古生界煤系烃源岩的类型及分布特征 ……………………………………… (62)
　　二、上古生界煤系烃源岩的生烃特征 ……………………………………………… (64)
第二节　下古生界海相烃源岩特征及评价 ………………………………………… (64)
　　一、鄂尔多斯盆地海相烃源岩基本特征 …………………………………………… (64)
　　二、海相烃源岩评价标准 …………………………………………………………… (67)
　　三、奥陶系海相烃源岩分布特征 …………………………………………………… (68)
　　四、寒武系海相烃源岩条件 ………………………………………………………… (76)

第五章　下古生界生储盖组合与成藏特征 …………………………………………… (80)
第一节　封盖层发育及分布特征 …………………………………………………… (80)
　　一、区域盖层分布特征 ……………………………………………………………… (80)
　　二、直接盖层分布特征 ……………………………………………………………… (80)
第二节　生储盖组合特征分析 ……………………………………………………… (82)
　　一、奥陶系马家沟组发育上、中、下三套含气组合 ……………………………… (82)
　　二、奥陶系盐下生储盖组合 ………………………………………………………… (84)
　　三、奥陶系礁滩相带生储盖组合 …………………………………………………… (84)
　　四、寒武系生储盖组合 ……………………………………………………………… (85)
第三节　成藏机理探讨 ……………………………………………………………… (86)
　　一、下古生界顶部成藏系统 ………………………………………………………… (86)
　　二、下古生界内幕成藏系统 ………………………………………………………… (87)

第六章　下古生界碳酸盐岩区带成藏特征 …………………………………………… (94)
第一节　下古生界碳酸盐岩勘探区带划分 ………………………………………… (94)
　　一、奥陶系碳酸盐岩成藏区带 ……………………………………………………… (94)
　　二、寒武系碳酸盐岩成藏区带 ……………………………………………………… (96)
第二节　奥陶系区带成藏地质特征 ………………………………………………… (97)
　　一、奥陶系顶部风化壳成藏区带 …………………………………………………… (97)
　　二、古隆起周边白云岩体勘探区带 ………………………………………………… (101)
　　三、台地边缘相带成藏特征及勘探目标 …………………………………………… (106)
　　四、盆地中东部盐下成藏特征及勘探目标 ………………………………………… (122)
第三节　寒武系勘探潜力及有利区带 ……………………………………………… (131)
　　一、寒武系基本成藏地质条件 ……………………………………………………… (131)

二、寒武系潜在的成藏区带预测 …………………………………………………… (132)

第七章 下古生界碳酸盐岩勘探与开发成果 …………………………………… (136)

第一节 下古生界古风化壳气藏勘探 …………………………………………… (136)
一、靖边古风化壳气田的勘探发现 ………………………………………………… (136)
二、盆地东部致密风化壳气藏勘探 ………………………………………………… (140)

第二节 下古生界碳酸盐岩新领域勘探 ………………………………………… (141)
一、古隆起东侧奥陶系中组合勘探取得新发现 …………………………………… (141)
二、盆地中部奥陶系盐下勘探取得新突破 ………………………………………… (145)
三、盆地西部奥陶系台缘相带勘探进展 …………………………………………… (148)

第三节 下古生界碳酸盐岩气藏开发成果 ……………………………………… (149)
一、靖边气田开发历史 ……………………………………………………………… (149)
二、靖边气田气井生产特征 ………………………………………………………… (150)
三、气田开发技术政策及稳产技术 ………………………………………………… (151)
四、碳酸盐岩薄储层水平井开发技术 ……………………………………………… (158)

第八章 碳酸盐岩天然气勘探关键技术 …………………………………………… (167)

第一节 碳酸盐岩地震目标评价与储层预测技术 ……………………………… (167)
一、奥陶系顶部古风化壳气藏地震目标评价 ……………………………………… (167)
二、奥陶系内幕白云岩储层预测 …………………………………………………… (171)
三、盆地西部及南缘台缘相带地震储层预测 ……………………………………… (175)

第二节 碳酸盐岩测井气层判识技术 …………………………………………… (184)
一、碳酸盐岩—蒸发岩层系的测井岩性识别 ……………………………………… (184)
二、碳酸盐岩储层及气水层测井判识 ……………………………………………… (186)
三、成像测井在碳酸盐岩储层精细评价中的应用 ………………………………… (191)

第三节 低丰度海相烃源岩综合评价技术 ……………………………………… (203)
一、以热模拟实验为基础的有机碳下限标准确定 ………………………………… (204)
二、有机地球化学与测井结合识别有效烃源层段 ………………………………… (206)
三、有效烃源岩分布确定与综合评价 ……………………………………………… (207)

第四节 碳酸盐岩储层改造工艺技术 …………………………………………… (209)
一、碳酸盐岩储层改造工艺技术的发展阶段 ……………………………………… (209)
二、风化壳型白云岩储层酸化改造工艺技术系列 ………………………………… (212)

参考文献 ……………………………………………………………………………… (215)

第一章 盆地早期构造及沉积演化背景

鄂尔多斯盆地位于华北地台的西部,西至贺兰山西麓,南至秦岭,东至吕梁山,北至阴山,范围涉及陕、甘、宁、蒙、晋五省区,面积约 $32\times10^4\mathrm{km}^2$,是我国第二大沉积盆地(图 1-1)。钻井和地震勘探资料证实,鄂尔多斯地区中—新元古代至早古生代均发育区域性的海相沉积层,主要岩石类型为碳酸盐岩,是盆地下古生界天然气聚集成藏的主要储集体。目前已发现的天然气田主要位于以碳酸盐岩台地沉积为主的盆地本部,而鄂尔多斯盆地西部、南部的沉积与盆地本部存在较大差异,西部、南部以较深水斜坡沉积及深水盆地沉积为主,在盆地西缘及南缘的造山带地区部分已出露地表。

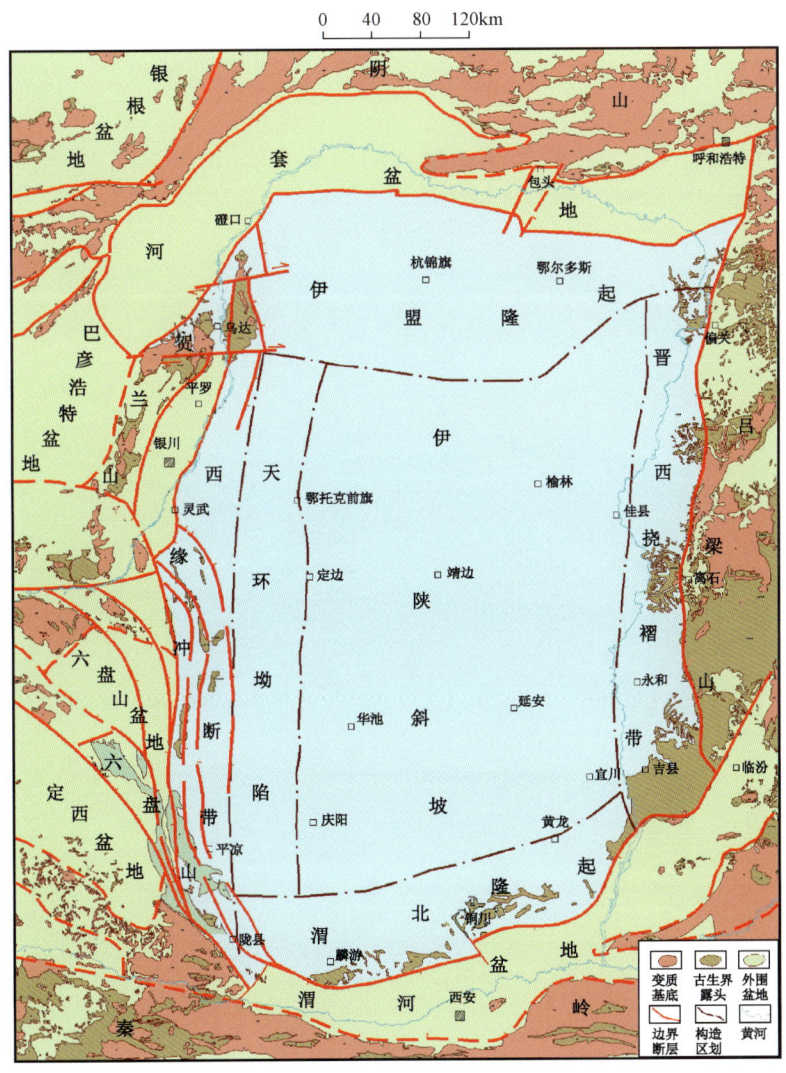

图 1-1 鄂尔多斯盆地构造区划及外围盆地分布图

第一节　区域构造背景及沉积演化特征

一、中—新元古代——大陆裂谷及坳拉谷

（一）盆地基底形成于太古宙—古元古代

鄂尔多斯盆地是在太古宙—古元古代结晶基底的基础上发展起来的多旋回克拉通盆地，太古宙—古元古代鄂尔多斯地区为华北地块的西部（是华北地块的一部分，基底的形成和演化与华北地块大体一致），其基底的形成与演化有增生说、多次分裂拼合说及地体说等多种不同的解释模式（赵宗溥，1980；张抗，1982，1989；杨俊杰等，1996），从一个侧面反映出早期地壳演化的复杂性。基底岩性主要为中—深变质程度的变质岩系（霍福臣等，1989）。

（二）早期沉积盖层演化经历了四个阶段

自吕梁运动（约18亿年前）之后，鄂尔多斯地区进入了早期沉积盖层的发育阶段，即中—新元古代盆地演化时期。

中—新元古代盆地构造演化经历了四期大的构造变革：长城纪陆内裂陷、蓟县纪边缘坳陷、青白口纪—南华纪整体隆升和震旦纪边缘坳陷（图1-2，表1-1）。

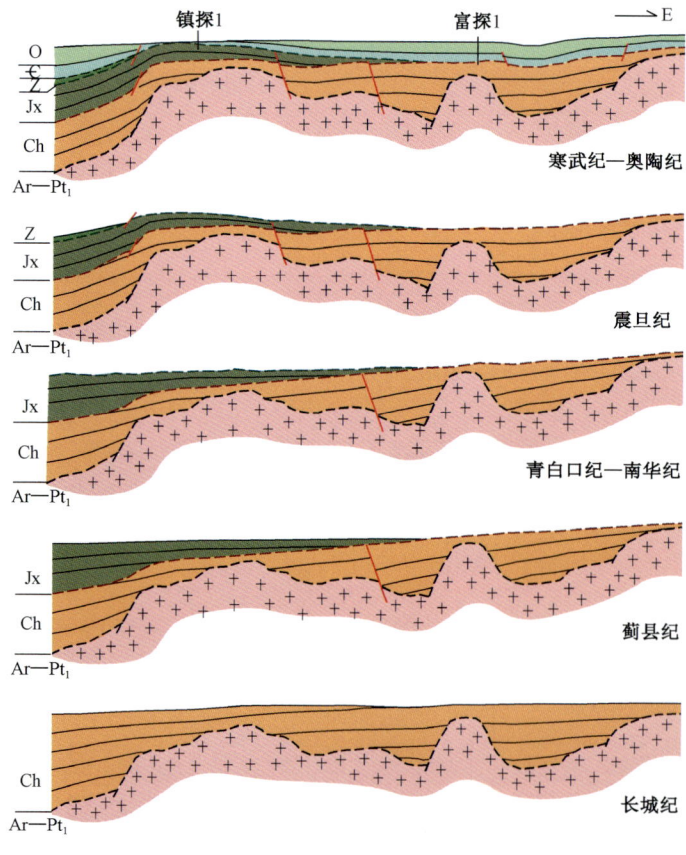

图1-2　鄂尔多斯地区中—新元古代盆地构造及沉积演化模式图

表1-1 鄂尔多斯中—新元古代盆地古构造阶段演化序列

盆地主要构造变革阶段				构造运动(Ma)
序次	时间	事件	表现形式	
第四次	震旦纪	边缘坳陷	由剥蚀型向坳陷沉积的构造变革	霍邱运动(540) 澄江运动(680)
第三次	南华纪 青白口纪	整体隆升	由沉降向隆升剥蚀型的构造变革	晋宁运动(800)
第二次	蓟县纪	边缘坳陷	由裂谷型沉积向坳陷型沉积的构造变革	燕辽运动(1400) 渣尔泰运动(1600)
第一次	长城纪	陆内裂陷	由结晶基底向沉积盖层的构造变革	吕梁运动(1800)
太古宙—古元古代		拼贴、固化增生——大陆基底形成		

长城纪陆内裂陷:吕梁运动后,鄂尔多斯地区进入长城纪裂谷沉积期,受区域拉张构造环境的影响,形成多个次一级的裂陷槽;裂陷槽内主要发育构造活动性相对较强的海相陆源碎屑沉积建造,局部伴有基性岩浆侵入及火山岩。

蓟县纪边缘坳陷:长城系沉积后,受渣尔泰运动影响,鄂尔多斯地区整体抬升,使蓟县系与长城系呈区域不整合接触;蓟县纪鄂尔多斯西南部地区坳陷沉降,发育构造环境相对稳定的海相碳酸盐岩沉积建造。

青白口纪—南华纪整体隆升:蓟县纪之后的燕辽运动整体结束了鄂尔多斯地区构造沉降的历史,至青白口纪—南华纪鄂尔多斯与华北大部都进入了长时间的构造抬升阶段。

震旦纪边缘坳陷:南华纪末的澄江运动后,鄂尔多斯大部仍处于构造隆升状态;震旦纪仅在鄂尔多斯西南部的局部坳陷区,发育冰碛砾岩建造。

(三)中—新元古代主要发育裂陷槽(坳拉槽)沉积

中—新元古代在区域拉张的构造背景下,鄂尔多斯地区发育了一系列的裂陷海槽及坳拉槽(图1-3),形成了秦祁海槽、贺兰坳拉槽、晋陕坳拉槽等海相碎屑岩及碳酸盐岩沉积建造,厚度多在千米以上,如盆地南缘的岐山剖面蓟县系厚度达1706m,岩性主要为含硅质条带的藻白云岩;盆地西缘青龙山剖面长城系厚797m(未见底),岩性主要为灰紫、浅褐色厚层石英砂岩夹紫红—灰红色泥岩,主要形成于滨浅海—半深海相沉积环境。

新元古代早期的青白口纪,鄂尔多斯地区整体抬升,使盆地内基本缺失青白口系。新元古代后期的震旦纪仅在盆地西缘及南缘发育正目观组(相当于罗圈组),主要以冰碛砾岩为主,厚度多在10~40m之间,仅局部地区厚度在100m以上。

二、寒武纪——陆表海台地

进入早古生代,鄂尔多斯地区又整体下沉,接受海相沉积,尤其寒武纪的整体沉积面貌与华北台地更趋向于一致。

(一)盆地本部基本缺失早寒武世早期沉积

早寒武世,沉积范围基本继承了震旦纪特征,盆地本部基本缺失下寒武统,仅在盆地西缘及南缘发育馒头组—毛庄组,岩性主要为滨浅海相陆源碎屑岩夹白云岩。

(二)中—晚寒武世海侵规模明显加大

中寒武世徐庄组—张夏组沉积期海侵进一步扩大,尤其张夏组沉积期是盆地早古生代海

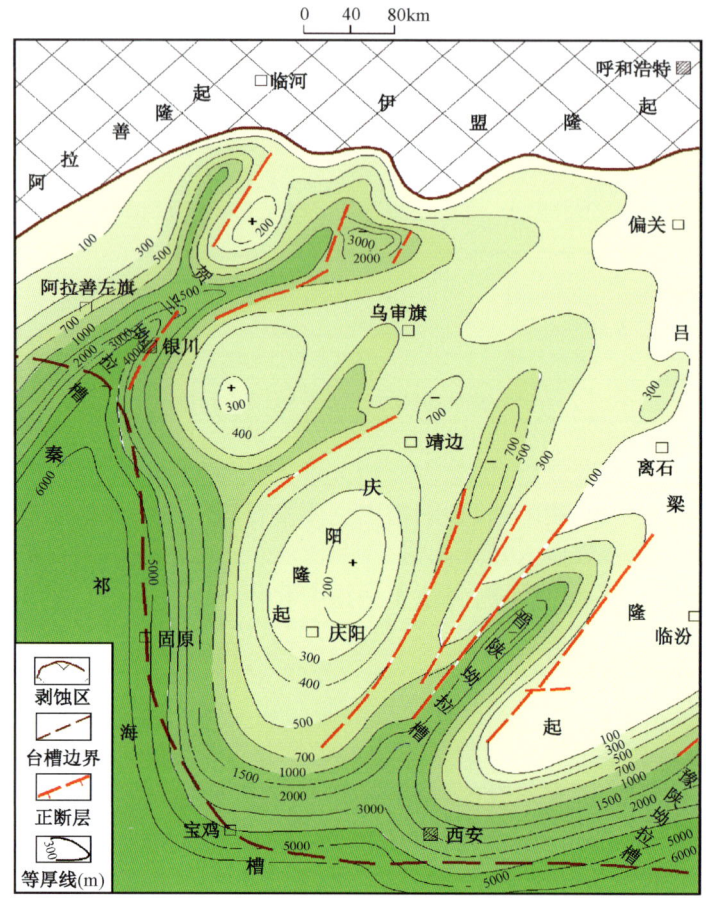

图1-3 鄂尔多斯地区中—新元古代裂陷海槽及坳拉槽分布图

侵最大的时期(冯增昭等,1991,1998),沉积范围基本覆盖除伊盟隆起及中央古隆起核部以外的全盆地范围,主要岩性为一套浅水碳酸盐岩台地浅滩相鲕粒白云岩或鲕粒灰岩,沉积特征在整个华北地区基本一致,反映了中寒武世沉积环境的稳定性,具有陆表海碳酸盐岩台地的沉积特征。地层厚度在盆地本部一般为100~200m,在西缘及南缘则可达400~600m。

晚寒武世(崮山组—长山组—凤山组沉积期),沉积范围与中寒武世相近,古隆起区的缺失范围略有扩大,主要岩性为潮坪相竹叶状白云岩,地层厚度一般在30~100m之间。

(三)寒武纪末又有一次构造抬升

寒武纪末期又有一个短暂的构造抬升(兴凯运动),使局部地区的寒武系受到一定程度的剥蚀。

三、奥陶纪——局限海台地及构造转换

早奥陶世马家沟组沉积期,鄂尔多斯地区的沉积特征与华北地区的差异进一步明显,突现出鄂尔多斯从华北台地逐渐分化的演化特征。华北地区马家沟组主要为广海相的石灰岩,鄂尔多斯地区主要为局限海相的蒸发岩,形成碳酸盐岩与膏盐岩交互的旋回性沉积地层结构(包洪平等,2000,2004),地层厚度一般为300~500m,最厚达891m(图1-4)。

早奥陶世末期(克里摩里组沉积期),构造及沉积环境的分异进一步加大,开始进入较强

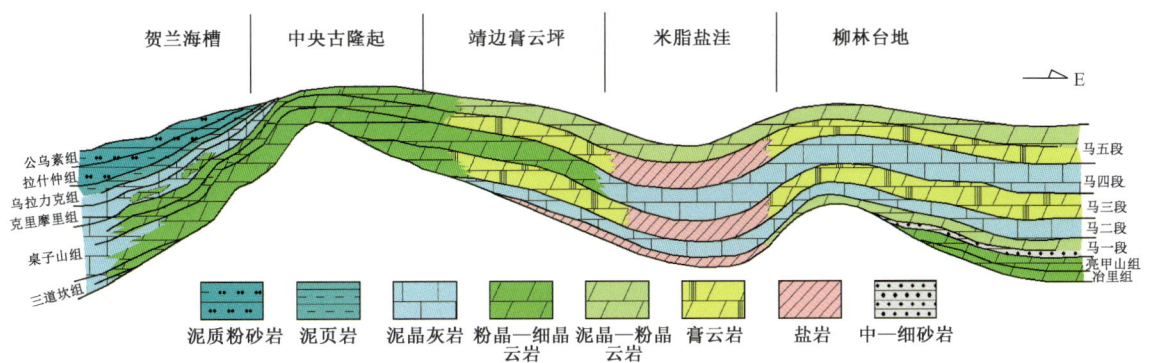

图 1-4 鄂尔多斯盆地奥陶系沉积岩相剖面图(东西向)

烈的构造转换期。突出表现在两个方面。

(一)沉积特征的差异明显加强

从克里摩里组沉积期开始,地层岩性由原来以白云岩、膏盐岩为主,快速转化为以石灰岩为主,且岩性的横向相变也明显增强,表现出较明显的台地—台地边缘—广海陆棚的相带分异特征。

(二)构造活动性进一步加剧

早奥陶世末至中—晚奥陶世,盆地西缘、南缘与盆地本部地区表现出对偶性的地层发育特征。盆地本部从早奥陶世末期开始逐渐抬升为陆,缺失中—上奥陶统,而西缘、南缘地区则加速下沉,发育巨厚的中—上奥陶统,厚度逾1000m,最厚达2000m以上,随着快速的沉降,局部发育深海相放射虫硅质岩,且地层中凝灰岩夹层明显增多,反映了构造活动性的加强,同期岩浆及火山作用也随之加剧。

第二节 中央古隆起形成与早古生代沉积分异

一、中央古隆起的形成

(一)古隆起成因的早期观点

早古生代在鄂尔多斯盆地的中西部地区发育一大型古隆起构造——中央古隆起,因其对盆地古生界天然气成藏有重要控制和影响,长期以来一直受到油气地质工作者的关注。

中央古隆起在前石炭纪古地质图中表现最为突出(图1-5):隆起核部位于镇原—庆阳一代,奥陶系、寒武系依次缺失;向北、向东各有一定范围的延伸,缺失奥陶系马家沟组四段以上的地层,总体呈"L"形轮廓;向北延伸部分逐渐与伊盟隆起(古陆)连为一体,并具明显的两隆之间的鞍部特征。

有关古隆起的成因,不同学者也有各自不同的观点,既有伸展构造背景成因,又有挤压构造背景的说法,可谓众说纷纭。如有学者认为与板块聚敛作用或区域挤压作用有关,区域应力的挤压造成整体抬升,从而缺失或剥蚀较多地层(汤锡元,1992;汤显明等,1993);有学者认为与贺兰裂谷导致的裂谷肩均衡翘倾有关(赵重远等,1983,1990,1993);有学者认为是继承基

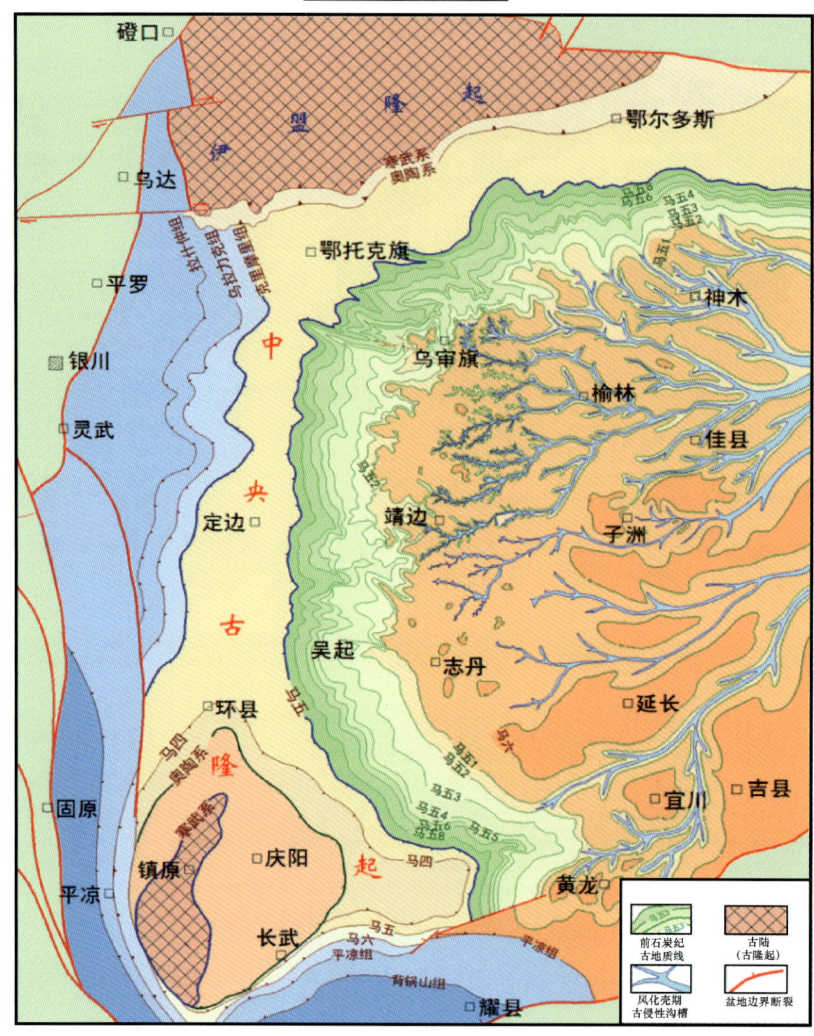

图 1-5　鄂尔多斯盆地前石炭纪古地质及中央古隆起位置图

底古构造格局而发展起来的(陈安定,1994;贾进斗等,1997);有学者认为祁连海槽由西向东的推挤是南北向中央古隆起的主要构造成因(任文军等,1999;黄建松等,2005),以及俯冲碰撞、形成古生代前陆盆地的前陆隆起(前隆)成因(解国爱等,2003,2005);还有学者认为其在不同时期具有不同的隆起机制,早古生代为贺兰裂谷肩均衡翘倾隆起,石炭纪为贺兰碰撞谷伴生的裂谷肩隆起,晚三叠世为调节性前缘隆起(何登发等,1997,2008);

以上诸多成因观点中,以裂谷肩均衡翘升隆起(赵重远等,1993)最具影响力。认为古隆起在中—新元古代已开始发育,在早古生代基本定型,动力机制主要与板块离散作用或区域伸展作用有关,由于旁侧坳陷或裂谷急剧沉降引起隆起所在地区发生均衡翘升。另外在古隆起的东侧地区,则与裂谷肩部的翘升相平衡,形成补偿性的坳陷,即盆地奥陶系东部盐洼所在区域(图 1-6)。

(二)板块构造体制下的近期成因观点

近期,随着盆地西南部地区古生界天然气勘探的不断深入(黄建松等,2005),有关古隆

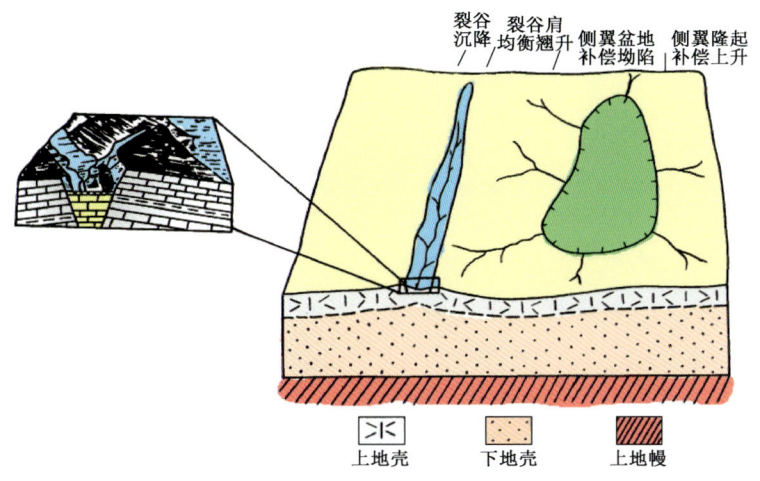

图 1-6 鄂尔多斯盆地中央古隆起形成的裂谷肩隆起成因模式(据赵重远等,1993,修改)

起成因及其与盆地南侧秦岭造山带演化关系的研究也逐步得到加强,遂有学者提出了板块构造体制下的古隆起成因模式(杨华等,2010)。认为早古生代中—晚期,由于古秦岭洋板块向华北板块俯冲,在仰冲板块一侧下部的地幔中诱发对流循环,引起上部地壳拉张,形成古渭河边缘海盆地(弧后盆地),并进一步诱发次一级地幔对流产生一个上涌流,由上涌流产生的垂直应力在古华北板块靠近西南缘一侧产生局部的地形隆升,继而形成横亘鄂尔多斯西南部的"L"形分布的中央古隆起。寒武纪末期已开始发育古隆起的雏形,在中奥陶世随着古华北板块南缘由被动板块边缘转向活动板块边缘而逐渐进入鼎盛时期,对加里东末的古风化壳仍具有重要的影响,到海西中—晚期鄂尔多斯地区开始整体沉降后,其影响才逐渐消失(图1-7)。

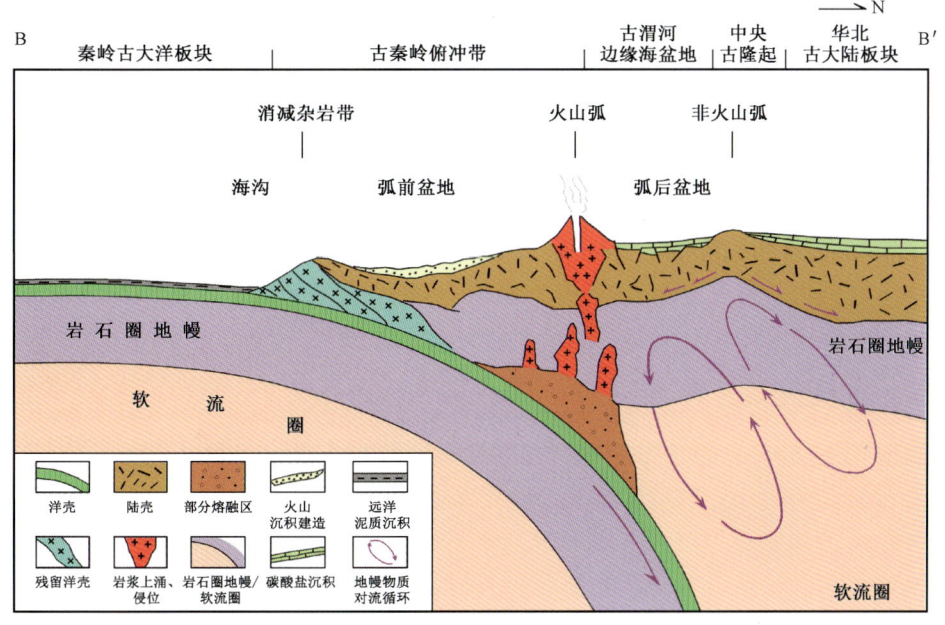

图 1-7 加里东期秦岭—鄂尔多斯南部板块构造及古隆起成因模式图(据杨华等,2010)

该模式的证据主要有以下两方面,一是秦岭造山带的古商丹缝合带中发育的下古生界蛇绿岩套(图1-8),它基本上代表了早古生代板块俯冲削减碰撞后的古洋壳残片(孙勇等,1996),并在其中的硅质岩中发现了早古生代的放射虫化石(崔智林,孙勇,王学仁,1995;王学仁,华洪,孙勇,1995),无论从时代及岩石组合都反映其具备早古生代古秦岭洋洋壳残片的特征。

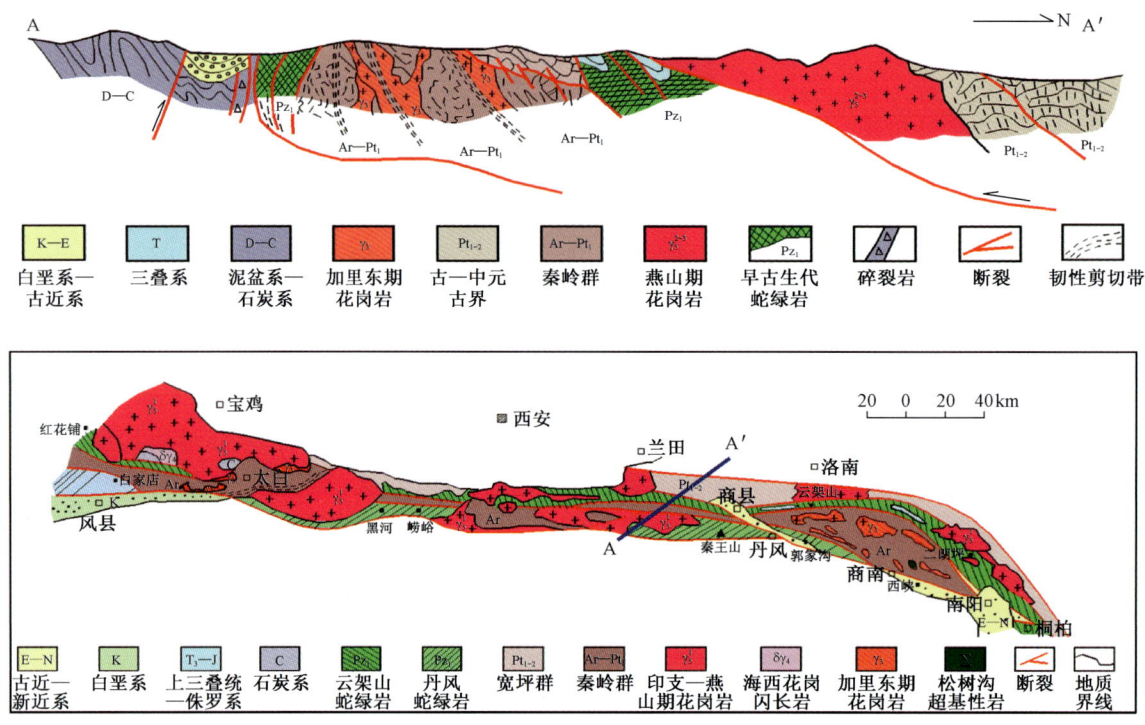

图1-8 北秦岭地质略图及下古生界蛇绿岩分布(据张国伟等,1988,修改)

二是在盆地西南侧秦岭造山带中广泛发育的加里东期混合岩化花岗片麻岩(图1-9),代表了板块俯冲时岛弧带深部深度变质而导致部分熔融的混合岩化作用过程。经秦岭西段陇县八渡一带混合岩化花岗岩采样的锆石定年,其U—Pb同位素年龄为391Ma(图1-10),记录了加里东末期构造抬升部分熔融岩浆的冷却年龄。

而盆地西部的贺兰海槽则是在由中—新元古代三叉裂谷的夭亡枝发育而成的坳拉槽基础上再次活动形成的槽状海盆,未形成真正的洋壳,地层结构特征及其反映的构造特征也相对较简单。

二、早古生代沉积分异

受古隆起形成的控制,早古生代鄂尔多斯地区的沉积面貌出现明显的差异演化特征,尤其是盆地西部及南缘的秦祁海域沉积区与盆地中东部的华北海域沉积区表现出极大的不同(图1-11)。中东部的华北海域沉积区奥陶纪主要表现为碳酸盐岩台地的沉积特征,而西部及南缘的秦祁海域沉积区主要表现为广海盆地的沉积特征,两者之间则具有台地边缘的过渡性沉积特征。

(a) 陇县八渡，Pz₁，(碎裂)钾长浅粒岩，单偏光

(b) 陇县八渡，Pz₁，(碎裂)钾长浅粒岩，正交偏光

(c) 陇县八渡，Pz₁，黑云角闪二长片麻岩，单偏光

(d) 陇县八渡，Pz₁，黑云角闪二长片麻岩，正交偏光

图 1-9　北秦岭西段陇县八渡地区混合岩化花岗片麻岩显微结构特征

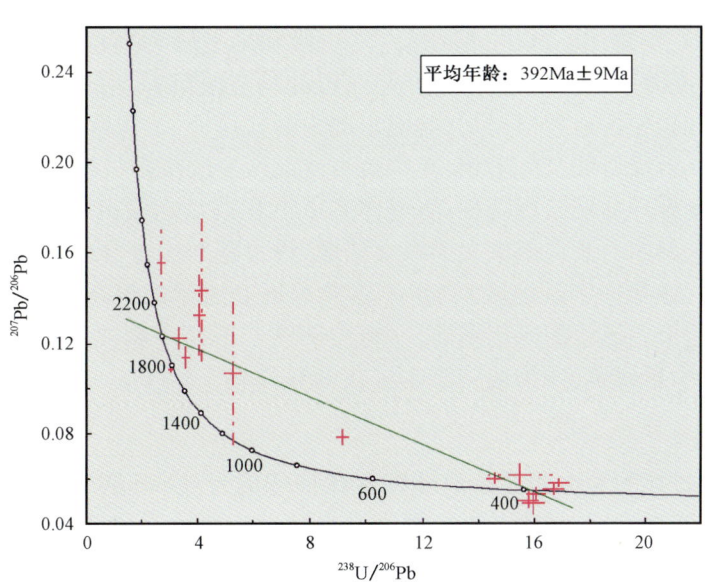

图 1-10　北秦岭西段陇县八渡地区黑云角闪二长片麻岩 U—Pb 等时线测年

(一) 广海盆地相沉积特征

古隆起以西的盆地西缘及南缘地区，表现为较深水海盆或广海陆棚的沉积特征，奥陶系由台地向广海区呈楔状体展布，海盆边缘具有明显坡折带特征。奥陶系在盆地内部及东部广大区域内一般厚 400~600m，而向西部和南部秦祁广海盆地区则增厚至 1000m 以上，海盆与台

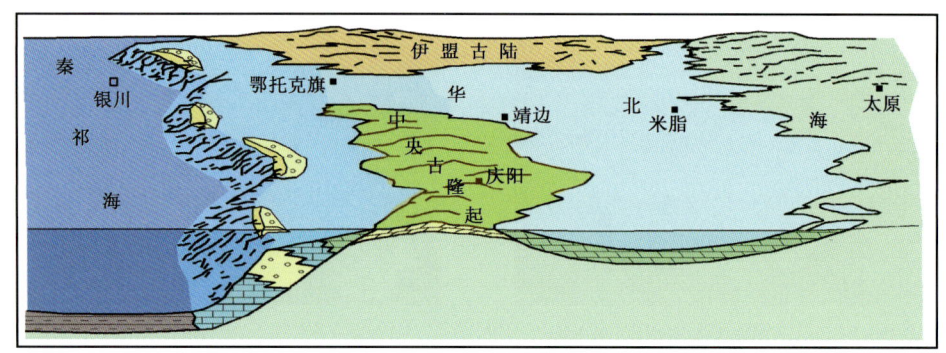

图 1-11 鄂尔多斯盆地早古生代沉积模式图

地的过渡部位厚 600~800m,存在地层突然明显加厚的坡折带,反映奥陶系沉积时存在古地形坡折。尤其在中—晚奥陶世,海盆区与台地区差异升降运动显著,使台地区(包括盆地东部)缺失中—上奥陶统。中—上奥陶统向台地方向的缺失尖灭线即位于海盆与台地的过渡带上靠近台地一侧。

(二)蒸发台地区沉积特征

古隆起以东的盆地本部华北海域沉积区则由于受到古隆起的障壁及局限作用,发育局限海台地相碳酸盐岩与膏盐岩。主要发育马家沟组,沉积范围覆盖盆地本部大部分地区。马家沟组按岩性可划分为马一段—马六段共六个段。其中马一段、马三段和马五段以白云岩—膏盐岩为主,马二段、马四段和马六段则以石灰岩、白云岩为主,整体构成三个主要的沉积旋回,大体相当于 Vail 的三级旋回。其中,马一段、马三段和马五段为高位体系域沉积,马二段、马四段和马六段为海侵体系域沉积。马一段、马三段和马五段沉积期的高位体系域沉积以马五段沉积期为代表,其岩相古地理格局是,盆地东部为膏盐洼地,沉积巨厚膏盐岩,向西及向南依次相变为含膏云坪、台缘斜坡及海槽相,在中央古隆起所在的庆阳一带存在一间歇暴露的古陆区,并在其东北侧发育环陆泥云坪沉积;海侵体系域沉积以马六段沉积期为代表,其岩相古地理格局是,由盆地东部向西及向南依次为广海陆棚、浅水碳酸盐岩台地、台缘斜坡及海槽相,此时中央古隆起一带(镇原—宁县地区)为水下古隆起区。由于加里东末期鄂尔多斯地区整体构造抬升,遭受长达 1.3 亿年的风化剥蚀,盆地内部马六段几乎剥蚀殆尽,仅局部古岩溶高地及岩溶残丘地区有少量残留,残余地层厚度多在 10m 以内。

(三)台地边缘区沉积特征

在海槽与台地过渡的盆地西部及南部则存在特殊的台地(海槽)边缘沉积相带。尤其在中奥陶世克里摩里组沉积期,是华北板块西南缘由被动板块边缘向活动板块边缘转换的关键时期,构造条件比较特殊。由于受断块及水下火山爆发等因素的影响,台地边缘地带地形高差起伏变化较大,局部的水下隆起由于水体能量较强,易于造礁生物的固着生长和大量繁殖,形成规模发育的堡礁群。尤其是盆地南部的台缘斜坡相带构造活动性相对较强,更利于生物礁及礁滩复合体的发育。而盆地西部的台缘斜坡带构造活动性相对较弱,沉积环境相对稳定,因而更有利于颗粒滩相沉积体的发育。

第二章 早古生代沉积与古地理特征

鄂尔多斯盆地位于华北克拉通西部,是在太古宙—古元古代结晶基底的基础上发育起来的多旋回叠合盆地。钻井和地震资料证实,下古生界(寒武系—奥陶系)在盆地内广泛分布,主要岩石类型为碳酸盐岩。由于加里东期的区域性抬升剥蚀,致使鄂尔多斯盆地缺失志留系、泥盆系以及下石炭统,上石炭统本溪组直接覆盖在奥陶系之上,下寒武统则不整合于前寒武系变质基底之上。

第一节 早古生代地层发育特征

一、寒武系—奥陶系地层分区特征

构造环境转变是地层大区划分的最重要的依据之一,而不同构造发展阶段的古地理条件、地层、岩性组合、层序特征、沉积类型(沉积相)、生物区系及含矿性等因素的变化是三级地层区(地层小区)划分的重要依据。

鄂尔多斯盆地的西缘、南缘及东缘都有下古生界出露(图2-1)。有关鄂尔多斯盆地周缘下古生界的地层发育特征,前人曾做过大量基础性研究工作(张文堂等,1977;项礼文等,1981;张抗,1981;张韦,1983;陈均远,1976;陈均远等,1976,1984;安泰痒,1985;付力浦,1981;张吉森等,1982;梅志超等,1982,1986;刘德正,2002;刘晓光等,2012)。鄂尔多斯盆地周缘由于涉及不同的构造单元,各家对不同地区的地层对比多有不同的地层划分方案,因本书重点不在于此,故对此不做过多的讨论,仅就近期在油气地质研究领域相对统一的认识略作评述。

鄂尔多斯盆地及周缘地区主体属华北地层大区,下古生界发育三个地层小区:盆地中东部地层小区、盆地南缘地层小区和盆地西缘地层小区,具体特征如下。

(一)盆地中东部地层小区地层分布特征

包括鄂尔多斯盆地中央隆起以东,渭北古隆起以北,吕梁山以西地区,其下古生界与华北地台本部非常相似。中—上寒武统(国际新划分方案的寒武系第二、第三统及芙蓉统)发育霍山组、馒头组、张夏组及三山子组,霍山组仅局限于盆地东南部及伊盟古陆以南部分地区,以滨岸沉积的石英砂岩为特征,自南向北地层厚度变薄。在盆地东南部(山西西南部)相当于相邻地区朱砂洞组,形成时限为晚南皋期。在盆地中部穿时延伸到张夏组底部,形成时限为晚台江期到早王村期。在伊盟古陆北部阴山地区与霍山组相同层位的地层是色麻沟组下部,主要岩性为滨浅海相石英砂岩、粉砂岩,二者形成环境十分相似。

馒头组有两个显著的特征,一个是含紫红色泥岩,另一个是发育潮坪沉积。在盆地东南部(山西西南部)发育较全,在盆地中部仅发育徐庄组,主要岩性特征是颗粒碳酸盐岩夹紫红色细—粉砂岩。

张夏组是海泛期产物,遍布全区。在盆地中东部主要为局限台地环境,形成厚层白云岩和厚层石灰岩,在盆地东南部(山西西南部)及伊盟古陆以北以出现厚层鲕粒灰岩为特征,形成环陆鲕滩带。

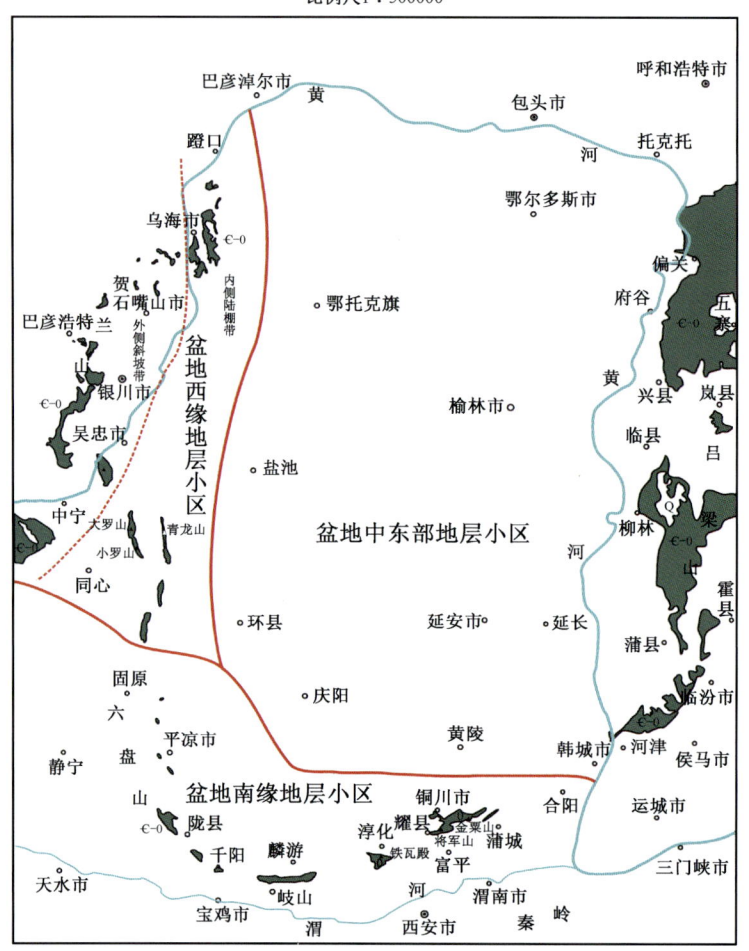

图 2-1 鄂尔多斯盆地下古生界野外露头与地层分区

三山子组在盆地中东部以发育白云岩为特征,局部地区残留有崮山组薄板状页岩、厚层状炒米店灰岩、冶里组薄板状灰岩、页岩及亮甲山组厚层石灰岩、白云岩。因此,三山子组是一个穿时到早奥陶世特马豆克期及弗洛期(道保湾期)的岩石地层单位,其上与马家沟组石灰岩呈不整合接触,二者的构造界面是怀远运动造成的不整合。

该区奥陶系(下奥陶统)发育冶里组、亮甲山组和马家沟组三个组段,其中马家沟组比较发育,在区内均有分布。马家沟组自下而上分为六段,分别代表了三个海侵—海退旋回,其中马一段、马三段和马五段同属海退旋回,岩性以蒸发岩为主,盐岩和膏盐岩比较发育;马二段、马四段和马六段均为海侵沉积,以块状厚层石灰岩和白云岩为主。冶里组—亮甲山组仅分布在盆地东南边缘,主要发育海侵早期的白云岩。

(二)盆地南缘地层小区地层分布特征

主要包括渭北隆起及盆地西缘南部一部分。寒武系出露相对齐全,早—中南皋期主要形成辛集组,为滨海相含磷碎屑岩,呈条带发育于盆地南缘,其上为晚南皋期形成的以藻云岩为特征的朱砂洞组,也呈条带状分布于古陆南缘,二者不仅在古陆南缘分布,在古陆西缘及华北古陆中南部边缘(河南)也广泛分布。馒头组、张夏组及三山子组与前述盆地东南部(山西西南部)特征相同。

下奥陶统发育冶里组、亮甲山组,马家沟组岩性与盆地本部类似,也显示出旋回性沉积的特点。上奥陶统可明显区分出两种不同的沉积相类型,分别以东段和西段为代表。在西段地区,以平凉组、龙门洞组及背锅山组为代表的地层序列代表了外陆棚凹陷—陆架边缘礁—台地前坡—大陆斜坡上部的沉积环境类型;另一种类型以东段富平、耀县地区的金粟山组、桃曲坡组及东庄组为代表,属陆架边缘台地后部—外陆棚深水盆地环境下的沉积类型,总体上并未到达大陆斜坡环境。金粟山组、平凉组及龙门洞组总体上反映了外陆棚深水凹陷—大陆斜坡上部的特点,页岩与滑塌增多。而其上的桃曲坡组、赵老峪组及背锅山组则分别反映了深水外陆棚与边缘台地斜坡脚环境,但中间缺失了一种相类型,即以生物礁为主体的台地边缘生物礁相地层单位。在铁瓦殿南坡西陵沟看到这种类型的地层,可能属生物礁相组合,其特征介于桃曲坡组与背锅山组之间。

(三)盆地西缘地层小区地层分布特征

西缘地层小区下古生界主要出露在北段桌子山,中段贺兰山,南段青龙山—罗山地区。下部辛集组及朱砂洞组与盆地南缘地层小区基本相同,二者构成沿古陆的"L"形分布,其上部地层层位大体与南部地层小区相当。局部馒头组及霍山组被称为陶思沟组和胡鲁斯台组,其中陶思沟组相当于霍山组及馒头组下部,主要岩性为灰白、浅灰—灰黄色细粒石英砂岩、白云岩(白云质灰岩)、薄层灰岩、灰绿色页岩夹鲕粒灰岩透镜体及紫红色页岩;胡鲁斯台组相当于馒头组上部层位,以灰绿—紫红色页岩与薄—中厚层石灰岩、泥质条带灰岩呈不等厚互层,间夹鲕粒灰岩、竹叶状灰岩为特征。张夏组在西缘北部以泥质条带灰岩为主夹竹叶状灰岩及鲕粒灰岩透镜体为特征(相当于阿不切亥组下部),三山子组在西缘北部以泥质条带灰岩夹薄层白云质灰岩、白云岩为特征,偶夹竹叶状灰岩透镜体(相当于阿不切亥组中—上部)。

西缘地层小区主体属于祁连地层大区,地层与生物面貌与上述两个分区具有很大差别。下奥陶统总体上以内陆棚沉积为主,大多数地区属环潮坪—潮下带上部浅海环境,白云质碳酸盐岩较为发育,生物化石相对较少,门类单一。中奥陶统下部以内陆棚浅海为主,而上部明显以外陆棚浅海沉积占主导,晚期则发展为陆棚边缘深水凹陷环境,主体以石灰岩为主。晚奥陶世总体上以半深海—大陆斜坡沉积为主,逐渐演变为以泥质岩、碎屑岩为主。

总体来说,鄂尔多斯盆地中东部小区的地层发育与华北地台内部相近,拟采用相似的地层单位名称,而南缘和西缘相差较大,宜使用独立的岩石地层单位。

二、寒武系—奥陶系地层划分对比标志

鄂尔多斯盆地下古生界在总体沉积特征方面与华北地台本部有较强的相似性。特别是寒武系各地岩性相对均一,除个别层段与地区受局部古地理环境影响略有差别外,多数岩石地层单位都具有较强的可比性。表明在寒武纪大部分时间内,华北地台地势平坦,构造稳定,总体上以浅水陆表海—缓坡、台地环境占主导,岩相分异不明显。盆地东南部豫陕交界地区、盆地南缘及西缘,岩石地层发育齐全,均可对比。但盆地中部、盆地东南部山西等地霍山组有十分明显的穿时性,在盆地中部甚至上延到早王村期,并且馒头组在盆地中部基本缺失或仅出现上部层位。张夏组在全区厚度基本稳定,含鲕粒灰岩是其最特征的标志,但在盆地中部由于鲕滩的阻隔,具有局限台内洼陷性质,仅形成白云岩或白云质灰岩,基本不含鲕粒灰岩。

基于大量古生物研究资料,划分了寒武系所对应的生物化石带特征(表2-1),由下至上,依次发育8个较为明显的化石带,各地层对比关系明确,岩石地层界线与古生物地层界线对应较好。就寒武系来讲,三叶虫是华北下古生界最重要的生物化石。目前已经建立了良好的可进行大区对比的生物带:

表2-1 寒武系古生物地层划分对比简表

国际年代地层划分（ICS2008）				国际习用阶	澳大利亚阶	美国阶	国内划分（2002年）		中国寒武系多重地层划分				鄂尔多斯盆地			本次方案
Ma	系	统	阶					扬子地台		生物带	华北地台	南缘	西缘	东缘	
488 490	Cambrian	Furongian 芙蓉统	Stage 10 第10阶	Werendian	Merionethian	Skullrockian	上统	芙蓉统	牛车河阶	沈家湾组	Hysteroplenus Leiostegium constricum- Mictosaukia striata Lotagnostus americanus	凤山组			凤山组	
			Stage 9 第9阶	Datsonian Payntonian		Sunwaptan										三山子组
500		Series 3 第三统	Paibian 排碧阶	Iverian		Steptoan			桃源阶	比条组	Prohnucuraspis nasalis Kaolishaniella Rhaptagnostus ciliensis Agnostoles orientalis	长山组	长山组	长山组	长山组	
			Guzhangian 古丈阶	Idamean		Marjuman	中统		排碧阶		Tomagnostella orientalis Agnostus inexspectans Glyptagnostus reticulatus	崮山组	崮山组	崮山组	崮山组	
510			Drumian 鼓山阶	Mindyallan	Arcadian			武陵	古丈阶 王村阶	车夫村组	Glyptagnostus stolidotus Linguagnostus recondilus Proagnostus bulbus Lejopyge laevigata	张夏组	张夏组	张夏组	张夏组	张夏组
			Stage 5 第5阶	Mayan Amagan		Delamaran		台江	台江阶	花桥组	Lejopyge armata Goniagnostus nathorsti Ptychagnostus atavus	徐庄组	徐庄组	徐庄组	徐庄组	馒头组 上段
		Series 2 第二统	Stage 4 第4阶	Toyonian	Branchia	Dyeran	下统	黔东	都匀阶	双龙潭组 陡坡寺组	Ptychagnostus gibbus Peronopsis taijiangensis Oryctocephalus indicus	毛庄组	毛庄组	毛庄组	毛庄组	馒头组 中段
520			Stage 3 第3阶	Botoman Aldabanian		Montezuman			南皋阶	龙王庙组 沧浪铺组	Oxaloryctocara granulata- Bathynotus holopygus Protoryctocarpus wuxuanensis Arthrico,taijiangensis Arthri,chauveaui	馒头组	馒头组	五道嘴组	馒头组	馒头组 下段
530		Terreneuvian 纽芬兰统	Stage 2 第2阶	Tommotian	Placentian	Begadean		滇东	梅树村阶	筇竹寺组	Arthric,jiangkouensis Szechuanolenus–Paokannia Ushbaspis Hubeidiscus–Sinodiscus Tsunyldiscus niutiangensis	朱砂洞组 辛集组	霍山组	苏峪口组		朱砂洞组 辛集组
540 542			Fortunian 幸运阶	Nemakit- Daldynian					晋宁阶	梅树村组 灯影组	Sinosachites flabelliformis- Tannuolina zhangwentangi 贫化石带 Watsonella crosbyi Paragloborilus subglobosus -Purella squamulosa Anabarites trisulcatus- Protohertzina anbarica 无化石		正目观组			
	Precambrian															

辛集组包含四个三叶虫化石带：*Yiliangella - Yunnanaspis*，*Drepanuroides*，*Palaeolenus*，*Megapalaeolenus*。

馒头组下段（原馒头组）包含一个三叶虫化石带：*Hoffetella - Redlichia murakamii*。

馒头组中段（原毛庄组）包含一个三叶虫化石带：*Shantungaspis*。

馒头组上段（原徐庄组）包含四个三叶虫化石带：*Hsuchuangia*，*Sunaspus*，*Poriagraulos*，*Bailiella*。

张夏组包含三个化石带：*Crepicephalina*，*Amphoton - Taitzuia*，*Damesella - Yabeia*；两个牙形石带：*Laiwugnathus laiwuensis*，*Shandongodus priscu*。

三山子组下段（原崮山组）包含两个三叶虫化石带：*Blackwelderia* 和 *Drepanura*；两个牙形石带：*Westergaardodina moessebergensis* 和 *Westergaardodina matsushitai*。

三山子组中段（原长山组）包含三个三叶虫化石带：*Chuangia*，*Changshania*，*Kaolishania*；两个牙形石带：*Muellerodus erectus* 和 *Westergaardodina* aff. *Fossa*。

三山子组上段（原凤山组）包含三个三叶虫带：*Ptychaspis - Tsinania*，*Changia*，*Mictosaukia*；两个牙形石带：*Proconodontus* 和 *Cordylodus proavus*。

鄂尔多斯盆地周缘下古生界奥陶系地层划分与对比中存在的问题很多，关键是各岩石地层单位的含义与对比问题。一些定义不明的单位如果没有进一步的研究与核实、厘定，不便使用，或应予以废弃。概括起来，南缘与西缘的岩石地层单位，特别是上奥陶统的地层单位比较混乱，很多地层单位是建立在一些零星的点上，缺乏连续的剖面，有些组只相当于另一些组的片断，需要进一步的明确与厘定，而下—中奥陶统和寒武系的地层单位相对比较明确，可以继续使用。

南缘小区：内带包含麻川组、水泉岭组、三道沟组、金粟山组、桃曲坡组和东庄组；外带包含麻川组、水泉岭组、三道沟组、平凉组和背锅山组。

西缘小区：内带包含麻川组、水泉岭组、三道沟组、平凉组和姜家湾组；过渡带包含三道坎组、桌子山组、克里摩里组、乌拉力克组、拉什仲组、公乌素组和蛇山组；外带包含下岭南沟组、天景山组、米钵山组、山字沟组和银川组。

中东部小区包含冶里组、亮甲山组、北庵庄组、马家沟组和峰峰组（仅见于局部地区）。其中几个地层单位需要进一步修订，米钵山组、山字沟组和银川组建立于不同的剖面上，均不完整，上下关系不明，且地层有重复和缺失。但各自地层中发现的化石具有时间上的代表性，因此有必要保留米钵山组、山字沟组、银川组等组名，可以按照胡基台的完整剖面进行修订，重新明确各组的特征与边界。

南庄子组、车道组和姜家湾组也建立于不同剖面上，或只是某个片断，需要重新厘定。从发现的化石看，南庄子组、车道组和姜家湾组发育于青龙山以东的陆棚相区，前两个组分别与三道沟组和平凉组相当，可予废弃；姜家湾组时代相当于南缘桃曲坡组或背锅山组，代表西缘陆棚相区的宝塔组，与银川组大致相当，可废弃。

建议西缘废弃以下岩石地层单位名称：前中梁子组、中梁子组、樱桃沟组、青山组、下马关组、罗山组、南庄子组、车道组、姜家湾组。这些地层单位名称或含义不明，或仅依据地层片断所建立或与其他岩石地层单位名称重叠，难予使用。

建议南缘小区拟废弃的岩石地层单位名称：龙门洞组、唐王陵组、铁瓦殿组、赵老峪组、上店组。

表2-2中所建议的奥陶系岩石地层单位具有较好的研究基础，时空分布清楚，也被大多数地质工作者认可。

表2-2 鄂尔多斯盆地奥陶系重要化石带与其他主要地区对比关系

国际年代地层划分（ICS-2009）			中国年代地层与生物地层划分				鄂尔多斯盆地及边缘				
系	统	阶	阶	化石带	笔石带	牙形石带	生物带	西缘北段	西缘南段	南缘西段	南缘东段	中北部
志留系	上统	Rhuddanian	赫南特阶	P.acuminatus	P.acuminatus							
奥陶系	上统	Hirnantian（赫南特阶）		End of HICE	Normalo.persculptus / Dicellogr.bohemicus		Hirnantia Rhynchotrenia					
				N.extraordinarius	N.extraordinarius		O.quadrimucronatus			段家峡组	东庄组	
		Katian（凯迪阶）	钱塘江阶	D.complanatus	Paraortho.pacificus / Dicellogr.complanstus				银川组	背锅山组	桃曲坡组	马六段
				A.ordovicicus	Ortho.quadrimucronatus	Amorpho.ordovicicus	B.confluens					
			艾家山阶	P.linearis	Climacogr.pygmae	Protogn.insculptus	Y.neimengguensis	蛇山素组				
				D.caudatus	Climacogr.spiniferus / Climacogr.clingani	Homarodus europaeus	P.undatus	公乌素组	山字沟组	平凉组	金粟山组	马五段
	中统	Sandbian（桑比阶）		C.bicornis	Climacogr.bicornis	Amorpho.tvaerensis	A.gansuensis	拉什仲组				
				N.gracilis	Nemagr.gracilis	Baltonoidus alobatus	C.bicornis	乌拉力克组			泾河组	马四段
		Darriwilian（达瑞威尔阶）	达瑞威尔阶	P.serra	Hust.teretiusculus / Petrogr.elegans	Pygodus anserinus	N.gracilis					
						Pygodus serra	H.teretiusculus / P.elegans / P.serra	克里摩里组	米钵山组	三道沟组	三道沟组	马三段 / 马二段 / 马一段
				D.artus	Nikisonogr.fasciculatus / Amplexogr.confertus	Eoplacogn.suecicus / Eoplacogn.pseudodatus	E.suecicus / A.confertus					
			大坪阶	U.austrodentatus	U.austrodentatus	Lenodus variabilis	L.variabilis	桌子山组			水泉岭组	亮甲山组
	下统	Dapingian（大坪阶）		Oncograptus	Exigraptus clavus	M.norrilandicus	L.antivariabilis / S.rectus		天景山组	水泉岭组		
				Ix.maximus	Isogr.caduceus	Paroistodus originalis	P.originalis / S.enspinus / P.parallelus					
				B.triangularis	Azygogr.suecicus	Baltoniodus navis	A.leptosomatus	三道坎组				
		Floian（弗洛阶）	道保湾阶	D.pratobifidus	Corymbogr.deflexus	Baltoniodus triangularis	L.dissectus / S.eburnus					
				Oe.evae	Pendeogr.fruticosus	Oepikodus evae	Serra.extensus / Serra.bilobatus		下岭南沟组	麻川组	麻川组	冶里组
		Tremadocian（特马豆克阶）	新厂阶	T.approximatus	T.approximatus	Prioniodus elegans / Serratogn.diversus	S.tersus / S.opimus					
				P.proteus	Adelogr.-Clonogr.	Tripodus proteus						
				P.delifer	Psigraptus	Glyptoc.quadraplicatus	R.manitouensis					
				I.fluctivagus	Anisogr.matanensis / Rhab.praeparabola	Cordylodus angulatus / Cordylodus lindstromi	M.sevierensis					

三、寒武系—奥陶系平面分布特征

（一）寒武系平面分布特征

寒武系厚度介于 0～800m 之间，总体以两大古陆及中央古隆起为核心，向西及向南地层有增厚的趋势；在伊盟古陆、庆阳古陆寒武系全部缺失，以中央古隆起为界可划分为东西两部分，西部地层厚度明显大于东部，且增厚较东部快；盆地南缘的岐山—耀县—富平地区，地层较两侧有明显增厚现象，增厚可达 300m 以上(图 2－2)。

辛集组沉积期：该期鄂尔多斯盆地大部分为剥蚀古陆，地层主要分布在盆地南缘和西缘，总体具有由北向南、由东向西地层增厚的趋势。辛集组厚度较薄，一般低于 40m，地层厚度大于 30m 的地区主要集中在银川—固原一线以西及岐山沟—蒲城以南(图 2－3)。

朱砂洞组沉积期：朱砂洞组具有明显的继承性，但地层厚度明显大于辛集组，介于 0～150m 之间(图 2－4)。

馒头组下段(原馒头组)沉积期：地层在研究区西北缘分布范围明显大于朱砂洞组，在乌海地区也有馒头组下段，其厚度较朱砂洞组略小，介于 0～120m 之间，其高值区主要位于西缘的吴忠地区和南缘的岐山—淳化地区，厚度大于 100m(图 2－5)。

馒头组中段(原毛庄组)沉积期：地层不仅分布范围较下段大，鄂尔多斯盆地除乌海—吴旗—榆林以北、吕梁古陆及庆阳古陆外均有馒头组分布，地层厚度也大于馒头组下段，厚度多介于 0～200m 之间，南缘岐山—耀县—富平地区地层明显大于两侧，增厚可达 60m 以上，盆地东北偏关—神木地区地层局部增厚 20m 以上(图 2－6)。

馒头组上段(原徐庄组)沉积期：地层分布范围更大，在定边—靖边—横山地区也有地层沉积，总体具有向南、向西增厚的趋势，厚度介于 0～200m 之间，地层厚度大于 200m 主要分布在银川—平凉以西及合水—黄龙以南，在府谷—佳县地区地层厚度局部减薄 40m(图 2－7)。

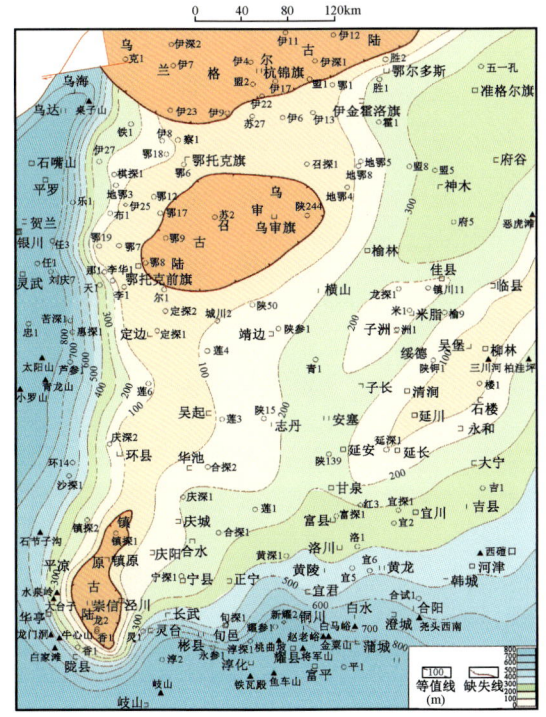

图 2－2　鄂尔多斯盆地寒武系地层残留厚度图

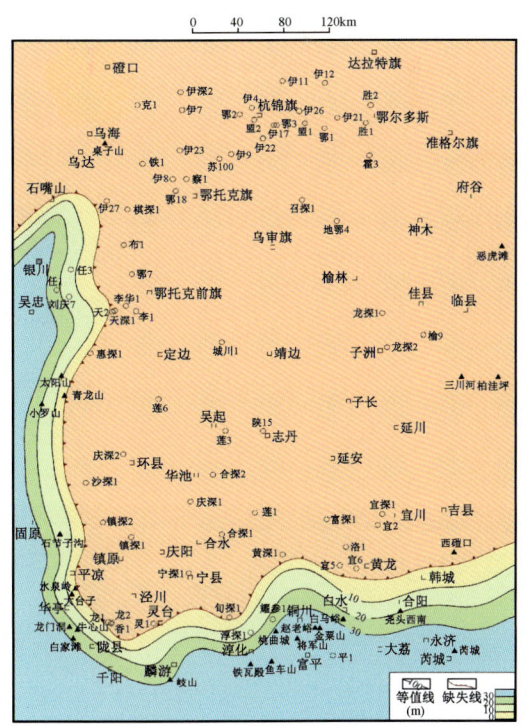

图 2－3　鄂尔多斯盆地辛集组地层厚度图

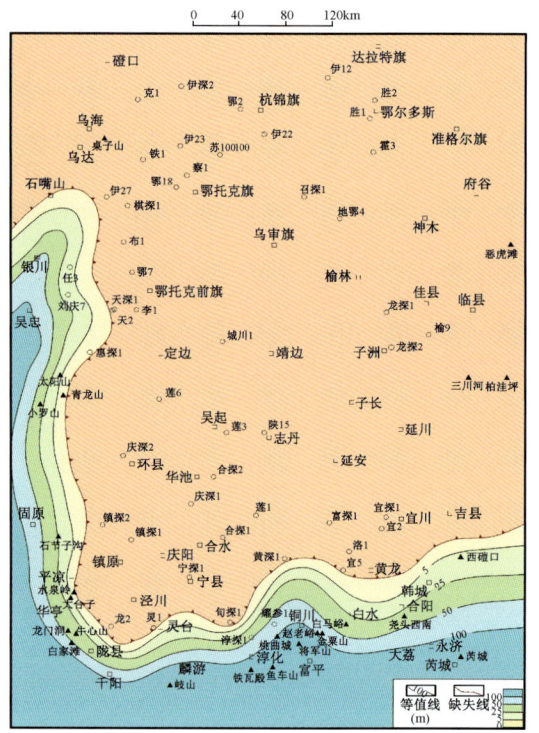

图 2-4 鄂尔多斯盆地朱砂洞组地层厚度图

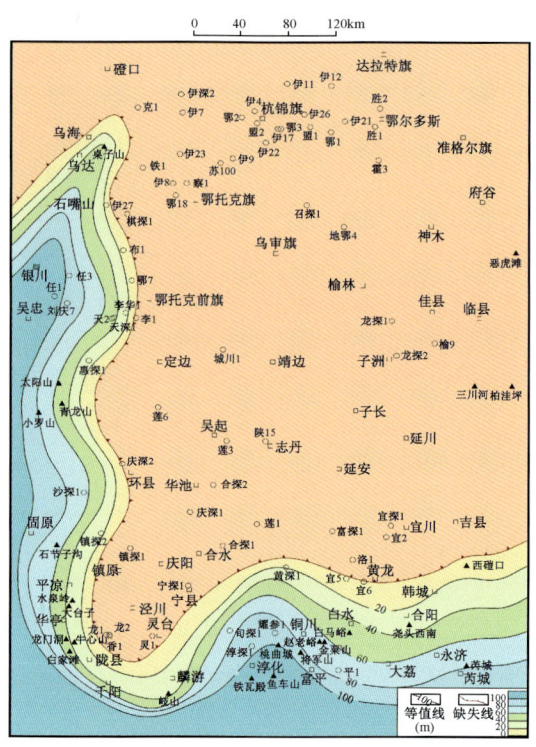

图 2-5 鄂尔多斯盆地馒头组下段地层厚度图

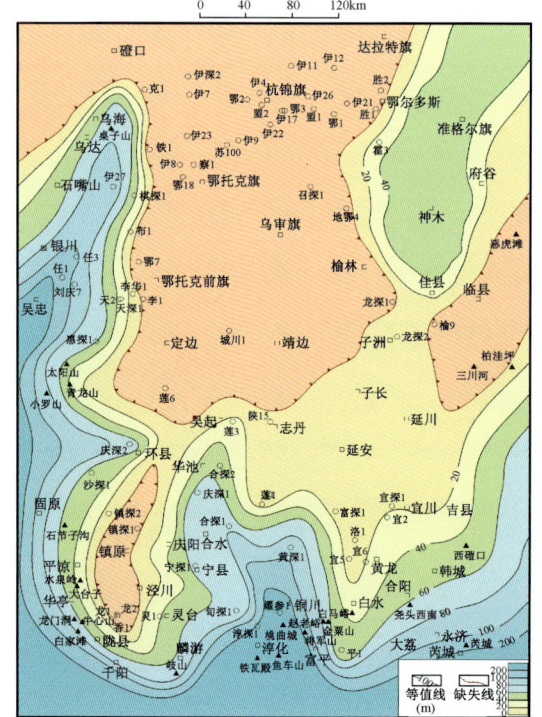

图 2-6 鄂尔多斯盆地馒头组中段地层厚度图

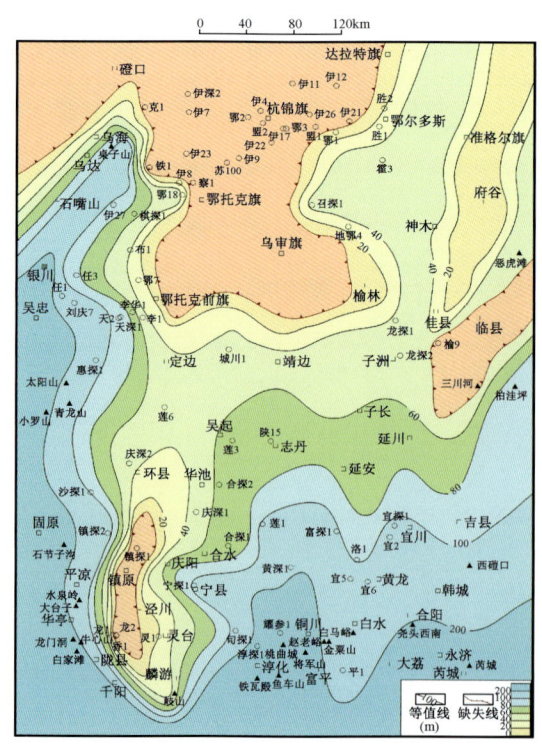

图 2-7 鄂尔多斯盆地馒头组上段地层厚度图

张夏组沉积期:张夏组分布最广,伊盟古陆被分为南、北两部,总体具有向西、向南及向东北增厚的趋势,地层厚度介于0～200m之间,地层大于200m主要分布在盆地东北部及西缘地区(图2-8)。

三山子组沉积期:三山子组分布范围较张夏组小,伊盟古陆、中央古隆起及庆阳古陆均出露海平面而未沉积三山子组。沉积区地层厚度介于0～250m之间,总体具有向南、向西增厚的趋势,在中央古隆起东侧地层以兴县—三川河—永和为中心,向两侧具有地层增厚,增厚可达100m以上(图2-9)。

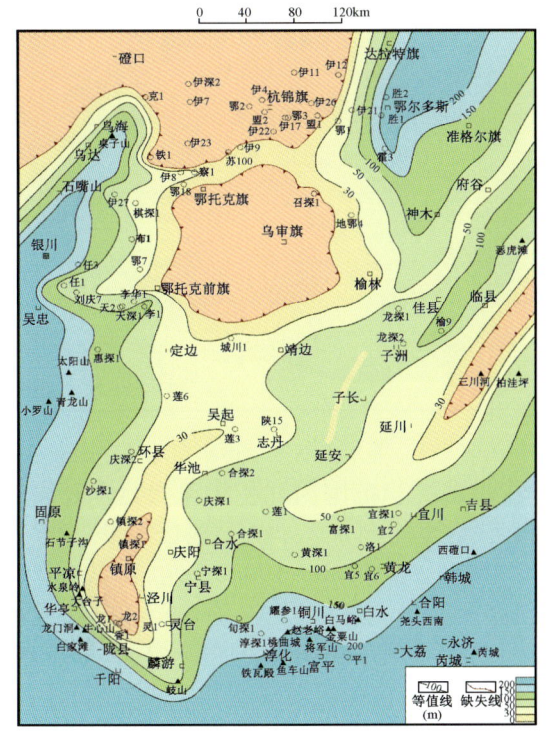

图2-8 鄂尔多斯盆地张夏组地层厚度图　　图2-9 鄂尔多斯盆地三山子组地层厚度图

(二)奥陶系平面分布特征

北部伊盟古陆,缺失奥陶系全部地层;中部次级古隆起,地层厚度小于400m;南部古隆起,缺失奥陶系全部地层;盆地西缘、南缘沉积相对较厚,一般在800m以上,厚度梯度较大;盆地东部相对较薄,一般小于800m,变化相对平缓(图2-10)。

冶里组沉积期:受太康运动影响,鄂尔多斯地区在晚寒武世以后抬升为陆并遭受剥蚀,直到早奥陶世冶里组沉积期,海水从东、南、西南三个方向入侵,开始奥陶系的沉积。冶里组沉积期沉积区域仅局限于东、南和西部边缘地带,沉积厚度一般在40～120m之间,沉积中心在固原附近,厚度超过120m,西部沉积范围在青龙山—平凉一线。在南部海水侵至麟游—宜川一带,铜川地区未被海水覆盖不接受沉积,在黄龙、白水地区沉积厚度大都在20～40m之间,在岐山地区地层沉积厚度达108m。在东部海水侵至府谷、佳县、延川一带,沉积厚度一般在20～60m之间(图2-11)。

亮甲山组沉积期:该期海侵是冶里组沉积期海侵的继续,但范围扩大,沉积区域继续扩大,沉积格局和冶里组沉积期基本一致,仍然分布在鄂尔多斯古陆的东、南和西部边缘。在西部沉积

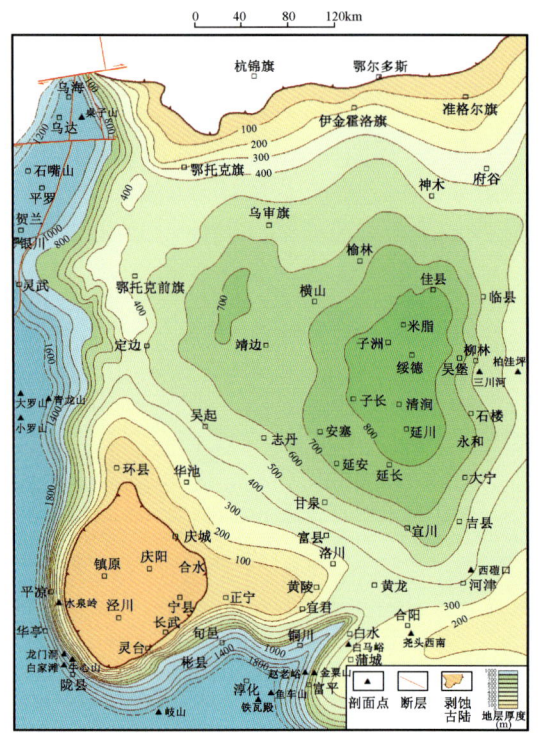
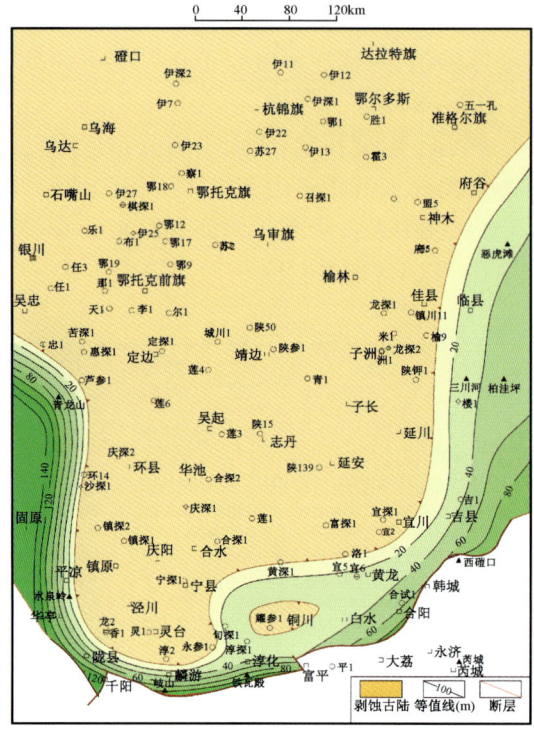

图 2-10 鄂尔多斯盆地奥陶系地层残留厚度图　　图 2-11 鄂尔多斯盆地冶里组地层厚度图

范围变化不大,沉积厚度一般在 50~120m 之间。在南部沉积范围向北扩大至灵台—延安一带,沉积厚度一般在 40~130m 之间,由北向南沉积厚度逐渐加大,岐山地区沉积厚度达 140m。在东部海水侵至府谷—佳县—延安一带,沉积厚度一般在 40~100m 之间(图 2-12)。

马一段沉积期:亮甲山组沉积期末,怀远运动使整个盆地一度抬升,亮甲山组顶部遭受风化剥蚀,出现了短暂的沉积间断,至马一段沉积期又开始了奥陶纪的第二次海侵,海水从东、南、西三个方向再次侵入盆地,海侵范围增大,古陆面积减小,仅剩伊盟隆起和中央古隆起仍然遭受风化剥蚀,盆地内部地形地貌发生了较大分化,沉积差异明显。在西部沉积范围扩大至乌海—环县一带,沉积厚度一般在 40~60m 之间。在南部沉积范围向北扩大至灵台、长武、宜君一带,旬邑地区发育一凹陷,凹陷中心在旬邑地区,地层厚度达 147.2m。在中东部沉积范围扩大至庆城—定边—府谷一带,沉积厚度一般在 40~120m 之间,盆地中东部中间发育了一个广泛的潟湖凹陷,沉积中心在清涧、延川一带,中心沉积厚度大于 120m(图 2-13)。

马二段沉积期:该期海侵继续扩大,伊盟隆起和中央古隆起继续缩小。在西部沉积范围较马一段沉积期变化不大,沉积格局没有改变。在南部海侵范围向北扩大至灵台、宁县一带,地层沉积厚度一般在 40~80m 之间。在中东部海侵范围也继续扩大,海侵范围扩大至庆城—鄂托克前旗—鄂托克旗—府谷以北一带,地层厚度一般在 40~100m 之间,在中东部发育一南北向的凹陷,凹陷地区沉积中心仍然在佳县、吴堡地区,沉积厚度最大大于 100m(图 2-14)。

马三段沉积期:该期属于震荡性海退,海水变浅。在西部沉积范围较马一段沉积期和马二段沉积期变化不大,但是沉积厚度较之前变大,一般在 40~100m 之间。在盆地南部海水退至灵台、宜君、白水一带,在旬邑、耀县一带有一凹陷,凹陷中心在淳化北地区,中心地层厚度大于 120m。海水变浅使得中东部和西南部的海水仍然没有贯通,在中东部地区海水覆盖范围至黄陵—环县—定边以西—鄂托克旗以北—伊金霍洛旗一带,在榆林、靖边、子长一带有一近南北向的凹陷,凹陷中心沉积厚度最大甚至超过 200m(图 2-15)。

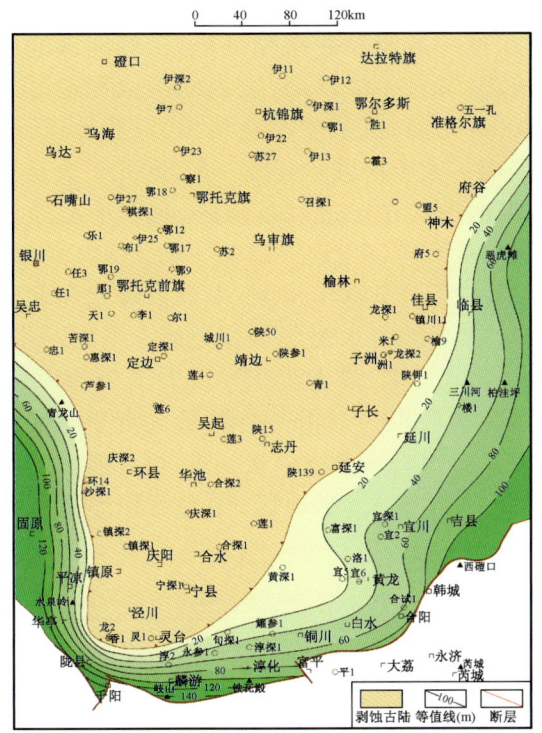

图2-12 鄂尔多斯盆地亮甲山组地层厚度图

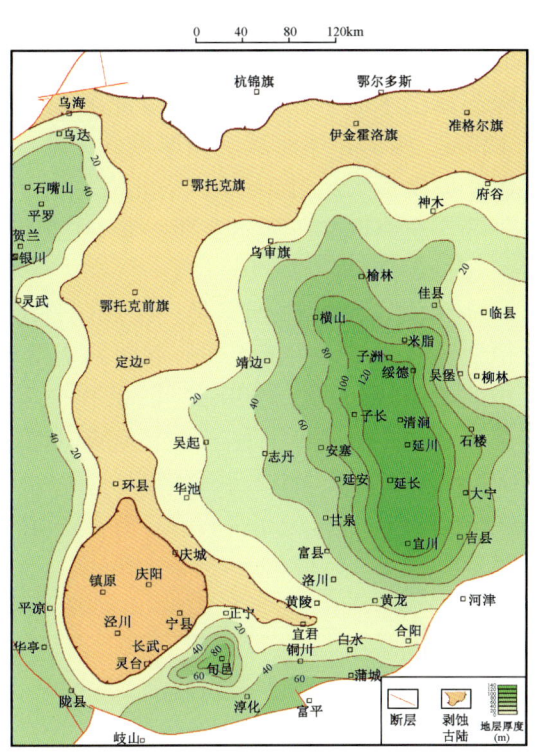

图2-13 鄂尔多斯盆地马一段地层厚度图

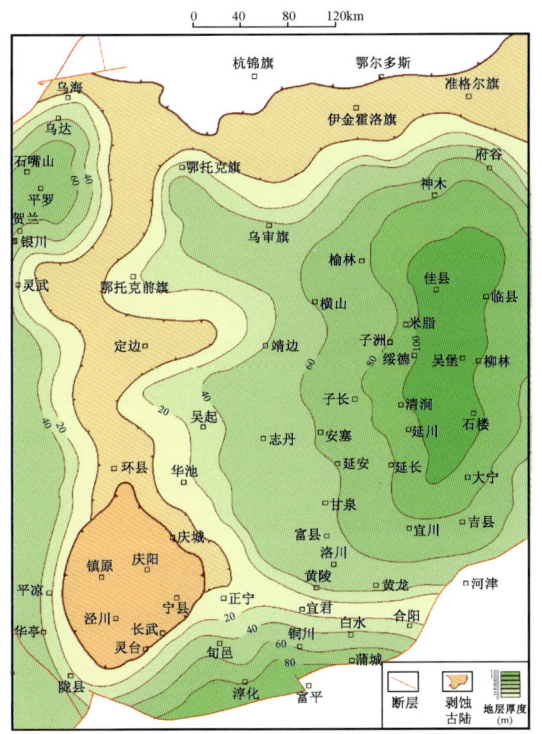

图2-14 鄂尔多斯盆地马二段地层厚度图

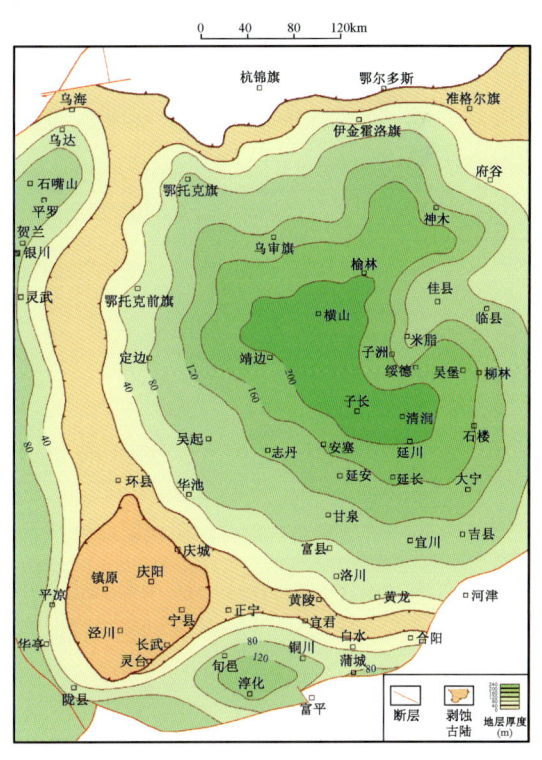

图2-15 鄂尔多斯盆地马三段地层厚度图

马四段沉积期:该期海侵是奥陶纪海侵的高峰期,海侵范围最广,海水最深。中东部的华北海和西南部的祁连海在中部连通,中央古隆起被海水淹没并接受沉积,仅剩南部的庆阳隆起露出水面。在庆阳隆起南部沉积范围在长武、宜君一线以南,岐山地区沉积最厚超过120m。西部祁连海域沉积厚度大都在120～200m之间,沉积中心在银川、灵武地区,地层沉积厚度最大超过240m。华北海域沉积范围向南扩大至庆城—黄陵一带,向北扩大至乌海—鄂托克旗以北—鄂尔多斯一带,中部凹陷区沉积中心在定边以东地区,沉积中心厚度最大超过360m(图2-16)。

马五段沉积期:该期又是一次震荡性海退,中央古隆起又露出水面,中央古隆起与北面的伊盟隆起在盆地中部连在一起将两边海水隔开。在西部海水退至鄂托克旗—平凉一带,沉积厚度一般在80～200m之间,沉积中心在银川、灵武一带,最大沉积厚度大于280m。在南部海水退至陇县—灵台—正宁一线以南,沉积厚度多在80～160m之间,最大沉积厚度大于200m。在中东部海水退至洛川—华池—伊金霍洛旗以南—准格尔旗一带,沉积厚度一般在80～280m之间,中东部存在一个凹陷,凹陷中心在子洲—米脂地区,中心沉积厚度最大超过360m(图2-17)。

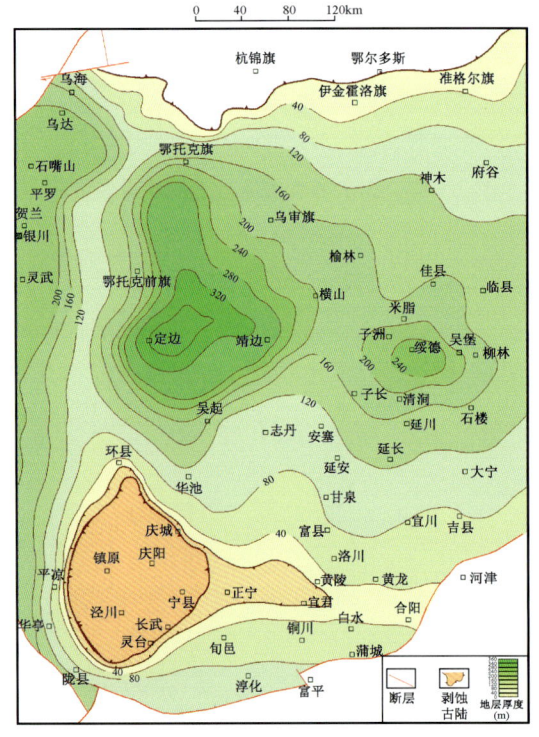 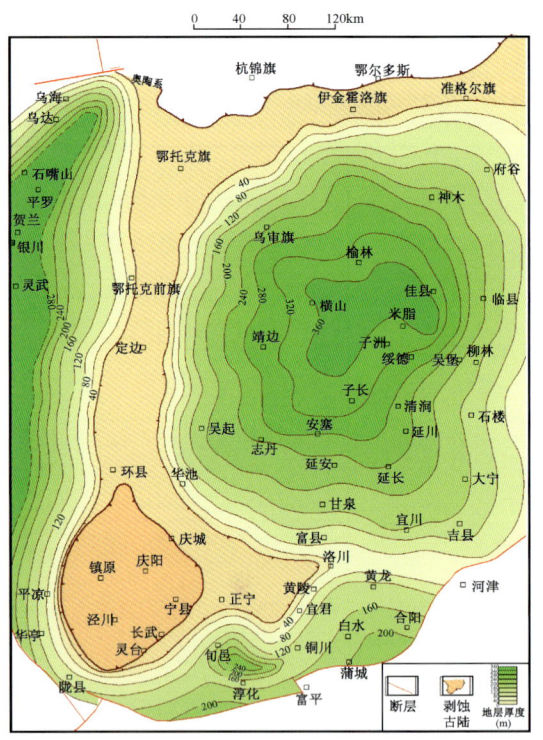

图2-16 鄂尔多斯盆地马四段地层厚度图　　图2-17 鄂尔多斯盆地马五段地层厚度图

马六段沉积期:该期是一次小幅度的海侵,但是由于加里东运动影响,盆地东升西降,致使西部海水变深,海水从鄂尔多斯地区东部逐渐退出,然后中东部地区开始风化剥蚀。在西部海水退至乌海—平凉—陇县一线,沉积厚度一般在100～300m之间,银川、灵武地区沉积厚度超过400m。在南部海水侵至灵台、长武、白水、合阳一带,地层沉积厚度在100～300m之间,在岐山、淳化、耀县地区沉积厚度超过400m。在中东部海水退至柳林、延安、永和、吉县一带,仅在米脂、宜川等地区有零星残存,其沉积厚度均都在100m以下(图2-18)。

平凉组沉积早期：由于加里东运动的影响，盆地东升西降，西部海水变深，华北海从中东部全部退出盆地，中东部从此开始接受风化剥蚀。在西部海水变深，但任1井附近地区露出水面，西部沉积厚度一般在150～400m之间，沉积中心在小罗山、固原以西，地层最厚超过450m。在南部海水范围至灵台—宁县—黄龙一带，沉积厚度一般在150～400m之间，沉积中心在岐山地区，沉积厚度超过450m。

平凉组沉积晚期：沉积范围稍有扩大，海水变深。石嘴山地区和小罗山地区是两个沉积中心，石嘴山地区沉积厚度超过500m，小罗山和固原以西地区沉积厚度超过1000m。在南部海水覆盖范围变化不大，沉积厚度一般在200～600m之间，在岐山地区地层沉积厚度最大，超过800m。盆地东部地区仍然继续接受风化剥蚀。

背锅山组沉积期：该期是海退的继续，海水开始逐渐退出鄂尔多斯地区，仅在南缘的局部地区沉积了背锅山组。海水在南缘退至华亭、灵台、黄龙一线，在南缘地层沉积厚度一般在200～600m之间，由北向南沉积厚度加大，在铁瓦殿地区地层沉积厚度超过700m，鄂尔多斯其他地区继续接受风化剥蚀（图2－19）。

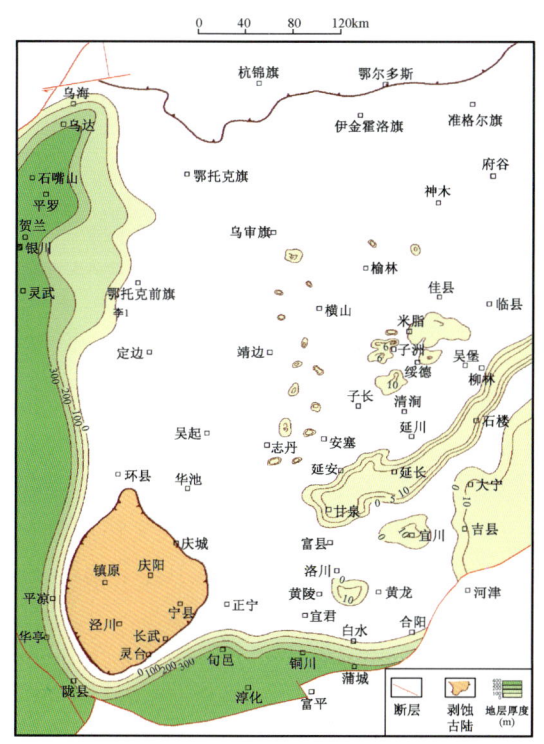

图2－18　鄂尔多斯盆地马六段地层厚度图　　图2－19　鄂尔多斯盆地中—上奥陶统地层厚度图

第二节　寒武纪沉积与古地理演化

一、寒武纪沉积相类型与特征

通过野外剖面和岩心的精细观察和描述及录井、测井等资料的综合分析，结合寒武纪区域沉积背景，认为鄂尔多斯盆地寒武纪沉积环境具有滨、浅海→碳酸盐岩缓坡→碳酸盐岩开阔台地→碳酸盐岩局限台地的转变过程;辛集组—朱砂洞组属于滨、浅海环境,馒头组、毛庄组、徐庄组属碳酸盐岩缓坡环境,张夏组为开阔台地环境,三山子组为局限台地环境。盆地寒武系发育浅海陆棚、滨海沉积、碳酸盐岩缓坡、台地边缘、开阔台地、局限台地六种碳酸盐岩沉积相类型。

(一)浅海陆棚

该相处于台地斜坡向海一侧的较深水环境之中,地形坡度不是很大。水深位于正常浪基面与风暴浪基面之间,水动力条件总体弱,受间歇性风暴作用影响。因面临广海,水体盐度正常,含氧丰富,有利于生物生长与发育。岩性主要由中—薄层灰、深灰色的泥岩、泥灰岩、泥晶灰岩和泥质灰岩组成(图2-20),水平层理和生物潜穴发育。

图2-20 平1井寒武系辛集组紫红色泥岩、灰绿色泥岩

(二)滨海沉积

滨海位于高潮线至浪基面之间,沉积物以碎屑岩为主,由于水体能量高,水体对砂体淘洗作用强烈,砂岩石英含量高,岩性主要为紫红色、浅肉红色、浅褐色石英粗砂岩、砂砾岩,灰黑色、暗褐色砂砾状磷块岩、含磷灰质粉砂岩等(图2-21,图2-22),具大型板状交错层理,含有三叶虫、腕足类等生物化石。滨海相主要发育在盆地的南缘及西缘,层位集中在辛集组及朱砂洞组(苏峪口组和霍山组)。

图2-21 岐山涝川二郎沟辛集组磷块岩　　　图2-22 河津西磴口辛集组石英砂岩

（三）碳酸盐岩缓坡

碳酸盐岩缓坡是海底向海平面倾斜（坡度＜1°）、水体逐渐变深的碳酸盐沉积环境。根据其剖面形态可划分为均匀倾斜和远端变陡两种，盆地南缘及西缘发育均匀倾斜缓坡，其沉积环境主要为内缓坡。

内缓坡，又称浅水缓坡，位于近滨地带，大致在平均海平面或低潮面以下到晴天浪基面以上。本区该相带较宽，以发育潮坪环境为特征，局部有短期的颗粒滩发育，岩性主要为紫红色、紫褐色、灰紫色、棕灰色、灰色泥岩、页岩、粉砂质泥岩、石英粉砂岩、石英细砂岩、泥质灰（云）岩、鲕粒灰岩、砂屑灰岩和生屑灰岩等（图2-23），可进一步细分出泥坪、沙坪、生屑滩、鲕粒滩、砂屑滩等亚相。

图2-23 河津西磴口馒头组紫红色泥岩（层面具雹痕）

（四）开阔台地

开阔台地位于局限台地与台地边缘之间，海域广阔，无障壁遮挡，水体循环良好，盐度基本正常，水体深度几米至几十米。和局限台地相比，生物分异度和数量都比较丰富，其生物主要有三叶虫、腕足类、介形虫和藻类等。开阔台地发育在盆地中东部的台地边缘内侧，主要出现在张夏组和三山子组。岩性主要为浅灰色粉晶云岩、亮晶砂屑灰岩、亮晶鲕粒灰（云）岩、生屑灰岩、泥晶灰岩、泥质灰岩和紫红色泥岩等（图2-24，图2-25）。

 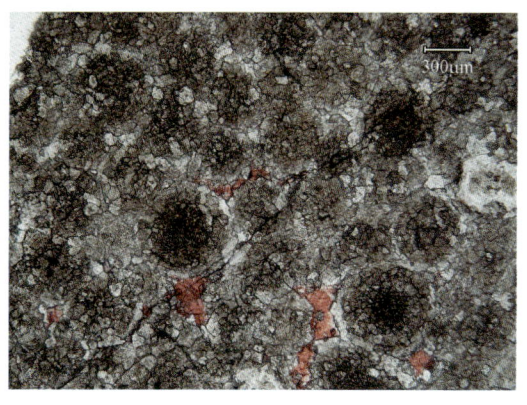

图2-24 龙探1井张夏组（3385.03m）竹叶状灰岩　　图2-25 龙探1井张夏组（3432m）鲕粒云岩

(五)局限台地

局限台地是一个被浅海覆盖的、沉积水体较浅、广阔且相对平坦的地区,向海方向受到水下高地的阻隔而受限。局限台地主要发育在本区台地边缘内侧、远离深水区的盆地内部及东缘,主要出现在上寒武统三山子组。沉积物主要为浅红色、紫灰色、灰白色、深灰色粉晶白云岩、细晶—中晶白云岩、灰色竹叶状白云岩(灰岩)、砂屑白云岩和灰黄色泥灰岩等。根据水动力条件、岩性组合和沉积构造特征,又可进一步划分为潮坪和台内滩两个亚相。台内滩亚相已在前面描述,不同的是,三山子组主要发育砾屑滩和砂屑滩;潮坪主要以云坪为主。

云坪微相以发育灰色、深灰色、褐灰色泥晶云岩和粉晶云岩为特征,可见未被充填或被白云石半充填的溶蚀孔洞(图2-26)。处于潮上—潮间环境,强烈的蒸发作用有利于准同生白云石化的发生,使早期灰质沉积物转化为泥晶—粉晶白云岩。如果为泥质含量不高的白云岩,有利于后期成岩作用,如同生期大气淡水淋溶作用,形成优质储层。

图2-26 榆9井寒武系张夏组白云岩(发育溶孔)

(六)台地边缘

台地边缘相带面向广海,背靠开阔海台地,水体较浅,能量高,粒屑滩、生物滩发育良好,颗粒类型和生物化石十分丰富。在张夏组台地边缘相十分发育(图2-27),以台缘滩亚相为代表。

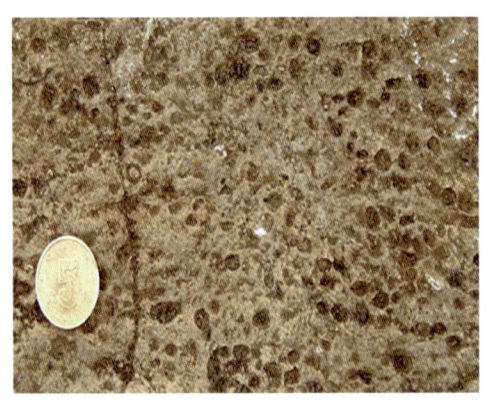 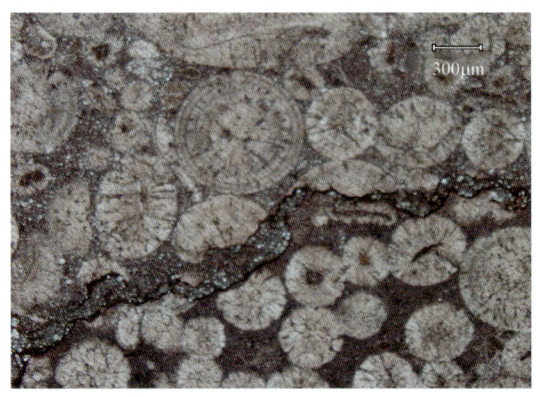

图2-27 寒武系张夏组砾屑灰岩(左:洛南瓦窑沟张夏组豆粒灰岩;右:灵1井张夏组鲕粒灰岩)

台缘滩是发育于台地边缘的碳酸盐岩滩,除潮汐作用外,台缘滩受较强风浪作用影响。台缘滩发育在台地边缘,水深和水体能量均高于台内滩,因此单滩体及累计厚度均大于台内滩,累计厚度一般大于20m,鲕粒粒径也较大,可达3~5mm,已到了豆粒级别,呈条带状稳定分布,并随台地的发展而逐渐迁移。其测井响应与台内滩相似,常因白云化及溶解作用形成次生孔隙,成为良好的储层,张夏组台缘滩以鲕粒滩为主,有少量砾屑滩及生屑滩发育。

二、寒武纪岩相古地理演化

寒武系由辛集组至张夏组,古陆面积逐级缩小,海水由南侧、东北侧和西侧三个方向海侵。至张夏组沉积期,古陆被分割成多块,相对海平面达到最大;至三山组沉积期,古陆面积突然加大,海水由南侧、西侧退出鄂尔多斯盆地,由此形成了寒武系一次较大的海进—海退旋回(图2-28),包括三个主要的演化阶段,分别为早寒武世风化剥蚀古陆阶段、早寒武世晚期—中寒武世缓坡形成阶段和晚寒武世碳酸盐岩缓坡发展—台地构筑阶段。

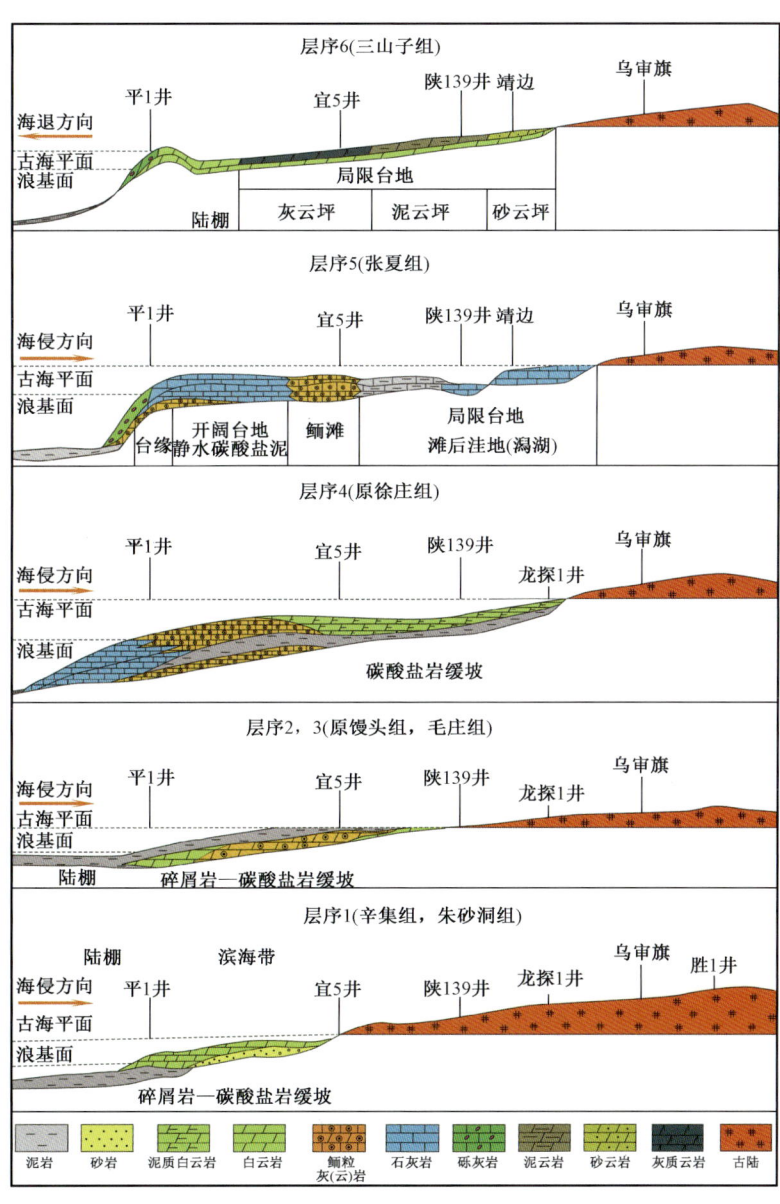

图2-28 鄂尔多斯盆地寒武系南北向沉积演化剖面

(一) 早寒武世风化剥蚀古陆阶段

与华北地台主体一样,此时鄂尔多斯盆地主要遭受风化剥蚀,新元古代Rodinia超大陆裂解后的板块运动导致整体抬升所致。至早寒武世晚期,随着超大陆的裂解与离散程度的日益显著,华北地台及其边缘才开始发生区域性沉降,并发生海侵,接受海相沉积。

(二) 早寒武世晚期—中寒武世缓坡形成阶段

由于长期的风化剥蚀作用,古陆夷平,地势相当平缓。处于开始沉降接受海相沉积的初期阶段,总体上海水很浅,以潮坪环境为主,局部可达到潮下带上部。从全区范围内的岩性特征看,大多数地区以紫红色细碎屑岩为主,至馒头组沉积中期,开始出现白云岩及鲕粒灰岩夹层,但一般厚度不大,相应碎屑沉积的颜色转为灰黄—黄绿色。馒头组沉积晚期以石灰岩的增多为重要特征,但一般均夹有较多的碎屑岩。在鄂尔多斯西缘,出现厚度较大的中—薄层石灰岩、鲕粒灰岩,表明水深较其他地区略大。至张夏组沉积期,全区范围内广泛发育以鲕粒灰岩为主的滩沉积,并出现较多的叠层石—凝块石灰岩;而鄂尔多斯西缘夹有大量的风暴竹叶状砾屑灰岩,因此从特征上,至张夏组沉积期,已经发展成为以碳酸盐岩缓坡为主的古地理背景。

辛集组沉积期:以陆地为主,沿古陆形成较窄的含磷砂砾质滨岸内缓坡,向外侧经外缓坡过渡为深水陆棚环境。受先期古坳拉谷的影响,古陆西部和南部的形态也不是"L"形,而是南部中段呈三角形凹向古陆内部,海岸线呈不规则状展布(图2-29)。

朱砂洞组沉积期:主要发育碳酸盐岩缓坡及深水陆棚相,内缓坡相对比较发育。沉积相沿古陆边部呈不规则带状分布。在西部和南部中端也伸向古陆内部,受坳拉谷控制(图2-30)。

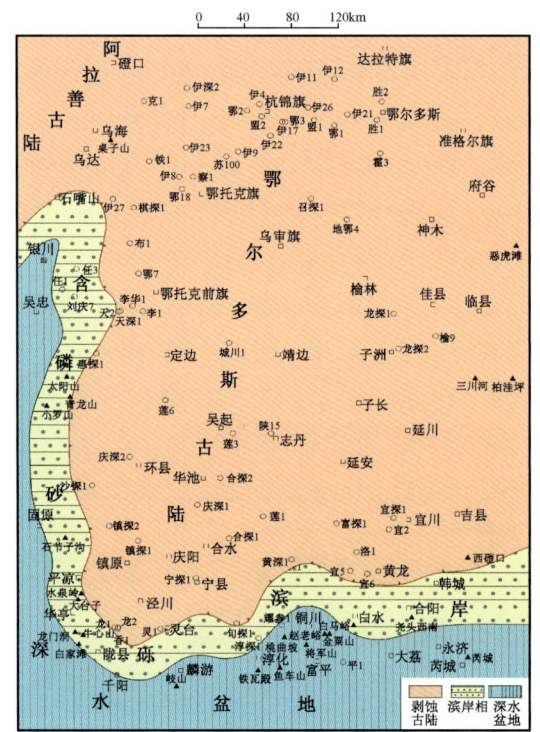

图2-29 鄂尔多斯盆地辛集组
沉积期岩相古地理图

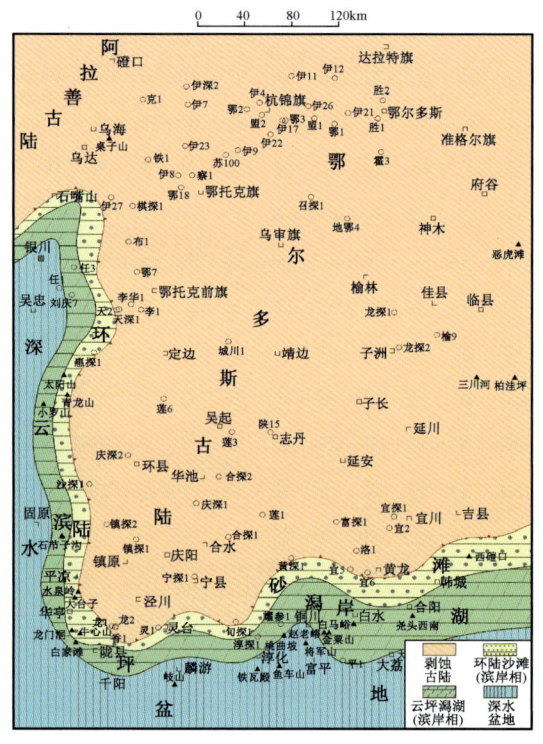

图2-30 鄂尔多斯盆地朱砂洞组
沉积期岩相古地理图

馒头组沉积早期:在古陆东南部以潟湖相为主,在西南部主要为陆棚相,向上变为泥云坪相及灰质砾滩,在西部南段主要为砂砾滩及云灰坪,在北部主要为云坪相。南部显示了坳拉谷分布特征,但向东有明显的迁移趋势(图2-31)。

馒头组沉积中期:此时的古地理特点是潮坪十分发育,陆块周围几乎全为潮坪。靠近古陆,多形成泥沙坪,远离古陆,则发育灰坪、云灰坪及泥云坪。其中镇原古陆西南和东侧除发育泥沙坪之外,还发育鲕滩。北部桌子山一带除发育云灰坪之外,也发育鲕滩。东北部为沙泥坪及泥灰坪(图2-32)。

馒头组沉积晚期:伊盟古陆西侧桌子山一带海水相对较深,主要为中—下缓坡—陆棚相,伊盟古陆东侧主要为沙滩、沙泥坪、泥云坪及泥灰坪,盆地中部以潟湖相为主,环绕盆地西缘、南缘及东缘以出现鲕粒滩、灰质砾滩、泥坪及灰坪、云坪为主要特征。缓坡鲕滩的出现,表明寒武纪缓坡已明显向台地相过渡(图2-33)。

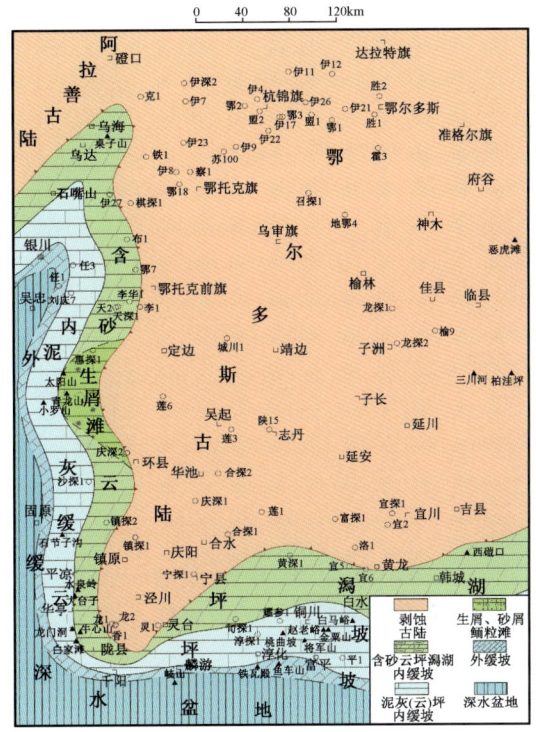

图2-31 鄂尔多斯盆地馒头组沉积早期岩相古地理图

张夏组沉积期:靠近伊盟古陆和乌审旗古陆,发育潟湖相及碳酸盐泥,在定探1井、莲6井、庆深1井、宁探1井、陇县牛心山一带为泥灰坪及鲕滩(开阔台地),而在桌子山、天深1井、青龙山、平凉大台子一带为鲕滩及砾滩(台缘带)。苏峪口、平1井为深水陆棚相。东北部兴县恶虎滩为浅水鲕滩及泥灰坪,属开阔台地—局限台地过渡(图2-34)。

(三)晚寒武世碳酸盐岩缓坡发展—台地构筑阶段

这个时期在前期成熟缓坡的基础上,碳酸盐沉积得到了进一步的发展,在华北地台开始形成广泛的碳酸盐岩台地。与华北地台内部相似,在鄂尔多斯盆地南缘和西缘,这个时期也主要是碳酸盐岩台地的形成阶段,并由于台地内部的局部分化出现了多种次级古地理单元。在西缘地区,这个时期早期阶段沉降较明显,而后期明显抬升,导致岩相分异,北段缺失相当于凤山组沉积期(三山子组上部)沉积,而南段发育以白云岩为主的大台子组。在盆地南缘,大多数地区发育白云岩,表明有规模的碳酸盐岩台地已经初步形成。

三山子组沉积期:在近南北向中央古陆控制下,古陆东北为局限台地潟湖相,局限台地砾滩—潟湖相基本上是围绕中央古陆及东北部的潟湖相呈半环带状分布,苏峪口、青龙山为陆棚海—斜坡相;陇县—富平以南为开阔台地陆棚相(图2-35)。

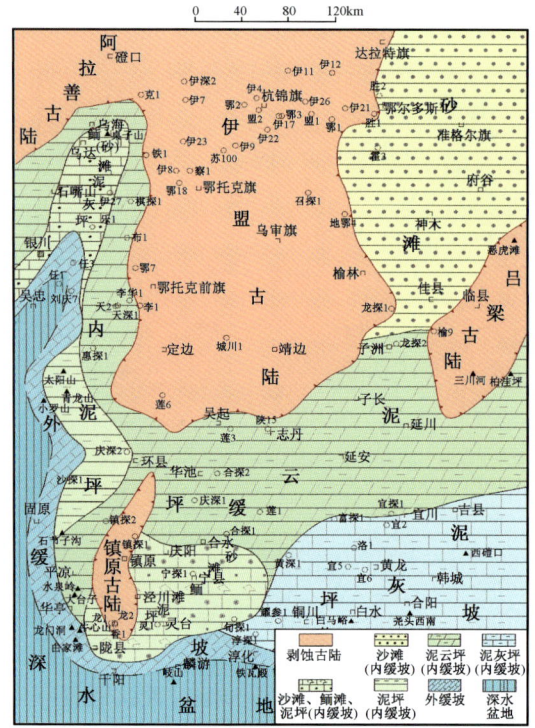

图2-32 鄂尔多斯盆地馒头组
沉积中期岩相古地理图

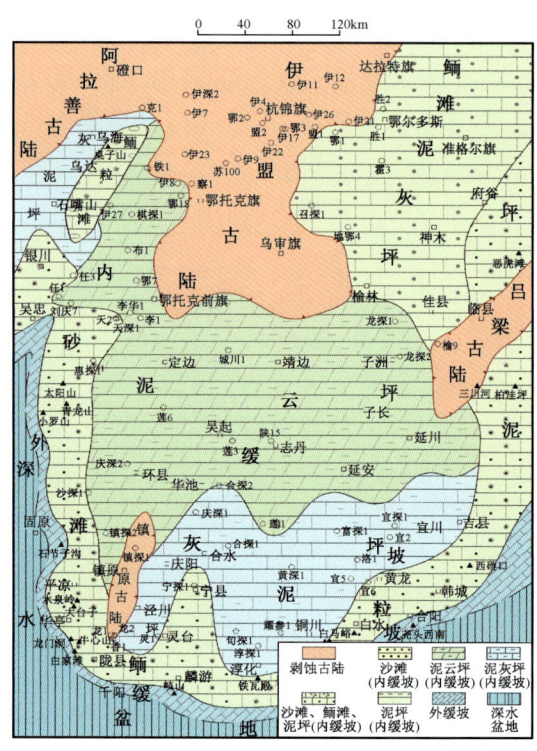

图2-33 鄂尔多斯盆地馒头组
沉积晚期岩相古地理图

图2-34 鄂尔多斯盆地张夏组
沉积期岩相古地理图

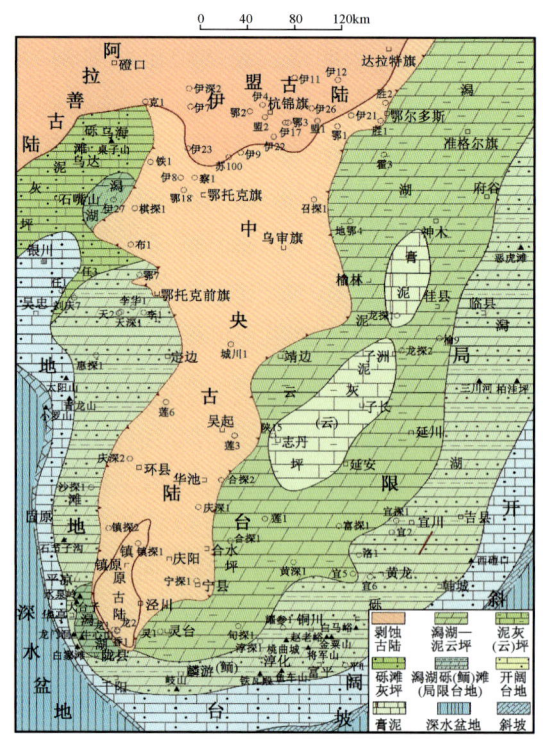

图2-35 鄂尔多斯盆地三山子组
沉积期岩相古地理图

第三节 奥陶纪沉积与古地理演化

一、奥陶纪沉积相类型与特征

（一）盆地中东部——局限海台地

1. 浅海台地

指开阔的浅水碳酸盐岩平台形沉积环境。大部分处于透光层之内，常常高于正常天气的浪基面。当被浅滩、岛或台地边缘的礁保护时即称之为潟湖。它与开阔海连通良好，以保持其盐度和温度接近与之相邻海洋的盐度和温度。水循环状况中等。水深在几米到几十米之间变化。相带宽阔，沉积物主要为灰泥、生物碎屑、砂屑等碳酸盐颗粒。生物群具有藻类、双壳类等浅水底栖生物，尤其常见腹足动物。常见岩相为灰泥灰岩、颗粒质灰泥灰岩和漂浮岩、灰泥质颗粒灰岩、颗粒灰岩等。

在鄂尔多斯地区主要出现在马家沟组碳酸盐岩与蒸发膏盐岩沉积旋回的海进期，相当于层序旋回的海侵体系域，主要发育正常海相石灰岩及粉晶—细晶白云岩（图2-36）。盆地中东部地区的马二段、马四段及马六段主要形成于此类沉积环境。

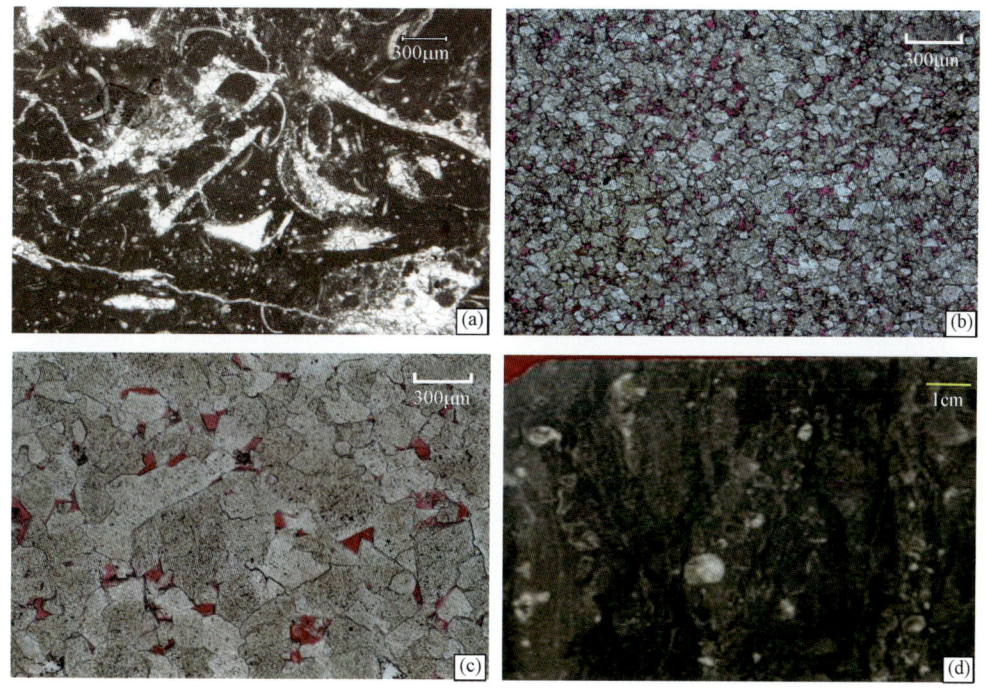

图2-36 鄂尔多斯盆地中东部奥陶系马家沟组浅海台地沉积特征
(a)府5井,2507.78m,马四段,泥晶生屑灰岩,生物碎片保存较完整,浅海沉积环境,水体能量较弱；(b)陕参1井,3812m,马四段,粉晶—细晶云岩,具残余颗粒结构,形成于滨岸颗粒滩沉积环境,后经混合水云化改造；(c)定探1井,3925.61m,马四段,细晶白云岩,发育晶间孔,单偏光；(d)定探1井,4290.85m,马四段,砂屑云岩,含生物碎屑,岩心照片

2. 蒸发台地

指蒸发量显著大于外来水体注入量、受强烈局限的台地沉积环境。通常仅有正常海水的偶然性注放，由于干旱的气候，石膏、硬石膏或石盐可能沉积在碳酸盐旁边形成萨布哈、盐沼泽、盐水洼地等宽缓的沉积相带。

在鄂尔多斯地区通常出现在碳酸盐岩与蒸发膏盐岩沉积旋回的海退期，相当于层序旋回的高位体系域—低位体系域。主要发育蒸发潮坪沉积的泥晶—粉晶白云岩、含膏白云岩，以及干化蒸发膏盐湖相的硬石膏岩和石盐岩（图2-37），盆地中东部地区的马一段、马三段及马五段主要形成于这类沉积环境（包洪平等，2004）。

图 2-37 鄂尔多斯盆地中东部奥陶系马家沟组蒸发台地沉积特征

(a)陕139井，3155.20m，马五$_2$，泥晶—粉晶白云岩，具纹层、干裂错断及石膏假晶，单偏光；(b)靳探1井，3664.71m，马五$_8$，泥晶—粉晶云岩，见硬石膏岩薄层，岩心照片；(c)靳探1井，3655.72m，马五$_6$，粉晶—细晶膏云岩，单偏光；(d)镇钾1井，2747.66m，马五$_6$，浅红色粗—巨晶石盐岩，岩心照片

(二) 盆地西部及南缘——台地边缘及深水斜坡

1. 台地边缘

台地边缘处在浅水碳酸盐岩台地与广海碳酸盐岩盆地的过渡部位，通常水体不是太深，但水体能量较高，生命赖以生存的营养物质较充分，常在水体能量较高的部位发育一定规模的生物礁及颗粒滩沉积。

生物礁主要类型有三种：(1)陡坡上部生物成分稳定的灰泥丘；(2)具有丘状礁和砂质浅滩的缓坡；(3)围绕在台地边缘的阻波障积礁。水深一般为几米至数十米，相带窄，沉积物多为纯的碳酸盐岩，发育块状灰岩和白云石，以及各种类型生物联结岩的块体或碎片。生物群多为底栖生物。常见岩相为骨架灰岩、障结灰岩、粘结灰岩、颗粒质灰岩和漂浮岩、颗粒灰岩以及砾屑碳酸盐岩。

颗粒滩主要发育在晴天浪基面以上的透光层内，受浪潮影响很大，相带较窄。沉积物为钙质,常为磨圆较好、有包层和分选良好的沙子,有时含有石英。砂粒为骨屑颗粒,或鲕粒及似球粒。部分具有保存较好的交错层理,有时经过生物扰动。易受陆上暴露的影响。岩石颜色为浅色。生物群多为破碎和受磨损的从礁和相关环境中搬运至此的生物群。常见岩相为颗粒灰岩、灰泥质颗粒灰岩等。

奥陶纪三道坎组—克里摩里组沉积期,盆地西部及南缘处在鄂尔多斯台地与秦祁广海的过渡区域,广泛发育台地边缘相的碳酸盐沉积。尤其在克里摩里组沉积期,盆地中东地区逐渐开始区域抬升而盆地西部及南缘则开始显著的构造沉降,表现出明显构造转换的差异沉降的构造—沉积演化特征。克里摩里组沉积期局部的构造起伏开始加大,导致古沉积底形的差异性也明显加大,在局部古沉积底形的高部位由于光照充足、水体能量相对较高、营养丰富、生物繁盛,形成具一定规模的生物丘或生物礁及颗粒滩沉积的集中发育(图2-38)。部分层段受后期层序旋回的控制,还可形成一定厚度的白云岩化层段。

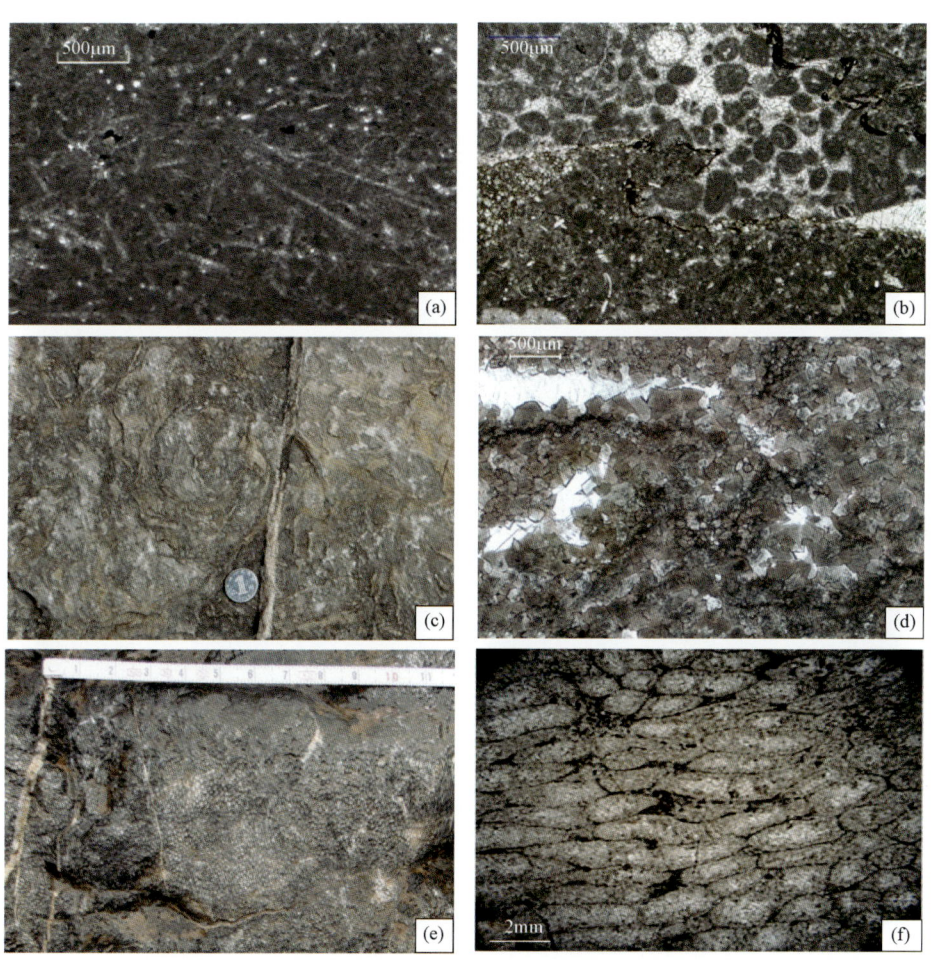

图2-38 鄂尔多斯盆地奥陶系台地边缘相沉积特征

(a)棋探1井,克里摩里组,4515.36m,海绵礁灰岩,铸体薄片;(b)古探1井,克里摩里组,4041.06m,亮晶颗粒灰岩,铸体薄片;(c)固原寺嘴子,克里摩里组,块状生物礁灰岩;(d)淳2井,4182.55,马六段,藻架礁云岩,铸体薄片;(e)永寿好畤河,平凉组,珊瑚礁灰岩;(f)永寿好畤河,平凉组,下凹地衣珊瑚(Lichenaria concava Lin),铸体薄片

2. 深水斜坡—盆地相

深水斜坡为浅水碳酸盐岩台地向深水盆地的过渡沉积,水深介于100~200m之间,相带

狭窄。沉积物堆积在斜坡上,因此沉积体的形状大小变化极大,有大型滑塌构造、大规模前积层理、切断层理的外来岩块及同生滑塌构造、碎屑注入岩脉等。有大量陆源物质(包括黏土、粉砂等)的加入。生物群大多为再沉积浅水底栖生物,有时为深水底栖生物或浮游生物。常见岩相为灰泥灰岩,异地灰泥质颗粒灰岩等。

深水盆地则主要指浪基面及透光层以下的深海区,水深介于几百米至几千米之间,宽相带。深海沉积物的完整组合包括:远洋黏土、硅质及碳酸盐质泥、半远洋泥、浊积岩。与远洋和台地源物质(台地边缘泥和灰泥)的混合物相邻近。层厚差异大,常为薄层。岩石颜色为深色、淡红色或者淡色,这些颜色取决于氧化还原条件的差异。浮游生物为典型的海洋组合,有时共生有原地底栖生物。岩石主要为远洋灰泥灰岩和颗粒质灰泥灰岩、泥灰岩及泥页岩等。

鄂尔多斯地区在克里摩里组沉积期之后,差异构造沉降进一步加剧,主要表现在鄂尔多斯中东部地区整体抬升为陆,而西部及南缘却快速沉陷、发育较深水的斜坡相乃至深水盆地相,主要岩性为灰质泥岩、泥灰岩及页岩,常可见笔石页岩、水平层理(页理)等反映深水环境的标志性岩性及构造特征(图2-39),且通常具有较大的沉积厚度。

图2-39 鄂尔多斯盆地奥陶系深水斜坡—盆地相沉积特征

(a)乌海西桌子山水泥厂,乌拉力克组,灰黑色笔石页岩;(b)乌海西桌子山水泥厂,乌拉力克组,笔石页岩,页理面普见笔石化石;(c)永寿好畤河,平凉组,灰色泥灰岩与灰泥岩互层,具褶皱变形;(d)平凉官庄,平凉组顶部,笔石页岩,页理面多可见笔石化石;(e)陇县龙门洞,背锅山组,斜坡相砾屑灰岩;(f)余探2井,平凉组,3972.06m,圆滑赫斯特德笔石,岩心照片

二、奥陶纪岩相古地理演化

(一)早奥陶世"边缘化"沉积阶段

受寒武纪末兴凯运动区域性构造抬升及差异沉降的影响,奥陶纪早期的沉积作用在鄂尔多斯地区又有"边缘化"的分布特征,即下奥陶统冶里组—亮甲山组也仅在盆地西缘、南缘及东南缘的局部地区有一定分布,岩性主要为含硅质白云岩及白云质灰岩;鄂尔多斯本部的大部分地区则基本缺失冶里组—亮甲山组,表明此时鄂尔多斯地区的主体还基本处于剥蚀的古陆区,海侵的初期沉积范围仍较为有限。

西缘、南缘及东南缘等有限沉积区内的古地理环境主体以环陆云坪—浅海台地(缓坡)为主(图2-40),岩性主要为含硅质条带的白云岩,反映当时沉积水体不是太深,在后续的浅埋藏成岩环境下(马一段的膏盐岩沉积期)发生了强烈的白云石化交代作用而全部白云岩化。亮甲山组沉积期对冶里组沉积期有明显的继承性,两者的古地理格局基本一致。

(二)马家沟组沉积期局限海台地阶段

早奥陶世马家沟组沉积期,鄂尔多斯地区的沉积特征与华北地区的差异进一步明显,突现出鄂尔多斯从华北地台逐渐分化的演化特征。主要表现在华北地区马家沟组主要为广海相的石灰岩,而鄂尔多斯地区则出现大量局限海台地相的蒸发岩,形成碳酸盐岩与膏盐岩交互的旋回性沉积建造,即马一段、马三段和马五段主要以膏盐岩及蒸发潮坪白云岩为主,而马二段、马四段和马六段则主要发育正常海沉积的石灰岩及白云岩(马六段由于风化壳的抬升剥蚀而在鄂尔多斯本部仅有零星残留)。其中马一段、马三段和马五段沉积期的古地理格局基本相近,大体以"L"形的中央古隆起为界,将鄂尔多斯地区分为东西两个沉积区,西侧以浅水碳酸盐台地(缓坡)沉积环境为主,东侧则以米脂洼陷为中心形成蒸发膏盐湖沉积及环湖的云坪相带白云岩;马二段、马四段和马六段沉积期(克里摩里组沉积期)的古地理格局则同为海侵期的另一番景象,即东部的洼地区(曾经的膏盐湖沉积期)变为浅海的石灰岩沉积区(石灰岩陆棚),向西靠近古隆起区则为环带状的以白云岩为主的浅水台地或云坪沉积环境,此时中央古隆起的障壁作用明显减弱,多为间歇暴露的古陆或水下古隆起环境(马二段沉积期除外),古隆起以西地区则为秦祁海域的浅水台地(缓坡)—深水盆地环境(图2-41至图2-45)。

奥陶系厚度在鄂尔多斯中部地区一般为300~500m,陕北盐洼区最厚可达近900m,主要原因是由于巨厚盐岩层的沉积,局部层段单旋回盐岩层的厚度可达几十米到上百米,反映其在一定时期可能存在强烈局限蒸发的古地理环境。这种分布特征与英格兰东北部Zechstein盆地上二叠统碳酸盐岩—蒸发岩地层的特征极为相似,Tucker(1991b)用克拉通内与广海周期性隔绝干化的模式来解释其蒸发岩的成因和层序分布。包洪平等(2004)提出用层序旋回控制的"干化蒸发"与"回灌重溶"来解释这一巨厚的蒸发岩与碳酸盐岩交互的旋回性沉积现象。

马家沟组沉积期开始广泛海侵,并在陕北地区发育同期的构造沉陷作用。海进期,陕北坳陷盆地与广海是完全连通的,整个鄂尔多斯地区属开阔海域,沉积环境差异不甚明显,相的分异也不大。在盆地东缘柳林—兴县地区发育水下低隆起及海侵滞留的陆源石英砂岩,由于水深及底质条件非常适合底栖固着生物的生长,有利于碳酸盐灰泥丘及生物礁的发育成长,因而可发育成堤状分布的生物礁体或灰泥丘[图2-46(b)]。

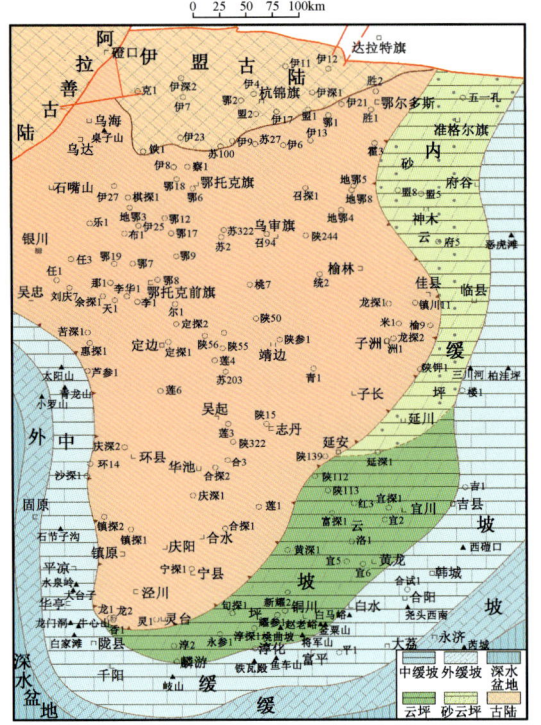
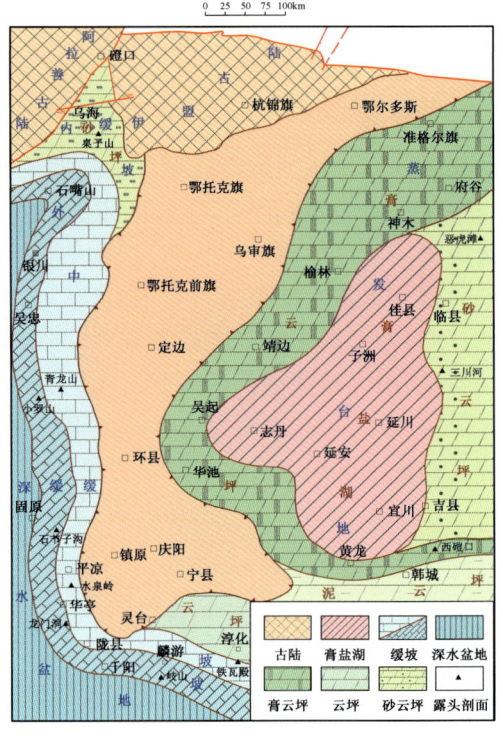

图 2-40　鄂尔多斯盆地冶里组—亮甲山组沉积期岩相古地理图

图 2-41　鄂尔多斯盆地马一段沉积期岩相古地理图

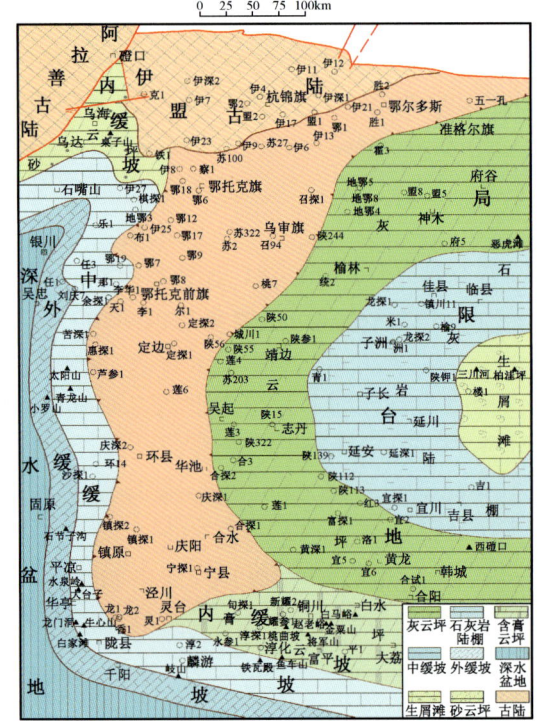
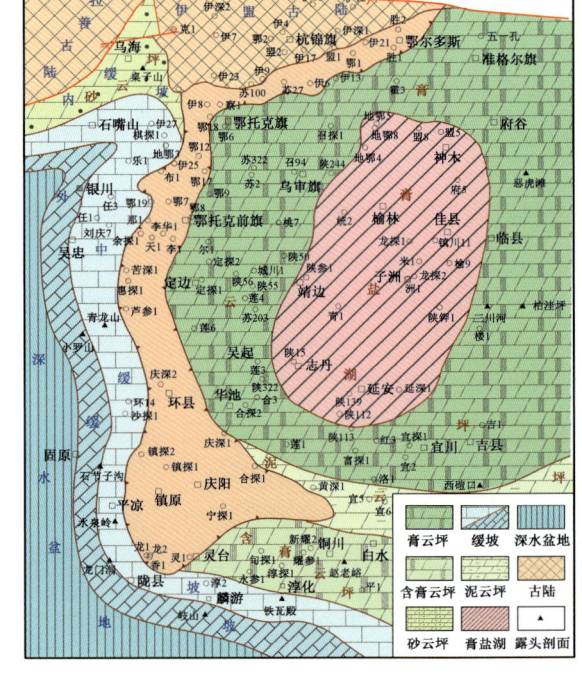

图 2-42　鄂尔多斯盆地马二段沉积期岩相古地理图　图 2-43　鄂尔多斯盆地马三段沉积期岩相古地理图

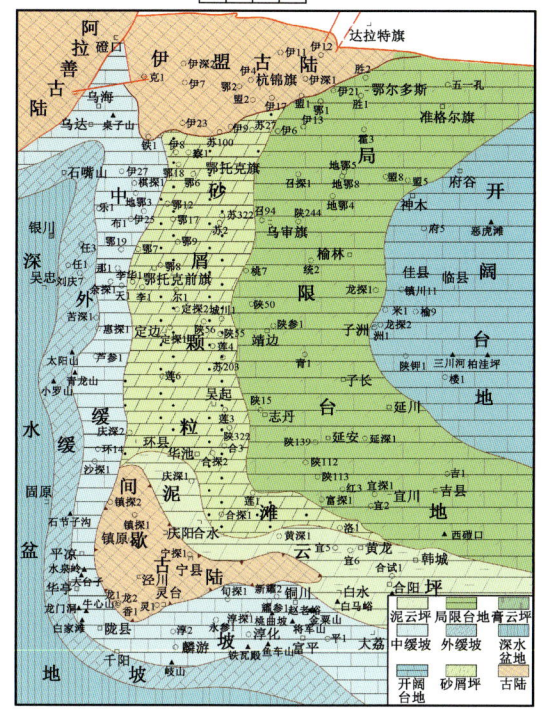 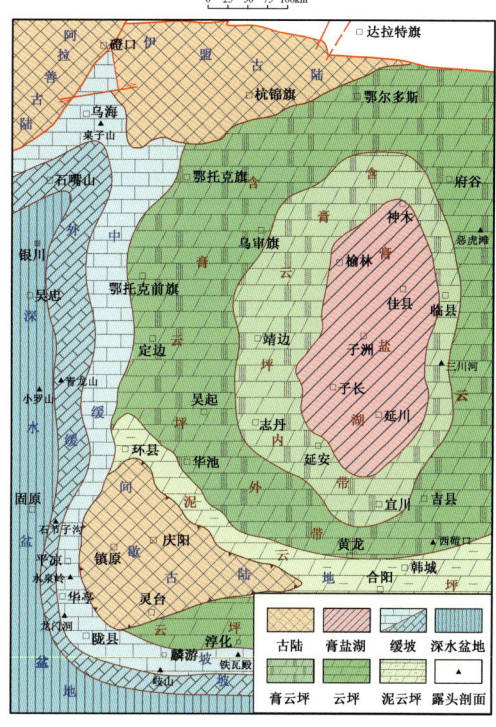

图 2-44 鄂尔多斯盆地马四段沉积期岩相古地理图　图 2-45 鄂尔多斯盆地马五段沉积期岩相古地理图

高水位早期海平面上升速率逐渐变慢并趋于静止,但由于沉积加积作用,水体有相对变浅的趋势,由于隆起部位与坳陷部位生物产率的差异,更加大了隆起与坳陷的地形及水深的差距,即深的部位更深、浅的部位更浅。这一时期是层序旋回的主要建造期,在区内广泛发育反映广海特征的(主要分布在坳陷区)、与隐藻席生长有关的潮坪碳酸盐沉积(主要在分布隆起区)。高水位晚期海平面开始下降,坳陷东部的古隆起逐渐露出地表,可发育与蒸发潮坪有关的泥晶白云岩(Shearman,1963),同时坳陷东部的水下低隆起区也变为相对浅水区,形成与滩环境有关的颗粒灰岩[图 2-46(c)]。

低水位早期由于坳陷东缘尚与东部开阔海域保持一定联系,可在坳陷的西侧形成与 Scruton(1953)回流假说模式有关的低位石膏楔状体,同时坳陷东缘的水下低隆起区由于间歇暴露可发育萨布哈型泥晶白云岩[图 2-46(d)]。但如果海平面下降速度过快则没有石膏楔状体的形成。

低水位晚期当海平面下降至"门槛"(坳陷与外海分隔的最低处)高度以下时,坳陷区与外海完全隔离,坳陷可因浓缩干化作用而发生盐类矿物的沉淀作用,在坳陷中部广大地区形成石盐岩[图 2-46(e)]。但一次性干化显然难以形成巨厚的石盐层,因此东缘障壁体沿孔隙向盆内的渗流,以及次级海平面波动引起的周期性部分或完全的"回灌作用"是盆内盐类补给的重要因素,厚层石盐岩中的硬石膏岩或(膏质)白云岩夹层可能与低位期的次一级海平面波动有关。这种作用不断继续使坳陷盆地逐渐被填充,直至下一个海平面变化旋回开始。

在下一海进旋回的较早期可在石盐层之上形成石膏层,使坳陷渐趋填平。在主要海进期及高水位期则主要形成加积型的碳酸盐沉积,生物礁也重新开始生长。同时,在这一时期可由于深部构造运动而导致凹陷中心的差异沉降作用,使补偿凹陷又开始形成[图 2-46(f)],并

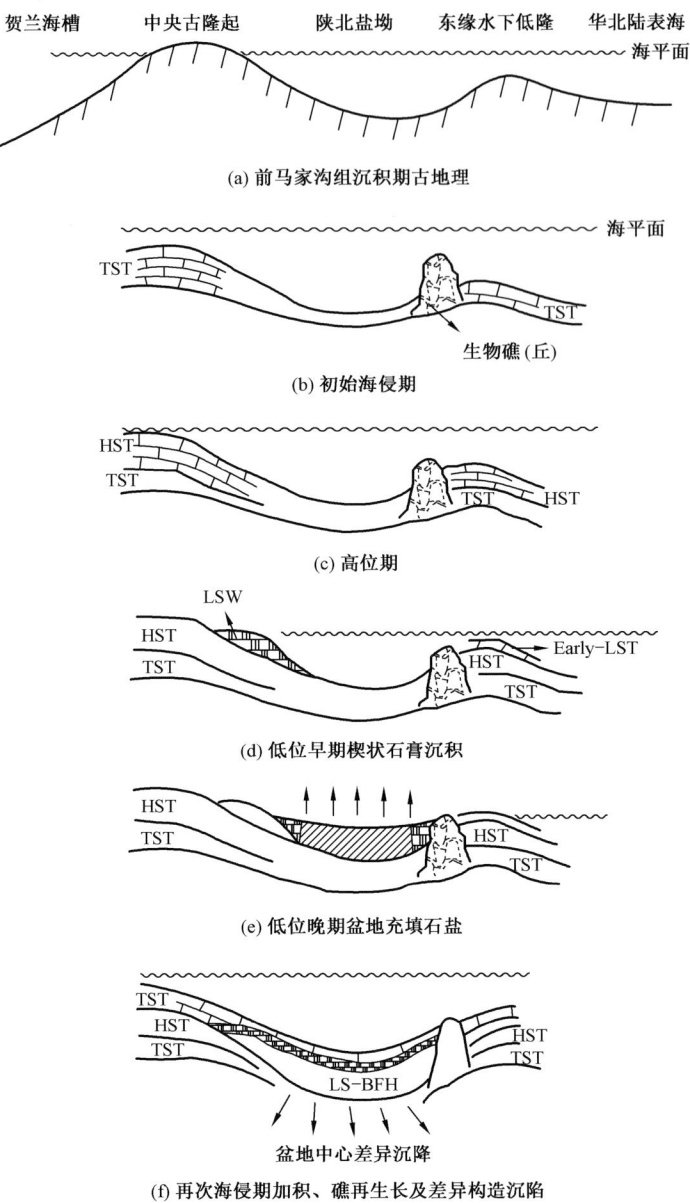

图 2-46 鄂尔多斯盆地东部碳酸盐岩—蒸发岩层序发育模式图

随着海平面的变化又进入下一次的层序旋回。

在该区可识别出 18 个这种海平面相对变化的旋回,但并不是每一次的旋回都必然伴随着坳陷盆地的干化作用,如第一旋回未发现标志干化的膏盐沉积,说明低位期海平面并未降至"门槛"之下,但也有可能是由于当时坳陷盆地的封闭性还不够好。由于这种层序旋回是叠加在更长周期的幕式构造沉降的背景之上,因而并非每一层序旋回都伴有构造沉降,幕式构造沉降可与长周期的层序组旋回相对应。

(三)克里摩里组沉积期构造转换阶段

早奥陶世末的克里摩里组沉积期(相当于马六段沉积期),构造及沉积环境的分异进一步加大,开始进入强烈的构造转换期,突出表现在沉积特征的差异性明显加强,从克里摩里组沉积期开始,地层岩性由原来以白云岩、膏盐岩为主,快速转化为以石灰岩为主(图2-47),而且岩性的横向相变也明显增强,表现出较明显的浅海碳酸盐岩台地—台地边缘—广海陆棚的相带分异特征(图2-48)。

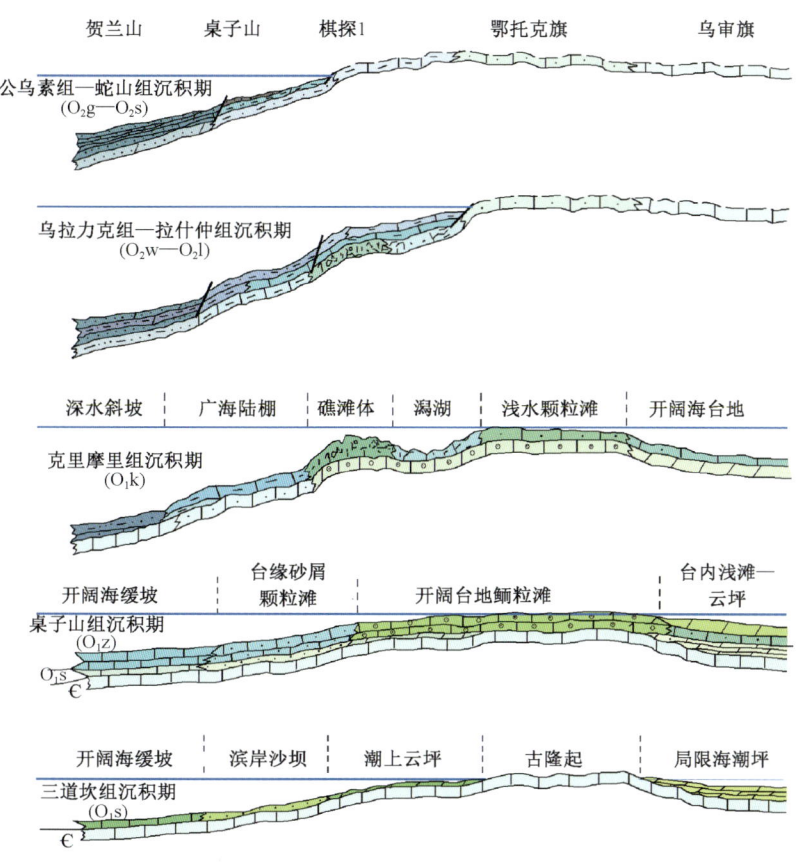

图2-47 鄂尔多斯盆地西部奥陶纪沉积演化模式图

克里摩里组沉积期基本的岩相古地理格局是中东部广大地区为浅海碳酸盐岩台地环境,邻近古隆起的西部地区则处于台地向秦祁广海过渡的台地边缘沉积环境,再向西、南则快速相变为祁连海及秦岭海的广海盆地沉积环境;其中在台地边缘沉积环境由于面向广海,沉积水体浅、能量高,多发育有一定规模的礁滩沉积体及白云岩化储集体,是下古生界天然气成藏的有利储集相带。但需要补充说明的是,鄂尔多斯中东部地区由于加里东风化壳期的抬升剥蚀、大多缺失马家沟组顶部马六段(相当于西部的克里摩里组),而仅在局部零星见有马六段的残留,厚度2~10m不等,因此中东部地区克里摩里组沉积期(马六段沉积期)的古地理主要根据有限的残留地层岩相分析恢复而来,其可靠性也有待进一步商榷。

(四)中—晚奥陶世差异沉降阶段

从中—晚奥陶世开始,构造活动性进一步加剧。乌拉力克组—拉什仲组沉积期(相当于南缘的平凉组沉积期)开始差异沉降,鄂尔多斯地区本部隆升为陆,而西部及南缘则快速沉降,发育开阔海台地—深水斜坡—深海盆地沉积(图2-49)。

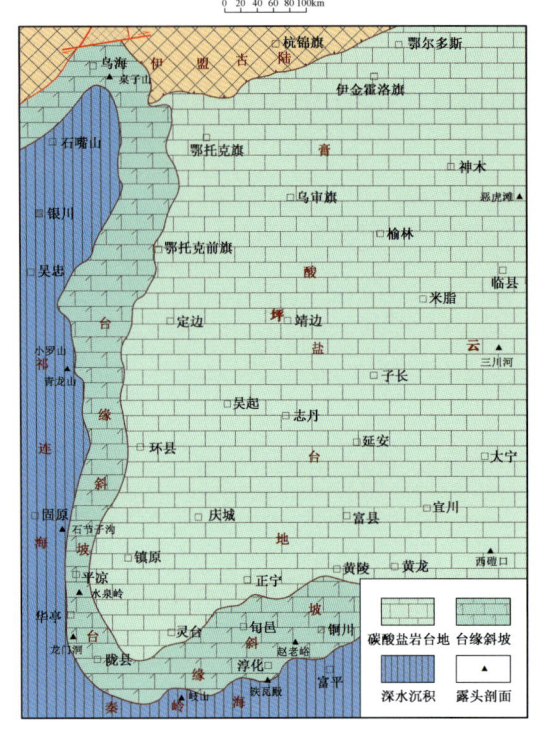

图2-48 鄂尔多斯盆地奥陶纪克里摩里组
(马六段)沉积期岩相古地理图

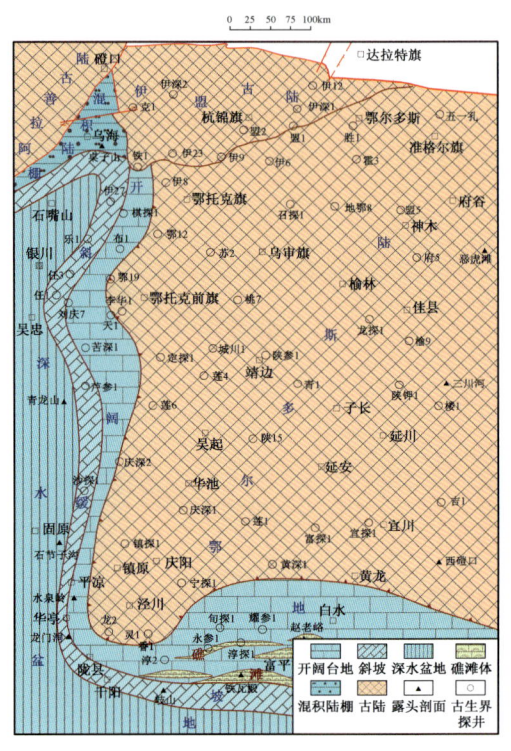

图2-49 鄂尔多斯盆地平凉组
沉积期岩相古地理图

公乌素组—蛇山组沉积期(相当于南缘的背锅山组沉积期)差异沉降加剧演化,鄂尔多斯本部仍为隆升的陆地,而西缘沉积范围进一步向西收缩,仅在桌子山—贺兰山发育深水斜坡—深海盆地沉积,南缘则基本延续平凉组沉积期的环境特征,沉积相带变化较平缓,依次发育开阔台地—深水斜坡—深海盆地沉积。

由上述特征可见,中—晚奥陶世鄂尔多斯西南部与盆地本部地区表现出对偶性的地层发育特征。即盆地本部开始逐渐抬升为陆,缺失中—上奥陶统;盆地西部、南部则加速下沉,发育巨厚的中—上奥陶统,厚度多逾1000m,最厚可达2000m以上。而且随着快速沉降,局部发育深海相放射虫硅质岩,地层中凝灰岩夹层也明显增多,反映当时构造活动性在明显增强,并伴随较强烈的岩浆及火山作用(杨华等,2010)。

因此,从整体的岩相古地理演化特征看,奥陶纪在鄂尔多斯地区最为突出的特征是沉积相带的分异和中—晚奥陶世构造的差异演化。既表现在鄂尔多斯独立于大华北地块的沉积个性的分化,也表现在盆地西缘及南缘显著不同于盆地本部的构造及沉积的差异演化。这可能与晚寒武世以后鄂尔多斯地区中央古隆起的形成与演化有直接的关系。

第三章 下古生界碳酸盐岩储层发育特征

第一节 储集岩类型及特征

下古生界碳酸盐岩是鄂尔多斯盆地天然气的重要产出层位之一,加强盆地下古生界碳酸盐岩有效储层的储集性能、发育规律以及成岩作用对储层物性影响作用的研究,对进一步明晰盆地下古生界天然气富集规律、扩大天然气勘探领域有重要意义。自20世纪末以靖边气田为代表的下古生界奥陶系古风化壳气藏发现以来,针对盆地下古生界碳酸盐岩储层的研究工作不断得到关注(郑聪斌等,1993;侯方浩等,2002;何自新等,2004;黄正良等,2011,2015;任军峰等,2016;代金友等,2010)。由于目前下古生界的勘探开发集中于奥陶系,寒武系尚未见到工业性聚集的天然气,勘探及研究程度较低,本次研究将以奥陶系为重点探讨碳酸盐岩的储层类型及分布发育特征。

根据盆地下古生界碳酸盐岩储层的岩性及储集空间类型,可以将其划分为四类储集体:风化壳溶孔型储集体、白云岩晶间孔型储集体、岩溶缝洞型储集体及台缘礁滩孔隙型储集体,且具有不同的储层特征,发育层位和分布区域(表3-1)。

表3-1 奥陶系四类储集体特征

储集体类型	岩石类型	储集空间类型	孔隙成因	发育层位	分布区域
风化壳溶孔型	泥—粉晶白云岩	溶孔、铸模孔	大气淡水淋溶	马五$_1$—马五$_4$	盆地中东部
白云岩晶间孔型	粗粉晶—细晶晶粒状白云岩	晶间孔	混合水云化	马五$_5$—马五$_{10}$	古隆起东侧
				马四段	古隆起周边
岩溶缝洞型	石灰岩	孔洞、洞穴充填砾间微孔及裂缝	风化壳期缝洞系岩溶作用	克里摩里组	西部祁连海域台缘相带
台缘礁滩孔隙型	颗粒灰岩	溶孔	台缘礁滩体早表生期溶蚀或云化	克里摩里组	西部祁连海域台缘相带
	礁灰岩	骨架孔			
	细晶—中晶白云岩	晶间孔		马六段	盆地南缘台缘相带
		残余格架孔			

一、风化壳溶孔型储集体

风化壳溶孔型储集体主要分布在盆地中东部奥陶系马家沟组上组合(马五$_1$—马五$_4$)的蒸发潮坪白云岩中,主要因其中发育准同生期形成的膏质或膏云质结核及膏盐矿物晶体等易溶矿物组构,从而在风化壳期大气淡水的淋溶作用下形成有效的储集空间。

(一)储层岩石学特征

盆地中东部地区奥陶系马家沟组五段上部(马五$_1$—马五$_4$)广泛发育蒸发潮坪白云岩,因其主要形成于蒸发潮坪(萨布哈)沉积及成岩环境,其中的白云岩基质多呈泥—粉晶结构,略显微细纹层或干裂角砾化构造,并伴生有准同生期形成的膏质或膏云质结核,以及膏盐矿物晶体等易溶矿物组构,这是其在岩溶风化壳期能形成大量有效储集空间的主要原因。

(二)储集空间类型及成因

岩心观察及岩石薄片、扫描电镜等综合分析表明,靖边气田及其周边奥陶系风化壳储层主要发育在奥陶系马家沟组上部的白云岩中。储集空间主要由溶孔、膏(盐)晶体铸模孔、晶间微孔及各种类型的微裂缝构成,基本不发育原生孔隙。此外,还可见缝合线、角砾间孔等次要孔隙类型,但其对储集空间的贡献均很有限。

储层孔隙成因主要与表生期及风化壳期的溶解作用、准同生及埋藏成岩期的白云石化作用、成岩期和风化壳期的构造应力及风化造缝作用等有关。

1. 球状溶孔

这类白云岩储层中孔隙类型主要是组构选择性溶孔,其形成主要与易溶膏盐矿物组构的淡水溶解作用有关,其中最主要的球状(斑状)溶孔,可能主要由(硬)石膏结核或膏云质结核在早表生期或风化壳期淋滤溶解而成。因此这类溶孔应叫作"核模孔"似乎更为妥贴。其孔径大小一般在 3~5mm 之间,多成层集中分布,呈近圆形或椭圆形,大小较均匀,是本区白云岩储层中占主导地位的储集空间,主要分布在马五$_1^3$和马五$_4^1$两个主力储集层段。在这两个主力储集层段中斑状溶孔极为发育,溶孔面积占岩心面积的 10%~30%,大多被泥—粉晶白云石、方解石、自生石英等半充填,局部地区为方解石及白云石全充填,常可见明显的示底充填构造特征[图 3-1(a)、(b)、(c)]。

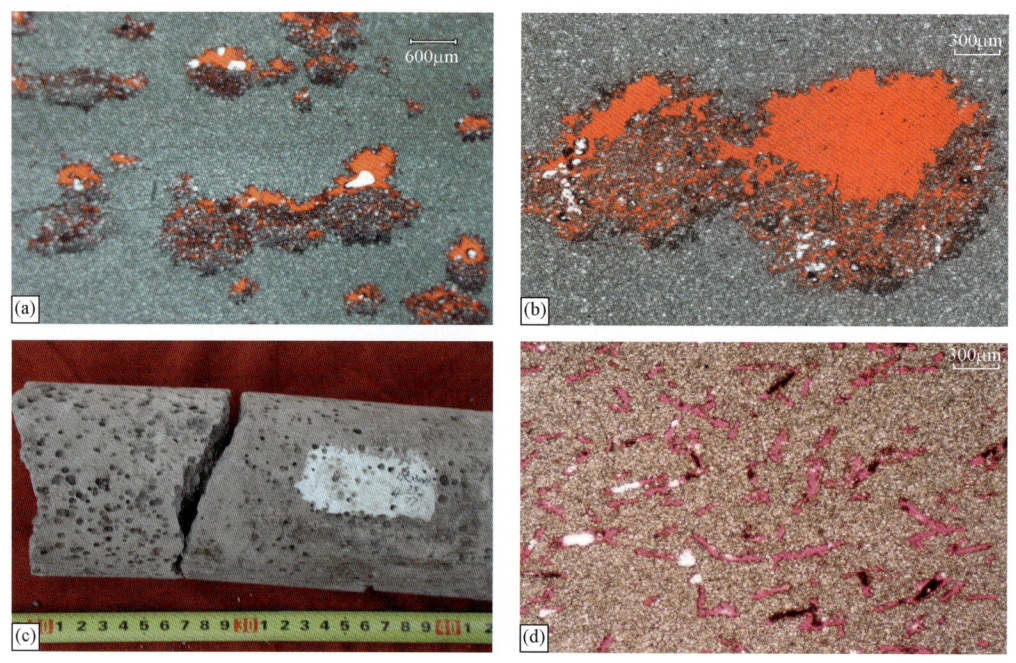

图 3-1 鄂尔多斯盆地奥陶系马家沟组风化壳储层孔隙特征

(a)陕 344 井,马五$_1^3$,3915.50m,泥晶云岩,发育溶孔;(b)陕 234 井,马五$_4^1$,3273.89m,泥晶云岩,溶孔;(c)陕 230 井,马五$_1^3$,3273.89m,泥晶云岩,岩心柱面发育溶蚀孔洞;(d)陕 30 井,马五$_4$,3629.10m,粉晶云岩,发育膏模孔

2. 晶体铸模孔

这类白云岩储层中晶体铸模孔隙也较为普遍,以膏模孔最为发育,具有重要的储集意义,可集中发育成为有效储集层段,如靖边地区的马五$_2^2$白云岩储层即以膏模孔为主要储集空间,面孔率可达3%~6%。除膏模孔外,局部层段还可见石盐晶体溶解形成的盐模孔,但明显不及膏模孔发育得那么普遍。

膏模孔在本区主要呈板条状和针状两种形态,部分层段为方解石或自生石英充填,成为石膏假晶。板条状膏模孔由晶体偏大的板条状石膏溶解而成,孔隙形态较规则,大小多在0.3~0.6mm之间,孔隙长宽比一般小于5,局部充填时多以方解石充填为主,次为白云石及少量自生石英;针状膏模孔则由晶体偏小的针状(或毛发状)石膏溶解而成,具明显单向延长特征,孔隙长轴为0.3~0.5mm,短轴为0.02~0.05mm,孔隙长宽比一般大于10,局部充填时以方解石充填为主,次为自生石英[图3-1(d)]。

3. 微裂缝

风化壳储层中普遍发育微裂缝,虽就其成因类型看存在构造缝、成岩收缩缝、风化裂隙(重力缝)、层间缝及缝合线等多种类型,但对储层物性(储、渗性能)起关键作用的主要是风化裂隙、构造缝和层间缝。另外,各种裂隙都可因受溶蚀改造扩大而成为"溶缝"。

(三)物性特征

马五段风化壳溶孔型储集体样品的物性测试数据(其中孔隙度分析数据268个,渗透率分析数据255个)分析表明:马五段风化壳溶孔型储集体储层物性较好,孔隙度在2%~7%之间,一般为1%~4%;渗透率一般为0.1~5mD(图3-2,图3-3)。

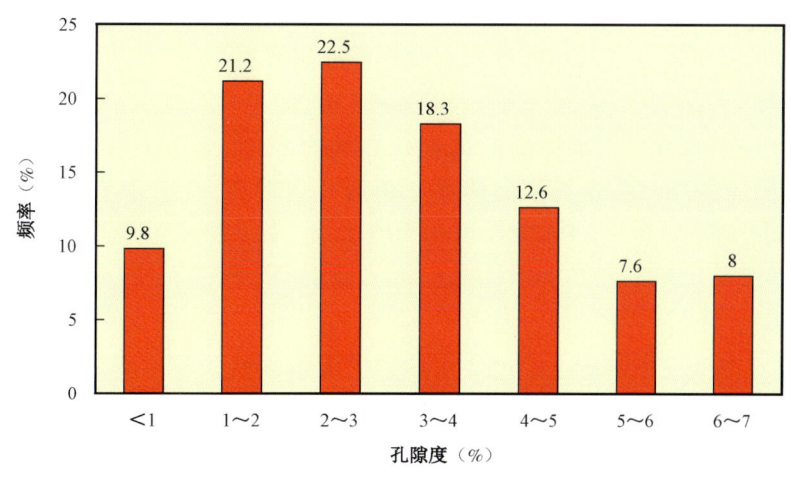

图3-2 马五段风化壳储层孔隙度分布频率图

二、白云岩晶间孔型储集体

该类储集体的储层主要发育于古隆起周边地区中—下组合(马五$_5$—马五$_{10}$、马四段),岩性主要为粗粉晶—细晶结构的晶粒状白云岩,以发育晶间孔为主要特征。

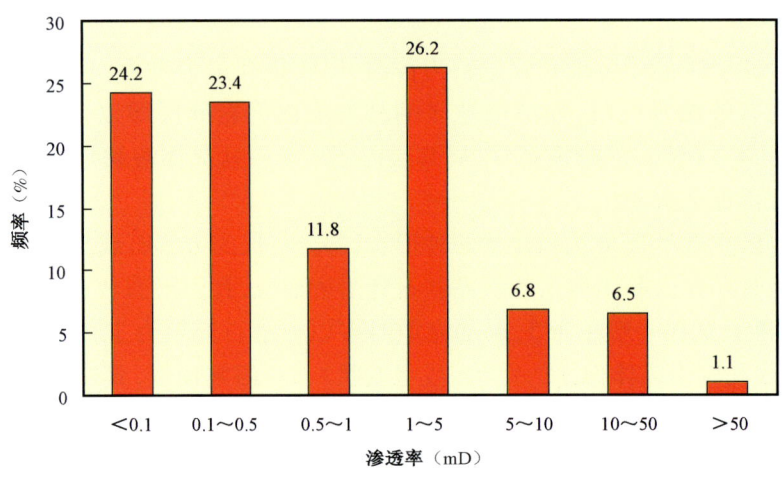

图 3-3 马五段风化壳储层渗透率分布频率图

(一) 储层岩石学特征

该类储集体的储层岩石主要为粗粉晶—细晶结构的晶粒状白云岩。白云石晶粒大小一般在 40~150μm 之间,晶粒结构较均一,通常自形程度较高,多为半自形—自形状,岩石整体构造多为块状或厚层状,纹层一般不太发育。

(二) 储集空间类型及成因

白云岩晶间孔型储集体储集空间类型主要为白云石晶间孔(局部同时发育晶间溶孔),次为微裂缝。白云岩晶间孔及晶间溶孔主要形成于碳酸盐沉积物发生白云石化作用的同期,与白云岩的成因紧密相关。以马五$_5$亚段白云岩及马四段白云岩成因为代表,该区的粗粉晶—细晶白云岩主要形成于混合水云化的近地表浅埋藏成岩环境。

1. 晶间孔

由于储层岩石中的白云石晶体通常具有较好的自形度,多由半自形—自形白云石晶粒构成,晶粒支架构成的晶间孔多为多面体或三角形几何形态,孔壁平直光滑,孔径大小一般为 10~50μm,面孔率为 1%~5%,少数可达 10% 以上,如古隆起东侧的苏 203 等井马五$_5$亚段粉晶白云岩储层及定探 1 井马四段细晶白云岩储层(图 3-4)。

2. 晶间溶孔

晶间溶孔是在晶间孔的基础上经过淡水溶蚀扩大或碳酸盐等矿物发生选择性溶解所致。在镜下,常见白云石晶体被溶蚀成港湾状,孔隙形态呈不规则状,孔径大小一般为 30~200μm,分布不均,且大小悬殊。其发育程度取决于岩石结构及其被溶蚀的强度,通常细晶白云岩较泥晶及粗晶白云岩的晶间溶孔更为发育(图 3-4)。

(三) 物性特征

白云岩晶间孔型储集体孔隙度一般为 2%~8%,渗透率一般为 0.01~0.5mD,厚度一般在 3~10m 之间。马四段局部储层厚度达数十米。毛细管压力曲线具宽缓平台是晶间孔型粉晶—中细晶白云岩储层的显著特征。总体上看,该类储层孔喉分选好,歪度值(Skp)为 0.53~1.69,属粗歪度,具较好的储渗性能,是研究区较好的孔隙性储层(图 3-5,图 3-6)。

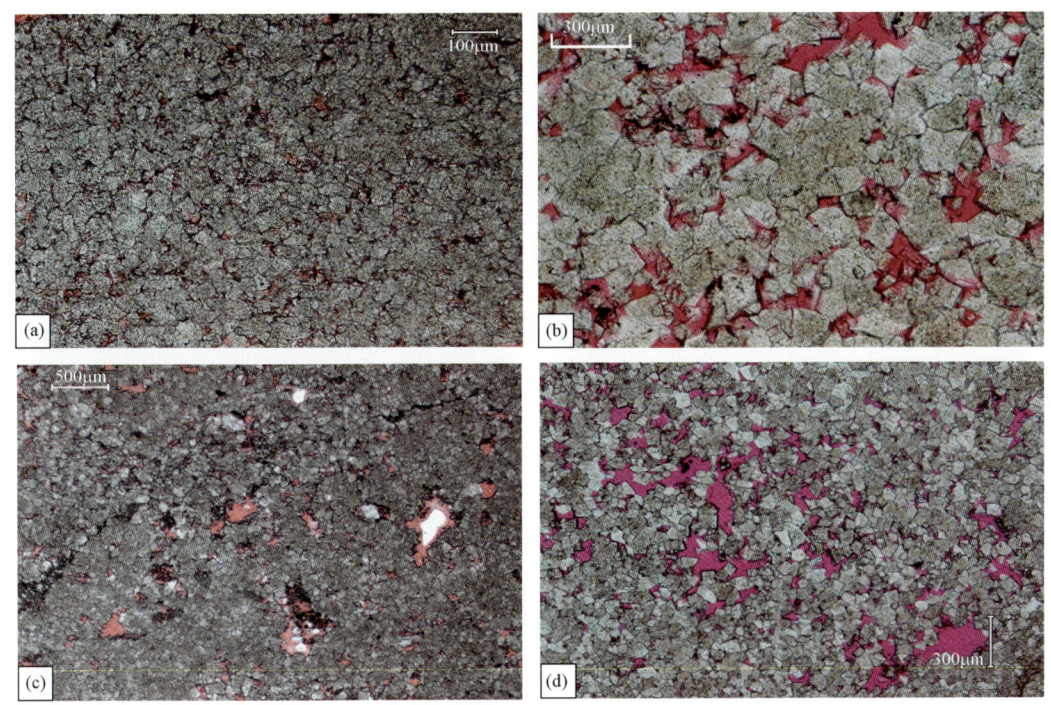

图 3-4 马家沟组白云岩晶间孔型储层孔隙特征

(a) 苏 203 井,马五$_5$,3923m(岩屑),粗粉晶云岩,发育晶间孔;(b) 定探 1 井,马四段,3929.97m,细晶云岩,发育晶间孔;(c) 连 19 井,4152.01m,马五$_7$,粗粉晶云岩,发育晶间孔及溶孔;(d) 召探 1 井,3189.66m,马五$_9$,粉晶—细晶云岩,发育晶间(溶)孔

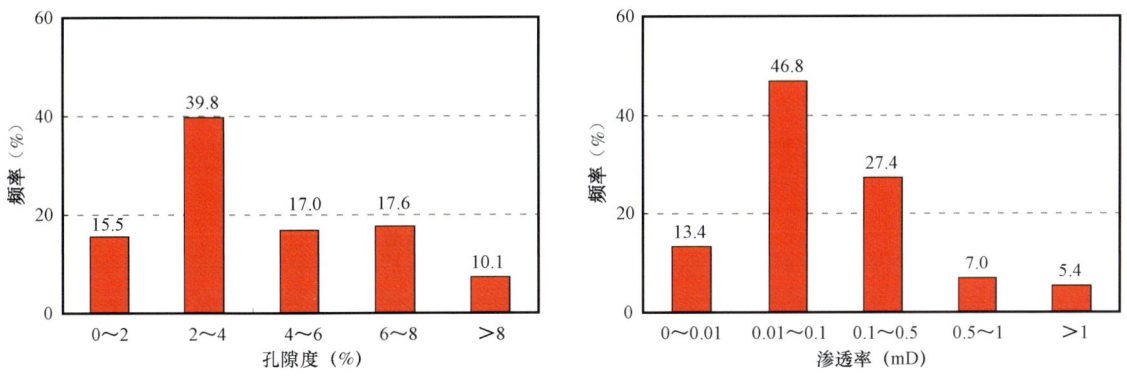

图 3-5 白云岩晶间孔型储层孔隙度分布频率图　　图 3-6 白云岩晶间孔型储层渗透率分布频率图

三、岩溶缝洞型储集体

岩溶缝洞型储集体主要发育在盆地西部奥陶系石灰岩地层中,石灰岩由于其易溶性,再叠加构造抬升导致的张裂作用,极易在风化壳期形成较大规模的岩溶缝洞体系(包括地下暗河等)。由于后期的岩溶塌陷,大多数岩溶洞穴均已垮塌,因此现今所见的岩溶缝洞型储层,实际上多为洞穴充填的泥质角砾岩[图 3-7(a)、(b)、(c)],只不过由于周围地层的围限,洞穴充填物通常未经强烈的压实,成岩程度相对较低,多数充填洞穴也仍具一定的储集性。如该区

鄂19井在克里摩里组洞穴充填泥质角砾岩及泥岩中,局部层段孔隙度可达5%~10%,但渗透率相对较低[图3-7(d)]。

图3-7 鄂尔多斯盆地西部奥陶系岩溶缝洞型灰岩储层特征

(a)鄂19井,3944.38m,克里摩里组,洞穴充填泥质角砾岩;(b)鄂19井,3947.32m,克里摩里组,洞穴充填泥质角砾岩,显微照片;(c)余探1井,4051.1m,克里摩里组,洞穴充填角砾岩;(d)鄂19井,克里摩里组,3948.74m,洞穴充填泥质角砾岩的砾间微孔,显微照片

风化壳晚期由于岩溶垮塌及石炭系埋藏的影响,大部分洞穴体经历了塌陷、充填的致密化过程,由于塌陷、充填的非均衡性,导致岩溶洞穴体在储集性上具较强的非均质性,主要存在塌陷半充填型和垮塌充填型两种类型(表3-2)。

表3-2 盆地西部奥陶系岩溶缝洞洞穴体储集特征对比表

岩溶孔洞类型	测井响应	地震响应	钻井、录井	岩性特征	模式示意图	代表井
塌陷半充填型	低自然伽马、低电阻、低密度、高声波时差,扩径严重	中—强振幅反射,对应为波峰	钻时加快、放空、钻井液漏失	以洞穴塌积岩、洞穴冲积岩、洞穴淀积岩为主		天1
垮塌充填型	高自然伽马、高声波时差、电阻率差异明显,扩径	地震响应为中振幅,对应为波谷	钻时加快	以洞穴塌积岩、洞穴填积岩为主		鄂19

(一)塌陷半充填型

为洞穴塌积岩、洞穴冲积岩、洞穴淀积岩对洞穴充填,充填不完全,可以形成有效储集空间。测井上表现为低自然伽马、低电阻、低密度、高声波时差和扩径明显的特点,地震上表现为中—强振幅反射。

(二)垮塌充填型

为洞穴塌积岩、洞穴填积岩对洞穴充填,充填完全,一般较难形成有效储集空间。测井上表现为高自然伽马、电阻率差异明显、高声波时差和扩径的特点,地震上表现为中振幅反射。

四、台缘礁滩孔隙型储集体

台缘礁滩孔隙型储集体发育与台缘相带的展布密切相关,目前台缘相带沉积主要存在于盆地西部的克里摩里组及盆地边部的马六段,由于它们之间的沉积环境及后期成岩环境的差异,主要发育石灰岩及白云岩两种类型储层,储集空间类型也分别为石灰岩的组构选择性溶孔和白云岩的格架孔与晶间孔。

石灰岩礁滩相储集体主要发育组构选择性溶孔及海绵礁骨架孔,白云岩礁滩相储集体则主要发育白云石晶间孔、礁残余格架孔(图3-8)。

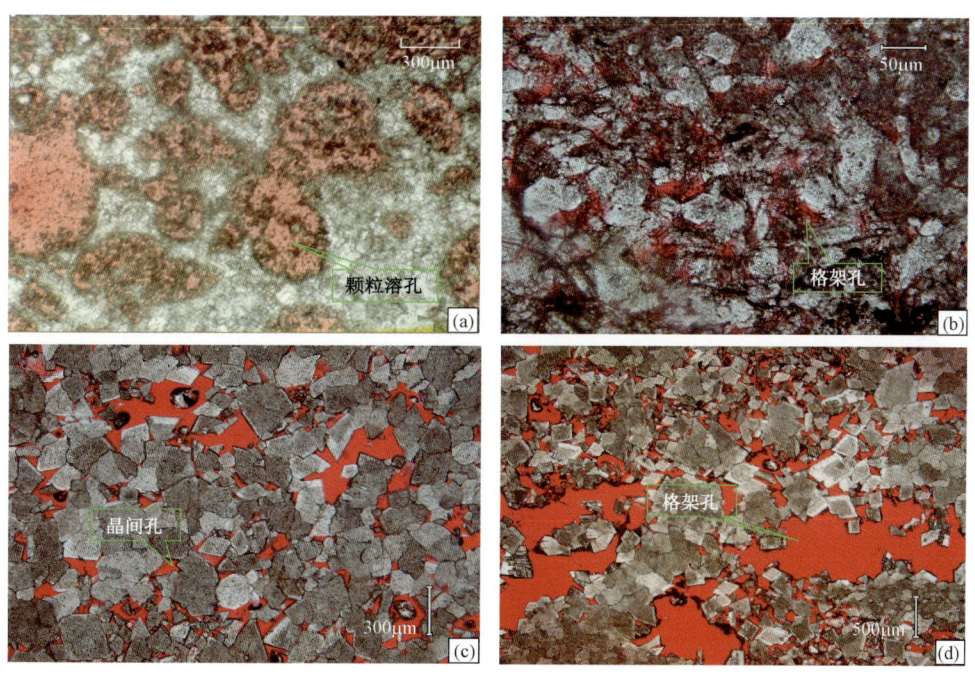

图3-8 鄂尔多斯盆地奥陶系礁滩体储层孔隙特征
(a)天1井,3936m(岩屑),克里摩里组,藻屑灰岩,发育组构选择性溶孔;(b)棋探1井,4444m(岩屑),克里摩里组,海绵礁灰岩,发育格架孔隙;(c)旬探1井,3299.98m,马六段,细晶白云岩,晶间孔发育;
(d)旬探1井,3142.11m,马六段,细晶白云岩发育晶间孔及格架孔

(一)组构选择性溶孔

主要发育于高能的颗粒滩相碳酸盐沉积中,孔隙大小及形态受特殊碳酸盐岩结构组分控制,基本保留原始颗粒组分形态,大小50~300μm,分布较均一,而原始的颗粒间灰泥基质则保存完整,灰质成分只是受到新生变形及重结晶作用改造而微亮晶化。

溶孔由文石质或高镁方解石质碳酸盐颗粒组构在早表生期的淡水淋滤溶解而成,与风化壳溶孔的成因有显著差异,后者主要形成于风化壳期,由膏盐矿物的风化溶滤而成。

(二)格架孔

为保留生物礁体骨架结构的架状孔隙,是原始生物礁体格架结构间原有孔隙成岩演化的残留。在未发生白云岩化的石灰岩礁体中,此类孔隙大部分由于沉积成岩作用而为灰泥基质及方解石充填而致密化,仅在局部地区得到了有效保留;但在发生强烈白云岩化作用的白云岩礁体中则可得到较好的保存。

(三)晶间孔

该类储层岩石的白云石晶粒较粗,多为半自形—自形白云石晶粒结构,孔隙发育较均一,孔径大小一般为 $30\sim70\mu m$,孔隙特征与古隆起东侧奥陶系下组合马四段白云岩储层的晶间孔特征较接近。

第二节 控制储层形成的主要成岩作用

根据野外剖面、井下岩心观察与微观分析,盆地下古生界碳酸盐岩成岩作用类型中,建设性成岩作用主要有白云岩化作用、溶蚀(岩溶)作用、构造破裂作用和大气淡水淋滤作用;破坏性成岩作用主要有压实压溶作用、胶结作用和交代充填作用等。不同类型的成岩作用对储层有着不同的控制或影响,其中胶结充填作用贯穿于碳酸盐岩形成的各个成岩阶段,对储层孔隙的影响较大。表生风化岩溶期的溶蚀作用和近地表及埋藏期的白云岩化作用,是形成鄂尔多斯盆地下古生界碳酸盐岩有效储集空间的主要因素。

一、原生孔隙的消失——胶结作用

胶结作用是指松散的沉积物颗粒通过粒间孔隙水的化学沉淀而转变为固结坚硬岩石的作用。胶结作用过程中将由化学作用沉淀的、对沉积物颗粒起胶结作用的矿物称之为胶结物。胶结作用主要发生于能量较高的浅滩亚相的各微相(图3-9),如陇县白家滩—岐山一带的台地边缘生屑、砂屑滩沉积层的胶结作用十分发育。

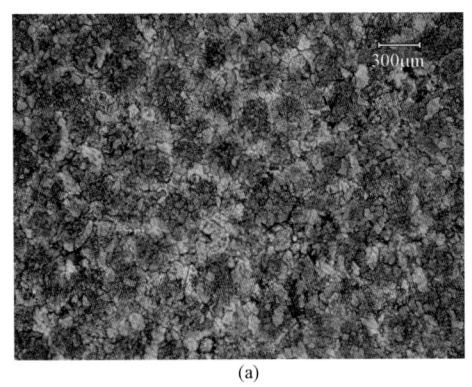

(a)　　　　　　　　　　　　　　(b)

图3-9 浅滩亚相镜下显微薄片

(a)鲕粒云岩,宁探1井,3727.31m,张夏组颗粒多以线接触及凹凸接触为主;

(b)鲕粒云岩,3727.05m,宁探1井,张夏组缝合线发育,被沥青及泥质充填

胶结作用发生在颗粒灰岩中，继大气淡水混合带的细晶方解石胶结物，浅—中埋藏过程中封存海水仍发生粒状方解石胶结作用。通过晶体生长竞争，结晶核越来越少，晶粒却越来越大。泥粒状生物灰岩体腔孔、遮蔽孔中也有细粒方解石胶结物。

二、次生孔隙的形成——白云岩化作用

白云石化作用是研究区内最重要的成岩作用之一。白云岩化作用对区内寒武系储层的影响主要体现在两个方面：白云岩化作用一方面形成一定量的晶间孔隙，虽然微细的晶间孔隙不能对孔隙度改善多少，但却极大地改善储层的渗透性能；另一方面，晶间孔隙的形成为后期溶蚀流体的运移提供通道条件，有利于溶蚀作用发育，为储层的进一步改造奠定了基础。

晶粒白云岩的形成主要有两种方式。一种为颗粒岩受强烈的白云石化作用形成，这类白云石晶体自形程度高，多为自形—半自形，晶粒较粗，以粗粉晶—细晶为主，受后期重结晶作用可形成中—粗晶白云岩，这类白云岩一般具有发育良好的晶间孔和晶间溶孔，吼道半径粗，孔隙之间以片状喉道相连，连通性较好，储渗性能较为优越；经构造运动抬升，沉积层间歇暴露在海平面之上，大气淡水可顺畅地流过孔隙进行溶蚀，进而形成溶蚀孔洞较发育的有利储集层段（图3-10）。

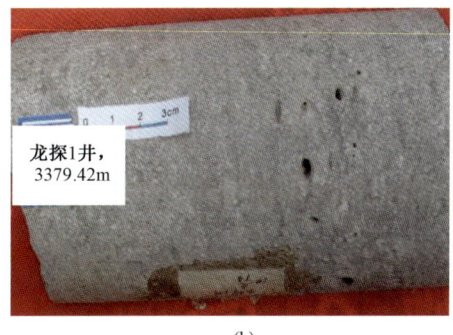

(a) (b)

图3-10 鄂尔多斯盆地寒武系晶粒白云岩储集岩类
(a)龙探1井，3434.30m，寒武系张夏组，残余颗粒粉晶—细晶白云岩，发育溶蚀孔洞；
(b)龙探1井，3379.42m，寒武系三山子组，灰色粉晶云岩，溶蚀孔洞较发育

另一种主要为在潟湖、潮上带及潮间—潮下低能环境沉积的晶粒白云岩，这类白云岩由于沉积时能量较低，具有泥质含量较高、晶体自形程度偏低、晶粒较细的特点；以它形—半自形的泥晶为主，可有少量的粉晶白云岩，受后期重结晶作用的影响可形成粗粉晶—细晶白云岩。由于晶粒较细，其间孔隙较小、孔隙间吼道细小、连通性差，容易受压实和胶结作用形成无效储层。

浅埋藏白云石化作用形成的白云岩在普通薄片及阴极发光显微镜中观察为粉晶—细晶结构，一般看起来较脏，部分白云石具有一个完整或不完整的亮边，即呈雾心亮边结构，雾心发不均匀的弱黄红光、亮边不发光或发暗红光。

这类白云岩的$\delta^{13}C$和$\delta^{18}O$值平均分别为-0.2‰(PDB)和-3.3‰(PDB)，与奥陶系国家标准相比，为相对富$\delta^{18}O$。其中贫$\delta^{13}C$可能与部分烃类热解脱羧产生的富$\delta^{12}C$的CO_2进入白云石晶格有关，富$\delta^{18}O$则与浅—深埋藏环境地层水加入有关。

深埋藏白云石化主要形成细晶—粗晶白云岩、白云石晶间孔中的增生白云石。部分细晶—粗晶白云岩中见有颗粒幻影，其原岩应是颗粒灰岩类，可能这类白云岩是由颗粒灰岩经白

云石化而成。

奥陶系马家沟组马四段白云岩储层厚度大、分布广,储层物性较好,从普通薄片、阴极发光显微镜、X射线衍射、电子探针、氧碳同位素等分析数据来看,这类白云岩的形成以埋藏白云石化作用占主导地位。

鄂尔多斯地区寒武系也发育大段厚层的白云岩,分布也较为广泛。因其白云岩结构类型多样,对其成因也有不同的解释模式。谢庆宾等(1999,2001)对鄂尔多斯寒武系三山子组白云岩的研究认为,三山子组白云岩存在多种成因,不同地区层位不同,白云岩的成因也不相同,且具有多期叠加改造的特征,是多期白云岩化、多种机理叠加的"穿时"白云岩体;段杰(2009)、郑浩夫(2015)则认为区内寒武系白云石化主要存在准同生期白云石化模式、渗透回流白石化模式以及埋藏白云石化模式。

三、孔隙的改造——溶蚀作用

碳酸盐岩的溶解作用为储层提供各种溶蚀孔、缝隙,自早期同生成岩期的大气淡水阶段到晚期成岩期或表生成岩期都可发生。根据溶蚀组构特征及溶蚀机理,溶蚀作用可归为两类:表生风化岩溶期的岩溶作用和埋藏期的溶解作用。

表生风化岩溶期的岩溶作用指沉积物(岩)暴露于地表条件下接受大气淡水溶滤改造的过程,是碳酸盐岩孔隙形成的重要作用之一。按溶滤作用阶段的不同又可区分为早表生期溶蚀和晚表生期溶蚀两种。早表生期溶蚀是指沉积物刚形成(尚未完全成岩)时,由于海平面相对变化而间歇性暴露于海平面之上时受到的大气淡水溶滤改造作用,这种溶蚀作用一般溶解能力有限,且具有较强的组构选择性,主要形成膏、盐晶的铸模孔、膏云结核溶孔等组构选择性溶孔。晚表生期溶孔主要指沉积物成岩后,在加里东构造抬升的古风化壳期,所经受的长期强烈的风化淋滤和溶蚀改造作用,这类溶蚀作用形成的溶蚀孔洞一般不具明显的组构选择性,溶蚀孔洞的发育程度明显受岩溶古地貌的控制。鄂尔多斯盆地下古生界主要以加里东后期及以后鄂尔多斯地区主体抬升暴露期的岩溶作用为主。地层中保存的大量蒸发盐矿物甚至蒸发盐岩,足以说明这一点。

埋藏期的溶蚀作用主要发生在中—深埋藏环境(也有人称之为埋藏岩溶作用),可发生于浅—深埋藏环境。区内溶蚀—充填现象较为普遍,马家沟组各段均广有所见。溶蚀作用不但造成蒸发盐类的溶解也致使石灰岩和白云岩发生不同程度溶解。深埋藏期的溶蚀作用是鄂尔多斯盆地下古生界重要的建设性成岩作用。

第三节 储层发育分布的主要控制因素

鄂尔多斯盆地下古生界奥陶系碳酸盐岩储层发育层位、有效储层分布规律具有较大差异,这主要由沉积层序、沉积微相、岩溶古地貌及后期白云岩化作用的差异决定的。

一、沉积层序对储层发育的控制

(一)沉积层序控制盆地南缘礁滩相储层有效发育层段

盆地南部地区礁滩沉积的白云岩化作用除受原岩颗粒大小、疏松程度控制外,还受层序影响:连续的海进,势必导致原岩的埋藏,从而阻止了原岩与高镁水(海水)的接触,从而不利于白云岩化。但是对于持续稳定的高水位期，由于礁滩相灰岩沉积后及浅埋藏阶段多经历间歇性暴露，易于白云岩化作用的持续进行，形成的白云岩层厚度大、云化彻底，多发育有孔渗性较好的晶间孔型储层。

（二）沉积层序控制了盆地中东部碳酸盐岩储层的纵向旋回性分布

海平面升降及升降幅度的大小，直接决定了鄂尔多斯盆地中东部地区马五段储层的沉积及成岩环境，从而造成海退沉积半旋回及海侵沉积半旋回及其内部发育不同的储层类型，主要表现在以下两个方面。

首先，海平面频繁的升降变化导致膏溶孔型白云岩储层与晶间孔型白云岩储层纵向上呈旋回性分布。马五$_5$沉积期、马五$_7$沉积期、马五$_9$沉积期为海侵期，水体明显加深，早期沉积的岩性以纯碳酸盐岩为主，仅局部见少量膏质成分溶蚀，后期发生混合水白云岩化作用，以发育晶间孔型白云岩储层为主要特征。而马五$_1$—马五$_4$沉积期、马五$_6$沉积期、马五$_8$沉积期及马五$_{10}$沉积期由于发生海退，加上气候炎热，在蒸发泵作用下发生准同生白云岩化作用，并伴生膏质成分，后期溶蚀后形成膏溶孔，因此，以发育膏溶孔型白云岩储层为主要特征。马五段膏溶孔型白云岩储层与晶间孔型白云岩储层也因此在纵向上呈互层状旋回性分布。

其次，在海侵沉积半旋回的三个亚段中，虽然岩相古地理特征及成岩环境都大致相似，但是由于海侵幅度的不同，同样影响着这三个亚段岩性及储层分布的细微差异。马五$_5$沉积期为最大的海侵期，相对马五$_7$沉积期、马五$_9$沉积期而言，其海水含盐度更低，基本与外海一致，其白云岩化程度明显较马五$_7$沉积期、马五$_9$沉积期低，因此盆地中东部地区马五$_5$亚段岩性以石灰岩为主，仅在靠近中央古隆起区域发育白云岩，而马五$_7$亚段、马五$_9$亚段岩性基本以白云岩为主，仅局部发育石灰岩（图3-11）。由于马五$_5$沉积期为最大的海侵期，中央古隆起东侧地区为潮下—潮间带沉积环境，储层类型基本为晶间孔型白云岩储层；马五$_7$沉积期、马五$_9$沉积期海侵幅度明显不如马五$_5$沉积期，古隆起东侧地区水位相对较浅，沉积环境为潮间—潮上带，而在潮上带极易发育类似海退沉积半旋回的膏溶孔，因此，马五$_7$亚段、马五$_9$亚段以发育晶间孔型白云岩储层为主，同时也发育少量的溶孔型白云岩储层。

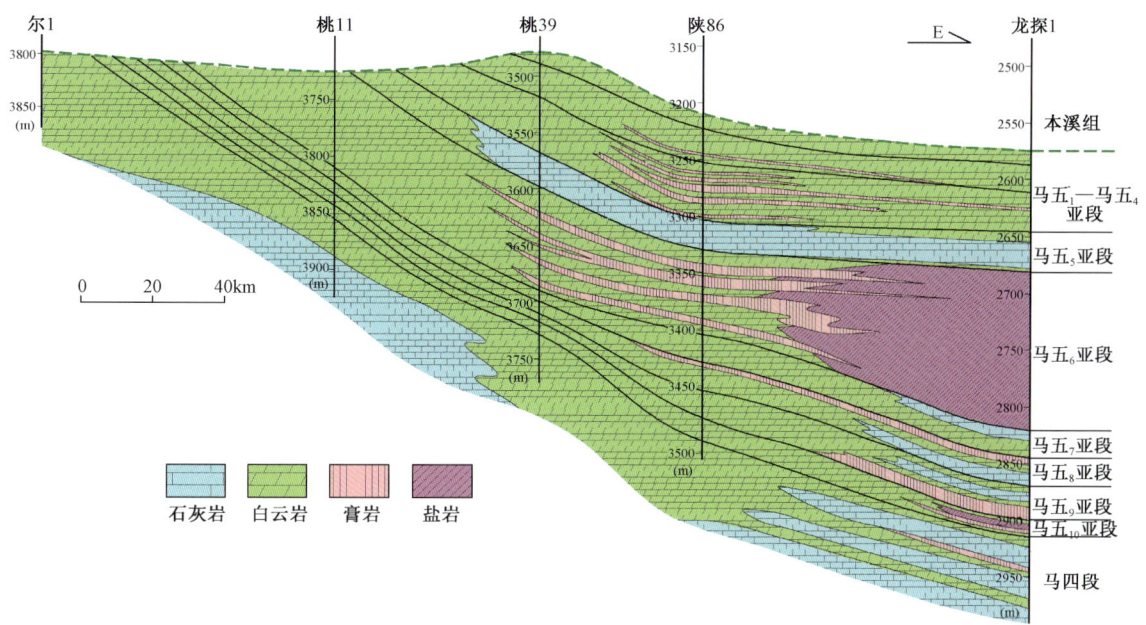

图3-11 鄂尔多斯盆地古隆起东侧奥陶系马五段白云岩分布模式图

二、沉积相带展布对储层发育的控制作用

(一)含膏云坪相带控制岩溶风化壳储层的空间展布

对靖边气田奥陶系风化壳储集层段沉积特征的研究表明,发育有效储集空间的马五$_1^3$、马五$_4^1$等储层段主要形成于富含膏盐等易溶矿物组构的(潮上)含膏云坪相带中,而形成于潮间—潮下环境中的泥晶—粉晶白云岩,由于原始沉积物缺乏膏盐矿物组分,孔隙通常均不发育。

横向上,即使是同期形成的蒸发岩层,由于沉积时所处地理位置上的差异,其沉积物特征也存在一定的变化。最突出的特征表现在围绕鄂尔多斯盆地东南部的古地形洼地外围沉积上呈现出带状的相带分异格局,如针对马五$_1^3$而言,由洼地向外依次发育含膏云坪、环陆泥云坪等相带。其中含膏云坪相带又可根据膏质物发育程度进一步划分为内带、中带和外带三个带,位于含膏云坪中间的中带膏质物最发育、分布也最均匀稳定,成为有利于膏溶孔隙储层形成的沉积层段,靖边气田的主体即位于此带上;外带由于靠近古隆起区,容易受到大气淡水的淡化影响,膏质物含量相对较低;内带则受正常海水影响,浓缩程度低于中带,膏质物含量也相对较低。

(二)台坪相带是中组合白云岩晶间孔储层发育的有利相带

1. 古隆起东侧为中组合台坪相带的有利发育区

沉积演化史分析表明,马五$_5$亚段、马五$_7$亚段和马五$_9$亚段同为夹在蒸发岩层序中的短期海侵沉积,沉积相带自东向西围绕盆地东部石灰岩盆地(马五$_6$、马五$_8$、马五$_{10}$沉积期膏盐洼地)呈环带分布,依次发育东部石灰岩洼地、靖边缓坡、靖西台坪及环陆云坪。

东部洼地位于潮下带,沉积期水体开阔,与广海相通,主要沉积深灰色富含生物碎屑的泥晶灰岩,在局部地区也有白云岩化的迹象;靖边缓坡总体处于潮间带,以石灰岩为主,间夹泥晶—粉晶白云岩;靖西台坪总体处于潮上和潮间交替发育带,在靖西台坪的局部高部位,是台内滩相颗粒灰岩发育的有利位置,经后期云化后可形成云化滩储层,成为有利的白云岩晶间孔型储层。

马五$_7$亚段、马五$_9$亚段沉积格局与马五$_5$亚段具有相似性,总体表现为东部洼地沉积深灰色泥晶灰岩,向西经缓坡向台坪过渡,颗粒滩相沉积体主要发育在台坪相带。与马五$_5$亚段相比,马五$_7$、马五$_9$亚段滩相沉积颗粒更粗大,为粗粉晶—细晶白云岩,如合3井马五$_7$亚段与召探1井马五$_9$亚段储层,说明较马五$_5$沉积期海侵幅度稍弱,水体相对较浅,水动力条件更强。

2. 台坪相带中的藻屑滩微相控制中组合白云岩储层的发育

在前人研究的基础上,根据电性、沉积微相和岩性组合特征将古隆起东侧马五$_5$亚段从上到下细分为三个小层,即马五$_5^1$、马五$_5^2$和马五$_5^3$,微相特征研究白云岩晶间孔储层的分布规律。

以苏203井为例(图3-12),马五$_5$亚段全云化,马五$_5^3$亚段沉积时相对海平面快速上升,该区处于潮下低能藻粘结岩丘微相带,局部发育藻纹层的泥晶—粉晶白云岩;马五$_5^2$亚段沉积时海平面由快速上升逐渐转变为缓慢下降,沉积环境演变为相对高能的潮间藻屑滩相带,结构较均一的粗粉晶白云岩主要发育在此段;马五$_5^1$亚段沉积时相对海平面的上升造成该区已处在潮上低能环境,云坪相带的泥晶—粉晶白云岩广布,局部可见膏盐矿物假晶。沉积微相在纵

向上的演变规律决定了古隆起东侧马五$_5$亚段藻屑滩沉积主要分布在马五$_5^2$小层,经后期混合水云化形成粗粉晶结构的白云岩,多发育为有效的晶间孔储层,具有优良的储集性能。

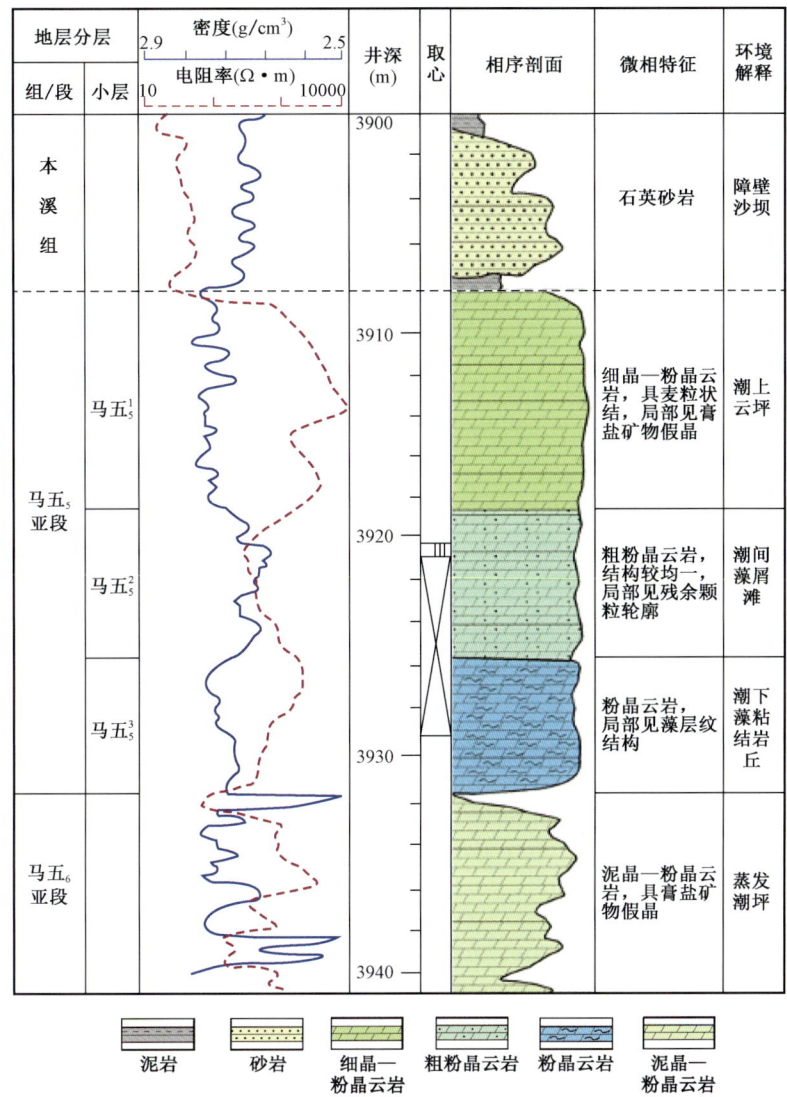

图 3-12 苏 203 井马五$_5$亚段沉积微相序列柱状剖面图

(三)台缘相带为礁滩型、岩溶缝洞型储层的形成奠定了基础

1. 礁滩型储层发育在台地边缘斜坡沉积相带中

鄂尔多斯盆地西部及南部奥陶系处于鄂尔多斯台地(华北海域)与秦祁海槽的过渡部位,发育有利的台地边缘沉积,是礁滩体岩性圈闭成藏的有利区带。

奥陶纪,鄂尔多斯地区处于华北碳酸盐岩台地的西部,地台的西缘毗邻贺兰海槽,南缘邻近秦岭海槽。华北地台至海槽之间的岩相古地理格局自东向西为碳酸盐岩台地、碳酸盐岩斜坡和海槽,围绕盆地西南缘呈狭长的带状展布,而台缘斜坡相带为礁滩型储层发育的有利相带。

2. 台缘斜坡沉积为岩溶缝洞型储层的形成奠定了基础

盆地西部奥陶系沉积演化受贺兰海槽形成—发展—消亡的控制,早奥陶世末克里摩里组沉积期—中奥陶世早期是一个重要的构造与沉积环境转变期,该区因贺兰海槽扩张而加速下降,水体不断加深,由浅水台地沉积向深水斜坡重力流、浊流沉积演变;沉积岩性由白云岩、膏盐岩快速转变为以厚层状石灰岩为主。中奥陶世后期,加里东运动使华北地台整体抬升,经历约1.4亿年沉积间断,使该区奥陶系克里摩里组的碳酸盐岩在此期间暴露于大气地表环境下,遭受长期的风化淋滤和剥蚀,从而形成一个分布范围广、作用时间长的巨大岩溶缝洞带,为鄂尔多斯盆地奥陶系碳酸盐岩天然气勘探的重要储层类型之一。

三、前石炭纪岩溶古地貌对储层发育的控制作用

(一)风化壳期岩溶古地貌控制风化壳储层的溶孔发育程度

加里东运动末期,鄂尔多斯地区整体抬升,遭受了长达1亿多年的风化剥蚀,在奥陶系顶面形成沟壑纵横、槽台相间(侵蚀沟槽与岩溶台地相间分布)的岩溶古地貌特征。受当时西高东低古构造格局的影响,由西向东依次发育岩溶台地、岩溶阶地、岩溶盆地等古地貌单元(图3-13),奥陶系顶面岩溶作用强度也具有由西向东依次减弱的特征。靖边—横山之间的南北向带状区域因主体处于岩溶斜坡区,马$五_1$—马$五_2$亚段大部分保存较齐全,岩溶作用强度也较大,在马$五_1^3$、马$五_1^1$亚段等(有利孔隙发育的)含膏云坪相带形成的沉积层段中形成较好的有效孔隙层段,在较大的范围内连续稳定分布,形成靖边气田的主力储集层段。而横山—安塞以东的盆地东部地区则主体处于岩溶盆地区,马$五_1$亚段等主力储集层段的岩溶作用强度则明显减弱,大部分地区处于中—弱溶蚀区。

靖边地区风化壳作用的影响深度一般在60~80m之间(以硬石膏矿物的出现深度作为风化壳的底界),而在盆地东部地区则多在30~50m之间,也反映出由西向东风化及岩溶作用强度依次减弱的变化趋势(图3-14)。

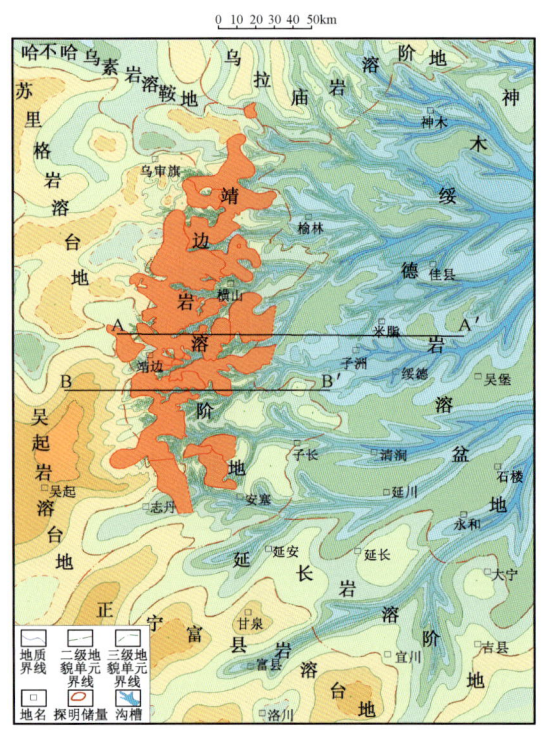

图3-13 鄂尔多斯盆地中东部前石炭纪岩溶古地貌图

(二)岩溶作用强度控制主力孔隙层段的剥露和缺失

由于岩溶作用强度的不同,奥陶系顶部地层的剥蚀程度也大不相同。由盆地东部的岩溶盆地区向西到西部的岩溶台地区(中央古隆起区),奥陶系顶部剥露地层层位依次由新变老(图3-15)。靖边气田以西地区由于区域抬升剥蚀强烈,马$五_1$—马$五_2$大都剥蚀殆尽而缺失马$五_1^3$主力储集层段地层,马$五_4^1$有利储集层段又随之剥露至近地表附近,在经历风化淋滤之后形成有效的风化壳溶孔型储层。

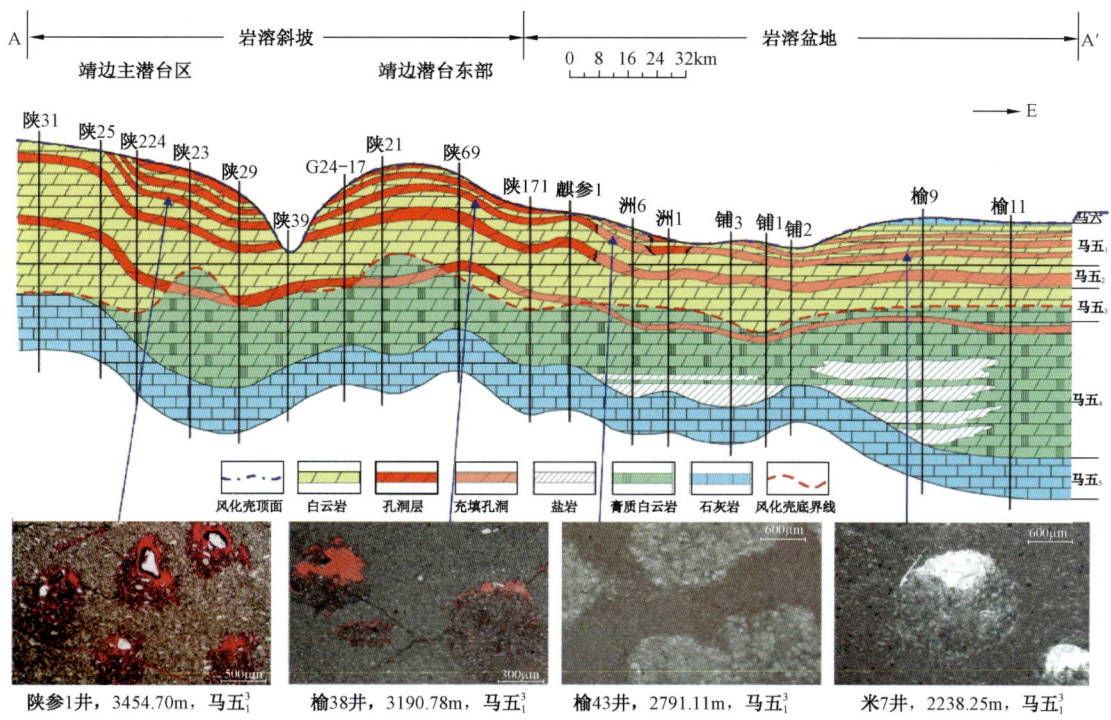

图 3-14 鄂尔多斯盆地中东部奥陶系岩溶储层发育横剖面图

剖面位置如图 3-13 所示

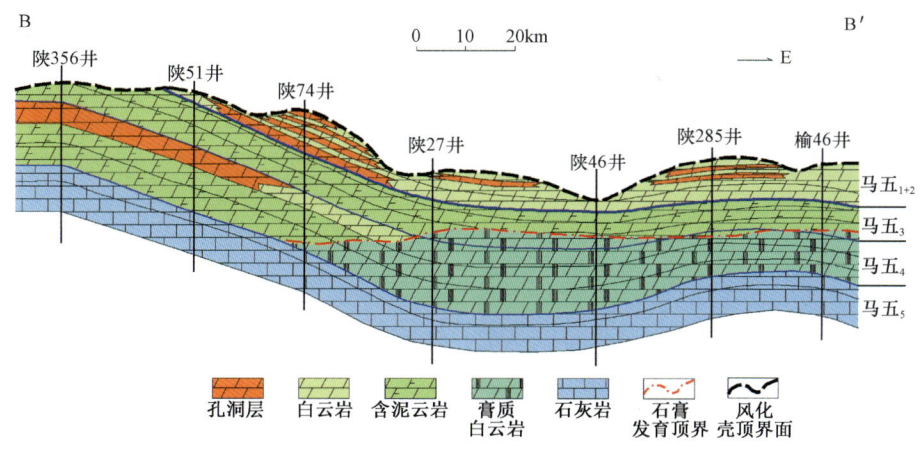

图 3-15 靖边西侧奥陶系风化壳岩溶储层发育模式图

剖面位置如图 3-13 所示

四、孔隙充填对风化壳储层分布的控制作用

(一) 主要孔洞充填物类型及组合特征

显微薄片镜下观察表明,盆地中东部地区风化壳储层孔隙充填物多为白云石、方解石、石英及地开石(图 3-16),孔洞充填物很少单独出现,而且由于形成于不同的充填阶段,孔洞充填物一般以以下几种组合形式集中出现,并与储层的储集性能密切相关。

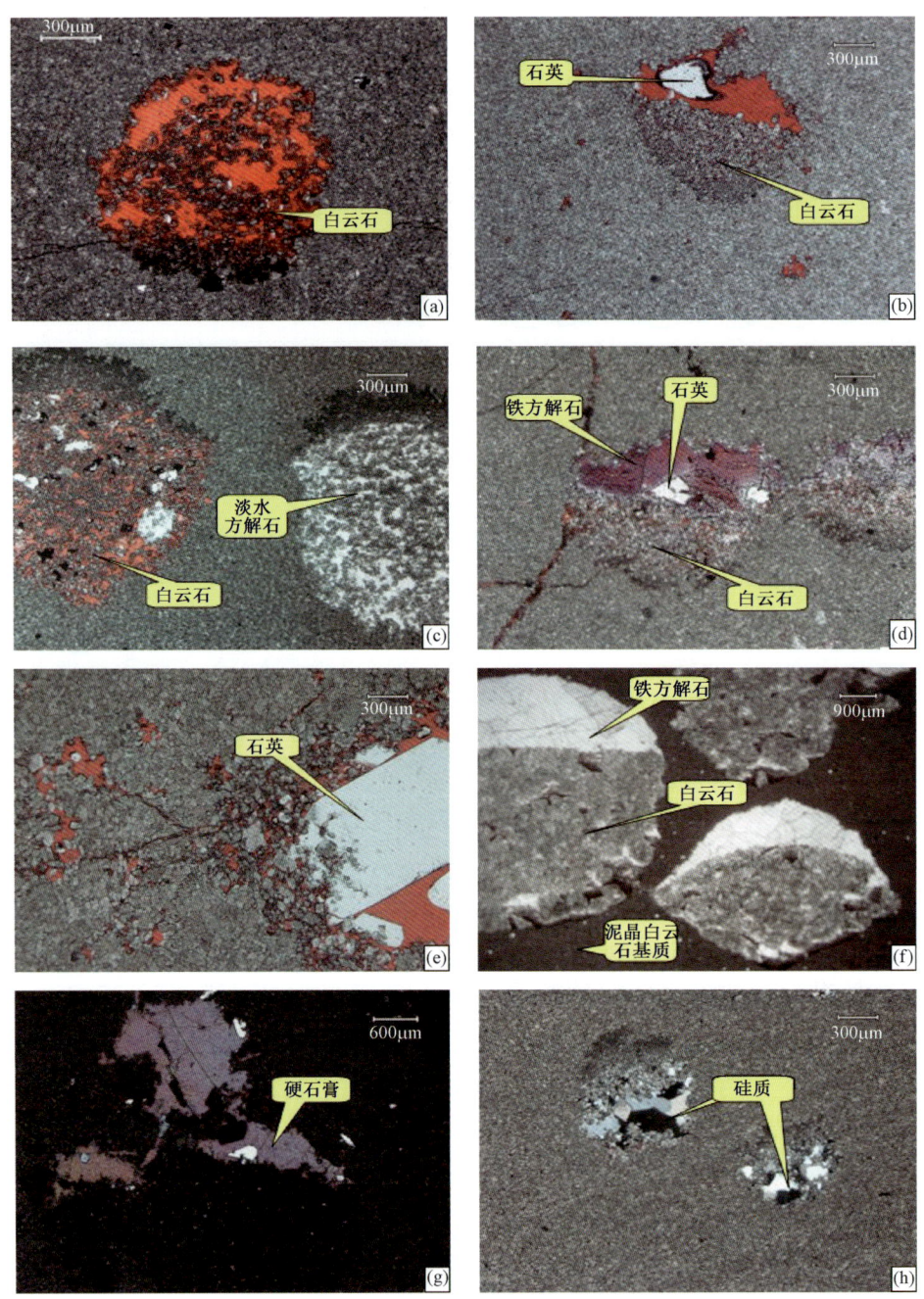

图 3-16 鄂尔多斯盆地风化壳储层孔洞充填特征

(a)陕 356 井,马$五_4^1$,3754.33m,溶孔,白云石充填;(b)陕 267 井,马$五_1^3$,3095.96m,溶孔,白云石充填;(c)陕 299 井,马$五_1^2$,3625.37m,白云石、淡水方解石充填;(d)陕 137 井,3533.88m,马$五_1^2$,底部白云石充填,晚期铁方解石充填核模孔(石膏结核溶孔)上部,晚于石英晶体;(e)陕 301 井,马$五_1^3$,3362.25m,白云石—石英半充填;(f)连 3 井,3944.57m,马$五_4^1$,白云石、方解石全充填;(g)陕 248 井,马$五_1^2$,3320.43m,硬石膏充填溶孔并交代周边的泥晶白云石,晚于石英晶体;(h)陕 326 井,3966.07,马$五_3^1$,白云石—硅质全充填,正交偏光

1. 以白云石为主的充填

白云石为主的充填多以半充填为主,白云石一般充填于孔洞的中—下部,同时充填少量的淡水方解石、石英、地开石等矿物,由于白云石晶间孔较为发育且充填疏松,孔洞充填程度相对较低,储集性能好。靖边气田及其邻近的区域就是以白云石充填为主。

2. 白云石—石英充填

白云石—石英充填型孔洞中,白云石充填于中—下部,上部发育自由生长、晶型完好的石英,储集性较好;若局部被硅质充填,储集性能则明显降低。

3. 方解石—白云石充填

由于方解石多晚于白云石充填,方解石会充填早期残留在顶部孔洞及细晶白云石形成的晶间孔,这类储层一般较致密;而局部残留的未被方解石充填孔洞(白云石充填)则具有较好的储集性。盆地东部地区则以方解石充填为主,充填程度相对较高,局部可使先成孔隙充填殆尽而丧失了储集性。

4. 方解石—硅质(石英)充填

这两种矿物的组合充填一般会造成早期孔洞空间的大量丧失,储集性能明显下降,是后期造成储层致密的主要因素。

(二)孔洞充填物充填序列

孔洞充填期次的研究对于分析风化壳储层发育的主控因素具有重要的意义,本次主要基于微观薄片观察,并选取典型的充填物进行地球化学指标的对比分析,进而确定不同充填物的形成期次。

1. 显微薄片指示的充填序列

在盆地马家沟组风化壳岩溶储层的显微薄片中,经常可以观察到大量溶蚀孔洞的示顶底构造,即孔洞中,最先充填的是泥晶—粉晶淡水白云石(少量淡水方解石),而且均沉淀于孔洞的底部,在上部才逐渐充填其他孔洞充填物:主要为方解石或者自生石英、硅质等(图3-16),这就为分析充填期次提供了必要的依据。

通过对200余口钻遇风化壳储层探井孔洞充填物的镜下观察,根据不同充填物之间的分布关系,基本可以确定主要充填物的早晚期次,最早一期为风化壳岩溶发育期,伴随膏质的溶解,结核中的泥晶—粉晶白云石沉淀并堆积于孔洞底部,并形成少量淡水方解石,而在盆地东部岩溶盆地区,膏质溶解残留白云石的同时也沉淀了大量的方解石,且以粗晶为主,大多数的孔洞被完全充填;而铁方解石、硅质、石英等均是在埋藏阶段由于不同地区流体环境的差异而逐渐充填的。

2. 孔洞充填物地球化学特征

孔洞充填物的流体包裹体形态、成分及均一温度特征能够较为直观地反映其形成时的流体特征及成岩环境,本次通过对充填物包裹体的测试分析,具有以下几点认识。

首先,因为充填物中方解石及石英的晶体粗大,所以目前获得的包裹体数据大多来自于上述两种矿物中,在白云石中很少。包裹体以盐水包裹体为主,有单液相和气液相两种类型,部分含有烃类单气相和气液相两种类型包裹体,以及少量CO_2气液相包裹体。

其次,孔洞充填物包裹体均一温度的统计分析表明,均一温度介于90~220℃之间,其间为连续过渡,显示孔洞充填是储层埋深达到一定程度后持续发生;在均一温度分布直方图上出现两个峰,在 90~130℃、140~170℃ 温度区间的频数明显较多,分别占总数的 51.2% 和 37.7%(图 3-17),而且在部分探井孔洞充填方解石的溶蚀微裂隙内普遍发育液态烃包裹体,具有蓝白色荧光,成分以甲烷为主,表明在中—深埋藏期有过两期主要的烃类充注。按照地表温度为 15℃,地温梯度 4℃/100m 计算,达到 90~130℃,风化壳储层埋深范围介于 1900~2900m 之间,对应时代为晚三叠世;140~170℃ 温度区间对应的风化壳储层埋深为 2900~3900m,对应时代为侏罗纪—早白垩世末。

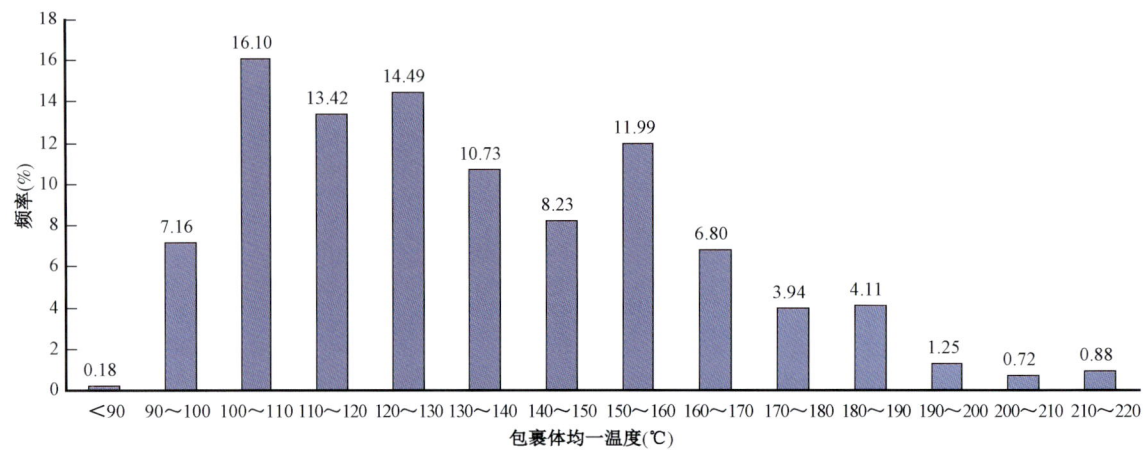

图 3-17 盆地风化壳储层孔洞充填物包裹体均一温度分布直方图
共 22 口井 565 个数据点

碳、氧同位素也可以作为判断成岩环境和充填物充填期次的重要手段,也是本次分析测试工作的一个重点。为了取得良好的效果,在样品选取上主要采用了三种方法:(1)白云岩基质取样分析;(2)针对岩心样品中的白云石颗粒进行取样分析;(3)在岩心孔洞及裂缝中提取充填物进行取样分析。采用这样的取样方法为成岩演化及充填物的充填期次分析都奠定了坚实的基础。

通过上述分析,对孔洞充填物的充填序列有了更为清晰的认识:首先,碳氧同位素变化具有明显的规律性,自白云岩基质($\delta^{13}C$ 介于 -1‰~1‰ 之间,$\delta^{18}O$ 介于 -9‰~-6‰ 之间)向白云岩充填物($\delta^{13}C$ 介于 -1‰~1‰ 之间,$\delta^{18}O$ 介于 -12‰~-9‰ 之间)、方解石充填物($\delta^{13}C$ 介于 -10‰~1‰ 之间,$\delta^{18}O$ 介于 -15‰~0 之间)$\delta^{18}O$ 同位素逐渐偏负,显示埋深和孔隙水温度逐渐增加,同时也表明了充填物非同时充填,白云石先充填,方解石后充填(不属于风化壳期充填,而是形成于埋藏阶段)。与盆地东部风化壳期充填的方解石相比,靖边及其周边地区孔洞充填方解石具有更低的氧同位素值,显示出大气淡水和埋藏增温的影响,指示埋藏成岩环境。

其次,对比白云岩基质和孔洞底部充填的淡水白云石的同位素特征可以发现,其碳同位素基本近似,但充填白云石的氧同位素值要小于白云岩基质的氧同位素值,这不但表明了二者的先后关系,而且说明充填白云石接受了成岩改造,造成氧同位素偏负。

再者,盆地东部岩溶盆地区孔洞充填物以方解石为主,其碳、氧同位素值显示出明显的分异特点,一部分值与白云岩基质的类似,氧同位素部分偏正,显示更多受到大气淡水的影响,应当属于风化壳岩溶期岩溶水汇聚沉淀的淡水方解石,而另外的碳同位素明显偏负($\delta^{13}C$ 介于 $-10‰\sim1‰$ 之间,$\delta^{18}O$ 介于 $-10‰\sim-8‰$ 之间)的样品则代表了埋藏环境阶段形成的粗晶铁方解石(图 3-18)。

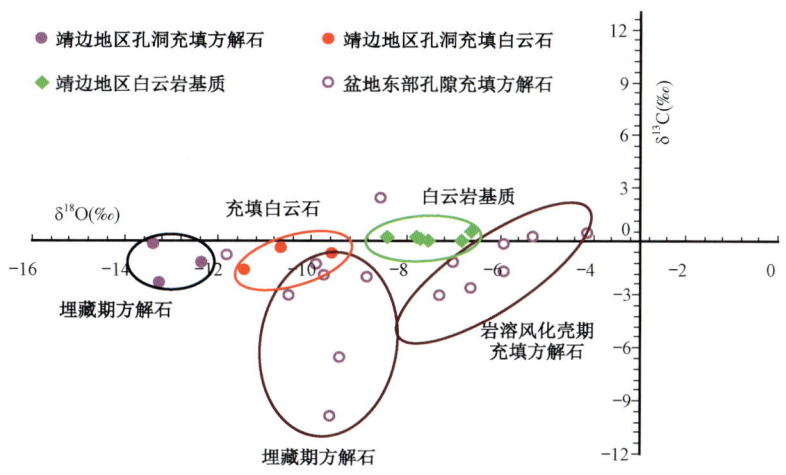

图 3-18 盆地风化壳储层白云岩基质与孔隙充填物碳氧同位素组成对比

(三)风化壳储层孔隙充填机理

通过对盆地风化壳储层孔洞充填物的分析,认为盆地风化壳储层受风化壳期溶蚀、沉淀及不同埋藏阶段流体环境及成岩作用影响,其孔洞充填主要经历了三个阶段(表 3-3)。

表 3-3 盆地风化壳储层白云岩基质与孔隙充填期次及特征

成岩阶段	早表生成岩阶段	浅埋藏阶段(<1000m)	深埋藏阶段(>2000m)
主要成岩作用	去盐化、云膏化	硅化、高岭石化	去云化、黄铁矿化、方解石化、埋藏白云化
地下水特征	大气淡水	孔隙酸性压释水	有机质脱羟基作用产生的压释水
充填期次	第一期	第三期	第四期
主要填充物	淡水方解石、淡水白云石、泥质、砂质及机械破碎物	石英、高岭石、黄铁矿	黄铁矿、方解石、有机质、铁方解石、铁白云石

第一期充填作用发生在早表生成岩阶段。在表生期和裸露岩溶期的近地表环境下,形成具有淡水岩溶特征的充填物。因源于大气降水入渗的水循环过程,岩溶作用以淡水为主体,当水流交替滞缓或水中 CO_2 溢出、水—岩平衡达到过饱和时,膏质等被溶蚀,矿物质沉淀充填于岩溶缝洞中。主要为淡水方解石或淡水白云石,晶粒较围岩稍粗,常有泥质、砂质及机械破碎物伴生,所以第一期孔洞充填物几乎与孔洞同时形成。

第二期充填作用发生在浅埋藏阶段(<1000m)。随着埋藏深度不断增大,地温不断升高,储层中有机质不断发生分解、还原,排放出大量的 CO_2 和 H_2S,使得储层中流体的 pH 值降低,当 pH 值 <7 时,蒙皂石将加速转化为伊利石,释放出 SiO_2,生成石英(硅质)充填于溶孔中;当溶孔孔隙度较大时,生成的石英晶形较好,否则为不规则状。

第三期充填作用发生在深埋藏阶段(>2000m)。充填物主要为铁白云石和铁方解石,也有少量有机质、黄铁矿等。

(四)孔洞充填程度及充填物类型是造成风化壳储层孔渗性差异的主要因素

对风化壳储层的孔洞充填类型统计表明在白云石、方解石、石英、硅质及膏质等几种充填类型中,白云石充填以细晶为主,一般充填于孔洞的中—下部,晶间孔较为发育,有利于储集性能的提高;而方解石、硅质等矿物的充填不利于孔洞的保存,储层一般较致密,在局部充填较弱部位发育较好储层。风化壳期,靖边气田西侧、南侧与靖边气田同处于岩溶斜坡区,溶蚀作用强烈,有利于溶蚀孔型储层的发育,从充填物类型上看,也都以白云石充填为主,而且孔隙充填程度较低(气田本部平均67%,西侧及南侧地区一般80%左右);盆地东部地区马家沟组与靖边地区相比,硬石膏结核等易溶组分明显减少,溶蚀孔洞的发育程度也明显不及气田本部,而且风化壳期主要处于岩溶盆地,属于岩溶水的聚集区,方解石沉淀及充填作用强烈,孔洞充填物以方解石充填为主,充填程度相对较高;从整体上看,以靖边气田为中心,向东西两侧及南侧充填物中白云石的含量逐渐下降,而方解石、硅质的含量明显上升,储层逐渐致密,仅在局部充填较弱部位发育较好储层(图3-19)。

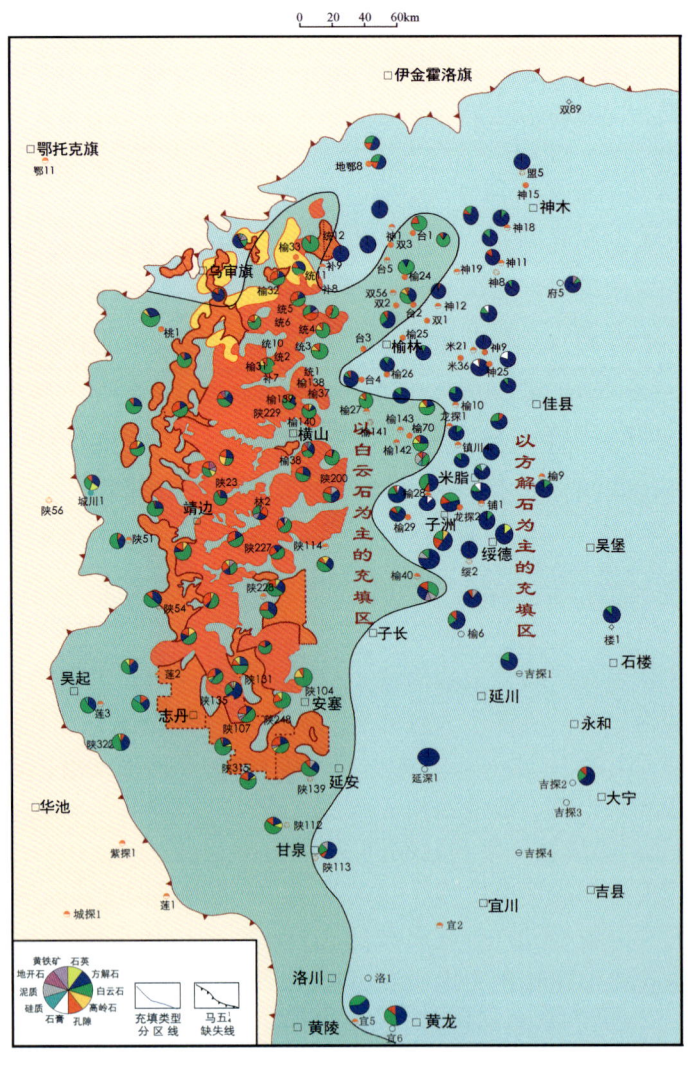

图3-19 盆地奥陶系顶部风化壳储层充填物类型分布图

上述对比分析表明,孔洞充填物中白云石的含量与储层的物性具有较好的相关性,有效储层发育区一般均处于以白云石充填为主的区域,因此在勘探中对于孔洞充填物的分布统计对有利风化壳储层发育区优选具有重要的意义。

(五)古构造格局演变对后期充填起宏观控制作用

古构造对储层发育具有重要的宏观控制作用,古生代盆地所经历的两次区域性构造—沉积格局转变,控制并影响了风化壳岩溶储层的形成、改造及后期保存。

海西期(石炭纪末—二叠纪),伴随区域沉降作用,海水开始从盆地东部、西部两个方向侵入,并相继经历了多期的海进、海退旋回,盆地东部地区长期被海水覆盖,早期形成的奥陶系马五段孔洞多被方解石进一步充填(加里东风化壳期盆地东部处于岩溶盆地汇水区,已经造成方解石对孔洞的大量充填),储集空间大量丧失,仅在局部岩溶残丘高部位保留较好的储集空间;盆地中部靖边地区主要处于海陆过渡位置,充填作用较弱,孔洞充填以半充填—未充填为主,有效储集空间得以保存;盆地南部紧邻秦岭加里东期隆起区,上古生界向南逐渐减薄,主要为海陆过渡沉积,所处成岩环境与中部靖边地区类似,局部马家沟组顶部层段充填较弱,发育以半充填为主的孔洞型储集空间。如近年在东南部完成试井的宜6井在奥陶系风化壳试气就获得了工业气流。

(六)奥陶系顶部马六段石灰岩的存在可能导致局部更易发生方解石对孔隙的充填

盆地东南部地区普遍发育有马六段石灰岩地层,而该区风化壳溶孔储层的孔隙多被方解石充填,可能与埋藏期马六段石灰岩的溶解沉淀作用有密切关系。这与盆地东部岩溶盆地区也大多残留马六段石灰岩地层、下伏马五$_{1+2}$风化壳溶孔也多被方解石充填似有一致的规律性。但目前对这方面的认识还不够明确,尚需深入分析,进一步寻找证据。

第四章 烃源岩发育特征与生烃潜力评价

鄂尔多斯盆地具有上古生界海陆过渡相煤系和下古生界海相碳酸盐岩两套烃源岩,气源供给充足,上古生界煤系烃源岩分布范围广,生烃强度大,是下古生界碳酸盐岩气藏的主要气源。下古生界烃源岩发育层位以奥陶系为主,可以划分为盆地西南缘中、上奥陶统台缘斜坡相和下奥陶统马家沟组盐下台内洼陷两大海相烃源岩体系,二者均具有一定的生烃潜力,其中以上古生界煤系烃源分布最为广泛、生烃能力最强,对下古生界碳酸盐岩层系天然气成藏的贡献最大。

第一节 上古生界煤系烃源岩发育及分布特征

一、上古生界煤系烃源岩的类型及分布特征

(一)上古生界烃源岩类型

鄂尔多斯盆地上古生界烃源岩发育于石炭—二叠系的本溪组、太原组和山西组,在盆地范围内广泛分布,主要岩性为煤、暗色泥岩和碳酸盐岩。上古生界烃源岩在盆地本部地区大面积连续分布,有机质热演化程度高,生烃强度大,为古生界天然气富集成藏奠定了雄厚的物质基础。加里东风化期,从中部岩溶斜坡到西部岩溶高地,马家沟组自上而下逐层剥露至地表,上古生界煤系烃源岩与奥陶系顶部的风化壳及滩相白云岩储层直接接触,对于其下伏碳酸盐岩层系的天然气成藏形成有效的烃源供给。尤其是盆地本部的靖边地区,上古生界的煤系烃源岩是其奥陶系风化壳成藏的主力气源。

(二)煤层分布特征

石炭—二叠纪是盆地晚古生代主要成煤期,发育障壁—潟湖、潮坪、三角洲平原沼泽相的煤系烃源岩。上古生界煤岩分布面积大,煤岩煤质较好,是优质烃源岩。煤层主要分布在石炭—二叠系的本溪组、太原组和山西组中,其中本溪组和山西组煤层比较发育,厚度变化较大,一般介于2~40m之间,平面上呈两厚带夹一薄带分布。两厚煤带分布在盆地东部的伊金霍洛旗—佳县—韩城和西缘的陶乐—惠安堡—平凉一带,煤层厚度可达20m以上,在乌海—陶乐地区煤层厚度可达30m以上;煤层薄带主要分布在杭锦旗—苏里格—靖边—庆阳地区,煤层厚度2~6m,在靖边以南、苏里格以北煤层厚度较薄(图4-1)。

(三)暗色泥岩分布特征

上古生界暗色泥岩也主要发育在石炭—二叠系的本溪组、太原组和山西组中,其分布面积比较广,厚度变化较大,一般泥岩厚度为10~300m。在盆地西部石嘴山—银川—环县一带发育一近南北向的厚带,暗色泥岩厚度普遍大于100m,中心部位暗色泥岩厚度大于300m,这是由于该区在石炭—二叠纪,位于贺兰海槽区,地势较低洼,在上古生界填平补齐沉积阶段发育了较厚的地层,相应暗色泥岩厚度也较大。盆地东部暗色泥岩一般为10~120m,佳县—子长—大宁地区暗色泥岩厚度大于100m,北部鄂托克前旗—乌审旗—伊金霍洛旗以北,暗色泥岩厚度相对较薄,小于40m;南部西峰—华池—延安—宜川以南,暗色泥岩厚度也较薄,一般小于50m;中部子长—靖边地区暗色泥岩厚度为40~90m(图4-2)。地球化学分析结果显示,

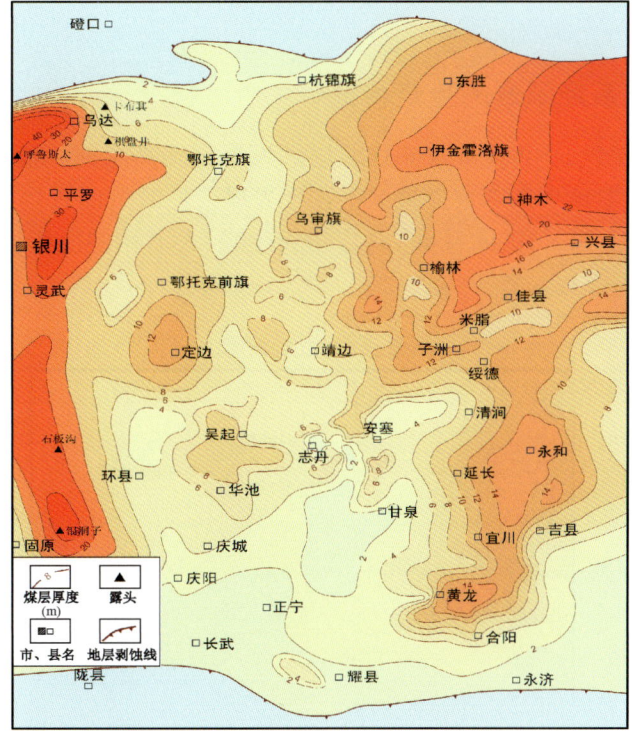

图4-1 鄂尔多斯盆地上古生界煤岩厚度图

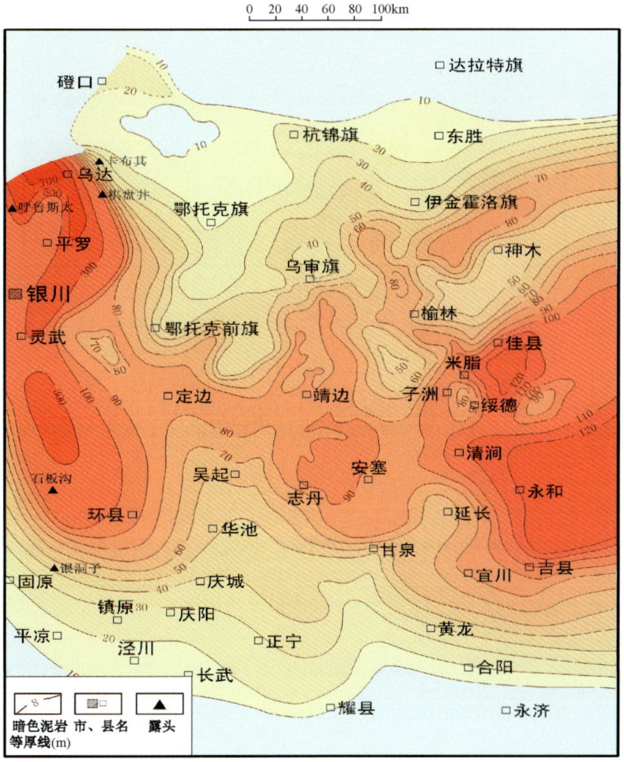

图4-2 鄂尔多斯盆地上古生界暗色泥岩厚度图

暗色泥岩有机碳含量达 2.25% ~ 3.33%,氯仿沥青"A"为 0.037% ~ 0.12%,总烃为 163.76 ~ 361.6mg/L,也是较好的气源岩。

二、上古生界煤系烃源岩的生烃特征

三叠纪末—早白垩世,上古生界煤系烃源层进入生排烃高峰期。根据鄂尔多斯盆地三次资源评价的研究成果,盆地中东部广大地区上古生界煤系烃源岩的总生烃强度普遍大于 $20 \times 10^8 m^3/km^2$,局部可高达 $40 \times 10^8 m^3/km^2$,具广覆式生烃、大面积供气特征,是下古生界天然气成藏的主力气源(图4-3)。

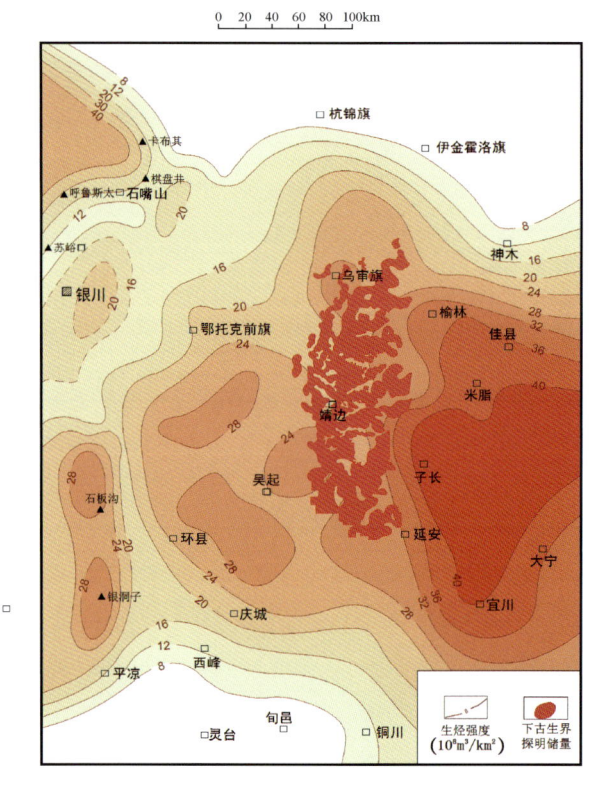

图4-3 鄂尔多斯盆地上古生界生烃强度图

第二节 下古生界海相烃源岩特征及评价

一、鄂尔多斯盆地海相烃源岩基本特征

(一)奥陶系海相烃源岩有机质丰度

与其他盆地海相碳酸盐岩烃源岩一样,鄂尔多斯盆地奥陶系海相烃源岩时代老,残余有机质丰度整体较低。统计表明,有机碳含量低于0.3%的样品达到70%左右,仅局部层段存在较好的烃源岩,有机碳含量相对较高(图4-4)。

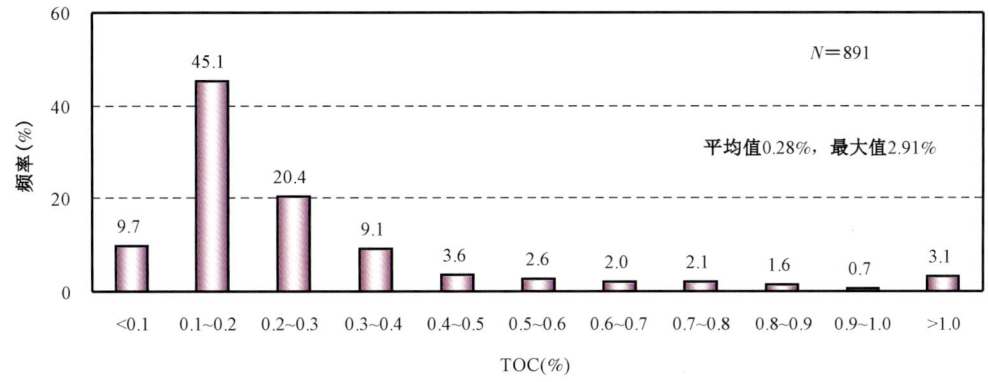

图 4-4　盆地西南部中—上奥陶统烃源岩有机碳含量直方图

从岩性上看,盆地纯碳酸盐岩有机碳含量一般小于 0.2%(图 4-5),泥质岩、泥质碳酸盐岩有机碳含量平均值 0.38%,最大值 2.91%,有机质丰度明显高于纯碳酸盐岩(图 4-6),表明有效烃源岩以泥质碳酸盐岩为主。

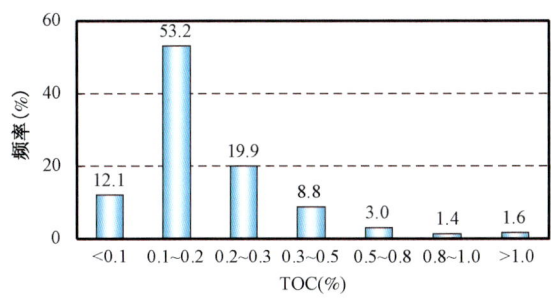

图 4-5　盆地奥陶系纯碳酸盐岩总有机碳分布频率图

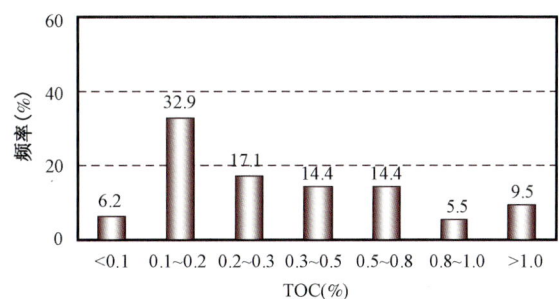

图 4-6　盆地奥陶系泥质岩、泥质碳酸盐岩总有机碳分布频率图

(二)奥陶系烃源岩热演化特征

鄂尔多斯盆地有机质成熟度总趋势是东高西低,北低南高。盆地西缘成熟度相对低,处于生油和湿气生成阶段;盆地中东部、南部奥陶系有机质成熟度较高,一般在 1.8%~2.3% 之间,说明盆地中东部奥陶系烃源岩处于高热后期—过成熟的干气阶段,热演化程度最高的地区主要分布在旬探 1 井—延安—宜川一带,向东、向南略有降低,向北、向西明显降低(图 4-7)。

(三)奥陶系烃源岩有机质类型

奥陶系碳酸盐岩有机质干酪根类型以 Ⅰ 型、Ⅱ 型为主。有机质干酪根显微组分以无定形为主,约占总量的 74.23%;壳质组(主要为疑源类)约占 7.48%;镜质组(主要为碳质沥青)占 9.83%;惰性组为 8.46%。无定形主要由藻类腐泥化形成,热演化程度较低的样品,透射光下为黄棕色、棕色。壳质组主要为疑源类,低成熟阶段透射光下呈浅黄色、黄色、浅褐色,形态有圆形、带刺的球形和棱形(图 4-8)。下古生界烃源岩样品中所谓的镜质组实际上是以固体沥青为主,它的光学性质类似于镜质组,低成熟阶段在透射光下为棕红色,高演化阶段呈褐色—褐黑色,一般为棱角分明的片状物;反射光下,随演化程度的增加呈深灰色、灰白、黄白色等。惰性组主要为再循环的沥青或其生物体。

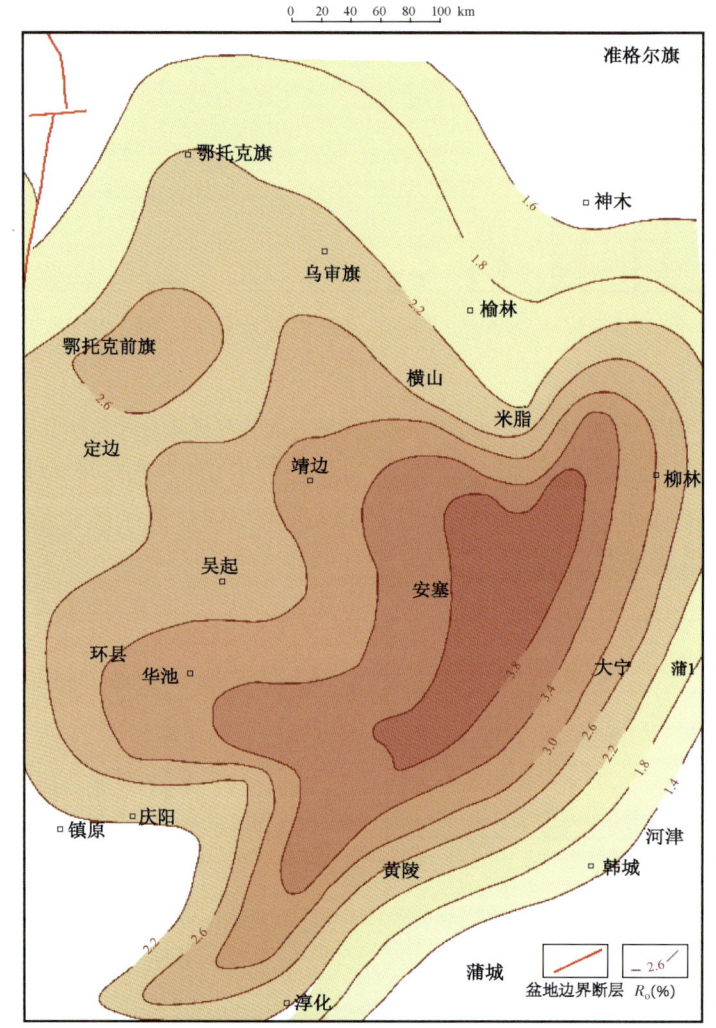

图 4-7 奥陶系烃源岩热演化程度分布图

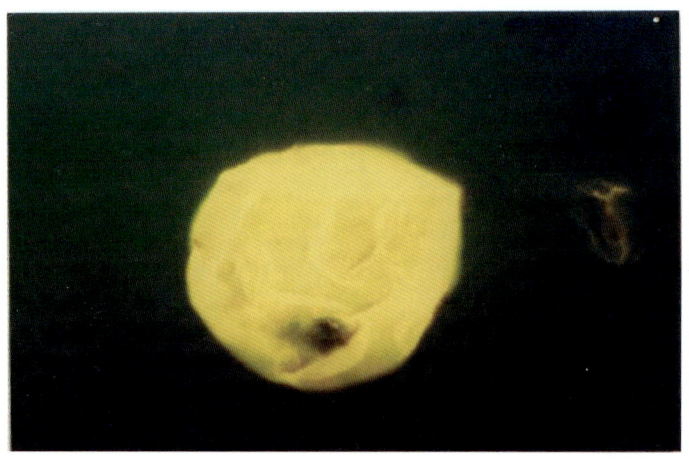

图 4-8 粗面球藻(*Trachysphacridiuin*),亮黄色荧光,×50,平凉剖面 O_2p

二、海相烃源岩评价标准

对于海相碳酸盐岩,不同学者评价标准差异很大。本次在烃源岩热演化模拟、生排烃史模拟基础上,根据鄂尔多斯盆地奥陶系海相烃源岩低有机质丰度、高热演化程度的特点,结合地球化学参数的统计分析,初步确定了盆地海相烃源岩的下限标准。将有机碳含量 0.3% 作为鄂尔多斯盆地下古生界烃源岩的下限值,从而确定盆地西、南缘中—上奥陶统泥质碳酸盐岩(包括海相泥页岩)和盆地中东部盐下碳酸盐岩的有利烃源岩分布区,明确了鄂尔多斯盆地海相烃源岩的油气资源量和优势运聚区。

平凉组低演化样品的热模拟实验结果表明:有机碳含量较低的样品(TOC=0.15%)生烃能力有限,其生烃潜力为 17.4mg/g;有机碳为 0.38%、0.96% 的样品生烃潜力明显较高,分别为 215.8mg/g 和 218.7mg/g,生烃能力相对较好(图 4-9,表 4-1)。

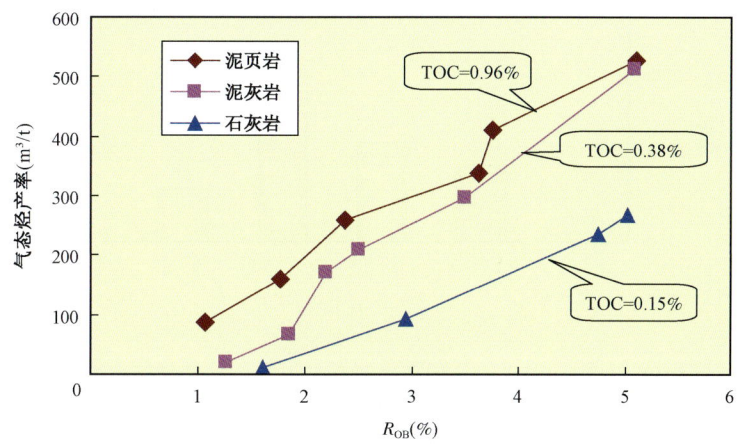

图 4-9 奥陶系平凉组烃源岩热模拟实验结果

表 4-1 平凉组不同岩样干酪根热解参数的比较

岩性	原始岩样 TOC(%)	干酪根纯度(%)	S_1+S_2(mg/g)	IH(10^{-3})	$\delta^{13}C_{干酪根}$(‰)	S_2/S_3
泥页岩	0.96	61.95	218.67	330.94	-31.82	9.51
泥灰岩	0.38	62.42	215.78	320.67	-32.18	11.13
石灰岩	0.15	15.83	17.41	91.72	-29.45	4.94

根据实验及理论计算得出,鄂尔多斯盆地海相烃源岩满足烃源岩吸附所需的最低有机碳值为 0.06%~0.14%,根据热模拟试验结果,并考虑到奥陶系地层风化壳期的淋滤、烃源岩层在地层中的分布分散以及工业性聚集的有效性,将本区有机碳下限确定为 0.3%(表 4-2)。

表 4-2 鄂尔多斯盆地过成熟海相气源岩有机质丰度评价标准

TOC(%)	评价结果
<0.1	非烃源岩
0.1~0.3	差烃源岩
0.3~0.5	有效烃源岩
0.5~0.8	较好烃源岩
>0.8	好烃源岩

三、奥陶系海相烃源岩分布特征

（一）盆地西南缘中—上奥陶统发育台缘斜坡相优质烃源岩

鄂尔多斯盆地西部、南部烃源岩主要为中奥陶统乌拉力克组—拉什仲组斜坡相—深水盆地相的泥岩、泥质灰岩、含泥灰岩，以及下奥陶统克里摩里组泥质灰岩、含泥灰岩。乌拉力克组—拉什仲组泥质岩从东向西依次增厚，最厚可达240m，烃源条件有利。

盆地西部、南部中—上奥陶统烃源岩有机碳含量普遍大于0.3%，其中泥质岩类有机碳含量明显较高，大于0.5%，最高可达2.91%，石灰岩、泥灰岩和白云岩有机碳含量一般为0.14%~0.45%，大部分属于有效烃源岩（图4-10）。

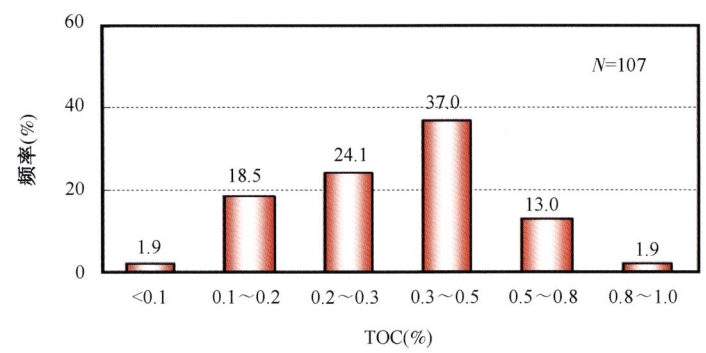

图4-10 中—上奥陶统烃源岩有机碳含量频率分布图

该区奥陶系泥质烃源岩厚度为15~30m，碳酸盐岩烃源岩厚度为350~450m。有机质热演化程度较高，R_o为1.53%~2.32%，已达到过成熟—干气阶段，具有一定的生烃能力。但纵向上不同层系、不同岩性的有机质丰度也存在明显的区别。

首先，纵向上奥陶系上部的克里摩里组—乌拉力克组—拉什仲组有机质丰度高于下部的桌子山组—三道坎组；就岩性而言，泥质岩和泥质灰岩有机质丰度高于质地较纯的白云岩和石灰岩。克里摩里组—乌拉力克组—拉什仲组石灰岩、白云岩有机碳平均值为0.27%，桌子山组—三道坎组泥质岩不太发育，以贫有机质为特征，绝大部分样品的TOC含量小于0.2%，有机质丰度较高的样品极少。TOC平均值为0.15%~0.17%，总体上以差—较差生烃岩为主；泥质岩主要分布在克里摩里组—乌拉力克组—拉什仲组，有机碳平均值为0.60%。从有机碳含量频率分布图可以清楚看出，泥质岩TOC范围值为0.08%~2.4%，有机碳大于0.3%的样品占总样品数的43.8%（图4-11）；碳酸盐岩（白云岩、石灰岩）TOC范围值在0.05%~0.2%之间的占多数，但克里摩里组以上地层TOC为0.2%~0.4%的样品数达到20.5%。

乌拉力克组—拉什仲组是奥陶系泥质岩沉积厚度较大的组段，岩性较杂，泥质岩的TOC含量变化大。泥质岩厚度较薄的区带（如任3井）以暗色泥岩为主，有机质丰度较高。克里摩里组—乌拉力克组—拉什仲组泥质岩生烃岩以较好—好生烃岩为主，占样品数的65.7%；碳酸盐岩生烃岩以中等生烃岩为主，占样品数的48.0%；桌子山组及以下层段碳酸盐岩烃源岩以差烃源岩为主，非烃源岩达45.3%（表4-3）。

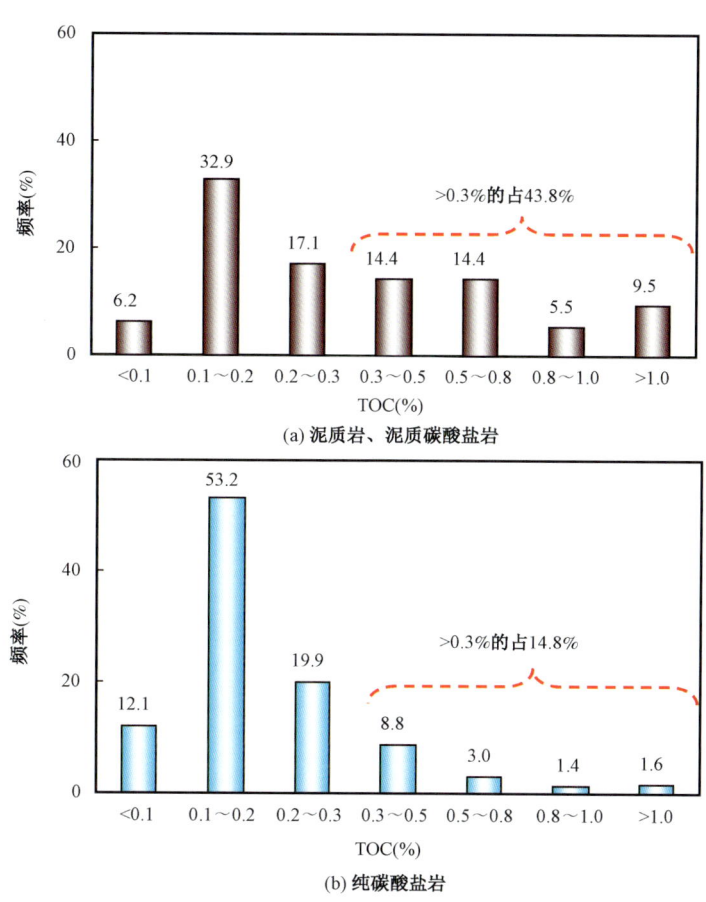

图 4-11 有机碳含量频率分布图

表 4-3 盆地西部奥陶系有机质丰度评价表

地层段	岩性	各类生烃岩比例				统计样品数
		非生烃岩（%）	差生烃岩（%）	中等生烃岩（%）	较好—好生烃岩（%）	
克里摩里组—乌拉力克组—拉什仲组	泥岩	14.3	11.5	8.5	65.7	35
	碳酸盐岩	23.5	13.5	48.0	15.0	200
桌子山组—三道坎组	碳酸盐岩	45.3	27.5	23.6	3.6	338

盆地西部及南缘中—上奥陶统烃源岩在盆地西部由东向西增厚，厚度为 20~80m，而在盆地南部，烃源岩厚度由北向南增厚，厚度多在 60~120m 之间。烃源岩最厚可达 200m 以上，烃源条件相对较为有利（图 4-12）。西部天环地区 2010 年完成试井的余探 1 井在奥陶系克里摩里组试气获得 $3.4 \times 10^4 m^3/d$ 的天然气流，其产层天然气的碳同位素分析表明基本属于源自奥陶系海相烃源岩层的自生自储型气藏，进一步说明中—上奥陶统本身就具有一定的生烃能力，具备形成自生自储型气藏的潜力，有望通过进一步的勘探发现工业性聚集的有利目标区。

（二）奥陶系盐下（台地相）烃源岩发育特征

盆地东部奥陶系马五$_6$盐下烃源岩以泥质碳酸盐岩为主，厚 5~40m，局部有机碳含量相对较高（最大值 1.86%）（图 4-13），但厚度较薄，发育较分散，具有一定的生烃能力。

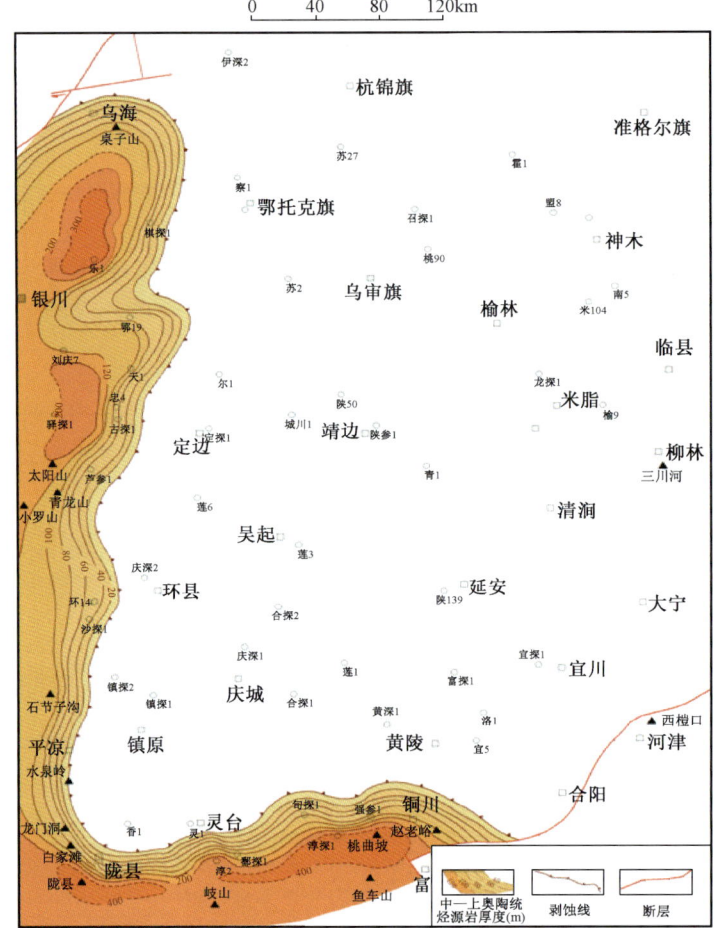

图 4-12 鄂尔多斯盆地中—上奥陶统烃源岩等厚图

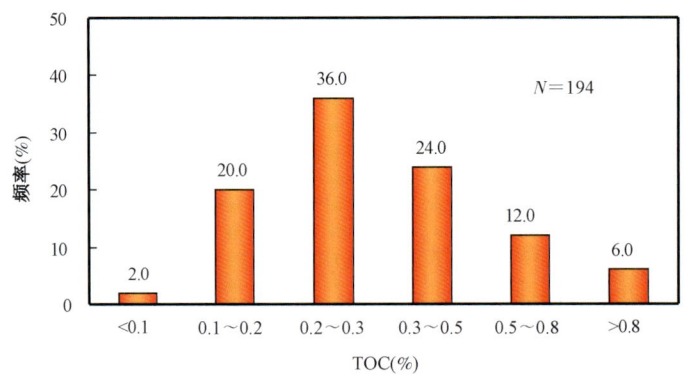

图 4-13 奥陶系盐下有机碳含量频率分布图

1. 盐下海相烃源岩测井定量评价

盆地东部盐下钻井少,取心有限,而且烃源岩多以薄层、纹层状产出,缺乏系统的地球化学分析数据,烃源岩识别及编图难度大。针对烃源岩低这一特点,利用对奥陶系盐下烃源岩的测井特征,完成烃源岩单井解释,为盐下烃源岩评价奠定了基础。

烃源岩含有大量的有机质(干酪根)。干酪根具有特殊的物理性质,即导电性差、天然放射性强、密度接近于水的密度,属于轻组分,声波时差接近550μs/m,含氢指数接近67%。烃源岩层段测井曲线具有自然伽马强度增加、密度减小、电阻率及声波时差增大,铀含量增加等特点。

根据下古生界8口井476块样品(包括173块岩心和303块岩屑)有机碳分析结果对电性数据的标定,得到如下相关性分析结果:有机碳含量与测井补偿中子值具较明显的正相关性,有机碳含量大于0.3%的岩心样品中子值介于2.5%～15%之间;有机碳含量与声波时差具有一定的正相关性,当有机碳含量大于0.3%的层段声波时差多数大于160μs/m(图4-14)。

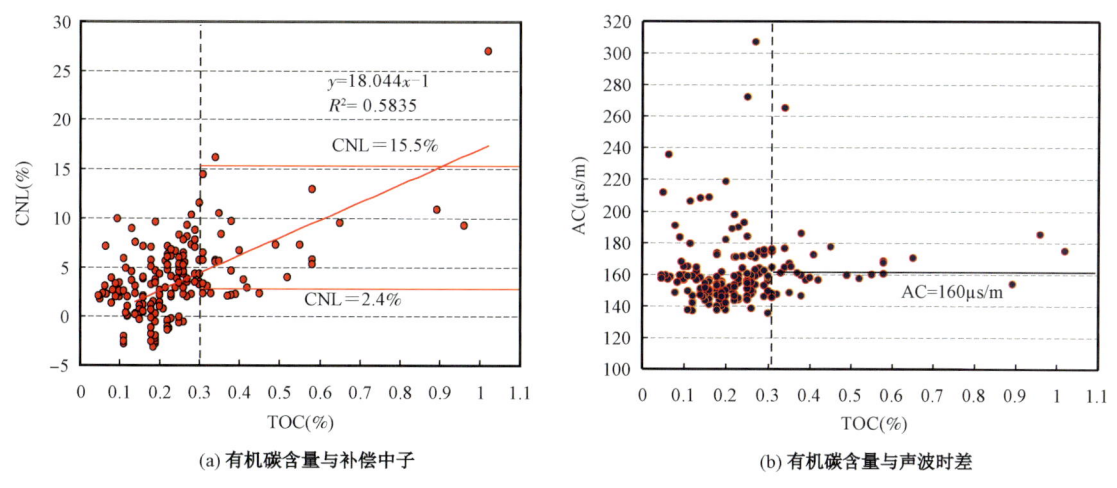

图4-14 有机碳含量与电性特征的单因素分析图

有机碳含量与电阻率及密度之间的相关性似乎并不明显,但有机碳含量大于0.3%的层段电阻率多介于20～1700Ω·m之间,密度多介于2.68～2.82g/cm³之间(图4-15)。

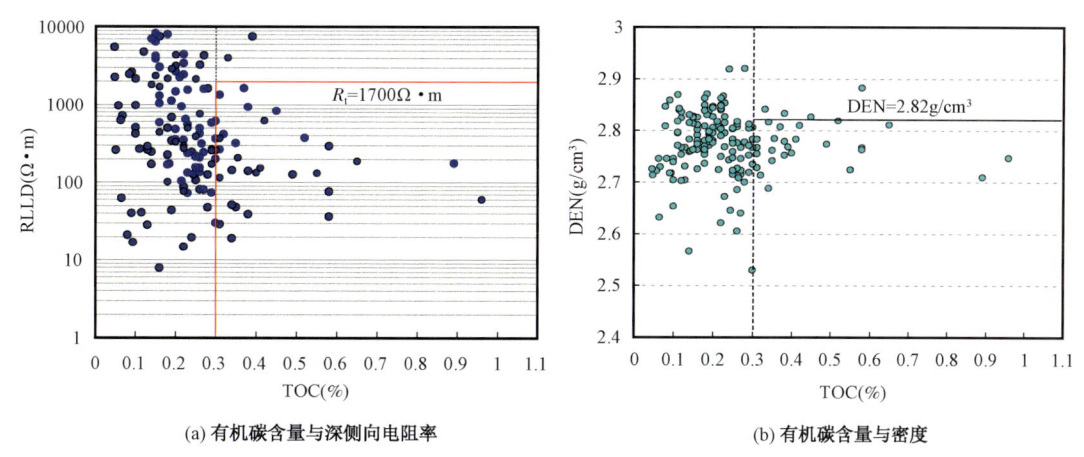

图4-15 有机碳含量与电阻率及密度测井的单因素分析图

因此,可综合应用补偿中子和岩心密度与有机碳含量的单向相关性和分界性的关系,建立组合的定性或半定量关系图版(图4-16)。

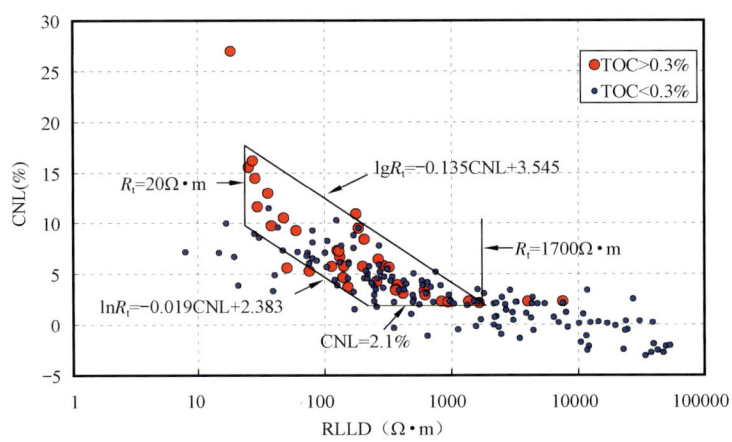

图 4-16 深侧向电阻率与补偿中子交会图

2. 东部盐下烃源岩分布特征

根据岩性刻度结果和烃源岩电测曲线特征,对钻入盐下探井进行烃源岩的测井识别,解释有机碳含量大于0.3%的有效烃源岩层段。根据解释结果,对马五$_7$、马五$_9$、马四段和马二段分别成图,并编制奥陶系马五$_6$盐下烃源岩总厚度图,在此基础上分析盐下烃源岩发育特征。

奥陶系盐下膏盐岩层段与碳酸盐岩层段间互产出的特征决定了盐下发育自生自储成藏组合。为了分析和评价盐下勘探目的层系的烃源条件,将马五$_7$、马五$_9$、马四段和马二段烃源岩等厚图进行对比分析,评价优选主力勘探层系,明确有利勘探目标。

1) 马五$_7$及马五$_9$亚段

马五$_7$亚段厚度一般为15~25m,最厚34.6m(米1井)。马五$_7$亚段烃源岩分布面积较大,在地层分布区内均不同程度发育,面积约$8.5×10^4 km^2$,厚度一般为2~6m,局部烃源岩发育区厚度为6~8m,最大可达8.5m(城川1井)。马五$_7$亚段烃源岩在北部乌审旗地区和东部的佳县—子洲一带厚度较大,其次在莲3井区厚度超过4m,形成局部的烃源岩较为发育地区(图4-17)。总体看,马五$_7$亚段烃源岩相对最为发育,该层段自生自储成藏组合成藏条件最为有利,是盐下最具勘探潜力的层段。

马五$_9$亚段厚度一般为15~25m,最厚为27m(召探1井)。该段有效烃源岩发育程度较差,仅分布在佳县—子洲—志丹近北东向展布的区域内,厚度为1~3m,府5井厚度最大为3.5m(图4-18)。马五$_9$亚段岩性向北、向西变为较纯的白云岩,泥质含量低,不利于烃源岩的发育。

马五$_7$和马五$_9$属马五段下部层系,处于马五$_6$膏盐岩之下,共同组成盐下马五段自生自储成藏组合。马五$_7$—马五$_{10}$烃源岩厚度一般为2~8m,局部烃源岩发育区厚度范围为8~12m,最厚可达13.8m(府5井)。在北部乌审旗和东部佳县—子洲一带厚度较大,在莲3、城川1和盟8井区厚度超过4m。马五$_7$和马五$_9$单层及马五$_7$—马五$_{10}$烃源岩厚度图均显示北部乌审旗和东部佳县—子洲地区烃源条件较为有利。

2) 马四段

马四段碳酸盐岩岩性相对较纯,泥质含量低,不利于有机质的富集,仅在局部发育有效烃源岩。马四段烃源岩平面分布不连片,仅在榆林—佳县、靖边—志丹和南部的富县地区相对孤

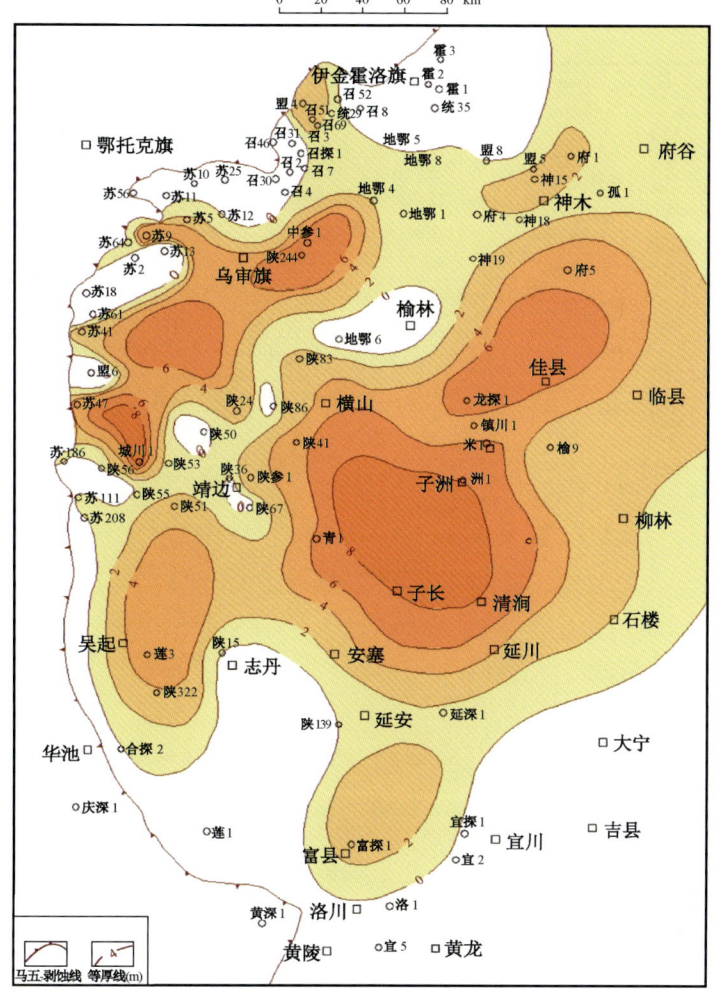

图 4-17 盆地盐下马五₇亚段烃源岩等厚图

立区域发育。马四段烃源岩厚度为 2~12m,城川 1 井最厚可达 17.2m(图 4-19)。榆林—佳县烃源岩发育区面积较大,厚度最大可达 12m,该区域内的地鄂 4、地鄂 5 和地鄂 6 井均在马四段钻遇明显气测异常,表明该区是寻找马四段气藏的较有利目标。总体来看,马四段烃源岩发育程度较差,难以形成自生自储型的规模气藏。

3) 马二段

马二段烃源岩厚度一般为 2~10m,局部烃源岩发育区厚度为 10~15m,最大可达 21.9m (召探 1 井)。烃源岩整体呈南北向带状展布,在盆地中部地区厚度普遍大于 8m,在北部伊金霍洛旗—乌审旗一带和东部佳县—志丹—石楼一带厚度较大(图 4-20)。这两个厚度较大的区域在盐下总烃源岩等厚图上同样为烃源岩较为发育的地区,表明两个区域为继承性局限洼地,水体深且安静,有利于泥质沉积。马二段烃源岩较为发育,分布格局与马五₇亚段相似,厚度大于 8m 的烃源岩发育区面积为 $6.6 \times 10^4 km^2$,烃源条件较好,具有较好的成藏潜力,是盐下勘探潜力仅次于马五₇亚段的层系,值得重视。

总体来看,奥陶系盐下烃源岩主要分布在府谷—伊金霍洛旗—定边—华池一带以东区域,面积约 $11.5 \times 10^4 km^2$。烃源岩厚度范围为 5~20m,局部烃源岩发育区厚度超过 40m。在神

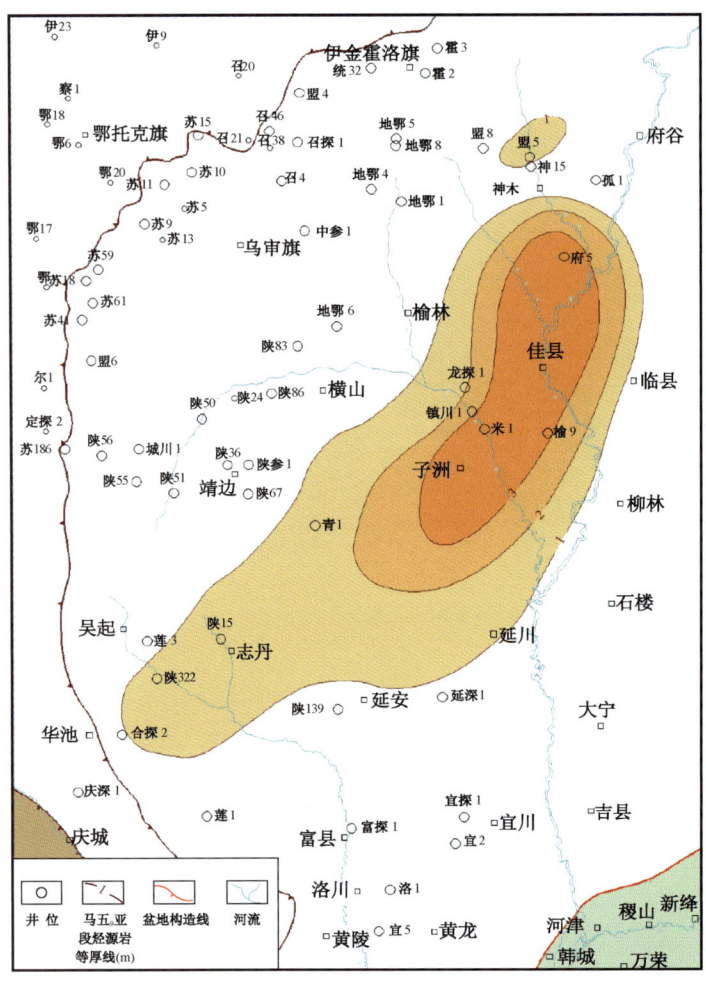

图 4-18　盆地盐下马五$_9$亚段烃源岩等厚图

木—伊金霍洛旗—乌审旗—靖边—志丹—清涧—柳林围限区域相对较为发育,向北、西、南方向逐渐减薄。盆地中东部地区存在伊金霍洛旗—乌审旗、靖边—志丹和佳县—清涧三个烃源岩厚度较大的区域,厚度一般为 25~35m,在榆林—横山、安塞—延安地区烃源岩厚度小于 15m。以榆林—横山—子长—延安南北一带为界,东为佳县—清涧烃源岩发育区,西为伊金霍洛旗—乌审旗—靖边—志丹烃源岩发育区,形成东、西两侧厚,中部薄的烃源岩分布格局(图 4-21)。钻探结果表明,处于烃源岩发育区及邻近地区的探井盐下普遍钻遇含气显示,如陕 15、榆 9、镇川 1、地鄂 4、地鄂 5 和地鄂 6 等井,初步显示出烃源岩分布对储层含气性的控制作用。烃源岩厚度较大的区域是盐下天然气勘探的有利目标区。

奥陶系马五$_6$盐下各层段烃源及总烃源岩厚度分布特征表明,北部乌审旗和东部佳县—子洲地区各层段烃源岩叠合发育,厚度较大,是成藏有利目标区,应作为近期勘探的主攻目标。分层系看,马五$_7$和马二段烃源岩分布连片,马五$_9$和马四段烃源岩发育区域相对孤立。从烃源条件分析,奥陶系盐下天然气勘探应以马五$_7$和马二段为主力勘探目的层系,以马五$_9$和马四段为兼探层系。

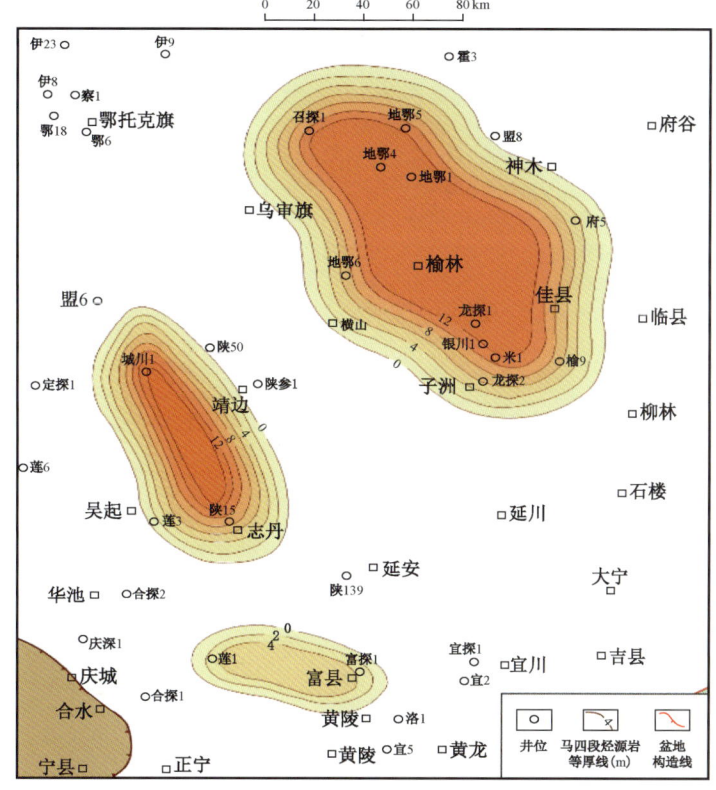

图 4-19 盆地盐下马四段烃源岩等厚图

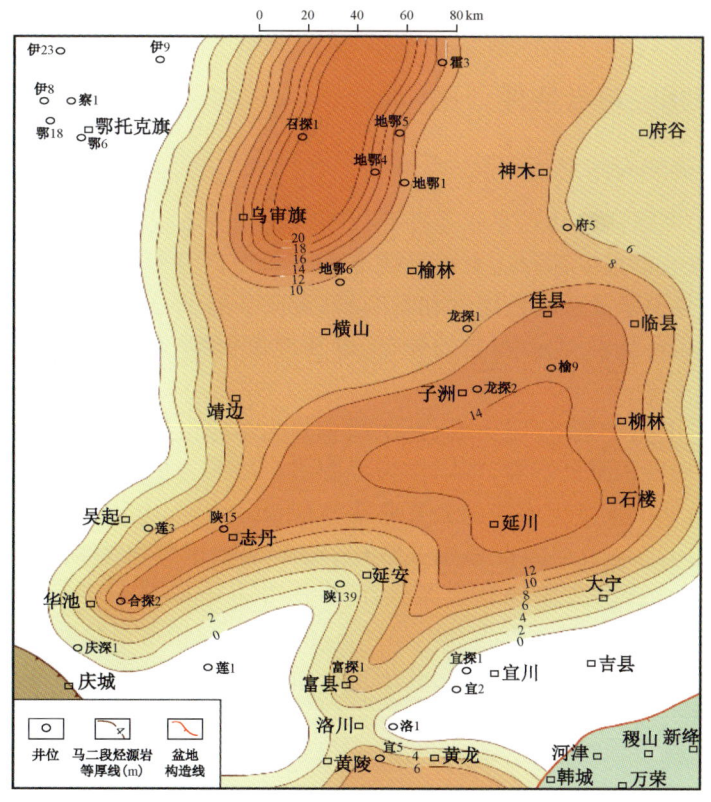

图 4-20 盆地盐下马二段烃源岩等厚图

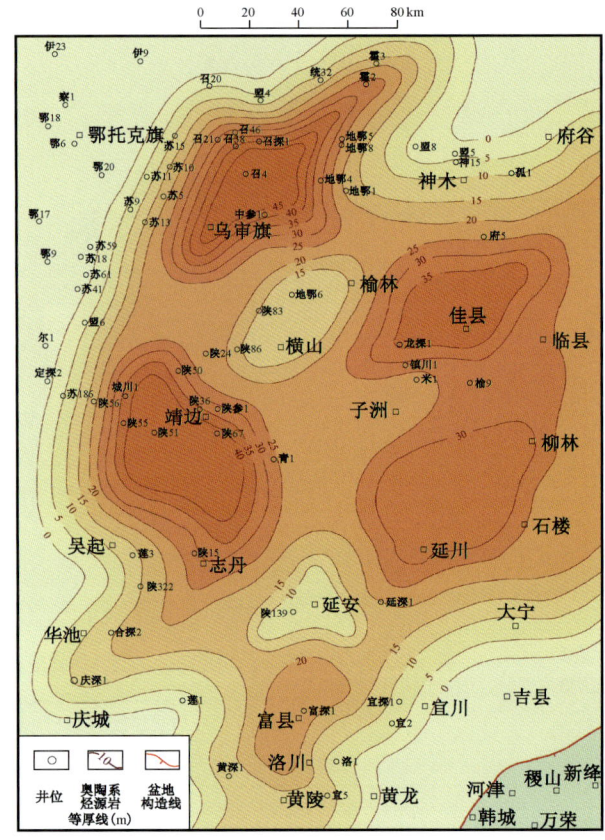

图4-21 鄂尔多斯盆地中东部奥陶系盐下烃源岩等厚图

四、寒武系海相烃源岩条件

(一) 寒武系烃源岩分布层位和展布

截至目前,鄂尔多斯盆地钻遇寒武系探井仅50口,且分布很不均衡,大多分布在渭北隆起带上,寒武系探井取心也很少,因此,全面系统准确评价寒武系烃源岩有较大的难度。本次研究主要根据盆地探井中寒武系暗色泥岩和石灰岩、泥质灰岩的分布特点,结合周缘寒武系地表露头剖面暗色泥岩和石灰岩、泥质灰岩的分布,以及地震资料,分析了解寒武系烃源岩纵向和横向分布特征。

纵向上,寒武系下段辛集组、馒头组、毛庄组主要为干旱气候条件下的沉积,岩性主要为砂岩、砂质白云岩、石灰岩和泥页岩等,难以作为烃源岩。烃源岩主要分布于中—上段徐庄组、张夏组以及三山子组,其中张夏组为烃源岩分布重点层位。

横向上,通过井点、地表剖面点等相关数据,初步编制了鄂尔多斯盆地寒武系烃源岩厚度图(图4-22)。由图可见,盆地寒武系烃源岩分布还是具有一定规模的,其主体生烃凹陷应在盆地西缘及南缘,厚度一般为60~250m,但平面上分布不均衡,总体具有盆地内部薄、边部厚的特征。自东北向西、向南逐渐增厚。鄂托克旗西—定边—环县—吴起—米脂一线以北地区,厚度低于100m;西缘布1井—环14井—平凉一线以西地区,厚度大于150m,最大厚度300m;南缘平凉—正宁—延安一线以南地区,寒武系烃源岩也大于150m,最大厚度500m。

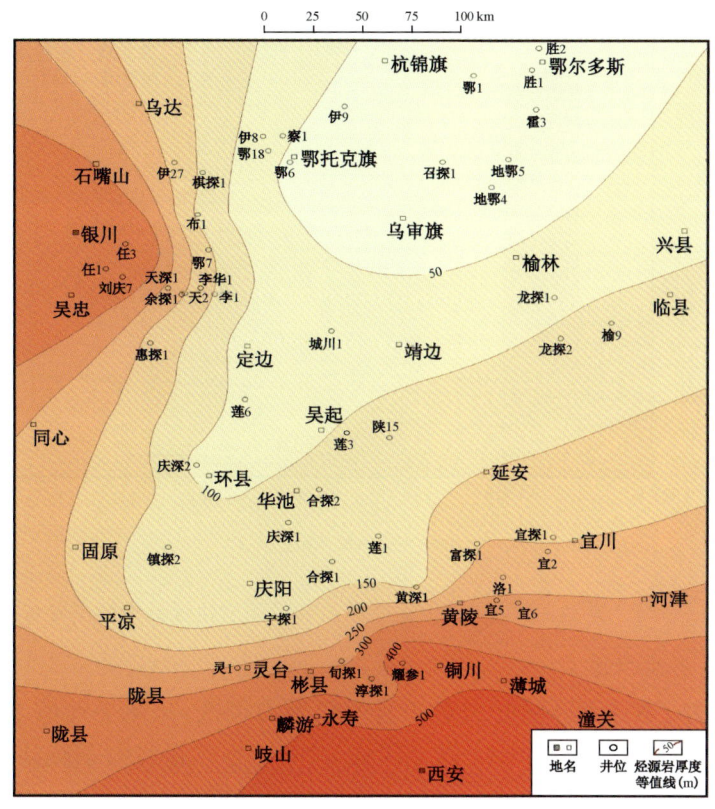

图 4-22 鄂尔多斯盆地寒武系烃源岩厚度等值线图

(二) 寒武系烃源岩地球化学特征

1. 寒武系烃源岩有机质丰度

寒武系海相烃源岩有机质丰度整体较低。统计 105 块样品表明有机碳含量介于 0.05%~0.20%之间,平均为 0.12%。TOC 含量超过 0.2%的样品很少,以差—较差生烃岩为主。从岩性上来看,寒武系烃源岩主要为泥灰岩、白云岩及泥岩。盆地南部渭北隆起含有一定量的泥灰岩,而泥岩主要分布于盆地西部地区。

寒武系碳酸盐岩烃源岩有机碳含量较高的区域主要位于盆地南部及盆地西北部,可达 0.18%以上。其中盆地南部宜探 1 井寒武系石灰岩有机碳含量为 0.19%,白云岩有机碳含量一般为 0.33%;盆地西部鄂 7 井寒武系石灰岩有机碳含量最高可达 0.31%,是盆地寒武系烃源岩有机碳已知的高值区,但主体属于差—较好烃源岩。其他地区有机碳含量一般较低,多数低于 0.12%,属于非烃源岩—差烃源岩。

2. 寒武系生烃岩氯仿沥青"A"

从已有的氯仿沥青"A"含量数据来看,寒武系烃源岩碳酸盐岩氯仿沥青"A"含量也相对较低,盆地 36 个样品值平均仅为 30.7μg/g,其中 21 个石灰岩样品平均值为 32.4μg/g,15 个白云岩样品平均值为 28.3μg/g(图 4-23)。从地区来看,盆地东南部甘泉—宜川地区寒武系烃源岩氯仿沥青"A"含量相对较高,石灰岩分布最大可达 40μg/g 以上,这与本区有机碳含量相对较高是一致的。

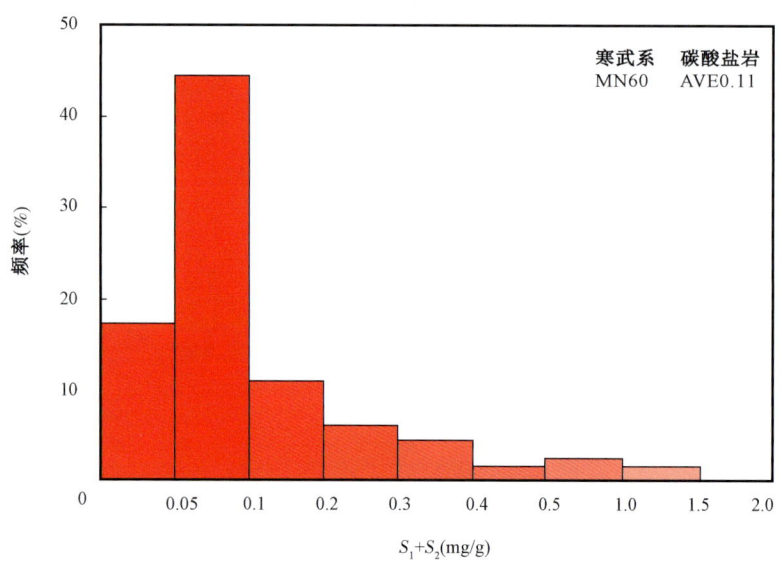

图 4-23 鄂尔多斯盆地寒武系碳酸盐岩烃源岩生烃潜力频率分布图

3. 寒武系生烃岩生烃潜力

从现有资料分析,寒武系碳酸盐岩烃源岩生烃潜力较低,总体平均值为 0.11mg/g。其中 0.05~0.1mg/g 占 50% 左右,0.1mg/g 以上仅占 30%。考虑到奥陶系热演化程度,盆地大部分地区已达过成熟阶段,下伏的寒武系烃源岩热演化成熟度只会更高这一因素,综合评价寒武系烃源岩为差—较好烃源岩。

4. 寒武系生烃岩有机质类型

根据收集到的寒武系烃源岩和本次分析的数据统计,19 个样品 I 型干酪根 11 个,占 57.9%;II_1 型干酪根 7 个,占 36.8%;II_2 型干酪根 1 个,占 5.3%;III 型干酪根尚未见到。表明寒武系烃源岩有机质类型主要以 I — II_1 型干酪根为主,具有较好的生烃潜力。

5. 寒武系生烃岩有机质演化

寒武系烃源岩成熟度较高,R_o 平均值达到 3.37%,已经达到过成熟中期阶段,部分达到晚期阶段。平面上,盆地中东部米脂—吴起—甘泉—宜川地区成熟度最高,R_o 值达 4.0 以上,陕 15 井 R_o 甚至达到 5.45% 轻微变质程度;其次为中央古隆起定边—环县—宁县地区,R_o 值一般在 2.6% 以上;西缘冲断带及伊盟隆起乌审召地区 R_o 值最低。总体上寒武系烃源岩成熟度随着埋深的加大而增加,但不同的地区增加的幅度有所差异。

(三)寒武系烃源岩生烃潜力

寒武系烃源岩现今生烃强度平面上分布的总体特征是:西南高、东北低。鄂托克前旗—定边—延安一线以南地区,寒武系烃源岩生烃强度普遍大于 $4.0 \times 10^8 m^3/km^2$,并发育两个烃源岩生烃强度相对高值区,一个位于平凉—庆阳—延安一线南部地区,生烃强度大于 $6.0 \times 10^8 m^3/km^2$,旬邑—宜君—宜川地区的生烃强度大于 $13.0 \times 10^8 m^3/km^2$,是目前已知的寒武系烃源岩生烃强度最大的地区。另一个位于布拉格—毛盖图—惠安堡一线以西地区,生烃强度大于 $5.0 \times 10^8 m^3/km^2$。乌审旗—榆林以北地区,寒武系烃源岩生烃强度小于 $1.0 \times 10^8 m^3/km^2$(图 4-24)。

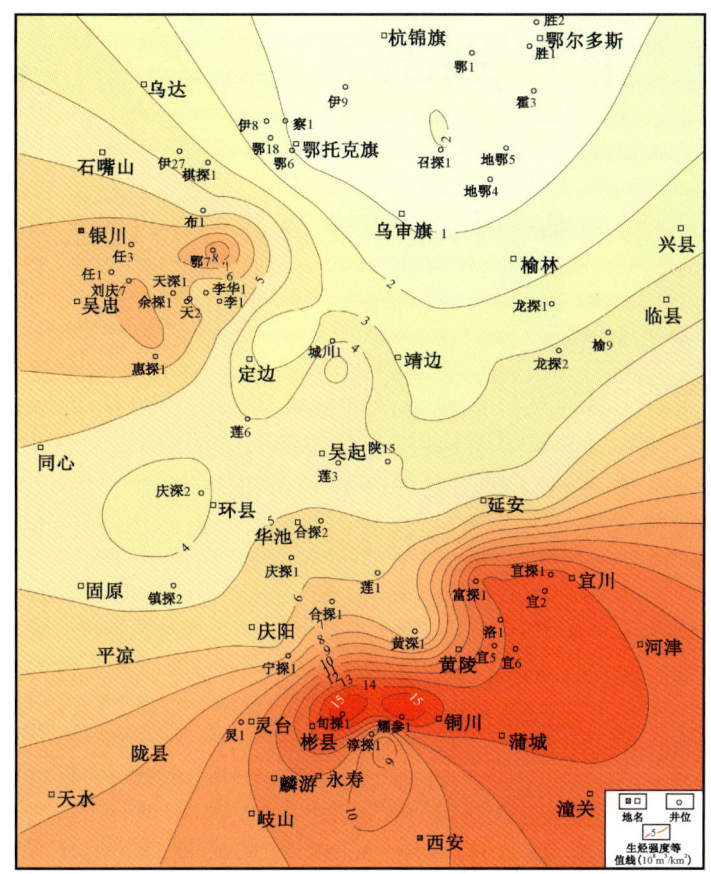

图4-24 鄂尔多斯盆地及周缘地区寒武系生烃强度图(现今)

第五章　下古生界生储盖组合与成藏特征

第一节　封盖层发育及分布特征

一、区域盖层分布特征

鄂尔多斯盆地下古生界天然气成藏涉及的区域盖层主要包括上古生界二叠系上石盒子组泥质岩盖层和石炭—二叠系煤系地层(杨俊杰等,1996;杨俊杰,2002;党犇,2003;刘全有等,2012)。其中上石盒子组以湖相泥质岩为主,纵向上距离下古生界顶面较远(300~400m);石炭—二叠系煤系地层则直接覆盖于下古生界不整合面之上,既是烃源层,又是封盖层。

(一)上石盒子组区域盖层

上石盒子组为一套横向展布稳定的滨浅湖沉积,其中泥质岩累计厚度70~110m,约占该地层总厚度的80%以上,其气体绝对渗透率为$0.7\times10^{-6}\sim10.8\times10^{-6}$mD,饱含空气条件下的突破压力为1.5~2MPa,其过剩压力为5.2~7.5MPa,比下石盒子组大3~5.3MPa,具有良好的封盖条件,是下古生界气藏的区域盖层。

(二)石炭—二叠系煤系区域盖层

石炭系本溪组与二叠系太原组、山西组含煤碎屑岩和海相碳酸盐沉积,在盆地分布广泛,其中泥质岩厚度为80~140m,煤层厚度为4~20m,泥晶灰岩厚度为8~28m。气体绝对渗透率为$2.8\times10^{-3}\sim3.7\times10^{-6}$mD,饱含空气时突破压力为11MPa,部分样品为15MPa,排替压力为8~10MPa;泥晶灰岩气体绝对渗透率为$1.1\times10^{-6}\sim2.15\times10^{-5}$mD,饱含空气条件下的突破压力为11.2MPa,综合评价为好封盖层,是下古生界天然气成藏最为重要的区域性封盖层。

其封盖作用除了泥质岩类的直接遮挡外,还兼具烃浓度封闭的作用。因上古生界的煤系地层既是烃源岩层,又是封盖层,其在烃源岩热演化达到成熟阶段后,由于大量的生排烃作用,可在烃源岩层与下古生界碳酸盐岩储层之间形成一定的浓度差,进而阻止下古生界天然气成藏后的缓慢逸散,以确保气藏能够得到长期有效的保存。

二、直接盖层分布特征

盆地奥陶系古风化壳直接封盖层是石炭系下部的铁铝质泥质岩、暗色泥岩和泥质粉砂岩,在盆地大面积分布。本溪组泥质岩约占地层厚度的70%以上,其中铁铝质泥岩厚度为10~15m。采自陕参1井的铝土岩气体绝对渗透率为6.5×10^{-6}mD,饱含空气时突破压力为5MPa,铝土质泥岩为15MPa,综合评价为好—中等封盖层。盆地西部天池气藏的直接封盖层为克里摩里组深水页岩,厚度为5~10m,气体绝对渗透率为13×10^{-6}mD,饱含空气时突破压力6MPa,综合评价为中等封盖层。

上述古风化壳各类封盖层在区内分布虽各有差异,但总体来看,好封盖层主要分布于天环向斜与陕北斜坡的中东部。这两个地区,各类封盖层配置良好,构造作用微弱,有利于天然气成藏。陕北斜坡西部(即中央古隆起区)大多缺失石炭系本溪组,石炭—二叠系煤系烃源岩层相对较薄,各类封盖层配置欠佳,是中等封盖层分布区。较差封盖层主要分布于渭北地区,该区断层发育,各类封盖层厚度明显减薄,并缺乏烃浓度封闭的作用,封盖能力一般较弱。

(一)海相泥质岩封盖层

海相泥质岩封盖层,属于陆棚斜坡—海槽沉积,主要分布于盆地西部平凉组底部和克里摩里组,厚度为 10~50m,气体绝对渗透率为 1×10^{-6}~3×10^{-6} mD,突破压力为 6~7MPa,生烃能力较强,但分布局限,综合评价为中等封盖层。

该区下古生界致密碳酸盐岩非常发育,且沉积厚度巨大,变化范围在 55~2000m 之间。而且据封盖性能试验研究,碳酸盐岩的封盖能力与岩石的结晶程度及内碎屑颗粒(泥质)的含量密切相关。该区上奥陶统平凉组和背锅山组的岩性主要为石灰岩、泥质灰岩夹少量薄层状泥岩,其中泥质灰岩样品突破压力一般大于 15MPa,具有较好的封盖能力。如淳探 1 井中奥陶统平凉组 1842.16~1842.33m 样品,岩性为灰黑色石灰岩,渗透率为 0.0164mD,突破压力为 15MPa;淳 2 井背锅山组 3283.33~3283.38m 灰色泥质灰岩,渗透率为 0.0015mD,孔隙度为 0.4%,突破压力大于 15MPa;淳 2 井平凉组 3397.26~3397.31m 深灰色泥质灰岩渗透率为 0.0012mD,孔隙度 0.3%,突破压力大于 15MPa。而且从碳酸盐岩盖层的展布来看,区内沉积厚度较大,尤其是在灵台—旬邑一线以南区域,中、上奥陶统沉积厚度逐渐向南加大,一般为 600~1000m,具有一定的封盖能力。

(二)致密碳酸盐岩封盖层

致密碳酸盐岩一般形成于海侵体系域或凝缩段,主要发育于马四段、马六段和平凉组,泥质含量较高,晶体结构较细,富含有机质。岩性组合有泥灰岩、含泥灰岩、泥晶灰岩、泥晶云岩和含泥云岩等。这类封盖层孔隙度一般在 0.23%~0.55% 之间,气体绝对渗透率为 4.5×10^{-7}~8.5×10^{-6} mD,饱含空气时,突破压力为 2~5MPa,泥灰岩、泥晶灰岩为 8~15MPa,与储层压差为 0.23~0.31MPa,综合评价为中等封盖层,同时也存在较差封盖层,分布相对局限,横向变化大,其封盖性能与含泥量有关,含泥越高,其封盖性能越好。

(三)蒸发岩封盖层

据国内外蒸发岩封盖层分析,硬石膏岩一般易发育裂缝,而盐岩具有塑性流动性,二者混合沉积,盐岩则能愈合硬石膏岩中的裂缝,因此具有较强的封盖性能。如盆地东部马家沟组马五段是盆地奥陶系最大的一套含膏盐岩层序,其中马五$_6$亚段累计膏盐岩厚度最大可以达到 130 多米,而且自下而上,马五$_{10}$亚段、马五$_8$亚段及马五$_4$亚段,也与马五$_6$亚段一样,均为以膏盐岩为主的沉积旋回,可以作为盐下气藏的良好直接盖层(图 5-1)。

同时与蒸发岩旋回相关的泥质膏岩、膏质云岩等也具有一定的封盖性能。实验数据表明,膏云岩气体绝对渗透率 1.4×10^{-5} mD,饱含空气时突破压力为 10MPa,主要以物性封闭为主,尚缺其他封闭要素,综合评价为较差封盖层,具有局部封盖的意义。

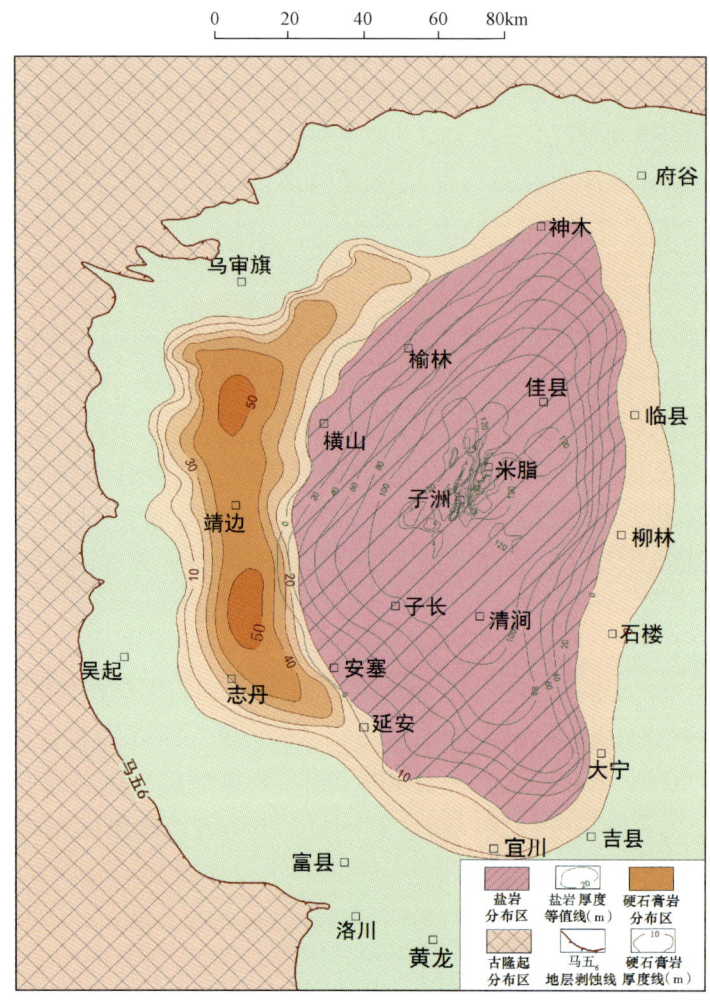

图 5-1 盆地中东部马五$_6$亚段膏盐岩厚度图

第二节 生储盖组合特征分析

鄂尔多斯盆地早古生代横跨祁连和华北两大海域,沉积类型多样,沉积期经历了多期的海进—海退旋回,有利于在盆地不同地区形成多类含气组合,在纵向上具有多套含气组合叠置发育的特点。

一、奥陶系马家沟组发育上、中、下三套含气组合

鄂尔多斯奥陶系马家沟组呈明显的旋回性沉积特征,其中马一段、马三段和马五段以发育石盐岩为主夹硬石膏岩、白云岩的蒸发盐沉积为特征,而马二段、马四段和马六段岩性主要为泥晶灰岩,为开阔海陆棚沉积特征。由于加里东期长达1.5亿年的风化剥蚀作用,奥陶系顶部的马六段已基本被剥蚀殆尽,仅在盆地东部局部地区残留,此时富含易溶矿物组分的马五段白云岩普遍被剥露地表,在风化淋滤作用下形成岩溶储层,是鄂尔多斯盆地下古生界气田主力产

层。根据地层旋回、岩性、电性组合特征马五段自上而下可细分为 10 个亚段（马五$_1$—马五$_{10}$），按照储层类型及成藏特征，划分为上、中、下三套含气组合：

（一）上组合：马五$_1$—马五$_4$ 靖边型风化壳气藏

上组合由马五段上部的马五$_1$—马五$_4$小层组成，储层岩性主要为纹层状泥晶—粉晶白云岩，孔隙类型以溶蚀孔洞为主，是靖边气田的主力产气层段。该组合主要分布在靖边—横山之间的南北向带状区域内，以靖边气田及其东西两侧气藏最为特征，气源主要来自上古生界煤系地层，具典型的风化壳型地层—岩性气藏特征。

储层孔隙的发育受沉积期大范围连续分布的含膏云坪相带控制，加里东裸露期受风化淋滤作用使石膏、石盐等易溶的蒸发盐类矿物组分溶蚀，形成溶斑型孔洞储层，与前石炭纪风化壳古地貌和石炭—二叠系煤系烃源岩相配置，可形成古地貌—地层复合圈闭（杨俊杰等，1992），其为靖边气田的主要圈闭类型（图 5 - 2）。

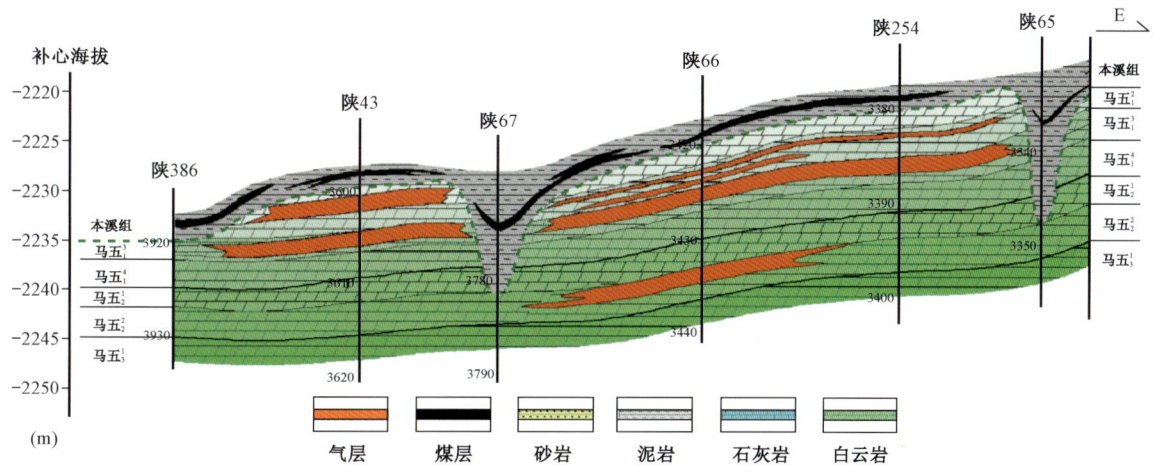

图 5 - 2 靖边气田奥陶系岩溶风化壳圈闭成藏模式图

（二）中组合：马五$_5$—马五$_{10}$ 白云岩岩性圈闭气藏

中组合由马五段下部的马五$_5$—马五$_{10}$小层组成，储层岩性主要为粉晶—细晶白云岩，孔隙类型以晶间孔为主，明显不同于靖边气田的次生溶孔型储层，以地层—岩性及构造—岩性复合圈闭气藏为主。圈闭形成主要受中央古隆起的影响，其东北侧奥陶系马家沟组中段（马五$_5$、马五$_7$和马五$_9$）发育浅水台地颗粒滩相白云岩，经过表生期混合水白云岩化的改造，可形成大面积展布的白云岩晶间孔型储层，与上古生界烃源岩相配置，形成有效圈闭，已发现多个高产富集区，其中苏 203 井等在马五$_5$试气获高产工业气流（图 5 - 3）。

该类型气藏的富集多与滩相储层的发育有关，近期地震勘探已识别出多个中组合滩体发育带，显示出良好的勘探前景。

（三）下组合：马四段白云岩岩性圈闭气藏

马四段厚层细晶—中晶白云岩，晶间孔及溶孔极为发育，储集性能优越，主要发育构造—岩性复合圈闭。该组合因缺乏有效的圈闭，地层普遍含水，仅在苏 51 井和召 50 井试气获低产气流。

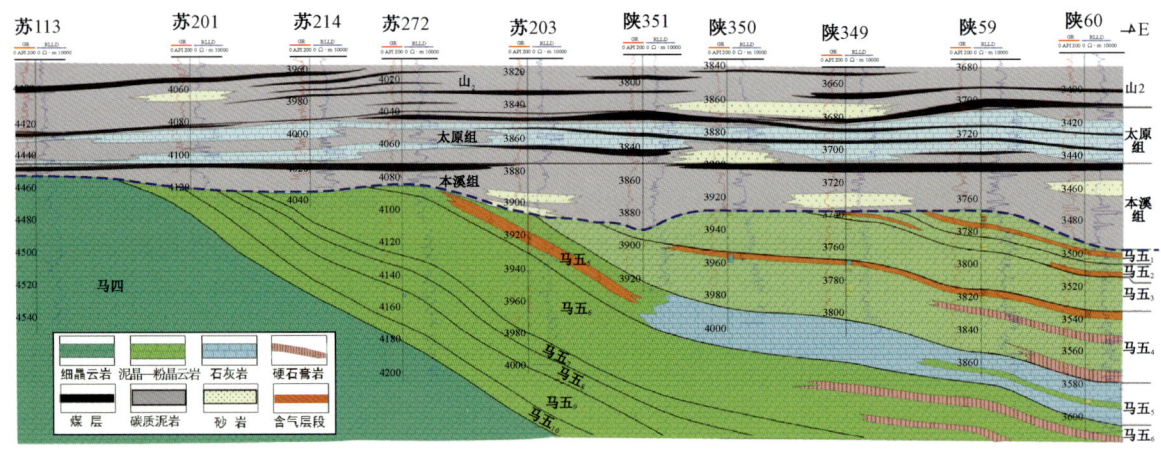

图 5-3 古隆起东北侧马五段与上古生界源储配置关系剖面示意图

二、奥陶系盐下生储盖组合

奥陶纪马家沟组沉积期,海水进退及蒸发浓缩作用使该区发育多个膏盐岩—碳酸盐岩沉积旋回,纵向上的岩性变化有利于形成多套自生自储成藏组合。每一旋回层序的下部均由淡化期形成的碳酸盐岩组成,而上部均由硬石膏岩、盐岩与泥质碳酸盐岩组成,可以构成三套完整的生、储、盖组合系统(图5-4)。

(一)上部生、储、盖组合

上部生、储、盖组合,其顶板马五$_6$亚段的硬石膏岩、盐岩和泥质云岩组成良好的盖层,其下的马五$_7$、马五$_9$和马四段细晶—粉晶白云岩与细晶石灰岩是有利的生烃岩和储层,下部的马三段膏盐岩是该组合的底板。根据岩性与电测资料,马五$_7$、马五$_9$和马四上段储层较为发育,具有较好的储集性能。该成藏组合可进一步分为马五$_6$—马五$_7$、马五$_8$—马五$_9$、马五$_{10}$—马四三个次一级储盖组合,其中马五$_6$—马五$_7$储盖组合是盆地东部盐下勘探领域最有利的成藏组合。

(二)中—下部生、储、盖组合

中—下部生、储、盖组合,主要由马三段、马二段及马一段组成,其中顶板马三段为巨厚的硬石膏、盐岩,组成良好的盖层,马二段的粉晶云岩、云斑灰岩和微晶石灰岩是有利的生烃岩和储层。该成藏组合自上而下也可进一步分为三个次一级储盖组合,以中部旋回成藏组合最为有利,储层发育程度相对较高,气测异常显示较为活跃。马二段内部三个次级旋回顶部普遍发育泥质碳酸盐岩或薄层泥岩,有机碳丰度相对较高,是较好的烃源岩。马二段顶、底相邻的马三段和马一段整体泥质含量较好,对马二段储层段的烃源供给也能发挥一定的作用。

三、奥陶系礁滩相带生储盖组合

鄂尔多斯盆地西部克里摩里组沉积期属祁连海域沉积区,地层厚度在60~170m之间,由西向东减薄,沉积环境以台缘斜坡相为主。发育礁滩型、白云岩型、洞穴型储集体,发育中—上奥陶统海相和上古生界煤系两套烃源岩,与周围的致密围岩构成有效的储集与遮挡条件,可形成有利的岩性圈闭体。

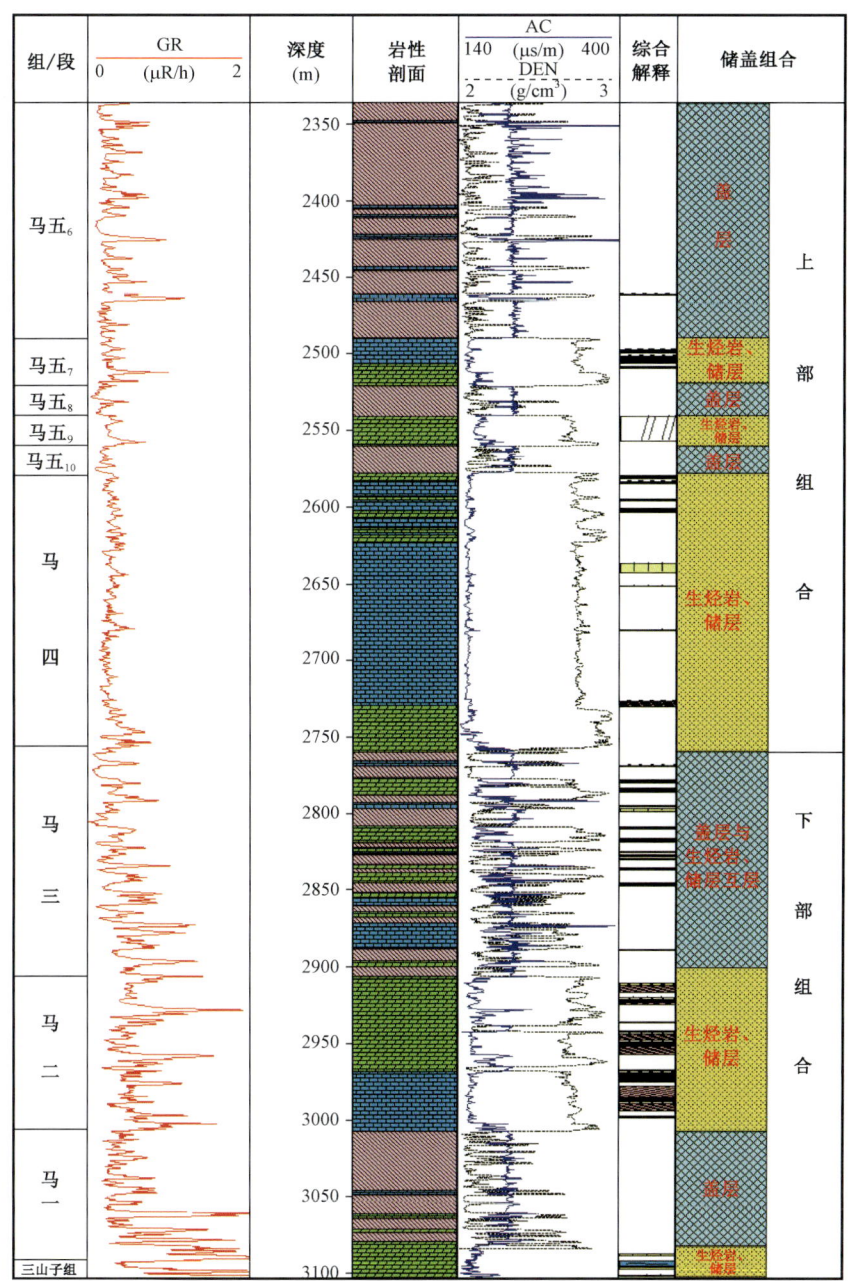

图 5-4 盆地东部奥陶系盐下储盖组合图

四、寒武系生储盖组合

鄂尔多斯盆地寒武系主要以陆表海缓坡沉积为主,以白云岩型储层为主,在盆地中东部中—下寒武统局部台内洼陷发育海相烃源岩,具有一定的生烃潜力,可形成自生自储型气藏。庆阳古隆起区在加里东末期发生构造抬升,促使寒武系剥露,与上古生界煤系烃源岩直接接触,可形成上生下储型天然气藏。

第三节 成藏机理探讨

盆地下古生界天然气成藏主要受上古生界煤系烃源岩和下古生界海相烃源层两大烃源体系控制。其中上古生界煤系烃源岩分布极为广泛,并通过不整合面与下古生界碳酸盐岩储层大部分地区直接接触,局部地区侧向接触,是下古生界天然气成藏的主力气源(尤其对于下古生界顶部不整合面附近的天然气成藏)。而下古生界海相烃源岩的生烃能力则相对较差,有效烃源岩的分布较为局限,但却是上古生界煤系烃源不发育地区以及远离不整合面的下古生界内幕碳酸盐岩层系成藏的主要烃源岩。

根据区域有效储集体发育、烃源岩分布以及源储配置关系等特征,将盆地下古生界的天然气成藏划分为下古生界顶部和下古生界内幕两个系统,其在圈闭运聚及成藏规模等方面均具有不同的特征。

一、下古生界顶部成藏系统

下古生界顶部成藏系统烃源主要来自上古生界的煤系烃源岩,通过不整合面与下伏海相碳酸盐岩层系直接接触,构成良好的源储配置关系,由于烃源岩分布范围广、气源供给充足,如储集及圈闭条件适宜,成藏范围及规模一般相对较大。气藏主要发育在盆地中东部的奥陶系风化壳及古隆起东侧的奥陶系中组合地层中。

(一)奥陶系顶部风化壳气藏

主要发育于盆地中东部地区的奥陶系顶部风化壳中,靖边气田是其典型代表。其气源主要来源于上古生界的煤系烃源岩,储层为岩溶风化壳溶孔型储集体。

1. 煤系烃源岩分布广泛、气源供给能力强

区内上古生界从石炭系本溪组至二叠系山西组煤层厚 8~12m,暗色泥岩(主要是碳质泥岩)厚 80~100m,已进入过成熟—干气热演化阶段,生气强度达到 $15\times10^8 \sim 25\times10^8 m^3/km^2$,供气能力良好。

2. 风化壳溶孔储集体发育、横向分布稳定

主要储集体类型为风化壳溶孔储集体。主要分布在奥陶系顶部的加里东期古风化壳附近,主力储层为奥陶系马家沟组马五段上部马五$_1$—马五$_2$亚段,储层厚度一般为 3~8m,孔隙度为 3%~8%,渗透率为 0.1~2.0mD。孔隙类型主要为次生溶孔,其发育程度受沉积相带、风化壳期岩溶古地貌以及晚期埋藏充填等多方面的因素控制。

3. 储集体与烃源层直接接触、源储配置关系良好

风化壳储集体与上古生界煤系烃源岩接触,至燕山早—中期煤系烃源岩进入生排烃高峰,煤成天然气沿古沟槽及不整合面进入奥陶系风化壳储层(图5-2),上倾方向泥岩及成岩致密带遮挡,形成大面积展布的古风化壳型地层圈闭气藏(又称古地貌圈闭气藏)。

(二)古隆起东侧奥陶系中组合气藏

主要发育于中央古隆起东侧的奥陶系中组合地层剥露区附近。加里东期抬升剥蚀使马家沟组各层段自东向西依次剥露,古隆起东侧马五中—下段与煤系烃源岩接触;燕山期为生排烃高峰,天然气运移进入白云岩岩性圈闭而成藏。

1. 区域沉积相变及白云岩化奠定了岩性圈闭形成的基础

马五段沉积期虽整体处于大的蒸发岩—碳酸盐岩旋回的相对低水位期(海退期)，但其间也存在次一级的短期海进旋回，马五$_5$沉积期即是夹在其间的一次较重要的次级海侵期。对马五$_5$亚段的大范围精细沉积微相分析表明，马五$_5$沉积期在盆地范围内由东向西依次发育东部洼地、靖边缓坡、靖西台坪及环陆云坪等古地理单元，在古隆起东侧的靖西台坪区多发育台内浅水颗粒滩沉积。

马五$_5$亚段现今的地层岩性由石灰岩依次变为含云灰岩、石灰岩夹白云岩及白云岩地层，白云岩主要分布在古隆起及其东侧的邻近地区，呈现出区域性的岩性相变规律。其白云岩化原因主要与区域海平面下降导致的古隆起区间歇暴露、形成大气淡水与蒸发卤水混合的成岩作用环境有关，并由此在先期颗粒滩沉积基础上形成粗粉晶结构的白云岩储层。

2. 与上古生界煤系烃源岩直接接触为中组合成藏提供了有利烃源条件

加里东运动末期开始的风化壳期，鄂尔多斯地区整体抬升，遭受了长达1.5亿年的风化剥蚀。受当时西高东低古构造格局的影响，由西向东依次发育岩溶台地、岩溶斜坡、岩溶盆地等古地貌单元，邻近古隆起的岩溶台地区奥陶系顶部风化剥蚀也最为强烈。由靖边向西马五$_{1+2}$乃至马五$_4$渐趋剥蚀殆尽，至古隆起附近马五$_5$—马五$_{10}$及马四段依次剥露地表。到石炭—二叠纪煤系地层沉积披覆后，即造成古隆起东侧地区奥陶系中组合与上古生界煤系烃源岩直接接触的源储配置关系，为印支末期—燕山期煤系烃源热演化成熟后大量生烃、中组合聚气成藏创造了极为有利的烃源条件。

3. 燕山期构造翻转最终导致中组合岩性圈闭成藏

燕山构造运动期盆地东部大幅度抬升，导致盆地古地形格局发生巨大变化，由原来的西高东低转变为东高西低。受此影响，下古生界构造层整体变为向西单倾的相对单一构造样式，也基本奠定了盆地今构造形态格局。

构造翻转后对古隆起东侧地区奥陶系中组合的天然气成藏产生了两方面的重要影响:一是诸如马五$_5$的区域岩性相变的致密石灰岩一侧刚好处于构造的上倾方向，从而对其西侧的白云岩储集体真正构成了有效的岩性遮挡条件;二是由于东侧上倾，使得上古生界的煤系烃源岩层与下古生界的白云岩储层在风化壳界面附近由原来的上下接触关系变成一定程度上的侧向(或左右)甚至下上接触关系，由于此时也正处在煤系烃源层生排烃高峰的时间窗内，从而最终导致煤系烃类气体在白云岩储集体中的充注成藏(图5-5)。

二、下古生界内幕成藏系统

下古生界内幕成藏系统烃源主要来自下古生界的海相烃源岩，其与下古生界的碳酸盐岩储集体形成自生自储的源储配置关系，局部也可能同时受到上古生界煤系烃源的供给。由于受储集体分布规模、烃源岩品质及分布等多重因素控制，气藏分布一般相对较为局限，主要发育在盆地西部祁连海域岩溶洞穴体、盆地西缘及南缘台地边缘礁滩相带以及盆地东部的奥陶系盐下地层中。

(一)西部祁连海域岩溶洞穴体气藏

1. 奥陶系横向岩性差异导致中西部岩溶作用特征的不同

奥陶系顶部附近的地层岩性在区域上有较大差异，在盆地西部地区以石灰岩地层为主

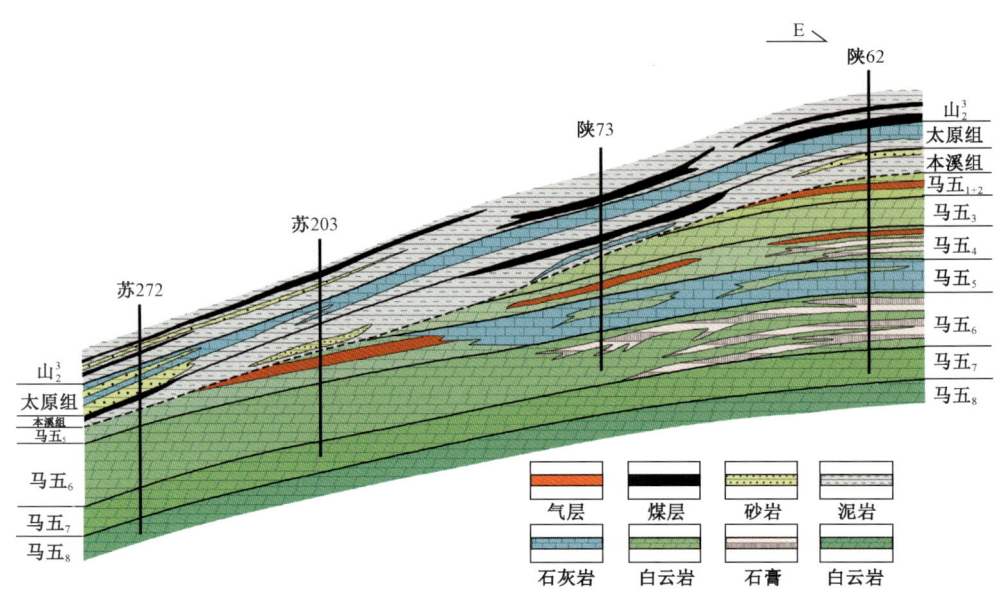

图 5-5 古隆起东侧中组合马五₅亚段岩性圈闭成藏模式图

(尤其是古隆起西侧的克里摩里组更是以大段厚层的石灰岩为特征),而在盆地中东部地区则以白云岩及膏质白云岩为主。由于石灰岩与白云岩在地表风化条件下的可溶性存在较大差异,因而导致其岩溶作用特征存在明显差异。据中国地质科学院岩溶所的研究成果,在25℃、CO_2分压为1个大气压时,方解石的溶解度达800mg/L,而白云石的溶解度为599mg/L;山西等地奥陶系地面露头岩石的采样分析也表明,白云岩类的相对溶解速度多在0.77~0.93之间(标准大理岩为1),而石灰岩类的相对溶解速度均大于1(1.03~1.11)。因此,石灰岩相对较高的溶解速度更容易导致局部集中性的快速岩溶,从而形成大的岩溶洞穴,而白云岩则更趋向于缓慢均匀的岩溶作用,以发育与膏盐矿物溶解伴生的溶孔为主,较少发育大的岩溶洞穴。

2. 加里东末抬升剥蚀期的古地貌高地为缝洞系岩溶创造了条件

加里东末期开始的古风化壳期,位于盆地中西部地区的中央古隆起仍处于继承性的隆升状态,导致在其周围地区产生张性裂缝系统,以及向其东西两侧的岩溶水流去向,尤其是向古隆起西侧石灰岩地层发育区的岩溶水流向,在裂缝系统以及沉积相控多孔性渗透层的配合下,发生顺层的岩溶作用,产生具一定层位选择性的似层状缝洞系岩溶储集体。因而,即使在有上覆乌拉力克组(O_2w)、拉什仲组(O_2l)泥灰岩、泥质岩等难溶岩类披覆的地区,其下的克里摩里组石灰岩中也发育有较好的岩溶缝洞性储集体。由于构造作用对岩溶缝洞体发育有明显的控制作用,因此在靠近中央古隆起西北侧的天环中部地区最有利于岩溶缝洞体的形成。

3. 非均衡塌陷充填形成特殊的岩溶缝洞体圈闭成藏条件

随着晚期岩溶作用的进一步发展,必然伴随同期的岩溶塌陷及岩溶洞穴的充填作用;并且由于后期石炭—二叠系披覆时沉积充填以及上覆沉积体负荷的影响,大多数岩溶洞穴体均已充填。因此现今所见的岩溶缝洞型储层,实际上多为洞穴底板垮塌角砾岩保留的孔隙及洞穴壁与顶板的裂缝体系,只不过由于周围地层的围限,洞穴内部充填物多数以泥质沉积为主,经过压实作用,多数洞穴本身没有储集性能,就个别发育于藻滩丘体内部的封闭洞穴,因其具有刚性骨架结构,抗压实能力强,在深埋藏条件下得以保存。

因而,局部地区的非均衡岩溶塌陷及上覆地层的埋藏充填,形成了相对独立的缝洞体圈闭体系,在周围奥陶系海相烃源岩层及上覆煤系烃源岩热演化成熟后,发生有效的天然气聚集即可形成岩溶缝洞体圈闭气藏(图5-6)。岩溶缝洞体圈闭气藏主要分布在盆地西部的克里摩里组—拉什仲组石灰岩及部分泥灰岩地层中。

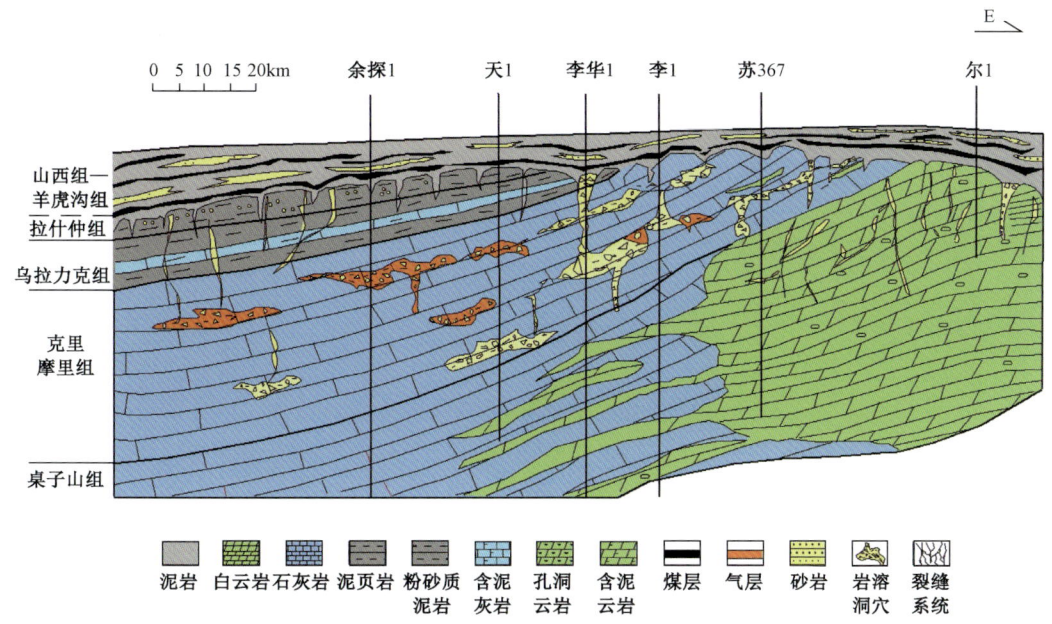

图5-6 盆地西部岩溶洞穴圈闭成藏模式图

(二)西缘及南缘奥陶系台缘礁滩相带气藏

1. 早奥陶世末存在有利礁滩储集体发育的台地边缘沉积相带

奥陶纪鄂尔多斯地区发育两大海域沉积体系:盆地本部属华北海域,以陆表海台地沉积为特征(鄂尔多斯台地),主要发育台地相碳酸盐岩—蒸发岩;盆地西缘及南缘属秦祁海域,以陆缘海(或边缘海)沉积为特征,主要发育开阔海石灰岩、泥灰岩及泥页岩,相当于海槽沉积(盆地西缘为贺兰海槽、南缘为秦岭海槽)。在秦祁海域的贺兰海槽及秦岭海槽与华北海域鄂尔多斯台地之间的过渡部位,由于沉积水体较浅、波浪作用强烈,光照及水体循环适宜于造礁生物的大量繁盛,因而存在有利于礁滩体发育的台地边缘沉积相带(台缘礁滩相带),从构造及沉积环境演化的特征分析,早奥陶世马家沟组沉积末期(克里摩里组沉积期)由于处在盆地构造的转换期,区域构造及水体环境对礁滩体的发育最为有利。目前在盆地西缘及南缘的古生界探井中都发现了储集性较好的克里摩里组礁滩相储层,盆地南部渭北隆起带的野外露头区也在多处发现生物礁灰岩,表明在两大海域的过渡部位确曾存在有利于礁滩储集体发育的台地边缘沉积相带。

2. 盆地西缘及南缘中—上奥陶统发育有效海相烃源岩

中—晚奥陶世盆地西缘及南缘处于台缘斜坡—较深水海槽沉积环境,发育泥质碳酸盐岩及泥页岩类沉积,有机质丰度相对较高,平均有机质含量为0.40%,最高可达2.91%,有机质含量大于0.3%的烃源岩累计厚度一般可达100~200m,局部可达300m以上,结合对盆地西南部平凉地区中奥陶统平凉组低演化露头剖面的热模拟分析表明,该区中—上奥陶统烃源岩总体上具有较强的生烃潜力,具备在局部形成天然气工业性聚集的生烃物质基础。

3. 礁滩相储集体与其周围海相岩层构成源储配置及岩性圈闭体系

盆地西部及南部礁滩相储集体主要发育在下奥陶统克里摩里组(马六段)中。下古生界海相烃源岩层则主要分布在中—上奥陶统泥质碳酸盐岩及泥页岩中,与下奥陶统克里摩里组储集体构成良好的源储配置,并与储集体周围的致密围岩一起构成有效的岩性圈闭体系,至埋藏晚期周围烃源岩热演化成熟后,即可聚集天然气而形成礁滩体岩性圈闭气藏(图5-7)。目前已在西部个别探井中试气获得低产气流,表明该领域仍具一定的成藏潜力。

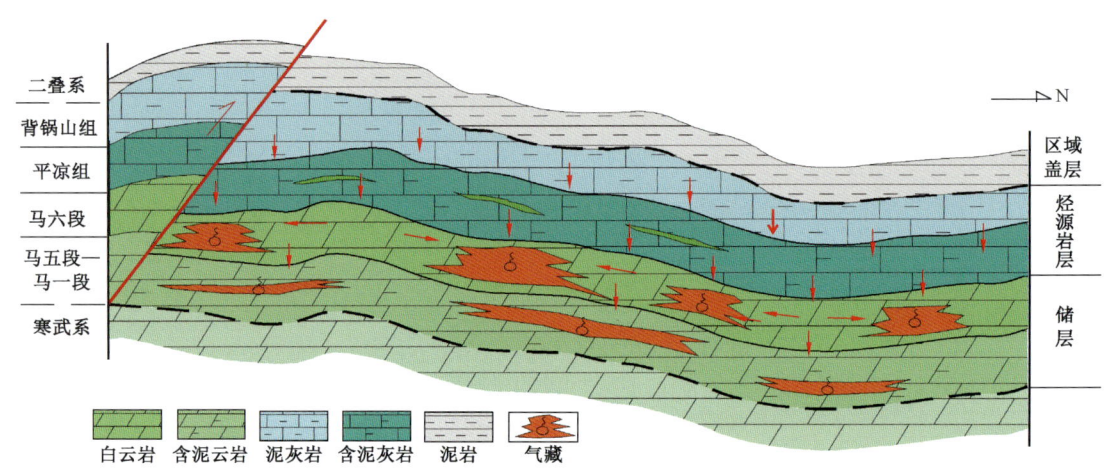

图5-7 鄂尔多斯盆地西南缘奥陶系礁滩相带岩性圈闭成藏模式图

(三)盆地东部奥陶系盐下气藏

1. 盐下碳酸盐岩烃源岩分布分散,气源供给能力有限

盆地东部下古生界烃源岩主要为泥质碳酸盐岩,以薄层纹层状产出,厚度较薄,分布分散,有机质丰度较低,生烃能力有限,而上古生界煤系烃源岩由于受到马五$_6$等厚层膏盐岩的阻隔,不能通过厚层的膏盐岩对盐下储层供气,导致盐下储集体烃类气体的充注程度较低,可能形成气藏的规模也较小。

2. 盆地东部盐下存在构造和岩性的复合圈闭

岩性圈闭是由于岩性、成岩条件的变化引起周围储层物性变差而形成的圈闭。如前所述龙探1井马五$_7$白云岩储层物性在纵向上存在差异,相对高渗的储层被致密的隔夹层分隔。由于成岩作用的差异,储层在横向上也可能存在差异,当侧向上致密层形成有效封堵时岩性圈闭就形成了。龙探1井马五$_7$天然气的甲烷含量占气组分的96.87%,重烃组分含量低,属典型的干气,试气结果为产气407m^3/d,产水33.5m^3/d。地层水矿化度122.71g/L,水型为$CaCl_2$,为滞留水特征。从龙探2井的钻探情况分析,马五$_7$含气性较差,测井解释为水层,由于区域上马五$_7$亚段白云岩大面积分布,储层非均质性较强,可能发育有效的岩性圈闭。

龙探2井马五$_6$厚度较周围探井明显减薄,仅为40.2m,而在盆地东部盐下其他探井中马五$_6$厚度范围为80~176m(图5-8);马一段厚度较周围探井又明显增大,达190m,而在盆地东部盐下其他探井中马一段厚度仅为70~90m(图5-9)。

过井地震剖面显示马二段底—马五$_6$底之间的地层明显上拱,存在一背斜构造(图5-10),马五$_5$及其以上各层段未发生明显的变形,马一段膏盐岩层段可见大量揉皱、小型错断、地层陡倾等塑性变形现象(图5-11)。

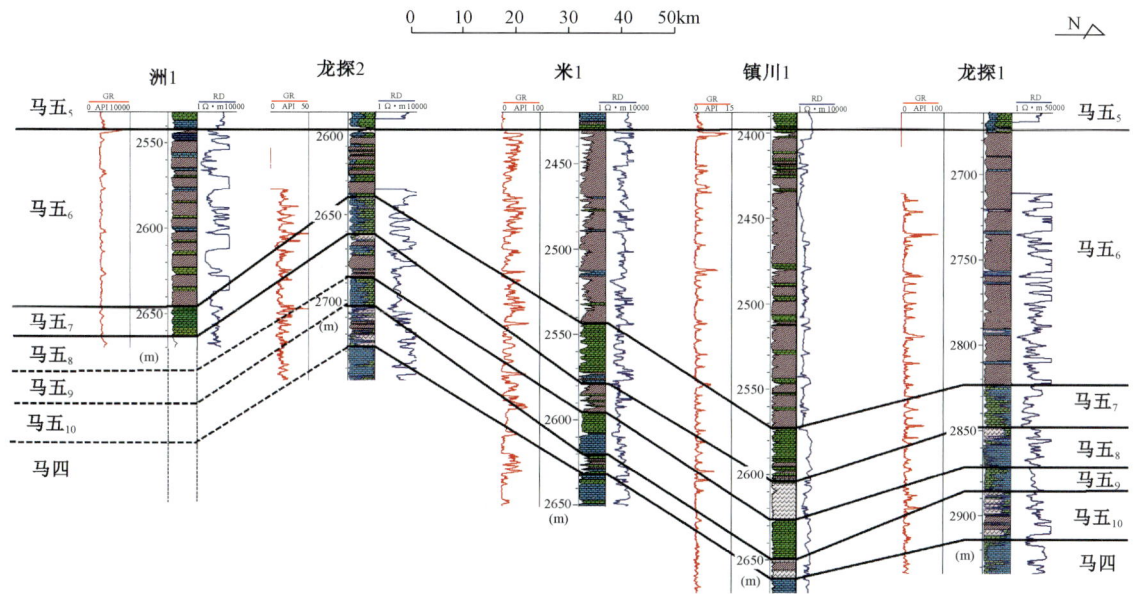

图 5-8 过龙探 2 井马五$_6$—马五$_{10}$南北向地层对比剖面

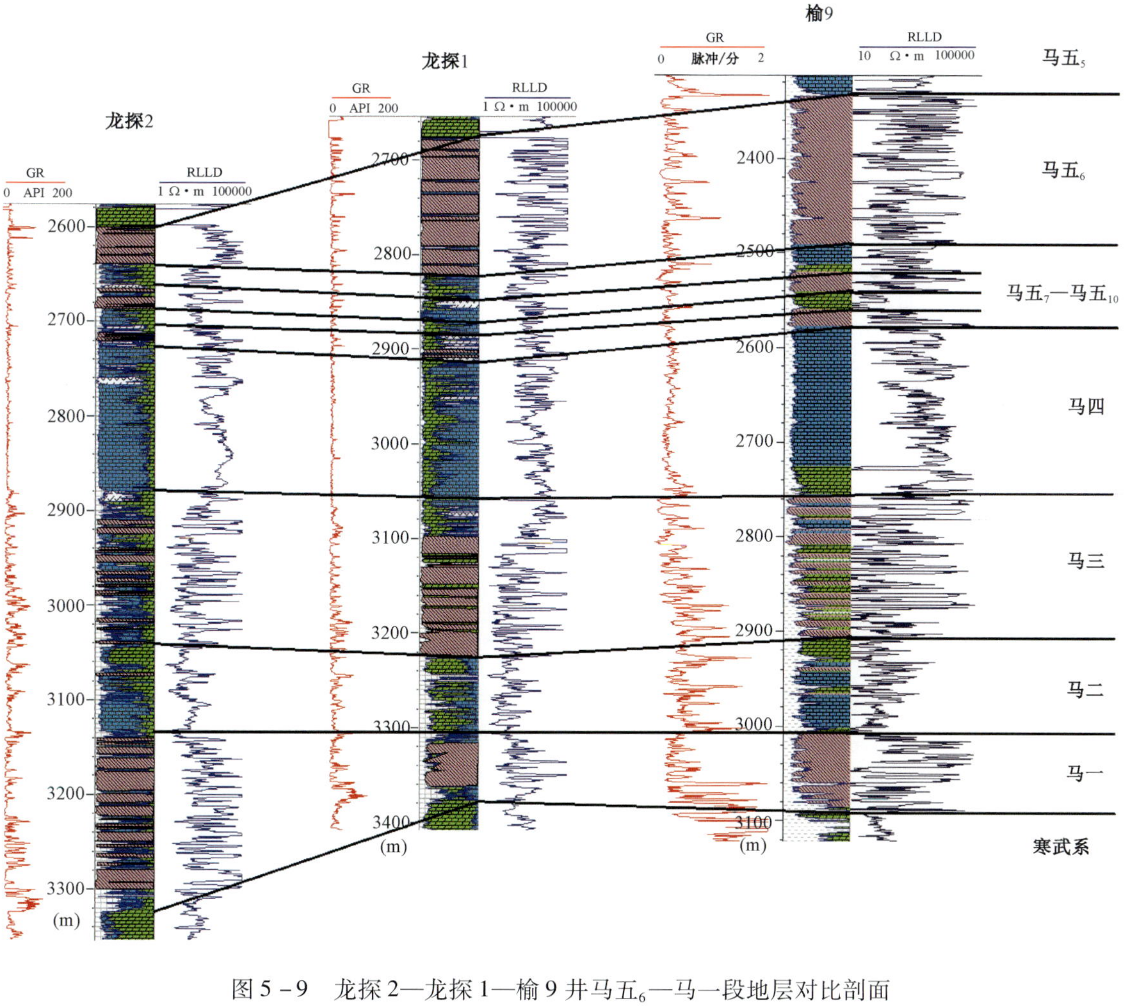

图 5-9 龙探 2—龙探 1—榆 9 井马五$_6$—马一段地层对比剖面

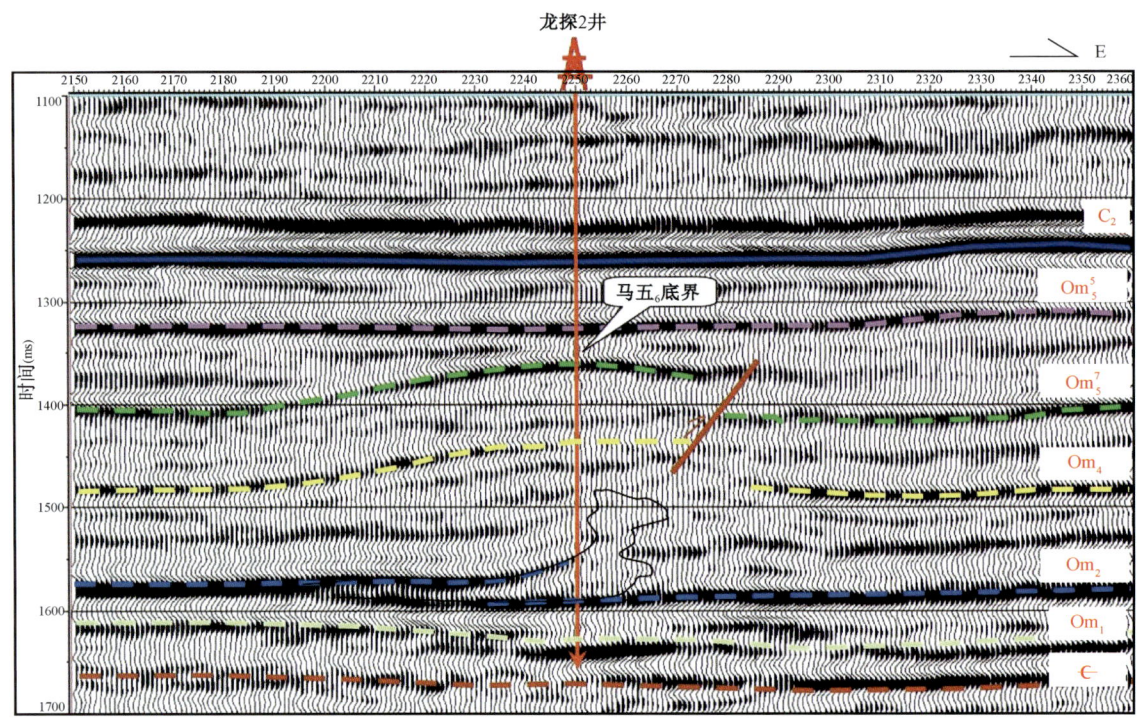

图 5-10 H05KF289 测线常规地震测线叠前偏移剖面

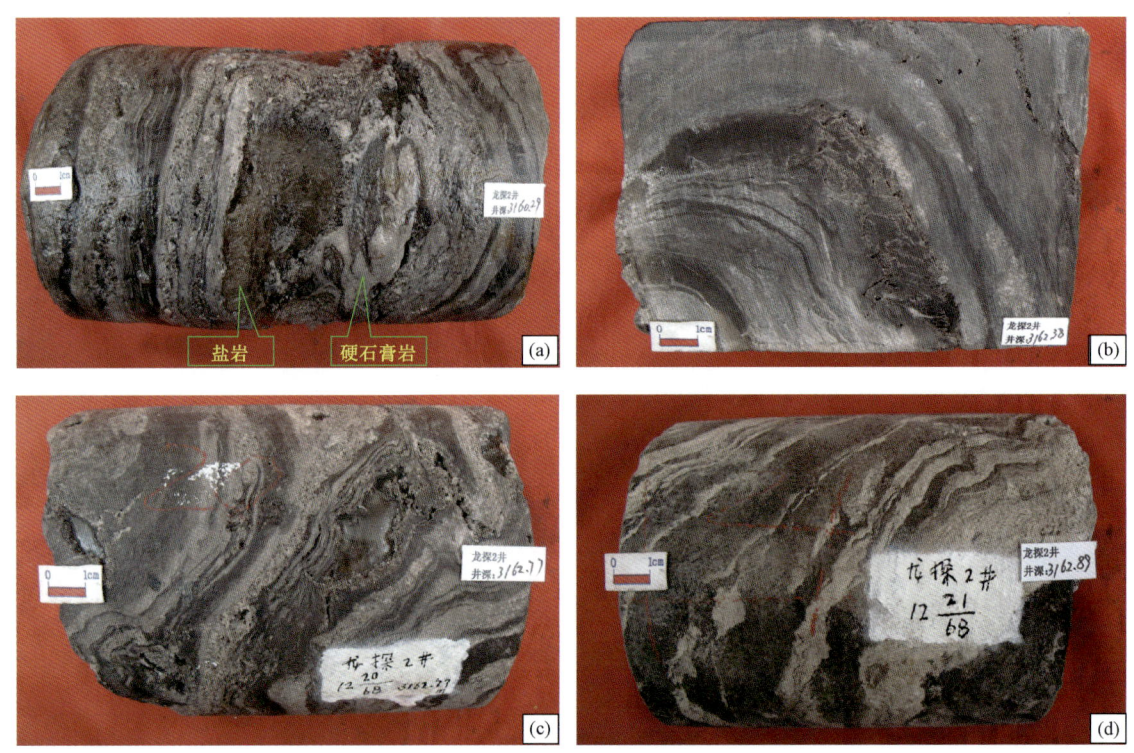

图 5-11 龙探 2 井马一段膏盐岩层段中的塑性变形特征
(a) 3160.29m,中部盐层被错断,白色硬石膏岩挤入充填;(b) 3162.38m,局部褶皱变形;
(c) 3162.77m,强烈揉皱变形;(d) 3162.89m,局部地层变形呈陡倾状

综合分析认为,马二段和马五$_6$底之间发育的背斜构造形成于马五$_6$亚段沉积前或同沉积期,为典型的盐丘底辟构造,其成因主要是马一段盐岩受上覆及围岩地层的挤压,沿膏盐岩底面发生塑性流动,底辟刺穿马二段,导致马一段重复加厚,并造成上覆地层局部抬升形成背斜构造。在该背斜构造的马三段发现 CO_2 气藏,说明东部盐下构造圈闭具有有效性。龙探 2 井钻探证实盆地东部局部构造是天然气聚集成藏的有利场所,但是否存在烃类气体的规模聚集,除受圈闭因素控制外,奥陶系盐下自身的烃源条件仍是制约该区烃类气体聚集成藏最为重要的控制因素。

第六章　下古生界碳酸盐岩区带成藏特征

第一节　下古生界碳酸盐岩勘探区带划分

鄂尔多斯盆地下古生界主要发育寒武系和奥陶系两套沉积层系,其中寒武系以浅海陆棚相泥页岩和陆表海碳酸盐岩为主,奥陶系则主要为局限海台地相膏盐岩和碳酸盐岩,两者在沉积特征和基本的油气成藏地质条件上有较大差异,因而在成藏区带的研究上有必要分两个层系分别进行讨论。

一、奥陶系碳酸盐岩成藏区带

鄂尔多斯盆地奥陶系碳酸盐岩分布范围广,自东向西发育浅水台地相—台地边缘礁滩相—斜坡相—深水盆地相的碳酸盐岩,而且由于受东西分布的祁连海域、华北海域及中央古隆起的共同控制,盆地东西之间的沉积具有明显差异,为不同类型气藏的发育奠定了基础。根据盆地奥陶系不同地区、不同层系的碳酸盐岩成藏特征,自西向东可以将其划分为四大成藏区带(图6-1):(1)古隆起东侧白云岩体(马五$_5$—马五$_{10}$、马四段);(2)盆地中东部风化壳(马五$_{1+2}$、马五$_4$);(3)盆地东部奥陶系盐下(马五$_6$以下);(4)台缘礁滩相带(马六段/克里摩里组)。

目前在盆地奥陶系海相碳酸盐岩四大成藏区带中,中部风化壳勘探已获成功,且仍有进一步勘探的潜力;古隆起周边白云岩体、台地边缘礁滩相带等是下一步天然气勘探的主攻方向。

(一)古隆起东侧奥陶系中—下组合

位于鄂尔多斯盆地中部、靖边气田西侧,构造位置处于伊陕斜坡,有利勘探面积7200km^2。主力目的层为奥陶系马家沟组中—下段马五$_5$、马五$_7$、马五$_9$亚段及马四段白云岩。综合分析表明,马五中—下段滩相白云岩在后期埋藏抬升后,配合东侧上倾方向岩性相变及顶部的上古生界煤系泥岩遮挡,可以形成有效的地层—岩性圈闭。靖边气田西侧马五中—下段具有多层系复合含气特点,气藏呈环带状分布于古隆起东侧,是寻找滩相岩性圈闭的有利区带。综合地震—地质资料初步圈定了有利滩相白云岩的分布区域,下一步需要继续分析马五段白云岩有利储层段微相类型及其平面展布规律,进一步明确储层发育主控因素,结合地震属性分析,精细刻画滩相白云岩分布,为钻探提供有利目标。

(二)盆地中东部风化壳

盆地中东部风化壳气藏是盆地奥陶系碳酸盐岩最重要的勘探区带,已发现并探明了靖边风化壳大气田,其为勘探程度最高、认识最为丰富的区带。岩溶风化壳气藏分布主要受马五段上部含膏云坪相带展布、前石炭纪岩溶古地貌及后期孔洞充填的综合控制。通过不断勘探及研究,基于对不同地区沉积相带展布、岩溶古地貌恢复及孔隙充填物特征的对比分析,发现靖边气田周边风化壳气藏勘探范围进一步扩大,明确靖边气田西侧、盆地东部岩溶残丘和宜川—黄龙三个风化壳气藏勘探新目标,是下古生界海相碳酸盐岩领域增储上产的现实领域。

(三)奥陶纪台地边缘礁滩相带

奥陶纪,鄂尔多斯盆地西、南缘为贺兰和秦岭海槽,在鄂尔多斯台地与海槽之间的斜坡过

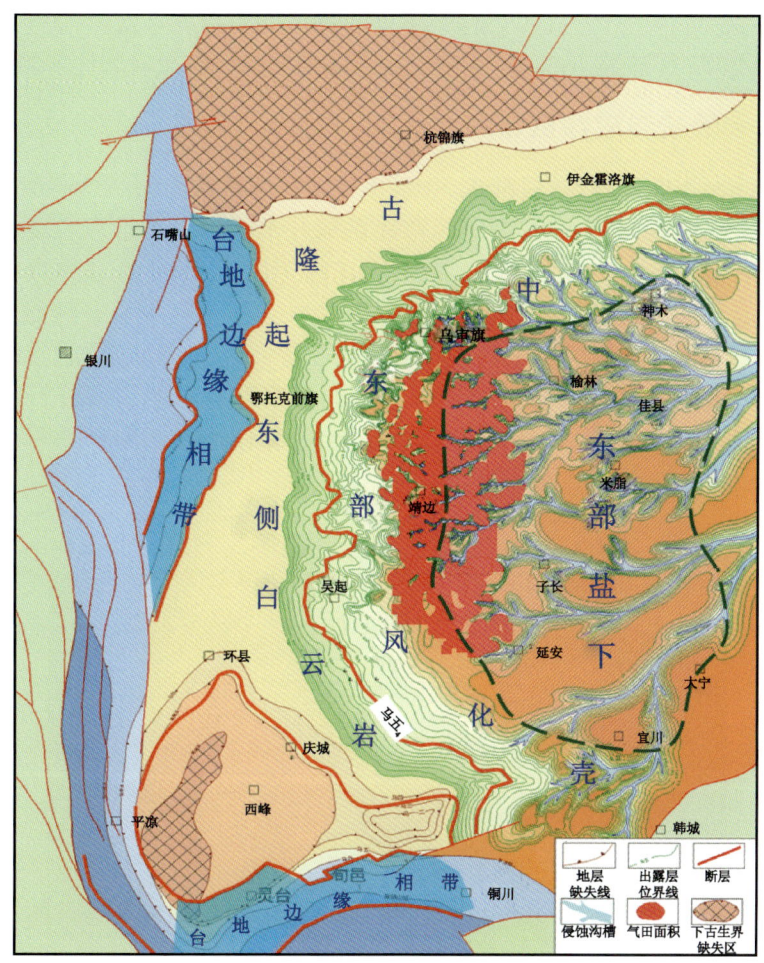

图 6-1 鄂尔多斯盆地奥陶系成藏区带划分简图

渡带具有发育高能礁滩相带的条件,礁滩相带沉积经历沉积期后改造可以形成石灰岩型和白云岩型两大类储集体。除了上古生界煤系烃源岩,该区带在盆地西缘、南缘呈"L"形发育中—上奥陶统斜坡相、盆地相泥质烃源岩,厚度大,有机质丰度较高,具有一定的生烃能力,为台缘相带成藏奠定了生烃物质基础,与台缘相带岩溶洞穴及礁滩体等储集体相配置,可以形成有效的天然气聚集。

目前勘探已经初步确定西部天环北和南部麟游北两个礁滩相带勘探目标,而且在盆地西部克里摩里组已经发现了有效的岩溶洞穴圈闭,并落实了其分布范围,成为盆地奥陶系海相碳酸盐岩勘探的新目标。

(四)盆地东部奥陶系盐下

盆地东部奥陶系马家沟组马五$_6$亚段膏盐岩厚度大,分布面积广,封盖能力强,可作为盐下气藏的区域盖层;马五$_7$、马五$_9$、马四段、马三段和马二段均不同程度地发育白云岩晶间孔和晶间溶孔型储层,具有较好的储集性能。而且近期地震勘探成果表明:在马家沟组马一、马三、马五三套膏盐岩之下,发育鼻状盐隆、地层尖灭、透镜体等多类型圈闭,其中盐隆、地层尖灭等大型圈闭具有较高的勘探价值。目前在盆地东部奥陶系马家沟组盐下已经获得低产天然气气流,盐下圈闭的有效性得到证实,但由于整体勘探程度较低,对盐下烃源岩的生烃潜力仍需进一步评价,气藏富集主控因素有待分析。随着勘探的深入和新资料的丰富,对盐下成藏的认识也将进一步深化,也必将取得勘探新的突破,成为盆地奥陶系海相碳酸盐岩勘探新的接替区带。

二、寒武系碳酸盐岩成藏区带

盆地寒武系勘探程度比较低,目前仅50余口井钻穿寒武系。而且这些探井主要分布于盆地周边及盆地西南部地区,盆地中东部地区寒武系探井不足10口,且取心少。鄂尔多斯盆地寒武系储层以白云岩为主,主要发育于张夏组、徐庄组等层段,而且在盆地大部分区域均有分布,因此,寒武系成藏的关键是烃源岩条件,由于寒武系上覆了奥陶系碳酸盐岩,因此,其仅在盆地西南部地区由于古隆起区的剥蚀而可以与上古生界煤系烃源岩形成有效配置,在盆地本部的局部洼陷内则可能发育寒武系海相烃源岩。根据寒武系的地层发育特征及源储配置关系,初步分析认为其主要发育古隆起周边寒武系风化壳和盆地东部寒武系可疑坳槽两个潜在的成藏区带(图6-2)。

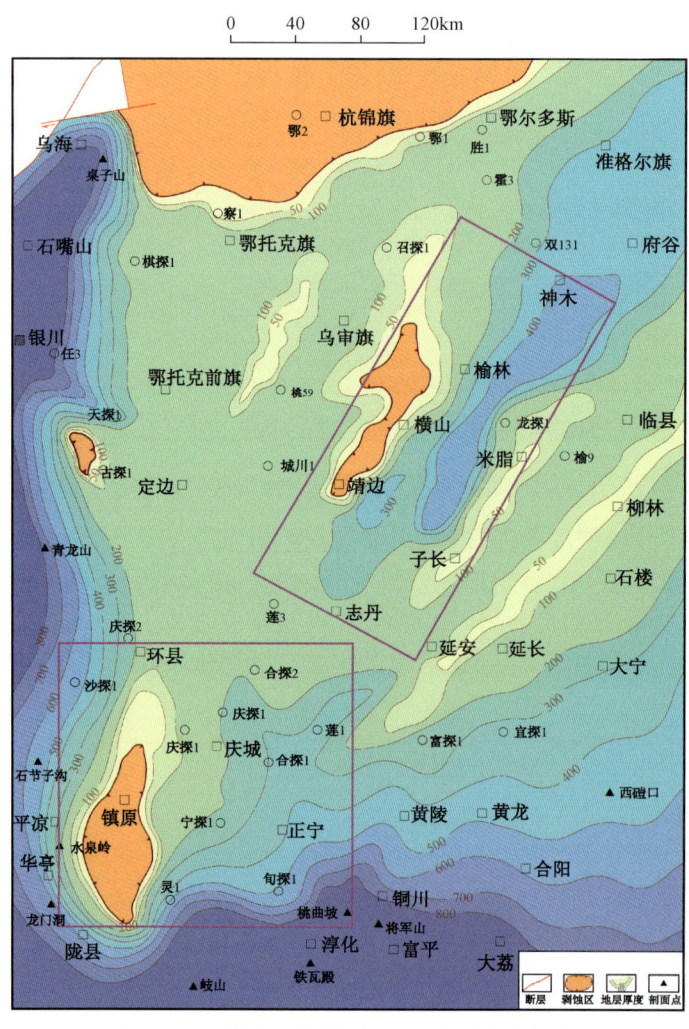

图6-2 鄂尔多斯盆地寒武系地层厚度图
紫红色框表示寒武系潜在勘探区带位置

(一)古隆起周边寒武系风化壳

由于加里东期整个鄂尔多斯地区构造抬升的影响,盆地西南部以镇原为核心,存在一个古隆起,并造成以其为中心,下古生界向古隆起方向逐层剥露,越靠近古隆起核部地层越老,因此造成在这一区域的寒武系被剥露地表或近地表附近,并与后来披覆沉积的上古生界煤系地层直接接触,形成较好的源—储配置关系;燕山期盆地东部抬升,有利于形成上古生界煤系烃源岩向寒武系储层的规模供气,从而在寒武系的有利圈闭中聚集成藏。因此,古隆起周边的寒武系风化壳,尤其是在古隆起东侧上倾方向的寒武系风化壳中,具有一定的天然气成藏潜力。

(二)盆地东部寒武系可疑坳槽

寒武系整体沉积相的分布格局与奥陶系相似,尤其是张夏组、徐庄组等层段,地层在整个盆地均有分布,且均发育白云岩储层,其相带分布格局也具有与奥陶系相似的东西分异格局,相变造成的东西向岩性及物性的变化在后期东高西低的古构造背景下,利于岩性圈闭的形成。尽管目前在盆地东部地区寒武系内部尚未发现较好的海相烃源岩,这与勘探程度可能也有一定的关系,但是通过区域构造及沉积格局演化分析,寒武纪早期有可能在盆地东部的局部洼陷区发育下寒武统海相烃源岩,与张夏组、徐庄组白云岩岩性圈闭相配置,形成寒武系自生自储型的气藏。因此,盆地东部寒武系的可疑坳槽发育区,可作为盆地海相碳酸盐岩勘探的远景区带开展先期的探索性研究工作。

第二节 奥陶系区带成藏地质特征

一、奥陶系顶部风化壳成藏区带

奥陶系古风化壳气藏分布不仅与成岩环境和气源条件密切相关,且严格受古地貌、古沟槽和古岩溶发育特征的控制。特别在岩溶平原分布区,岩溶储集空间及含气圈闭的分布,表现出明显的分散性,并且受沟槽之间岩溶个体的局部水文条件影响,发育规模有限,多呈串珠状特征。结合最新勘探进展,将其划分为三个成藏区带:靖边气田西侧风化壳、盆地东部岩溶残丘和盆地东南部宜川—黄龙地区风化壳。

(一)靖边气田西侧奥陶系风化壳

靖边气田西侧发育与靖边气田类似的马五段风化壳气藏。加里东末期,由于奥陶系马家沟组向西逐渐被剥蚀,与气田本部相比较,大部分区域马五$_{1+2}$被剥蚀,仅在局部残留,同时,在马五$_{1+2}$缺失区,马五$_4$含膏白云岩处于风化淋滤作用范围内(图6-3,图6-4),也可以形成较好的白云岩风化壳型岩溶储层。目前勘探证实马五$_4$强岩溶作用带呈弧形沿靖边气田西侧分布,宽60~80km,储层分布连续,含气性较好。

对马五$_4^1$亚段风化壳岩溶储层发育区探井试气表明,靖边气田西侧马五$_4^1$亚段发育较好的风化壳储层,但局部含水。结合对马五$_4^1$亚段顶面构造分析发现,气藏富集主要受局部构造控制明显,自北东向南西方向地势变高,为一西倾单斜,气水分布规律与此一致,表现为构造高部位天然气高产富集。

地震—地质结合分析,目前在靖西地区预测有利勘探范围5000km²,优选乌审旗、席麻湾、高桥几个目标进行持续的深化勘探,2012年在靖西马五$_{1+2}$风化壳新增天然气探明地质储量

$2210.09 \times 10^8 \mathrm{m}^3$,这是靖边气田发现以来,首次在碳酸盐岩领域一次性提交探明储量超 $2000 \times 10^8 \mathrm{m}^3$,使靖边气田累计探明储量达 $6547 \times 10^8 \mathrm{m}^3$。马五$_4$风化壳已经形成储量规模近 $500 \times 10^8 \mathrm{m}^3$,通过进一步勘探,扩大马五$_{1+2}$风化壳含气面积,预计可在新增储量 $1000 \times 10^8 \mathrm{m}^3$。

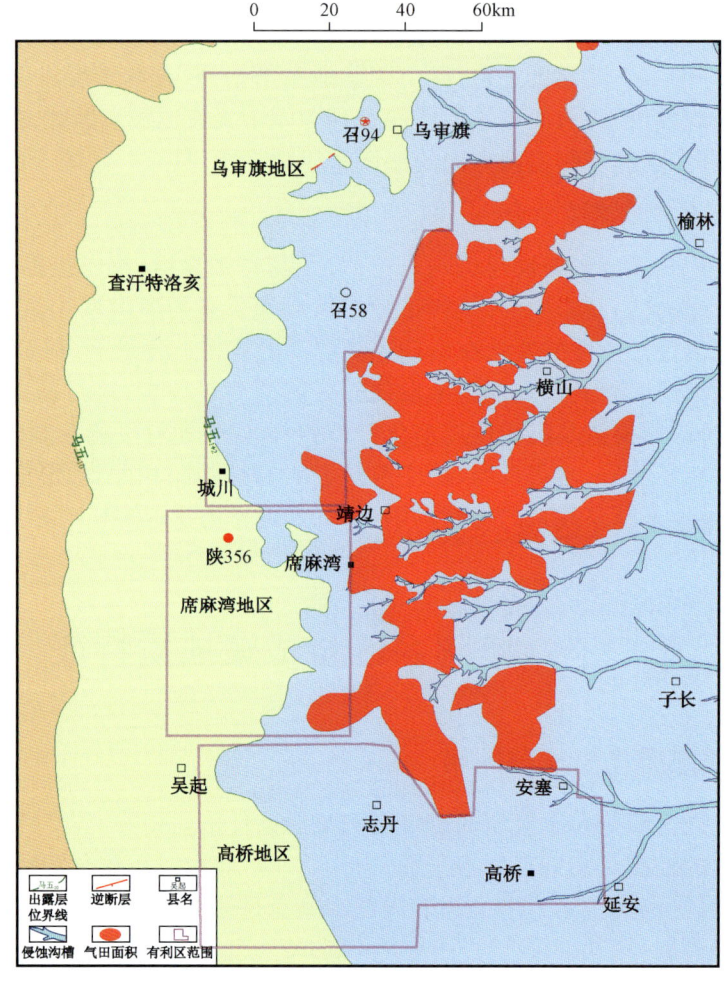

图 6-3 靖西白云岩岩性带有利含气区分布图

(二) 盆地东部岩溶残丘

盆地东部奥陶系风化壳天然气成藏的核心问题是储层整体较为致密。东部地区在加里东末期的风化壳期由于整体岩溶盆地区,岩溶作用主要以交代充填为主,大部分的球状膏云质结合均被方解石交代充填,导致风化壳孔隙层段整体孔渗性能较差,岩性较为致密。但在局部发育的岩溶残丘,溶孔充填程度相对较弱,仍是岩溶盆地中风化壳储层发育的有利目标区。

该区奥陶系马五段属中等溶蚀带,溶蚀作用相对中部及东南部地区都较弱,但是局部仍发育储集性较好的岩溶古残丘(图6-5)。马五$_{1+2}$保存较全,风化壳储层发育,物性相对较好。目前已发现的神5井区、台2井区和米15井区三个有利岩溶残丘区含气性较好,已有工业气流井11口,平均单井井口产量 $3.23 \times 10^4 \mathrm{m}^3/\mathrm{d}$,最高产量 $5.75 \times 10^4 \mathrm{m}^3/\mathrm{d}$,是今后盆地东部奥陶系致密风化壳气藏勘探的重要目标(图6-6)。

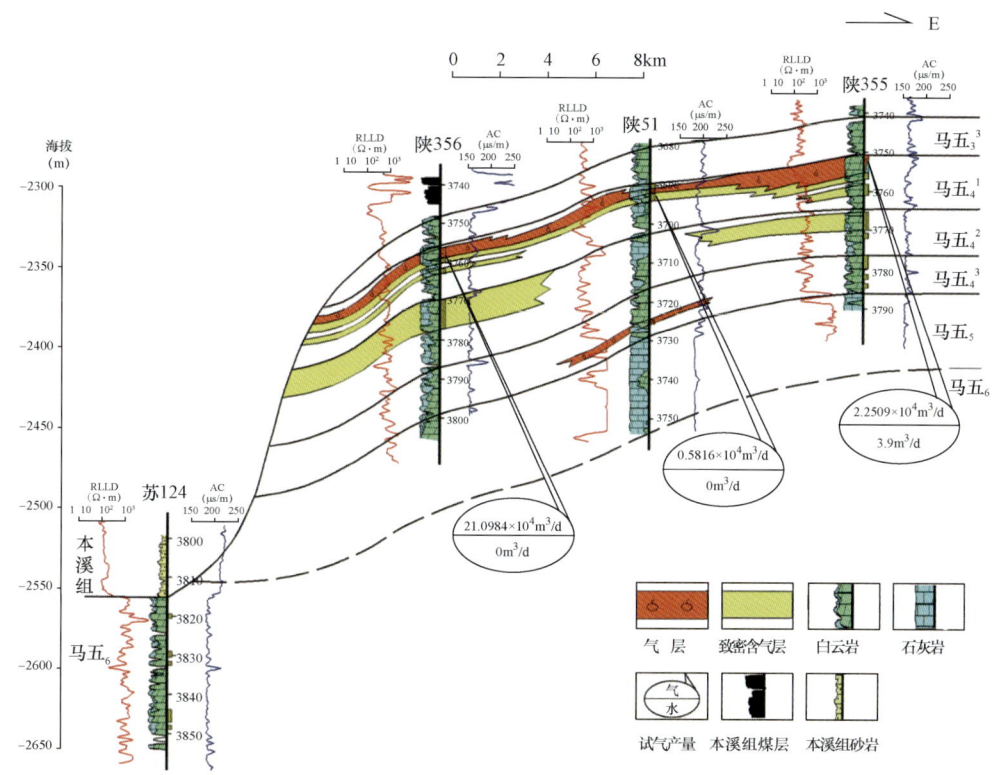

图6-4 高桥地区风化壳岩溶储层发育模式图

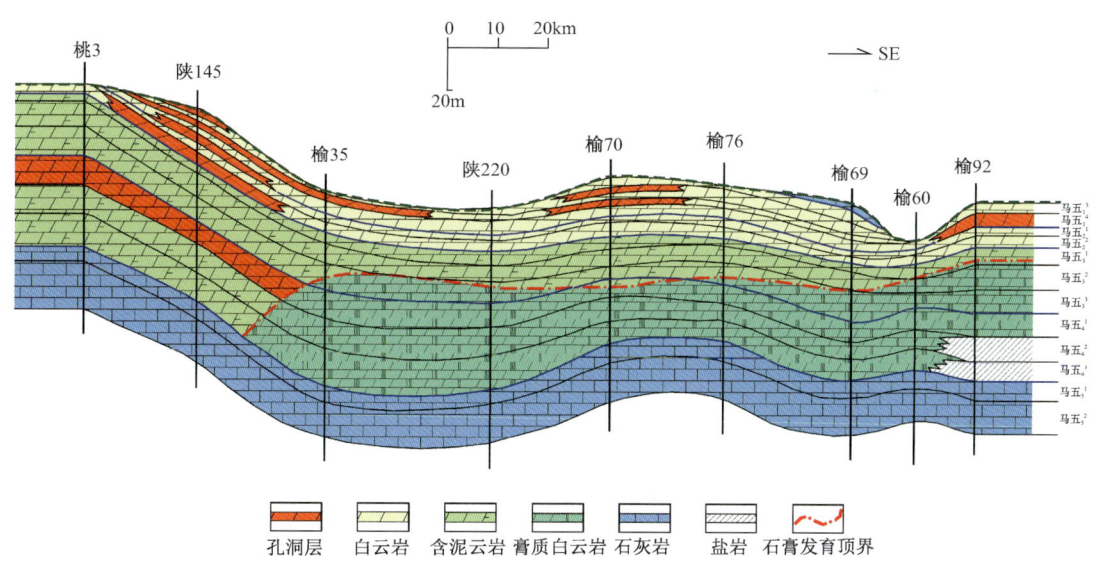

图6-5 桃3井—榆92井奥陶系风化壳岩溶强度对比剖面

(三)盆地东南部宜川—黄龙地区奥陶系风化壳

宜川—黄龙目标区位于盆地东南部,跨越伊陕斜坡和渭北隆起两大构造单元,勘探面积6000km²(图6-7)。区内已完钻古生界天然气探井13口,其中宜6井获得工业气流,宜2、宜探1等探井在奥陶系马家沟组试气获低产气流。

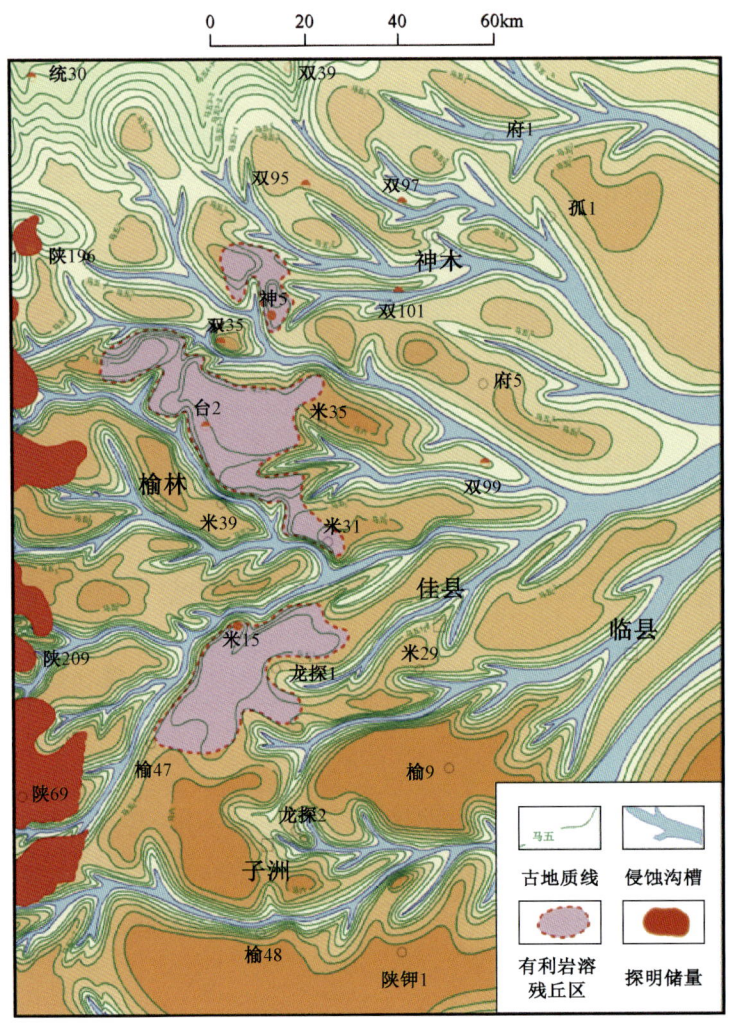

图6-6 盆地东部奥陶系风化壳有利目标预测评价

该区奥陶纪马家沟期位于米脂膏盐湖南缘的斜坡带,发育含膏云坪沉积,具备形成岩溶孔洞型储层的基础。岩溶作用强度、溶蚀孔洞发育及充填特征与钻井资料综合分析表明,加里东末期风化壳岩溶期,处于古岩溶斜坡部位,发育顺层岩溶作用,有利于形成与靖边气田本部类似的溶蚀孔洞型储层。

盆地东南部奥陶系顶部风化壳天然气成藏的核心问题仍然是储层的致密化问题。由于盆地东南部奥陶系顶部普遍保留马六段石灰岩地层(10~20m),传统认为由于马六段石灰岩层遮挡,马五$_1$—马五$_4$风化淋滤作用减弱,影响了马五段风化壳溶孔型储层的发育。但是近期孔隙充填机理分析表明,其充填物主要形成于石炭—二叠纪沉积埋藏成岩期,局部仍发育溶孔储层。即在风化壳期,东南部地区的岩溶高地和斜坡区均经历了广泛的风化淋滤作用,在含膏白云岩层段也大多发育大量溶孔;但是在石炭—二叠纪的沉积埋藏期,在紧邻古隆起的东侧地区,上覆沉积层主要形成于海陆过渡沉积环境,下伏的奥陶系风化壳孔隙层段遭受了较强的埋藏充填作用,导致孔渗性整体较差。但是在远离古隆起更东部的部分古潜台区,由于处在相对的高部位,充填较弱,储集空间得以有效保存,如区内的宜川古潜台和黄龙古潜台(图6-7)。

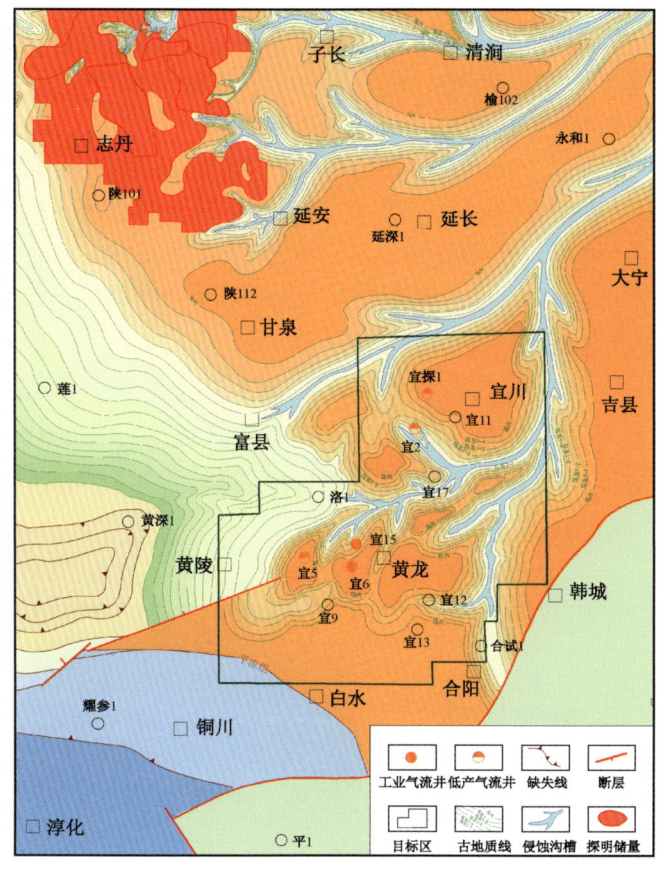

图 6-7　盆地东南部宜川—黄龙地区奥陶系风化壳有利目标预测评价

二、古隆起周边白云岩体勘探区带

鄂尔多斯盆地奥陶系白云岩分布十分广泛，物性较好，是顶部风化壳储层之外另一重要的碳酸盐岩储集体。近年，靖边气田西侧地区多口探井在马五中—下组合白云岩中发现高产气流，显示了白云岩勘探的良好前景。

（一）中组合白云岩储层发育特征

马家沟组马一段—马六段，表现为反复振荡的海进—海退，奥陶纪在岩性、岩相等方面具有旋回特征：马一段、马三段和马五段为海退旋回的台内蒸发岩相；马二段、马四段和马六段为海进旋回的石灰岩盆地相。马一段沉积期华北地台开始发生海退，气候干旱炎热，蒸发作用强烈，海水含盐度高，盆地东部地区膏盐岩广泛发育。青1井—府5井—榆9井一线以南区域含盐度很高，发育膏盐湖沉积，沉积了大量膏盐岩，沉积厚度近百米。马二段沉积期开始发生大规模海侵，马一段沉积期的陆地已被海水淹没，此时海水主要来自东方，次为东南方，其含盐度也大大降低，整体上东侧含盐度低于西侧，该时期主要发育了一套开阔台地沉积。马三段沉积期海平面又急剧下降，处于快速海侵缓慢海退的特殊时期，加之气候转为干热，海水含盐度高并不断浓缩，致使海水浓缩成盐，沉积环境与马一段沉积期比较相似，但是膏盐岩面积变大、厚度加厚。马四段沉积期发生了大规模的海侵，该时期也是华北地台最大的海侵期，气候又转为湿热,海水从东、南、西三方入侵,致使盆地东部地区基本都被海水覆盖,海水含盐度急剧降低。马五段沉积期处于海退期,岩性纵向变化频繁,沉积演化史分析表明,马五$_5$、马五$_7$、马五$_9$同为夹在蒸发岩层序中的短期海侵沉积,中—下段滩相白云岩在后期埋藏抬升后,配合东侧上倾方向岩性相变遮挡及顶部的上古生界煤系泥岩,可以形成有效的地层—岩性圈闭。

马五中、下段藻屑滩的发育在横向上受控于所处的古地理位置。且沉积相带自西向东呈环带分布,依次发育环陆云坪、靖西台坪、靖边缓坡及东部石灰岩洼地。在靖西台坪的局部高部位,是台内滩相颗粒灰岩发育的有利位置,经后期云化后可形成云化滩储层。受海平面升降变化的影响,纵向上同一地层的不同层段沉积微相有规律的变化,有效储层仅发育在局部层段,以马五$_5$亚段为例,有效储层主要发育在中部的马五$_5^2$藻屑滩微相。

1. 马五$_5$亚段沉积相特征

马五$_5$亚段沉积期是盆地内一次的较大海侵期,沉积相带围绕盆地东部石灰岩盆地(马五$_6$亚段沉积期膏盐洼地)呈环带分布。自东向西岩性有从以石灰岩为主向以白云岩为主过渡的趋势,依次发育东部洼地、靖边缓坡、靖西台坪及环陆云坪,并在局部发育滩屑沉积(图6-8,图6-9)。

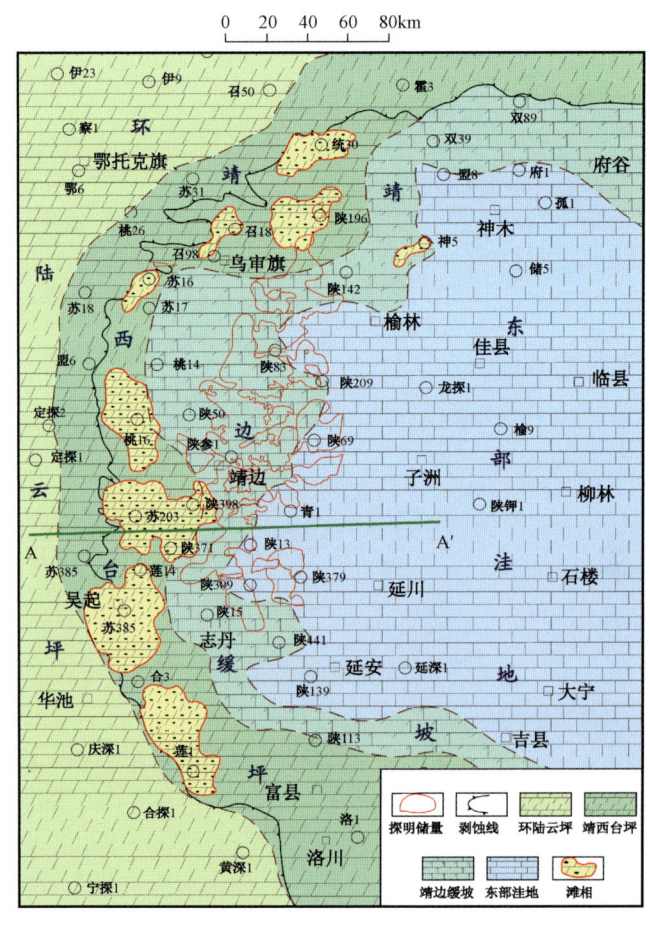

图6-8 古隆起东侧马五$_5$亚段沉积期岩相古地理图

2. 马五$_5$亚段沉积微相分析

本次依据沉积微相和岩性组合特征将古隆起东侧马五$_5$亚段从上到下细分为三个小层,即马五$_5^1$、马五$_5^2$和马五$_5^3$。以苏203井为例(见图3-12),马五$_5^3$小层沉积期相对海平面快速上升,该区处于潮下低能藻粘结岩丘微相带,局部发育藻纹层的泥晶—粉晶白云岩;马五$_5^2$小层沉积时海平面由快速上升逐渐转变为缓慢下降,沉积环境演变为相对高能的潮间藻屑滩微相,结构较均一的粗粉晶白云岩主要发育在此段;马五$_5^3$小层沉积时相对海平面的下降造成该区已处在潮上低能环境,云坪相带的泥晶—粉晶白云岩广布,局部可见膏盐矿物假晶。沉积微相在纵向上的演变规律决定了古隆起东侧马五$_5$亚段藻屑滩沉积主要分布在马五$_5^2$小层,经后期混合水云化形成粗粉晶结构的白云岩,形成有效的白云岩晶间孔储层,具有优良的储集性能。

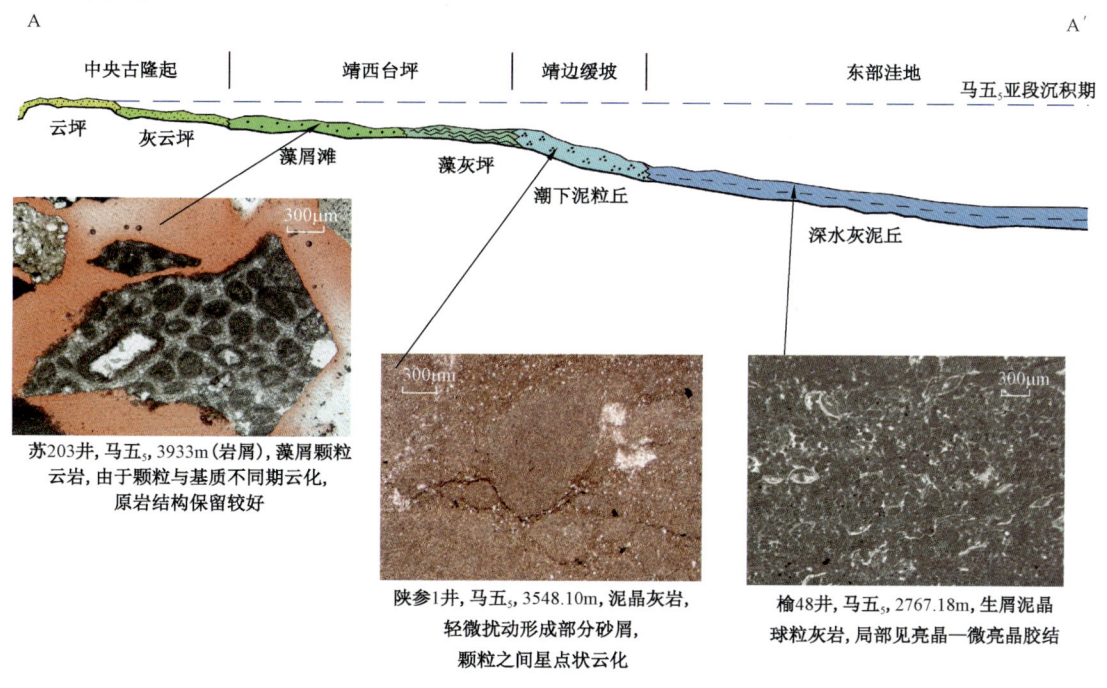

图6-9 马五$_5$亚段沉积期微相分布模式图
剖面位置如图6-8所示

陈志远等(1998)已注意到此种云化特征,并认为马家沟组马五$_5$亚段在区域上普遍为厚层泥晶灰岩,白云岩夹于石灰岩中,呈透镜状,分布具有穿层及分带性,从西向东分布层位逐渐升高。实际上马五$_5$亚段中部白云岩化的特征,反映出马五$_5$沉积环境的演化变迁,是马五$_5$海侵期相对短暂的次一级海退作用下的产物,但这一短暂的海退作用却奠定了台内颗粒滩沉积的背景。

3. 马五$_7$、马五$_9$亚段岩相古地理及储集体展布

马五$_7$、马五$_9$亚段沉积格局与马五$_5$具有相似性,总体表现为东部洼地沉积深灰色泥晶灰岩,向西经缓坡向台坪过渡,颗粒滩相沉积体主要发育在台坪相带。与马五$_5$亚段相比,马五$_7$、马五$_9$亚段滩相沉积颗粒更粗大,为粗粉晶—细晶白云岩,说明较马五$_5$亚段沉积期海侵幅度稍弱,水体相对较浅,水动力条件更强。

(二) 中—下组合岩性圈闭成藏条件及主控因素

1. 中—下组合滩相岩性圈闭成藏条件

近期在靖西地区的中—下组合勘探中已发现其具有多层系复合含气的特点,发育有效的成藏组合,试气获得良好勘探效果,例如陕324井在马五$_5$试气获8758m^3/d低产气流,陕322井马五$_7$试气获1000m^3/d低产气流,合3井在马五$_7$钻遇较好含气显示,合探2井马五$_9$试气获低产气流等,显示出古隆起东侧马五中—下段具有圈闭成藏的条件。

1) 古隆起东侧风化壳期中组合地层依次剥露地表

加里东末期开始的整体构造抬升,使鄂尔多斯盆地下古生界遭受了长达1.3亿多年的风化剥蚀,靖边气田以西至古隆起地区抬升剥蚀尤为强烈,属区域性抬升剥蚀区,由东向西到古隆起区奥陶系顶部剥露地层层位依次由新变老,逐渐由奥陶系中组合(马五$_5$—马五$_{10}$)变为下组合(马四段)地层。

2) 中组合白云岩与上覆煤系烃源层直接接触,形成良好源储配置

晚石炭世盆地整体沉降后,鄂尔多斯地区又开始整体沉降,接受石炭—二叠纪海陆交互沉积,使上古生界的煤系地层在该区与奥陶系中组合及下组合地层直接接触。到印支末期—燕山期,随着上古生界煤系烃源岩热演化成熟、进入烃类气体的大量生成阶段后,即可对下古生界奥陶系中组合及下组合储层供气,构成良好的源储配置关系。

对该区煤系烃源岩的分析表明,该区上石炭统本溪组—下二叠统山西组均发育煤层、碳质泥岩及暗色泥岩等,煤层厚3~6m,碳质泥岩及暗色泥岩厚60~120m,热演化达成熟—过成熟干气生成阶段,R_o值为1.5%~1.7%,有较好的气源供给能力,具备向下古生界中—下组合有效供气的物质基础。

2. 中—下组合滩相岩性圈闭成藏主控因素

1) 沉积相变为岩性圈闭形成奠定了基础

中组合的白云岩晶间孔储层主要形成于颗粒滩沉积环境,与其周围的围岩地层在沉积特征及微相结构上存在较大的差异,因而导致其在成岩作用、白云岩化等方面亦有所不同,并最终使其在孔隙发育程度及储集性上也产生截然不同的差异性。马五$_5$亚段沉积期盆地东部—靖边—靖西地区—古隆起地区,其岩性由盆地东部的石灰岩到靖西地区完全相变为白云岩,并环绕古隆起形成一个区域性的岩性相变界面,即靖边东侧地区基本全为致密的石灰岩地层,而靖西地区为白云岩地层。

其次,从大的岩性带内部来看,也存在次一级的岩性变化(即沉积微相类型的变化),按照Walther(1894)相律的原理,在连续发育的地层序列中,纵向上连续的沉积必然在横向上相邻,因此通过对苏203井等马五$_5$亚段沉积微相序列的分析,就可以初步确定马五$_5$亚段在邻近区域横向相邻的微相变化规律,苏203井马五$_5$主力储层段发育在中部(马五$_5^2$)的藻屑滩相白云岩中,那么其下部(马五$_5^3$)的藻粘结岩丘白云岩和上部(马五$_5^1$)的潮上蒸发云坪白云岩,则分别代表了其东侧和西侧相邻的微相环境,即在大的白云岩分布区带内,可进一步细分出颗粒滩及滩间低能环境的沉积类型。

2) 燕山期盆地东部抬升形成古隆起东侧上倾方向的有效岩性遮挡条件

燕山期盆地东部大幅度抬升,导致古地形格局发生巨大变化,由原来的西高东低转变为东高西低。受此影响,下古生界构造层整体变为向西单倾的相对单一构造样式,靖边地区可能就处于这种"翘翘板"式构造反转的轴部附近。

构造反转后对古隆起东侧奥陶系中—下组合的天然气成藏产生了两方面重要影响：一是诸如马五$_5$的区域岩性相变的致密灰岩一侧刚好处于构造的上倾方向，从而对其西侧的白云岩储集体真正构成了有效的岩性遮挡条件；二是由于东侧上倾，使得上古生界煤系烃源岩层与下古生界白云岩储层在风化壳界面附近由原来的上下接触关系变成一定程度上的侧向（或左右）甚至上下接触关系，从而更有利于烃类气体在白云岩储集体中的充注成藏。

3）岩性圈闭是古隆起东侧中—下组合成藏的主要圈闭类型

结合上述构建了本区中组合岩性圈闭气藏的成藏模式（图6-10），即古隆起东侧地区奥陶系中组合成藏主要受控于马五$_5$等短暂海侵期形成的岩性相变，短期海侵局部发育的藻屑滩沉积，于近地表浅埋藏成岩环境混合水云化后形成白云岩晶间孔型储层，在经历了加里东期风化剥蚀及石炭—二叠纪沉积后，与上古生界煤系烃源岩构成良好的源储配置，在经历了海西—印支期的连续埋藏及燕山期的盆地东部抬升后，形成岩性圈闭气藏。

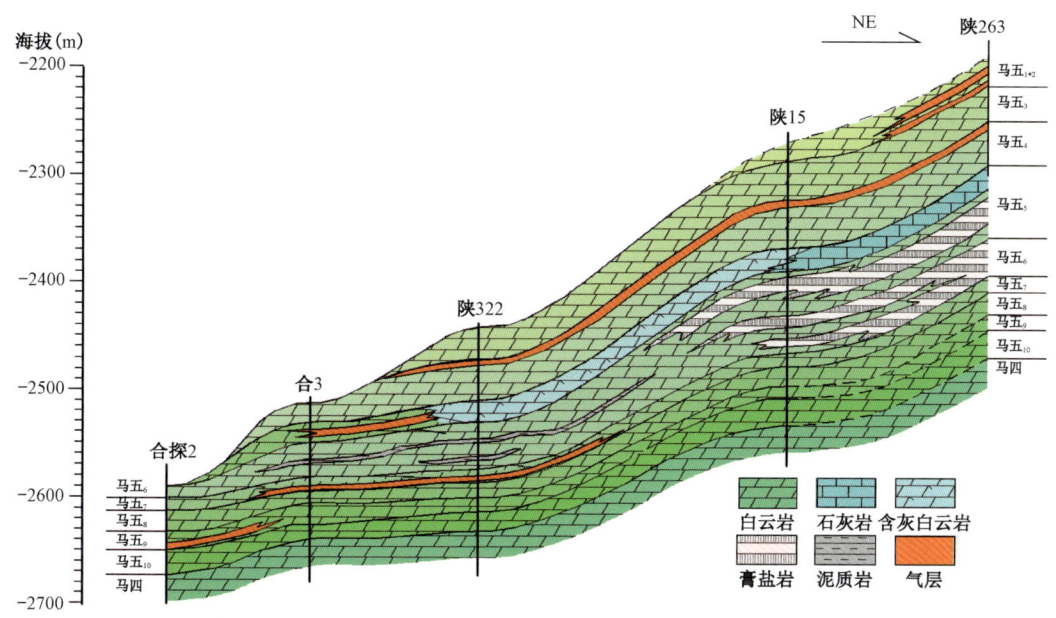

图6-10 古隆起东北侧奥陶系中组合多层系圈闭成藏模式图

4）层序旋回决定了古隆起东侧中组合具有多层系复合成藏的地质条件

受层序旋回控制，马五$_5$、马五$_7$和马五$_9$同为夹在蒸发岩层序中的短期海侵沉积，在古隆起东侧地区其沉积、成岩环境较为相似，都可发育有利的滩沉积，并在其后的海平面下降期因混合水云化而形成白云岩晶间孔型储层。

古隆起东侧的靖西台坪相带发育多期藻屑滩沉积，多层叠合分布，为储层发育奠定了基础，是云化滩相岩性圈闭形成的有利区带。在海西期后的持续埋藏及燕山期构造抬升后，均可形成有效的岩性圈闭气藏。

（三）古隆起东侧中—下组合白云岩有利勘探目标优选

综合研究及勘探证实，古隆起东侧中组合多套滩相白云岩储层与上古生界煤系烃源岩配置关系良好，有利于发育大规模的岩性气藏。

通过地震预测，分别识别了三个亚段滩相白云岩在平面上的分布。整体上，三个亚段的滩相白云岩呈带状分布在古隆起东侧地区，并具有相互重叠的特征，具有多层系复合含气的特点。目前初步预测的有利白云岩分布面积近 $1\times10^4 km^2$,目前已在马五$_5$亚段初步形成千亿立方米的储量目标区;另外,马五$_6$、马五$_7$和马五$_9$亚段也显示出较好的勘探潜力,预计也可形成千亿立方米的储量规模(图6-11)。

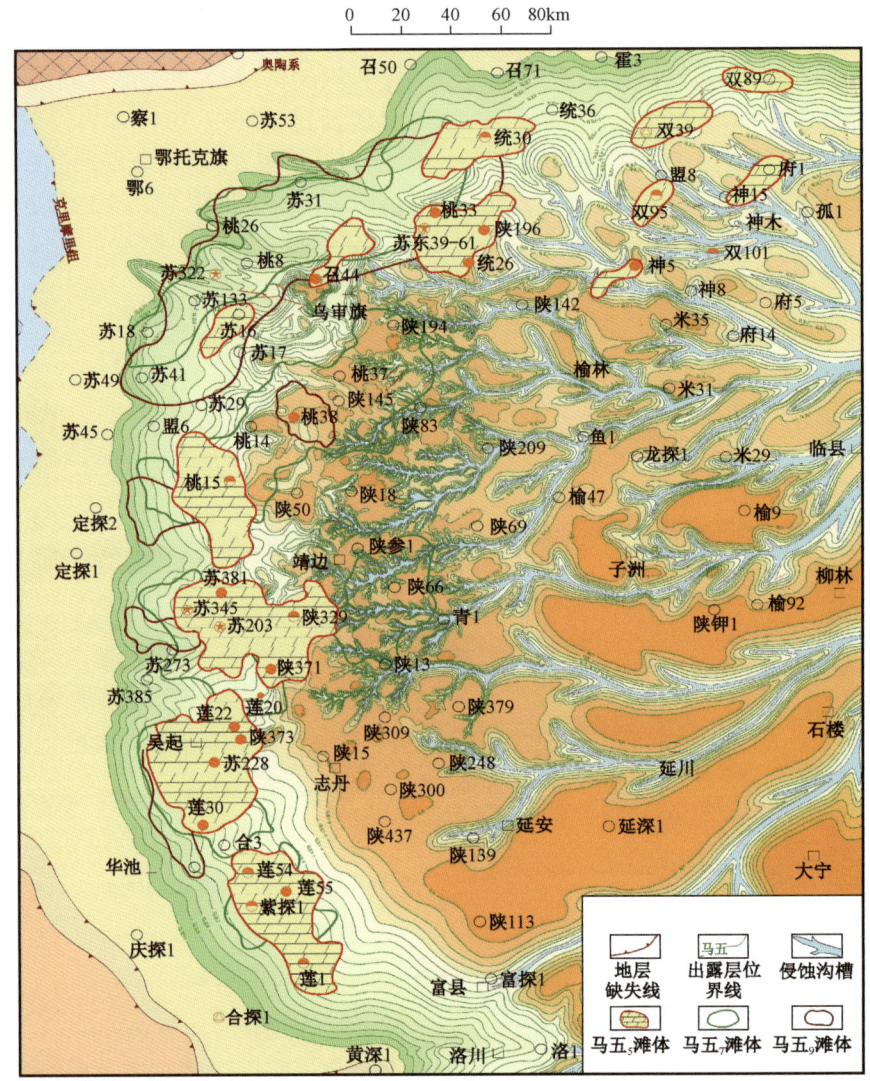

图6-11 古隆起东侧奥陶系中组合有利钻探目标预测图

三、台地边缘相带成藏特征及勘探目标

(一)奥陶纪台地边缘沉积特征

盆地西部及南部奥陶纪处于鄂尔多斯台地(华北海域)与秦祁海槽的过渡部位,发育有利的台地边缘沉积,发育多类型的碳酸盐岩储集体,是天然气成藏的有利区带。

1. 盆地西部奥陶系台地边缘沉积特征

盆地西部奥陶纪沉积演化受西侧贺兰海槽形成—发展—消亡的控制,纵向上,表现为一个完整的海进—海退旋回,克里摩里组沉积期是一个盆地西部重要的环境转变阶段。根据对单井沉积相特征的分析,在西缘北段地区可以划分出碳酸盐岩台地(包括开阔台地、局限台地及潟湖)、台地边缘、礁前(塌积)斜坡、深水斜坡和盆地五种主要的沉积相带(图6-12)。

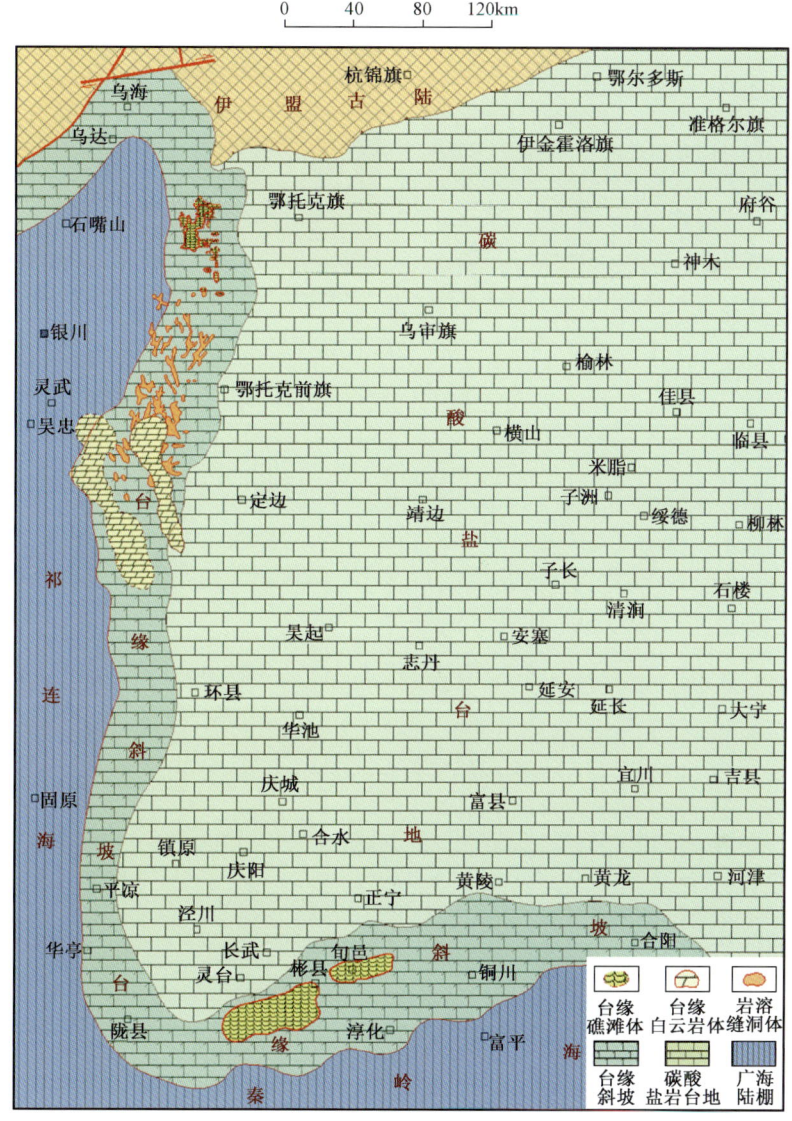

图6-12 鄂尔多斯盆地奥陶纪克里摩里组沉积期岩相古地理图

1)桌子山组沉积期

盆地西部地区桌子山组沉积期主要以碳酸盐岩台地沉积为主,少见生物,沉积晚期水体加深,岩性主要为斑状含云灰岩、生物碎屑灰岩及纹层状含云灰岩(图6-13,图6-14)。

2)克里摩里组沉积期

随着贺兰断陷程度的加剧和水体的不断加深,沉积向盆地边缘方向超覆,造成台地边缘相带向东迁移;克里摩里组沉积期台地边缘大致处于现今天环地区西部(图6-15),发育了一套以生物碎屑、砂屑、藻屑灰岩及海绵礁灰岩为代表的生物礁及颗粒滩沉积(图6-16)。

3)平凉组沉积期

至中奥陶世平凉组沉积早期,水体进一步加深,天环北段地区斜坡带位置已迁移到克里摩

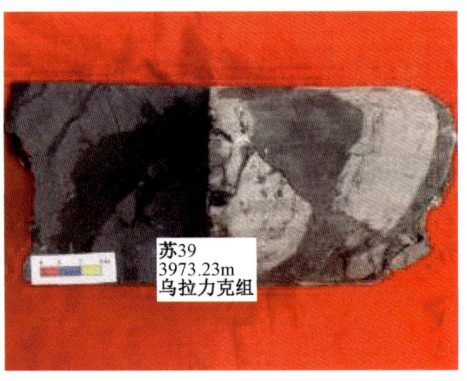

(a)棋探1井，4079.80m，桌子山组，花斑状含云灰岩　　(b)苏39井，3973.23m，乌拉力克组，斜坡角砾岩

图6-13　鄂尔多斯盆地西北部奥陶系沉积特征

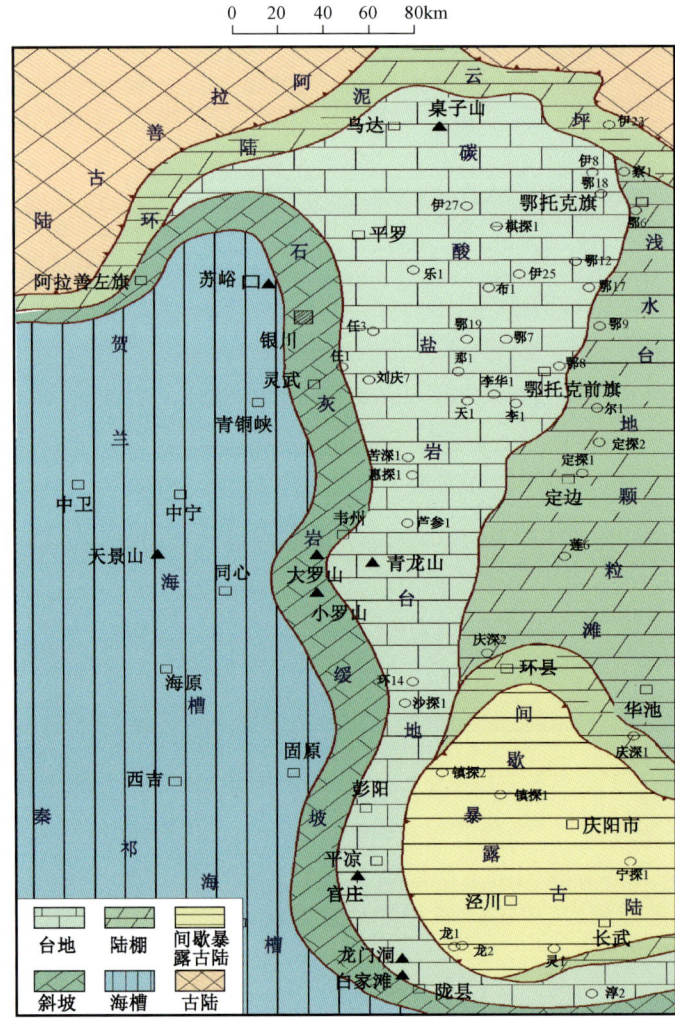

图6-14　西北部桌子山组沉积期岩相古地理图

里组沉积期台缘带位置，并在邻近海槽一侧发育海底扇沉积（图6-17）。盆地西缘奥陶纪发育多期沿鄂尔多斯台地向贺兰海槽过渡部位分布的礁滩沉积，但早期（桌子山组沉积期）及晚期（平凉组沉积期）台缘及斜坡均已无法识别。

— 108 —

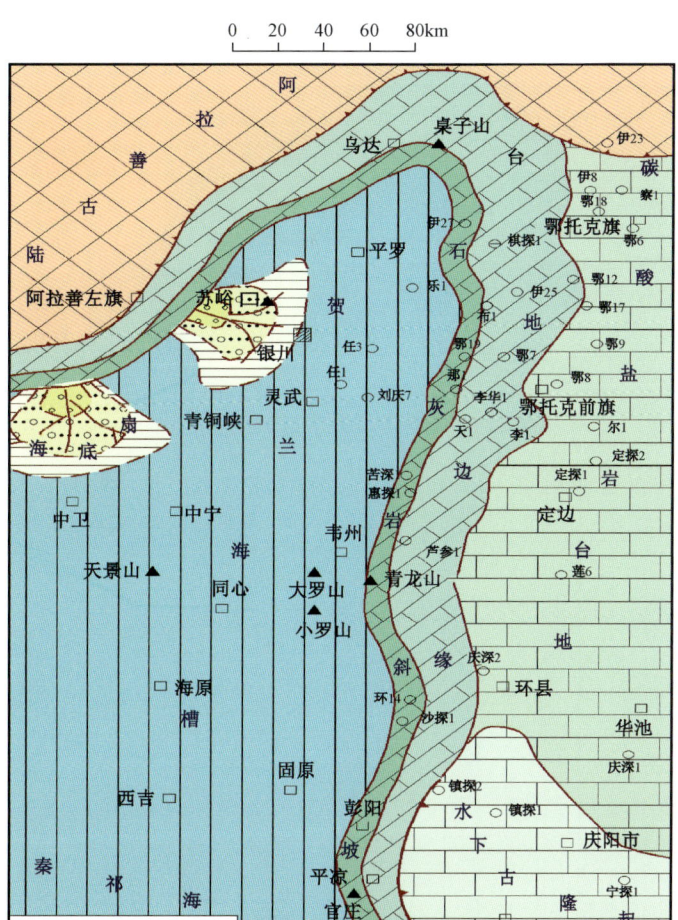

图 6-15 西北部克里摩里组沉积期岩相古地理图

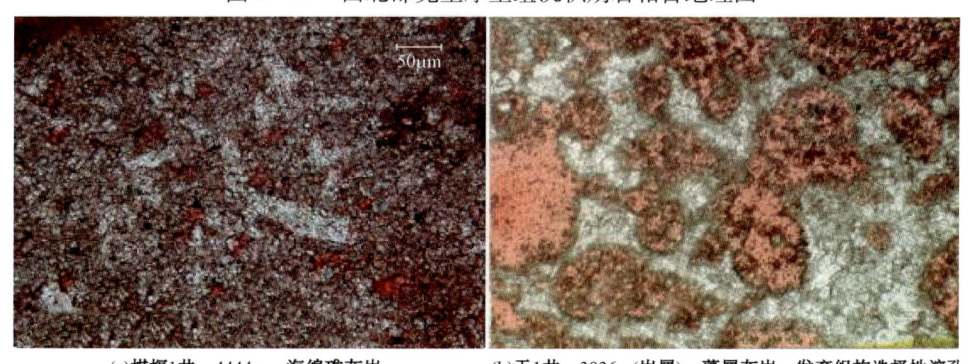

(a)棋探1井,4444m,海绵礁灰岩　　(b)天1井,3936m(岩屑),藻屑灰岩,发育组构选择性溶孔

图 6-16 鄂尔多斯盆地西北部克里摩里组礁滩相沉积特征

2. 礁滩沉积特征

该区主要发育颗粒滩及生物礁沉积,局部存在生物丘(藻粘结岩丘、灰泥丘)沉积。

1) 颗粒滩沉积

台缘斜坡带棋探1井、天1井和李1井均在克里摩里组发育生屑灰岩、砂屑灰岩和藻屑灰

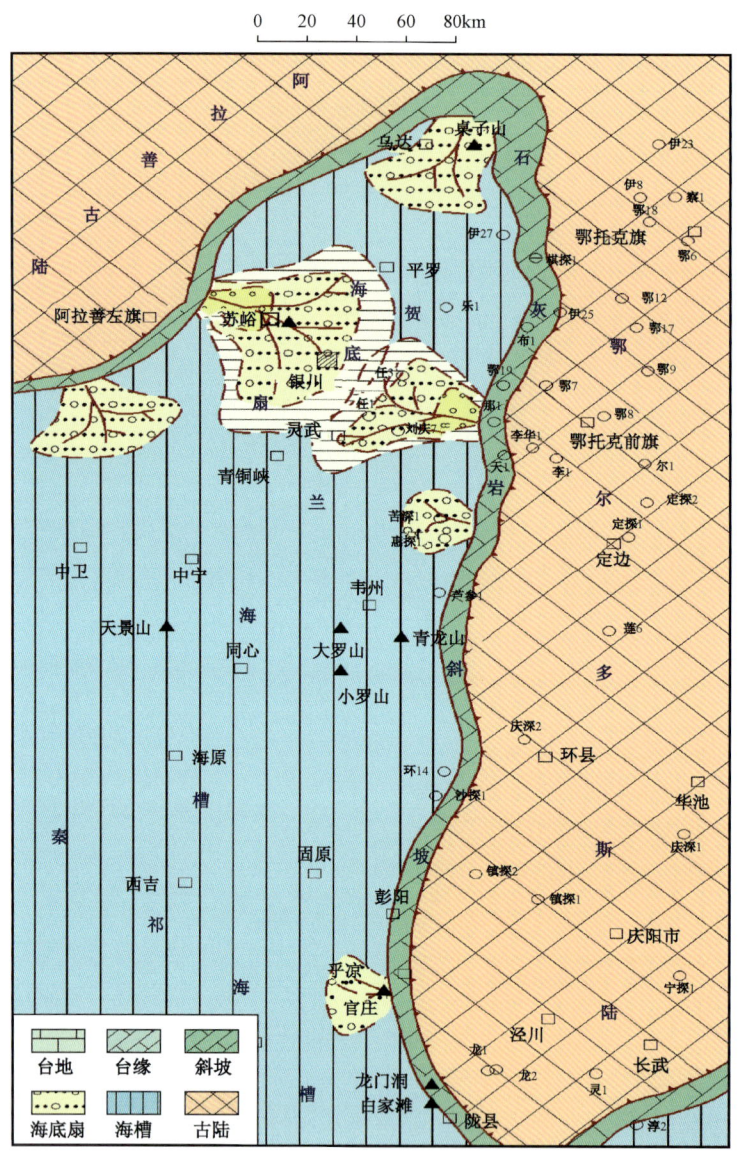

图6-17 西北部平凉组沉积期岩相古地理图

岩,指示该区存在浅水、能量较强的颗粒滩沉积环境(图6-18)。

2)生物礁沉积

对棋探1井奥陶系的沉积微相分析表明,自下而上显示出水体逐渐加深的演变特点,桌子山组沉积早期为碳酸盐岩台地沉积,岩石类型以斑状含灰云岩为主,少见生物,沉积晚期水体加深,到克里摩里组沉积期以台缘沉积为主,岩性以生物灰岩、颗粒灰岩、藻屑灰岩和海绵礁灰岩为主,发育生物礁、丘(图6-19),后期水体进一步加深,乌拉力克组沉积期演变为深水斜坡及盆地环境,以泥质岩、碎屑岩为代表。

对该井的奥陶系桌子山组、克里摩里组及乌拉力克组的化石埋藏学与群落古生态分析表明,克里摩里组中—上部见蓝藻、钙质海绵及横板珊瑚等造礁生物群落,生物解体、变位及破碎较弱,基本反映原地生长特征,可能为生物礁发育早期的障积岩丘。

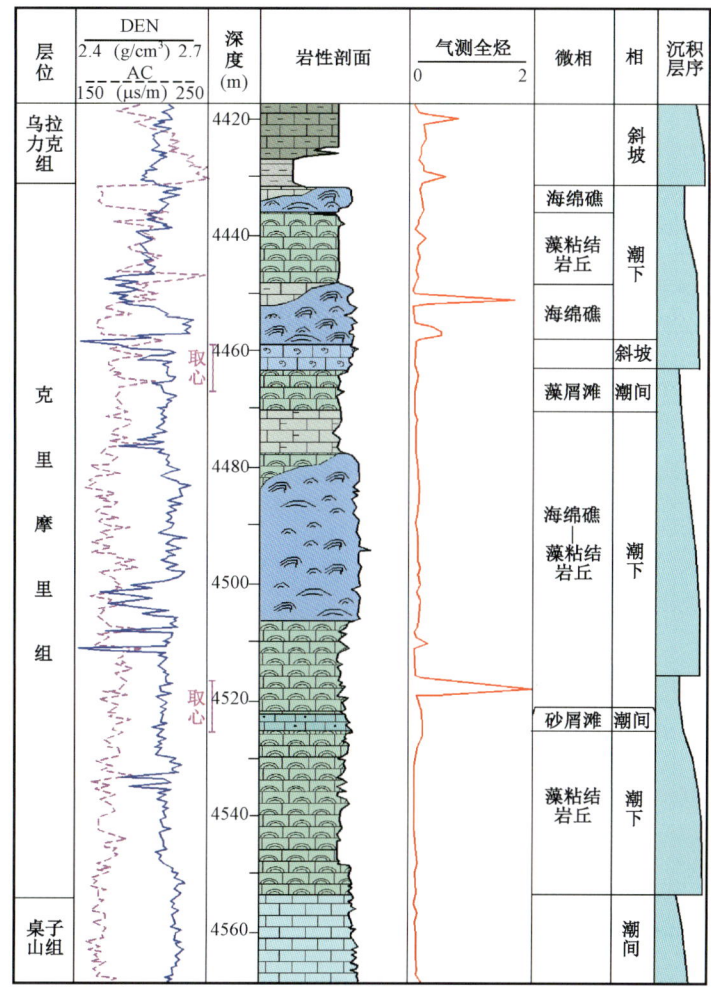

图 6-18 棋探 1 井克里摩里组沉积相柱状图

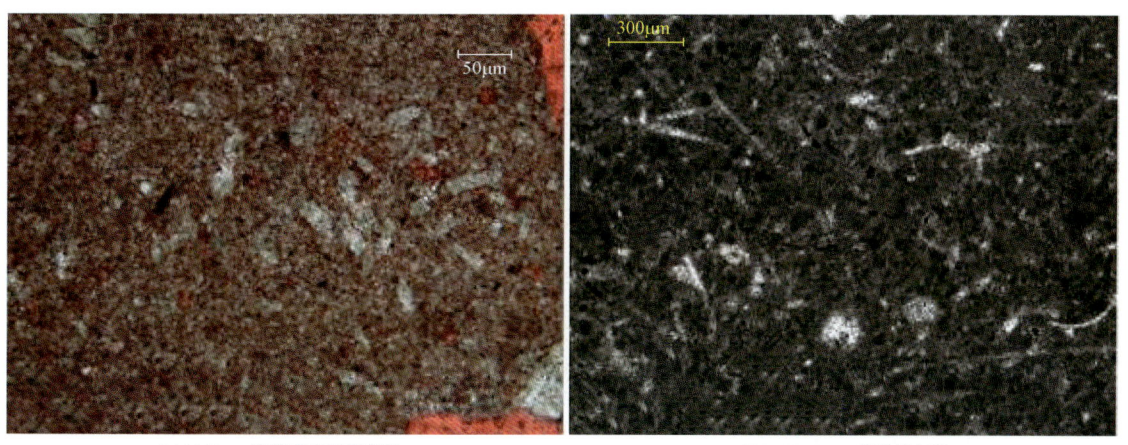

(a) 4443m, 海绵礁灰岩骨架孔   (b) 4513.79m, 藻粘结灰岩

图 6-19 棋探 1 井克里摩里组生物礁相显微沉积特征

3）生物丘

对天环地区苏356井奥陶系的沉积微相特征及演化分析表明：该井克里摩里组沉积期主要处于浅水陆棚及潮坪环境，局部层段发育藻屑灰岩，为生物丘沉积（藻粘结岩丘、灰泥丘），不发育真正与棋探1井类似的生物礁沉积（图6-20）。

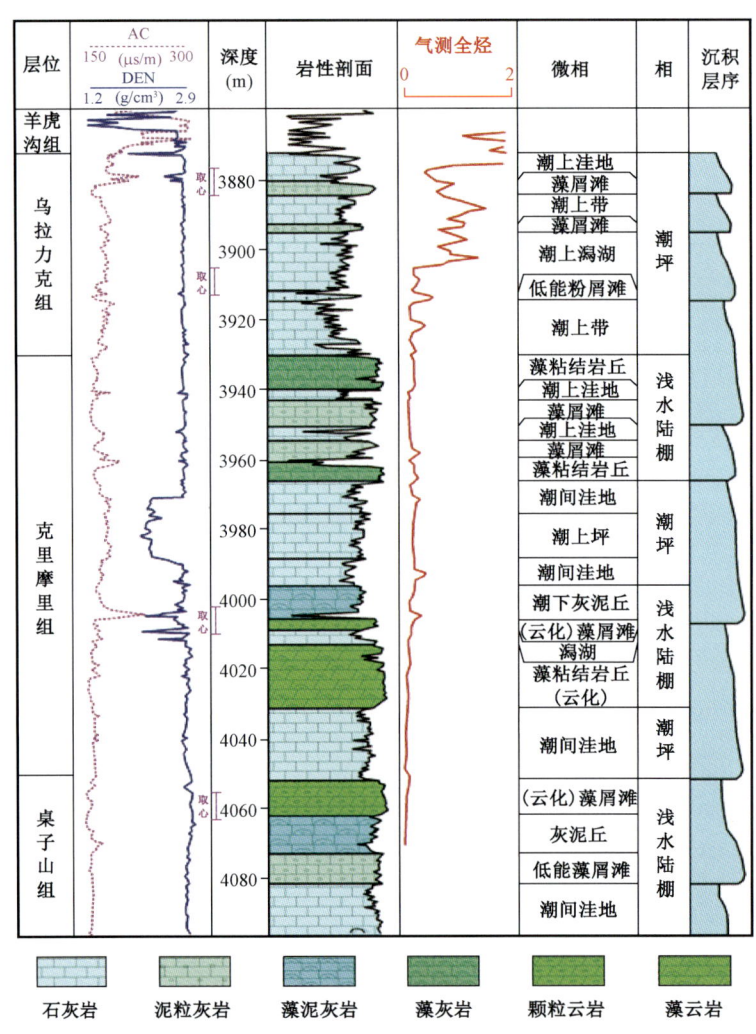

图6-20　苏356井桌子山组—乌拉力克组沉积相柱状图

3. 盆地南部奥陶系台地边缘沉积特征

盆地南部中奥陶世马六段沉积期处于台缘相带，发育多种类型的生物礁沉积。

1）盆地南部发育中奥陶世晚期（马六段沉积期）及中奥陶世平凉组沉积期生物礁沉积

寒武纪—早奥陶世鄂尔多斯盆地内部主要发育陆表海沉积，盆地南部主体处于陆棚环境。早奥陶世晚期（马六段沉积期）—中、晚奥陶世，古秦岭洋壳开始向华北板块下部俯冲消减，区域构造体制转变为以挤压作用为主，华北地台南缘活动大陆边缘形成，华北地台整体抬升，海水逐渐从盆地本部退出，同时在鄂尔多斯盆地南缘地区形成局部弧后拉张环境（陆缘海），这一构造格局一直持续到晚奥陶世背锅山组沉积期末，弧后盆地消亡，海水完全从南部地区退出（图6-21），整体表现为一个海退沉积旋回。

生物礁随着海退的阶段性变化，礁体形成向南进积的层序式分布（图6-22），而且不同时期的礁体相互叠置,形成一定的展布规模,为有效储集体的形成奠定了基础。

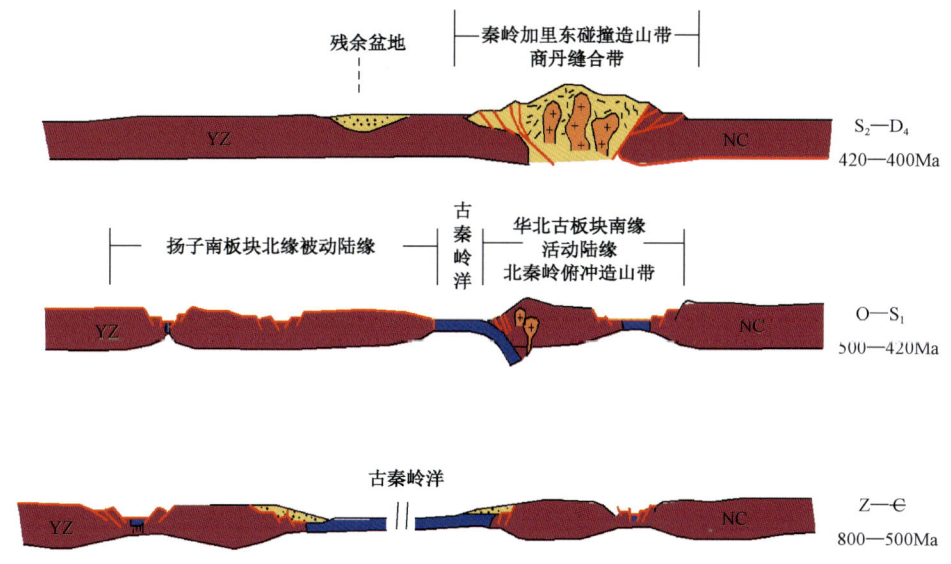

图6-21　盆地南部及秦岭地区早古生代构造演化示意(据张国伟等,1988)

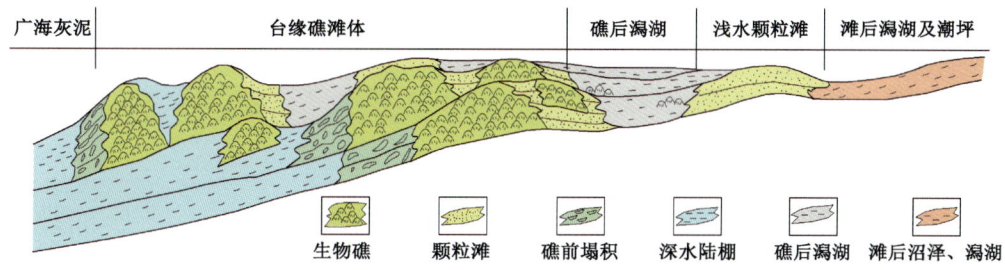

图6-22　鄂尔多斯盆地南部奥陶系碳酸盐岩层序模式图

马六段沉积期—平凉组沉积期处于被动大陆边缘向活动大陆边缘的构造转换时期,南部由平缓的陆棚区转变为弧后盆地拉张断陷环境,海底地形变化迅速,有利于形成适合礁滩相发育的陡变带;同时,水体变浅会造成生物礁暴露死亡,而马六段沉积期—平凉组沉积期是一个水体逐渐加深的过程,有利于生物礁的持续发育。因此,中奥陶世马六段沉积期和早奥陶世平凉组沉积期是奥陶纪礁滩相最为发育的两个阶段,其中马六段以滩沉积为主,而平凉组以生物礁沉积为主,是寻找礁滩相的最有利层位。

2)奥陶系生物礁沉积特征

鄂尔多斯盆地南缘已发现的奥陶纪生物礁主要分布于渭河盆地北界断裂以北,东起富平、西至陇县长约250km地区的地表剖面上,目前已在盆地南缘泾阳铁瓦殿(O_2)、永寿好時河(O_2)、耀县桃曲坡(O_2)、富平将军山(O_2)、礼泉东庄(O_3)、陇县(O_3)和彭阳石节子沟(O_3)等地的奥陶系发现地面礁体露头。盆地南部露头区的生物礁体规模一般较小,但造礁生物非常丰富,主要为管孔藻、层孔虫、横板珊瑚、刺毛海绵及钙化丝状蓝细菌等(图6-23),而且生物礁岩性均以石灰岩为主,岩性致密。

下面选取了该区较为典型的陕西永寿好時河、淳2井详细描述。

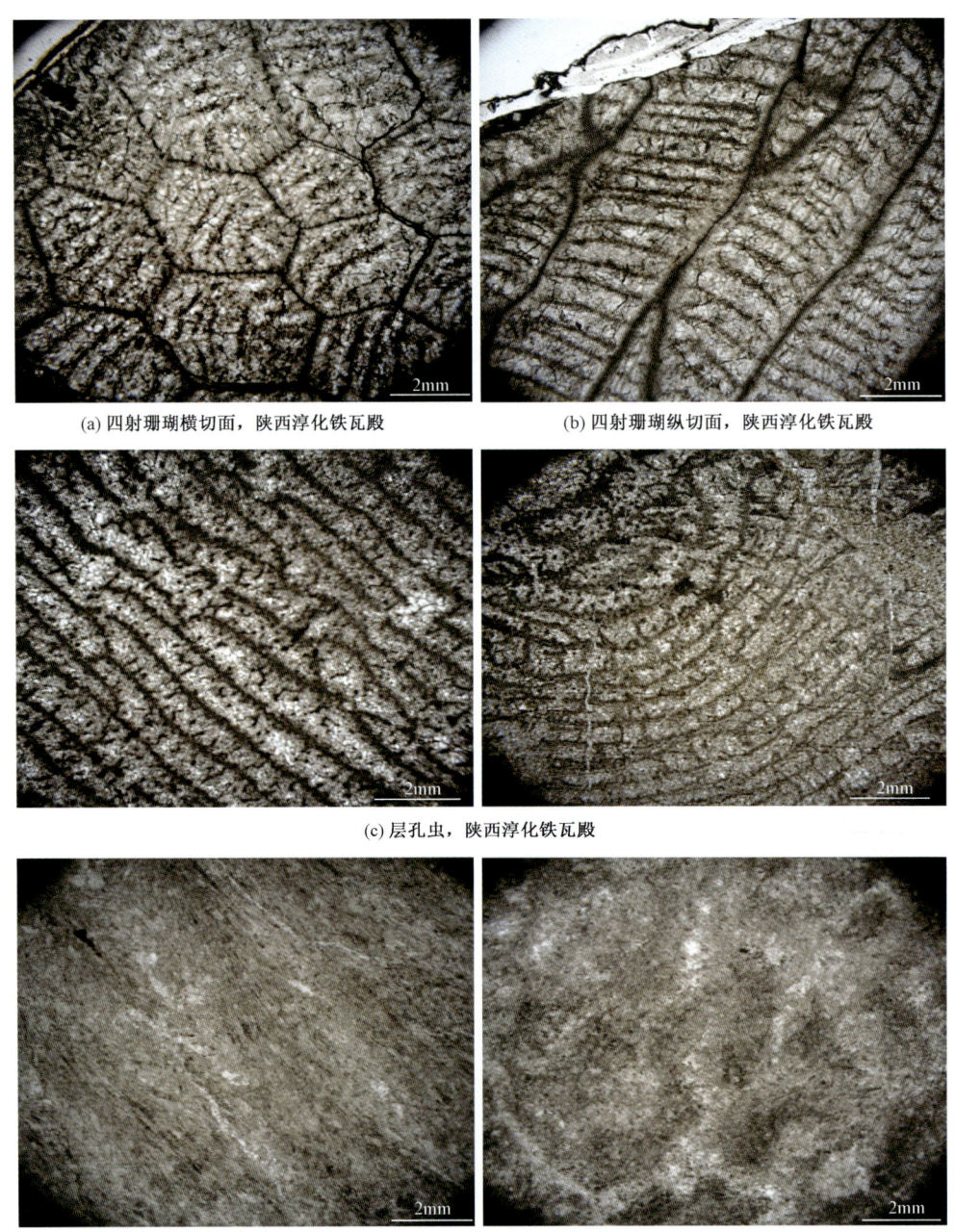

(a) 四射珊瑚横切面,陕西淳化铁瓦殿   (b) 四射珊瑚纵切面,陕西淳化铁瓦殿

(c) 层孔虫,陕西淳化铁瓦殿

(d) 钙质海绵,陕西岐山烂泥沟

图 6-23　鄂尔多斯盆地南部奥陶纪生物礁中的造礁生物化石

(1)永寿好时河剖面(O_2)。

含礁地层出露厚度约 80m,珊瑚礁发育在崩塌角砾灰岩之上,礁体厚 28m,沿走向延展大约 200m(出露长度)。礁体呈块状,无层理;造架生物与粘结生物均有,且造架生物呈原地生长状,礁体呈丘状隆起(图 6-24)。礁体顶部见有波浪作用形成的礁角砾,剖面上部发育浅海相砂屑灰岩。剖面岩性特征显示了水体经历了由浅变深的过程(图 6-25)。

图6-24 永寿好畤河珊瑚礁灰岩

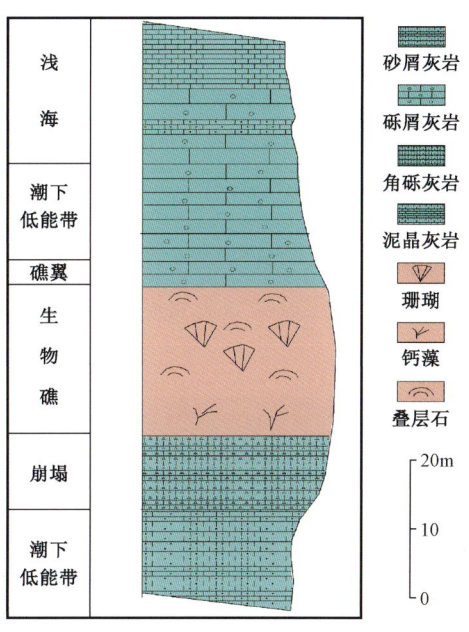

图6-25 永寿好畤河生物礁剖面图

（2）淳2井马家沟组藻架灰岩。

淳2井是该区2008年完钻的一口古生界探井，完钻井深4275m，完钻层位为奥陶系马家沟组马六段，钻入马六段385m（未穿），岩性以白云岩为主，并在4181.00～4184.02m井段（取心）钻遇藻架白云岩（图6-26），证实该区具有礁滩体的存在。

(a) 岩心

(b) 薄片

图6-26 淳2井马六段4183.30m藻架云岩

该取心段的岩性由下向上主要由滑塌角砾岩、角砾状（灰质）云岩及藻架云岩组成，藻架云岩晶粒大小为200～350μm，细—中晶结构，颗粒呈半自形—自形，具云质—架状结构，藻架间有孔，孔隙被亮晶方解石充填，薄片中可见藻丝的残迹。该层段具有与野外剖面生物礁相似的岩性及结构特征，但由于藻类之间的充填物均为泥晶—微晶方解石而不是亮晶胶结物，说明其形成于相对低能环境，因而淳2井区马家沟组马六段的礁滩体为生物丘。

(二) 台缘相带碳酸盐岩储层特征

奥陶系储层主要为克里摩里组和桌子山组的碳酸盐岩,其沉积厚度大,具有形成有利储层的条件。克里摩里组岩性以石灰岩及泥质灰岩为主,上部为深灰色、灰黑色花斑状含泥灰岩、石灰岩夹云质灰岩;中、下部为灰黑色、黑色泥岩、云质泥岩、泥灰岩与灰褐色云质灰岩、灰质云岩互层。桌子山组岩性以石灰岩夹白云岩为特征,上部为灰褐色石灰岩,中部为灰褐色粉晶—细晶白云岩,下部为褐灰色、浅灰色石灰岩。该区岩石组成的差异性直接影响了有效储集类型的发育,其孔隙类型主要有组构选择性溶孔、岩溶洞穴(孔洞)和晶间(溶)孔三种基本类型(图6-27)。

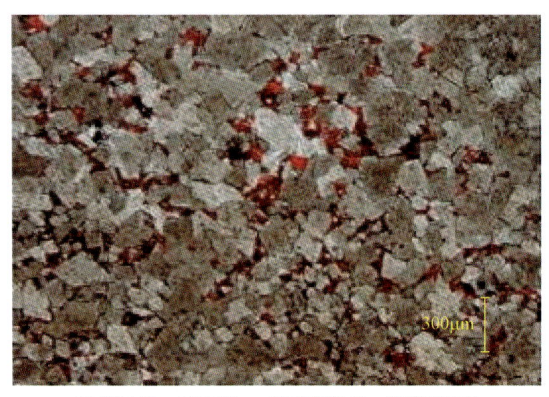
(a) 鄂12井,3784.78m,克里摩里组,发育晶间孔

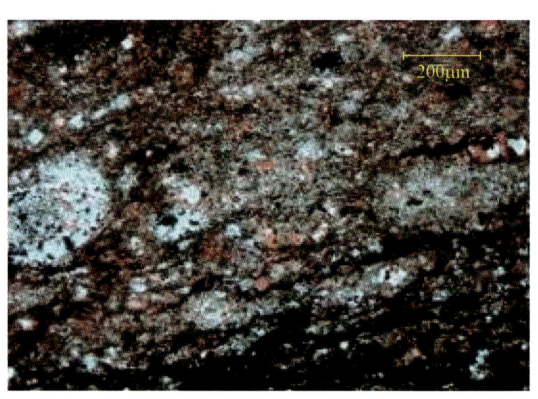
(b) 鄂19井,3948.7m,克里摩里组,发育微孔隙

图6-27 鄂尔多斯盆地西部奥陶系主要储层微观孔隙特征

1. 台缘礁滩体型储集体

颗粒组构的选择性溶孔属于碳酸盐岩中较为常见的孔隙类型,多发育在相对高能的滩沉积中,溶孔的形成主要是由于早表生期的间歇性暴露期间,在经历大气淡水的淋滤改造后,文石质藻屑被选择性溶蚀,方解石质灰泥基质仅发生新生变形作用而微亮晶化。沉积及埋藏后的局部相对高地形一般有利于这类溶孔的后期保存。

2. 岩溶缝洞体型储集体

西部地区奥陶系自东向西依次出露桌子山组、克里摩里组、乌拉力克组和拉什仲组等层段。处于中部的克里摩里组自东向西厚度增大,一般厚为30~180m,岩性以石灰岩、泥晶灰岩为主,在风化壳期出露地表,在地下径流的不断溶蚀、冲刷下,顺层发育多个岩溶洞穴带,没有完全充填的洞穴带为后期储层孔隙的保存提供了有利条件。盆地西部在加里东风化壳期处于定边—吴起岩溶高地,构造相对活跃,岩溶作用强烈,有利于形成缝洞型岩溶储层。

岩溶洞穴(孔洞)型见于天1井、余探1井、余探2井、鄂19井克里摩里组中,围岩岩性为泥晶灰岩,形成于低能潮下沉积环境,岩性致密,由于风化壳期的抬升剥蚀而形成大型的岩溶洞穴,洞穴充填泥质角砾岩,砾间充填物成岩程度低,孔隙较发育(图6-28)。

依据钻井、录井、洞穴充填物岩性和测井及地震响应特征,将天环北地区岩溶缝洞(孔洞)型储层分为两种类型(表6-1)。

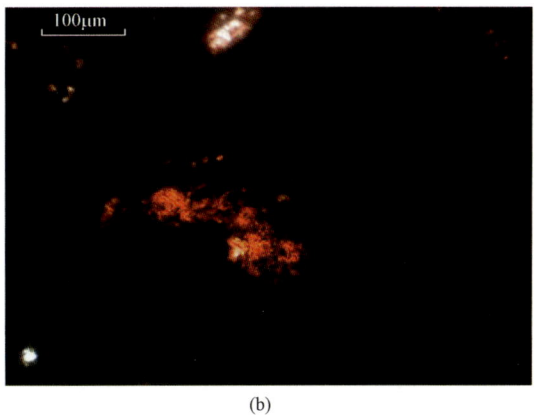

(a) (b)

图 6-28 鄂 19 井克里摩里组洞穴充填岩心及薄片

(a)3944.38m,克里摩里组洞穴充填泥质角砾岩;
(b)3947.32m,克里摩里组,洞穴充填泥质角砾岩,砾间充填物成岩程度低,发育微孔隙

表 6-1 天环北段岩溶洞穴(孔洞)储层特征表

岩溶孔洞类型	测井响应特征	地震响应特征	钻井、录井特征	岩性特征	模式示意图	代表井
垮塌半充填型	低自然伽马、低电阻、低密度、高声波时差、扩径严重	中—强振幅反射,对应为波峰	钻时加快、放空、钻井液漏失	以洞穴塌积岩、洞穴冲积岩、洞穴淀积岩为主		天1
垮塌充填型	高自然伽马、高声波时差、电阻率差异明显、扩径	地震响应不明显,对应为波谷	钻时加快	以洞穴塌积岩、洞穴填积岩为主		鄂19

除上述探井之外,盆地西部天环北段地区的天深1、那1、苏360等探井均在奥陶系克里摩里组出现钻井液漏失及钻具放空现象,表明在区内岩溶缝洞体广泛发育。通过区内多口探井实钻资料分析对比,克里摩里组发育多段岩溶洞穴型储层,在纵向上具有较好的可对比性,平面上具有一定的发育规模。

3. 白云岩晶间孔型储集体

晶间(溶)孔型见于布1等井克里摩里组局部层段及桌子山组大段白云岩地层中,鄂7井在克里摩里组钻遇孔洞白云岩4.1m,测井解释为含气层,视电阻率68.3Ω·m,声波时差168.6μs/m,岩心分析平均孔隙度4.91%,平均渗透率0.31mD。

鄂尔多斯南缘奥陶系白云岩主要分布于中奥陶统马家沟组马六段,岩性包括藻架白云岩、泥晶—粉晶白云岩,粉晶—细晶白云岩和极细晶—细晶白云岩、残余鲕粒白云岩等,在淳2、旬探1等井及地表露头马家沟组中均有分布。

白云岩晶间孔和晶间溶孔较为发育,具有较好的储集性能,但该区储层成岩非均质性较强。如旬探1井马六段五个层段发育溶蚀孔洞,储层孔隙以晶间孔、晶间溶孔为主,孔隙度最大达13.26%,渗透率最大可达2122mD,储集性能优越(图6-29,图6-30);而其西侧的淳2

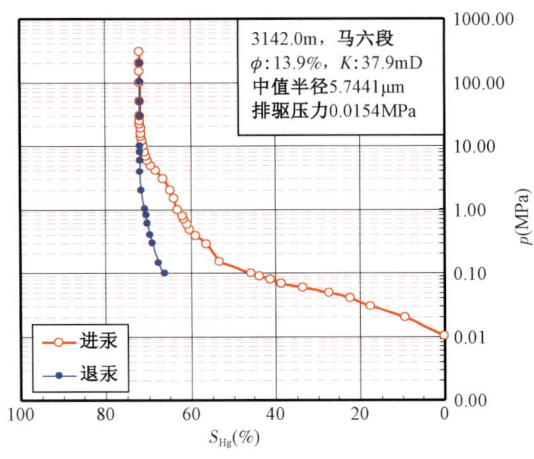

图 6-29　旬探 1 井马六段白云岩储层压汞曲线图

井马六段藻架云岩中孔隙已全为方解石充填,储集性能差。

中、上奥陶统平凉组岩性主体以石灰岩为主,白云岩仅以薄层状(厚度小于 5m)产出,岩性为细晶白云岩,且岩性较致密。旬探 1 井平凉组岩性主要以泥晶藻灰岩、云质灰岩为主。地表露头剖面中平凉组未见具有一定展布规模的白云岩分布。

(三)台缘相带有效圈闭类型及成藏特征

1. 盆地西部台缘相带圈闭成藏特征

盆地西部台缘相带主要发育礁滩型、岩溶缝洞型及白云岩型三类储集体,存在穹隆构造圈闭、岩溶洞穴圈闭和礁滩体岩性圈闭

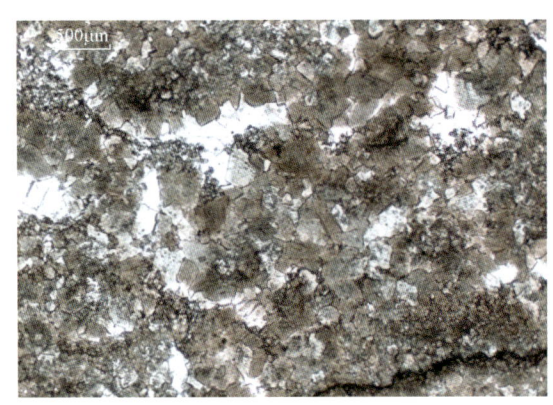

(a) 淳2井, 4181.65m, 马六段, 藻架云岩

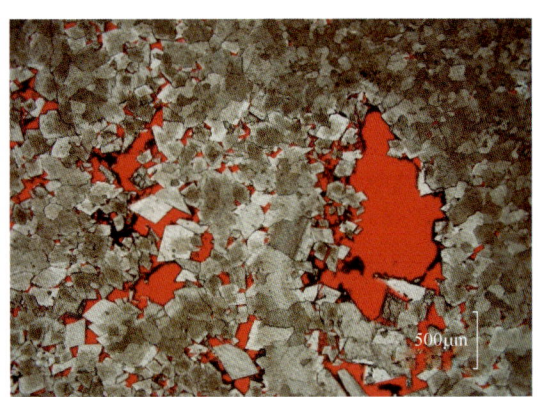

(b) 旬探1井, 3142.95m, 马六段, 细晶—中晶白云岩

图 6-30　鄂尔多斯盆地南部奥陶系白云岩类型

三种有效圈闭类型,但气源供给特征基本一致,即上古生界煤系烃源与下古生界海相烃源同时供气,可以形成有效的天然气富集。

1)穹隆构造圈闭

这类构造圈闭分布局限,局部构造对气藏分布的控制作用明显,气藏规模一般较小。天 1 井处于天池构造的构造高点,在克里摩里组中途测试获工业气流,而其西南 2.3km 的天 2 井处于构造低部位,试气产水(图 6-31)。

2)岩溶洞穴圈闭气藏

由局部发育的岩溶洞穴与致密围岩构成有效的储集与遮挡条件,形成圈闭(图 6-32)。加里东风化壳期构造相对活跃,顺层岩溶作用强烈,岩溶洞穴在区内克里摩里组广泛发育,并存在未被完全充填的岩溶洞穴(孔洞)型有效储层。

如鄂 19 井在奥陶系克里摩里组 3940~3951m 井段钻遇洞穴充填型含气显示段,鄂 12 井在奥陶系克里摩里组 3856~3862m 井段也钻遇类似的洞穴充填型含气段。2010 年钻探的余探 1 井在克里摩里组钻遇岩溶洞穴型储层,试气低产气流。钻探揭示洞穴型圈闭确有一定的有效性,局部充填程度较低的洞穴或可形成一定规模的工业性聚集。此类圈闭区内普遍发育,

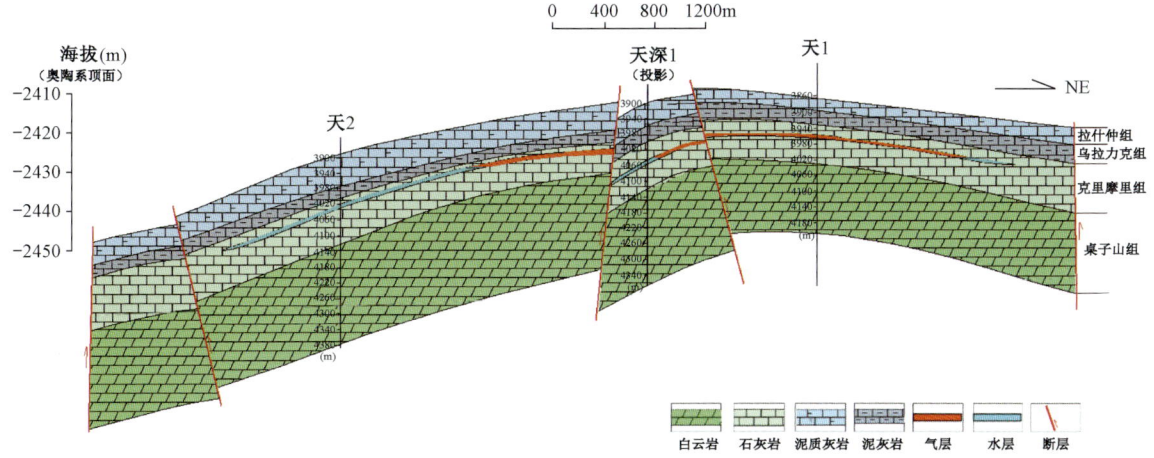

图 6-31　天池构造奥陶系气藏剖面图

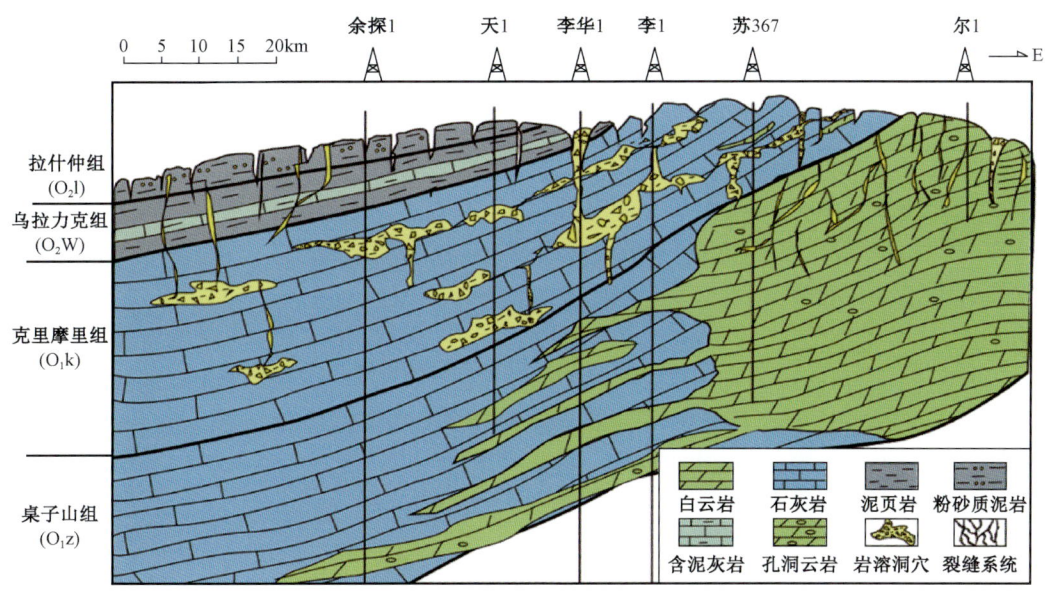

图 6-32　鄂尔多斯盆地西北部天环北段奥陶系岩溶洞穴发育模式图

是近期勘探的有利目标。

3) 礁滩体岩性圈闭气藏

鄂尔多斯盆地天环地区克里摩里组沉积期属贺兰海域沉积区,地层厚度在 30~180m 之间,由西向东减薄,沉积环境以台缘斜坡相为主。该区克里摩里组沉积期处在鄂尔多斯碳酸盐岩台地与贺兰海槽之间的台地边缘沉积区,沉积期水体浅、能量较高,利于礁滩相碳酸盐岩的发育,在海平面相对变化的间歇暴露期,易发生白云石化而形成有效的白云岩储集体。礁滩相储集体与周围的致密围岩构成有效的储集与遮挡条件,形成有利的岩性圈闭体(图 6-33)。

该区棋探 1 井在克里摩里组钻遇海绵礁灰岩 16m,发育骨架孔,该层段试气尽管产水,但表明礁滩相储层具有非常好的储集性能。2010 年的苏 357 井在克里摩里组钻遇滩沉积,在云化层段发育有效储层,试气获得 5038m^3/d 的气流。

过井地震剖面显示天环北存在可疑礁滩反射体,可能发育有效圈闭。礁滩体岩性圈闭主

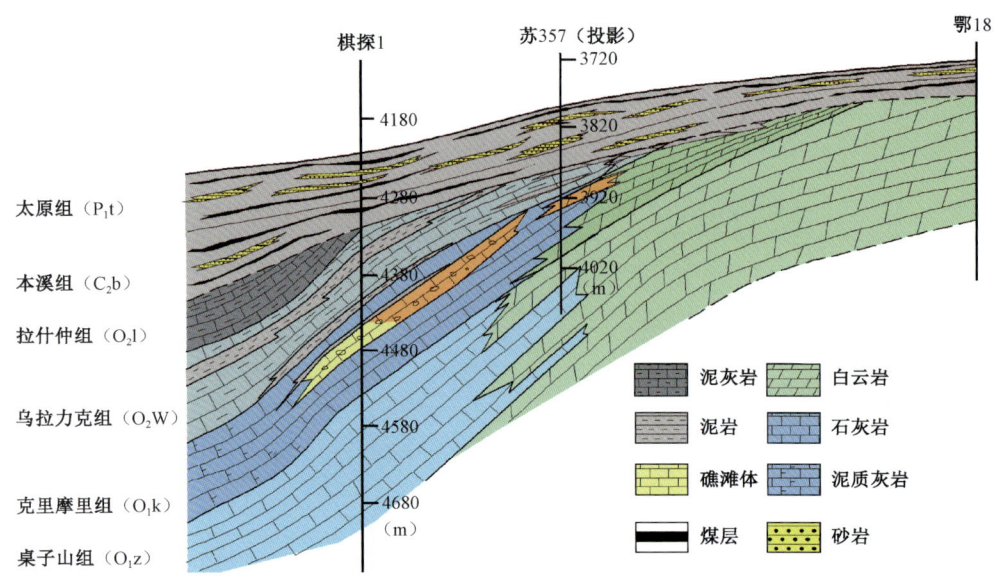

图 6-33 鄂尔多斯盆地西部奥陶系礁滩相带圈闭成藏模式图

要受沉积控制,横向连片分布,可形成较大规模气藏,是该区目前继岩溶洞穴圈闭后的又一具有较大勘探潜力的圈闭类型。

2. 盆地南部台缘相带圈闭成藏特征

马家沟组马六段是盆地南缘最为重要的礁滩相沉积发育层段,局部的礁滩体经历云化可以形成储集性能良好的白云岩晶间孔型储层。礁滩体周围岩石一般以致密灰岩及泥质碳酸盐岩为主,与致密围岩相配合,可形成有效的岩性圈闭。上覆的中、上奥陶统发育泥质岩及泥质碳酸盐岩烃源岩,其在印支晚期—燕山早期生成的烃类气体可就近向下部马六段白云岩岩性圈闭中运聚成藏;此外,上古生界煤气烃源岩层生成的天然气也可通过局部递冲断裂系统向下古生界的有效圈闭中运聚,对其成藏也有一定的贡献(图 6-34)。

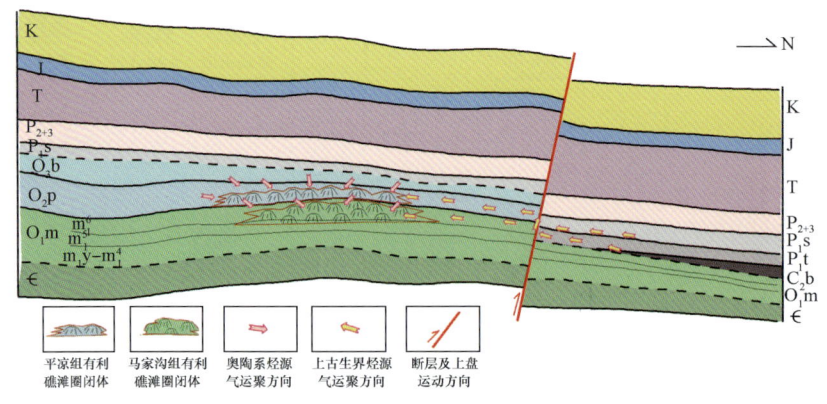

图 6-34 鄂尔多斯盆地南缘奥陶系成藏模式图

中—上奥陶统平凉组和背锅山组石灰岩、泥质灰岩夹少量薄层状泥岩具有较好的封盖能力,同时该区虽缺失石炭系本溪组,但二叠系太原组和山西组泥岩也可以作为奥陶系气藏的有效盖层。

(四)有利勘探目标评价

1. 西部礁滩体及岩溶缝洞体有利勘探目标优选

1)礁滩体的有利目标评价

近年在礁滩体的地震—地质综合识别上已经取得了较大的进展,目前识别的礁滩体主要位于盆地西部天环北段地区,共识别出礁滩体14个,累计面积为424.4km²,其中可靠程度较高的礁滩体共6个,面积为247.8km²(图6-35)。

结合已有的钻探情况,棋探1井礁滩体产水,分析认为下一步应该向礁滩相带东侧构造上倾方向优选钻探目标,一是因为在回避低部位可能的含水区的同时,中奥陶统减薄,有利于上古生界煤系烃源岩向克里摩里组储层中运聚;二是因为克里摩里组岩性及礁滩体发育层段在平面上具有一定的变化,所以跳开棋探1井所在的较可靠礁滩体,在其他礁滩体优选钻探目标。

2)岩溶缝洞体的有利目标评价

基于岩溶缝洞体的地震响应特征,预测了克里摩里组岩溶缝洞体有利目标区的平面分布。地震预测的礁滩体主要发育于天环中段地区,目前共识别出岩溶缝洞体15个,面积3.9~118.3km²不等,累计面积659km²(图6-36),显示出该区奥陶系岩溶缝洞型圈闭也具有较大规模。

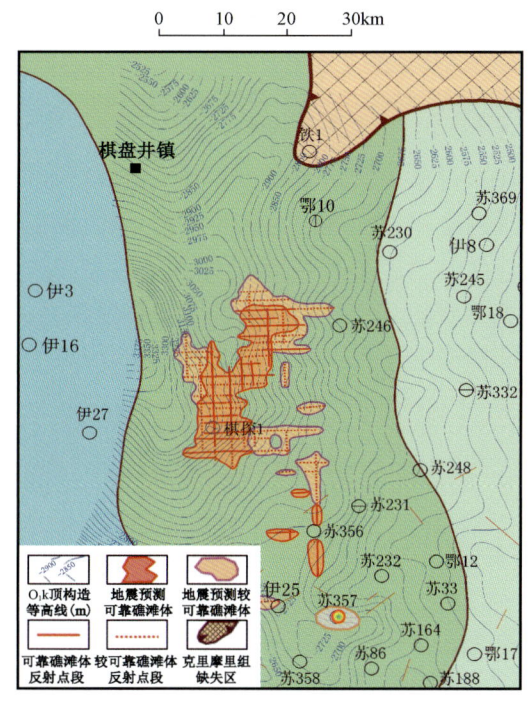

图6-35 鄂尔多斯盆地西部克里摩里组礁滩体地震预测图

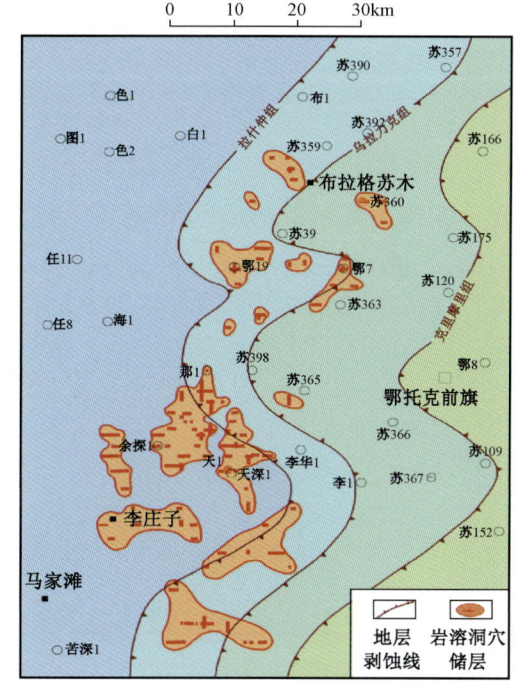

图6-36 鄂尔多斯盆地西部克里摩里组岩溶缝洞体地震预测图

2. 南部礁滩体有利勘探目标优选

依据地震剖面强—不连续反射的分布,并结合地表剖面及井下礁滩沉积的分布,目前已在盆地南部地区预测了两个有利礁滩体,面积分别为850km²和350km²(图6-37)。

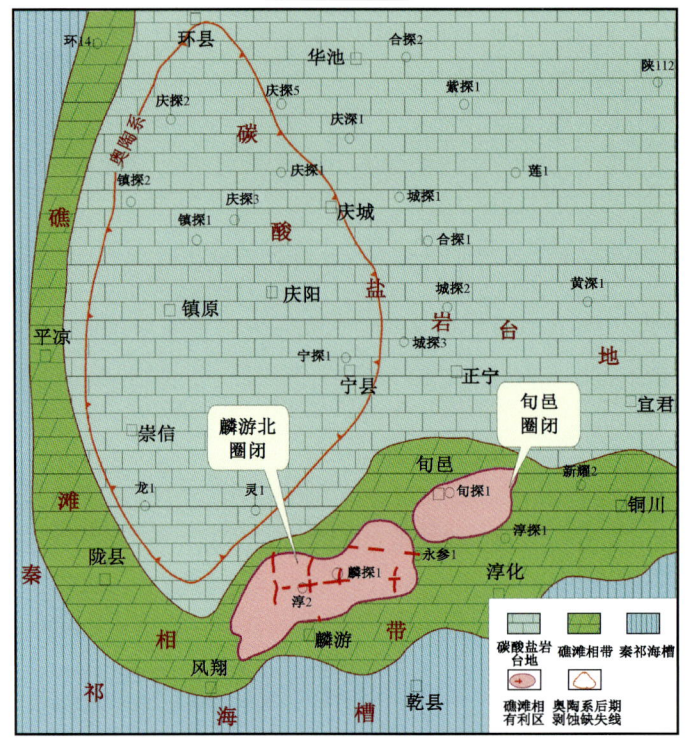

图 6-37 鄂尔多斯盆地西南部奥陶系礁滩相带勘探部署图

盆地南缘礁滩相带主体处于盆地渭北隆起带,该隆起带现今构造主要形成于喜马拉雅期,发育一系列北倾南冲的以逆冲断裂为主的断裂体系,形成现今一条近东西向展布、沿南缘出露大面积古生界、中生界露头的带状隆起。从现今断裂体系的展布上看,渭北隆起西段断裂相对较少,气藏遭受后期破坏的可能性较少。重力资料表明,渭北隆起向西倾没,奥陶系埋深大;区内钻井资料表明,渭北隆起带西段与中段中生界上部地层发育程度存在显著差别,西段地层发育较全,表明在侏罗纪—白垩纪(燕山期)构造活动较微弱,目标区未经历大规模抬升剥蚀,有利于气藏后期保存。

目前地震预测的麟游北和旬邑两个礁滩体中,麟游北目标处于渭北隆起西段,奥陶系保存全,地震预测的礁滩体面积大,气藏后期保存条件相对较好,是近期勘探的有利目标。

四、盆地中东部盐下成藏特征及勘探目标

盆地中东部地区在马家沟组沉积期,由于海水进退及蒸发浓缩作用使该区发育多个蒸发膏盐岩—碳酸盐岩沉积旋回,纵向上的岩性变化有利于形成多套成藏组合,具有一定的多层系含气复合勘探的潜力。

(一)奥陶系盐下地层分布及沉积相带展布特征

早奥陶世冶里组沉积期—亮甲山组沉积期后,华北地台发生整体抬升和海退作用,形成短期沉积间断之后,于马家沟组沉积期再次出现整体缓慢沉降和新一轮的海进—海退作用。由

于地台基底的不均一性,在局部地区表现为沉降差异性。因此,马家沟组沉积期整个华北地台主要为浅海碳酸盐岩和潮上膏岩的蒸发岩交互沉积环境,而在局部的陕北坳陷主要发育盐湖相与浅海碳酸盐岩相交互沉积。鄂尔多斯中东部的陕北盐盆地区马家沟组呈明显的旋回性沉积特征,其中马一段、马三段和马五段以石盐岩为主夹硬石膏岩、白云岩的蒸发盐湖沉积为特征,而马二段、马四段和马六段岩性主要为泥晶灰岩,为开阔海陆棚沉积特征。

马家沟组马五段在鄂尔多斯中东部地区可细分为 10 个亚段,从下到上分别为马五$_{10}$—马五$_1$,其中盐岩主要分布于马五$_{10}$、马五$_8$、马五$_6$ 和马五$_4$ 四个层段,马五$_9$、马五$_7$、马五$_5$ 以厚层泥晶—粉晶白云岩或泥晶灰岩为特征,与马五$_{10}$、马五$_8$、马五$_6$ 形成二个次级盐岩旋回,马五$_4$ 以后盐岩不再发育。马五$_6$ 沉积期盐坳规模最大,在镇川 1 井盐岩厚度可达 145.6m,使盐坳的分布、盐岩厚度较马一段、马三段更为集中。

(二)奥陶系盐下储层发育特征

1. 盐下储层岩性

依据岩性及组合特征与薄片鉴定资料,奥陶系盐下储层主要分布在马五$_7$、马五$_9$、马四段和马二段中,储层岩性主要为泥晶—粗粉晶白云岩、含灰粉晶白云岩、含泥白云岩和粒屑白云岩。

盆地东部奥陶系沉积环境决定了盐下各储层发育段既有原生白云岩,又有大量的成岩交代白云岩。原生白云岩的发育和分布受控于沉积相带,主要发育在泥质白云岩坪和含膏云坪相带;成岩交代白云岩的分布与云化机理有关。混合水白云岩化成因白云岩体的展布方向与浅水台地或古隆起的走向基本一致,跨不同沉积相带。盆地东部奥陶系盐下成岩交代白云岩由于云化作用强烈,基本破坏了原岩的结构面貌,白云石呈半自形—自形状,晶体彼此呈镶嵌状分布,部分具雾心亮边结构。从残余结构看,原岩为泥晶或亮晶颗粒(砂屑、砂砾屑、藻屑等)灰岩,少量为微晶灰岩。

2. 孔隙类型

目前,已有镇川 1、龙探 1 和召探 1 等井已在盐下马五$_7$、马五$_9$、马四、马三和马二等层段钻遇白云岩储层。盐下碳酸盐岩储层孔隙类型以白云岩晶间孔、晶间溶孔为主(图 6-38),而较大的溶孔、溶洞及原生孔隙一般较为少见。

晶间孔:多见于细晶—粉晶白云岩、粉晶白云岩及细晶白云岩,常呈多面体或四面体,孔径一般为 0.01~0.18mm,面孔率一般为 1%~9%,镜下常见部分晶间孔被泥质及细粒碳酸盐充填,分布不均,局部呈层状富集并被致密泥晶纹层分隔。盐下储层中此类孔隙分布较为普遍,是构成盐下储层储集空间的基本类型。

晶间微孔:主要由白云岩化作用形成,孔径小于 0.01mm。一般在扫描电镜下可见,盐下不同晶粒白云岩中均有分布。

晶间溶孔:由晶间孔、晶间微孔经溶蚀扩大而成。孔隙形态不规则,孔隙周围多呈溶蚀状、港湾状,孔径一般为 0.1~0.6mm,面孔率一般为 3%~10%,多呈分散状或顺层密集状分布于粉晶白云岩、细晶—粉晶白云岩和细晶白云岩中,是构成盐下储集空间的主要类型。

针状溶孔:主要由石膏晶体、颗粒、盐晶、砾屑、鲕粒等溶蚀后形成的孔隙。孔径为 0.3~1mm,形态呈圆、椭圆及不规则状,多呈层状、串珠状、斑状或弧立状分布,面孔率一般为 3%~7%,局部可达 11%,一般在膏质泥晶白云岩及细晶—粉晶白云岩中常见。此类孔隙主要在马五$_7$、马五$_9$ 白云岩中较为发育。

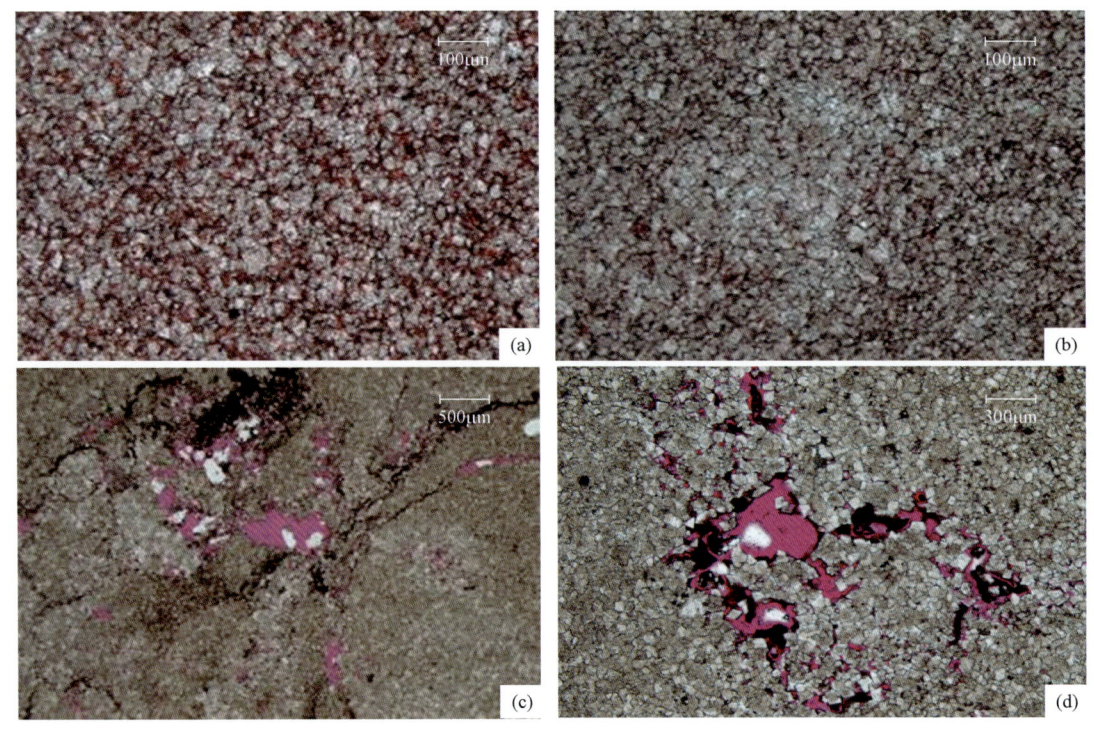

图 6-38 奥陶系盐下储层微观特征
(a)龙探 1 井,2839.0m,马五$_7$,发育晶间孔及晶间溶孔;(b)龙探 1 井,2838.5m,马五$_7$,发育晶间孔及晶间溶孔;
(c)召探 1 井,3185.92m,马五$_9$,盐模孔;(d)召探 1 井,3186.43m,马五$_9$,砾间孔及膏模孔

铸模孔:主要为石膏晶体、石盐晶体及藻屑选择性溶蚀后形成的孔隙,形态有长方形、近正方形或三角形和不规则形,孔径为 0.15~0.3mm,宽为 0.02~0.03mm,面孔率 2% 左右。盐下各层均可见,但分布较为分散。

斑状溶孔:一般指石膏斑晶、盐岩结核溶蚀后形成的孔隙,孔径为 1~1.5mm、面孔率为 2%~6%,多见于膏质泥晶白云岩与含盐泥晶—粉晶白云岩中。靖边南部陕 15 井马五$_7$ 及盆地北部召探 1 井马五$_9$ 储层中,此类孔隙均较为发育。

构造缝:由构造应力产生的裂缝,常呈高角度分布,半充填或全充填,缝宽多为 0.03~0.1mm,大者可达 0.5~1mm,个别充填缝宽 10mm 以上。此类裂缝平面上分布和发育程度不均。

3. 储层物性

根据龙探 1、府 5、榆 9、陕 15 等 12 口探井的 442 组物性数据进行相关分析。盐下碳酸盐岩储层孔隙度和渗透率正相关关系不明显,具有低孔高渗、高孔低渗、高孔高渗和低孔低渗四种孔渗关系(图 6-39,图 6-40)。盐下碳酸盐岩储层物性整体较差,具有特低孔、特低渗特征,但局部层段仍发育相对高孔高渗储层。

盐下各层段物性统计结果表明,碳酸盐岩相对发育的马五$_7$、马五$_9$ 亚段物性明显较好,马二段次之,马四段物性较差。此外,受沉积和成岩双重作用控制,在马三段(莲 1 井)和马五$_6$ 亚段(陕 15 井)也见到较好的白云岩储层(图 6-41,图 6-42)。

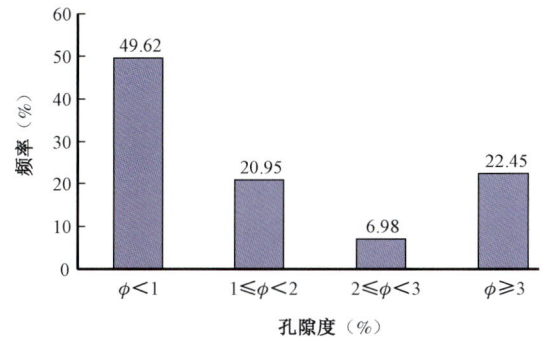

图6-39 盐下储层孔隙度分布直方图

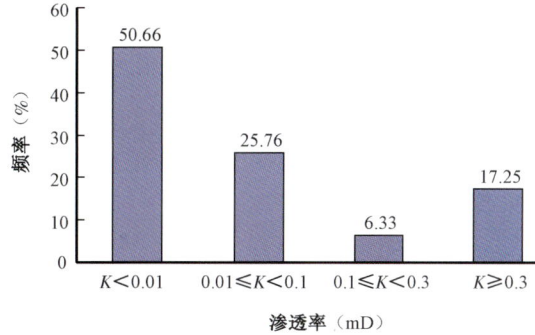

图6-40 盐下碳酸盐岩储层渗透率分布直方图

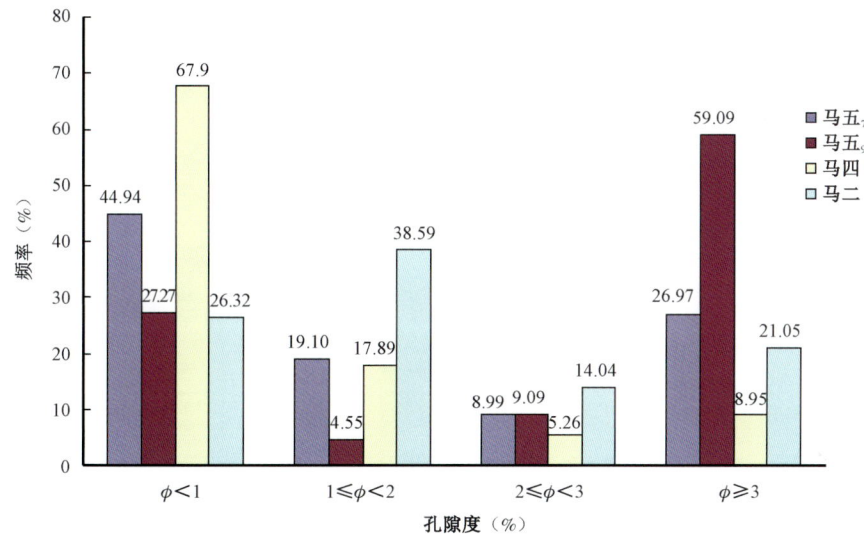

图6-41 盐下马五₇亚段、马五₉亚段、马四段和马二段碳酸盐岩孔隙度分布直方图

(三)盐下生、储、盖组合分析

马五₇亚段烃源岩在子洲—子长、佳县和乌审旗一带相对较为发育;马五₉亚段烃源岩在佳县—子洲一带较为发育;马四段烃源岩在榆林周边及靖边—志丹西侧一带发育;马二段烃源岩在子洲—延川和乌审旗—乌审召—伊金霍洛旗一带厚度及分布范围均较大。由各层段烃源岩叠加形成的奥陶系盐下烃源岩总厚度图显示,烃源岩主要分布在东部佳县—延川、西侧靖边—志丹和北部乌审旗—伊金霍洛旗一带,烃源岩发育区及周边探井普遍见含气显示,表明天然气成藏条件相对较为优越。

奥陶系盐下烃源岩总体具有发育分散、单层厚度薄的特征,其生烃能力有限。钻探目标优选必须考虑成藏组合和目的层构造特征。

沉积微相研究表明,盆地东部地区奥陶系盐下沉积经历了多期海进—海退旋回,在纵向上形成三段明显的旋回层序。每一旋回层序的下部均由淡化期形成的碳酸盐岩组成,而上部均由巨厚的硬石膏岩、盐岩与泥质碳酸盐岩组成,从而构成两套完整的生、储、盖组合系统(图6-43)。

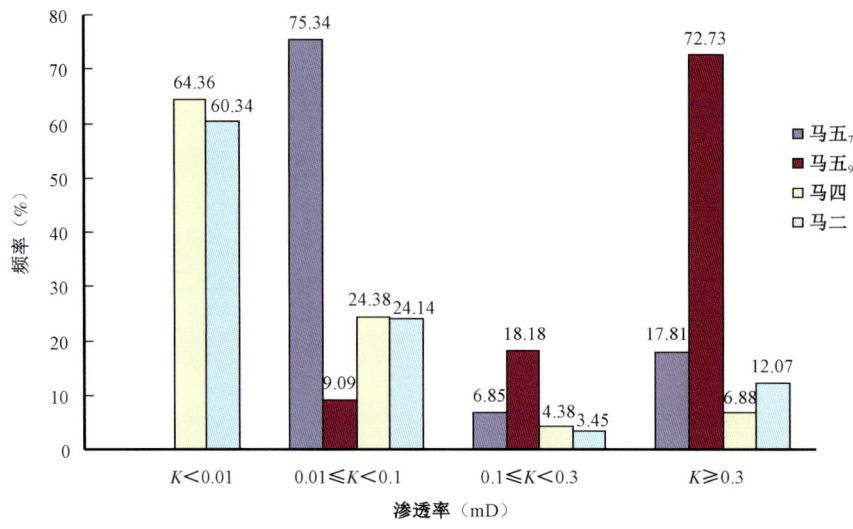

图 6-42 盐下马五₇、马五₉、马四段和马二段碳酸盐岩渗透率分布直方图

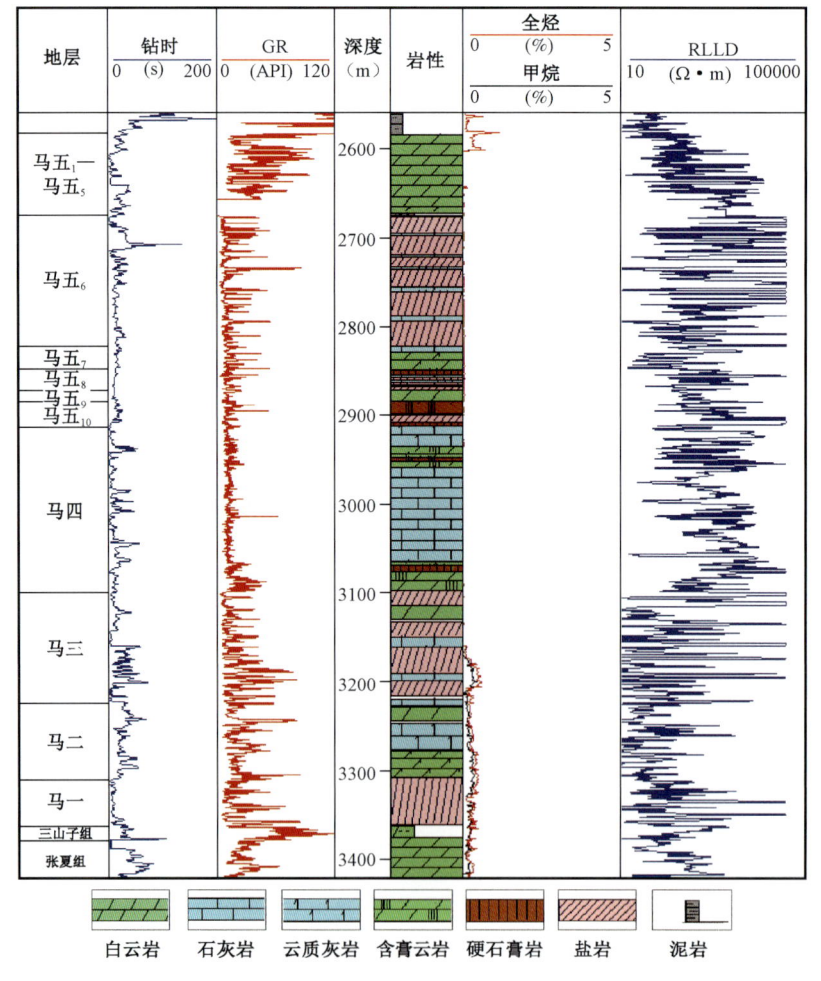

图 6-43 鄂尔多斯盆地奥陶系盐下岩性综合剖面图

1. 上部生、储、盖组合

上部生、储、盖组合,其顶板主要为马五$_6$亚段由硬石膏岩、盐岩和泥质云岩组成的良好盖层,其下的马五$_7$、马五$_9$和马四段细晶—粉晶白云岩与细晶灰岩是有利的烃源岩和储层,下部的马三段膏盐岩是该系统的底板。根据岩性与电测资料,马五$_7$、马五$_9$和马四上段储层较为发育,具有较好的储集性能。该成藏组合可进一步分为马五$_6$—马五$_7$、马五$_8$—马五$_9$和马五$_{10}$—马四三个次一级储盖组合,其中马五$_6$—马五$_7$储盖组合是盆地东部盐下勘探领域最有利的成藏组合。

2. 下部生、储、盖组合

下部生、储、盖组合,主要由马三段和马二段组成,其中顶板为马三段由巨厚的硬石膏、盐岩组成的良好盖层,马二段的粉晶云岩、云化灰岩和微晶灰岩是有利的烃源岩和储层。该成藏组合自上而下也可进一步分为三个次一级储盖组合,以中部旋回成藏组合最为有利,储层发育程度相对较高,气测异常显示较为活跃。值得一提的是,马二段内部三个次级旋回顶部普遍发育泥质碳酸盐岩或薄层泥岩,有机碳丰度相对较高,是较好的烃源岩。马二段顶、底相邻的马三段和马一段整体泥质含量较好,对马二段储层段烃源供给也能发挥一定的作用。综上所述,马二段是盐下勘探领域较为有利的兼探层,其成藏地质条件优于马五$_9$和马四段。

(四)圈闭落实与有利钻探目标预测

奥陶系盐下是盆地奥陶系碳酸盐岩勘探的后备领域,整体勘探程度较低,而且勘探目的层上覆厚层的盐岩、膏岩,这为地质研究及地震处理解释带来了较大困难。研究表明盐下气藏主要以构造岩性复合圈闭气藏为主,因此在目标优选中主要开展了对区内盐层底面构造的地震恢复,预测了多个局部构造,是盐下勘探的有利目标。

1. 圈闭落实

1)地震勘探现状

该区地震资料采集年度跨度大。收集到的该区测线以直测线为主,采集年度从1993年一直到2005年,且不是同一批处理。测线在平面上以网状分布为特征,测线分布密度不均匀。

区内共有地震测线6543km,测网密度达4km×8km,以黄土直测线和沟中弯测线为主。绝大部分资料满足构造解释的要求,少量高品质资料可以用来预测岩性。

2)合成记录层位标定与目的层地震响应特征

(1)地震反射层位的综合标定。

研究区主要目的层是下古生界奥陶系盐下地层。通过合成记录标定,认为地层岩性界面在地震剖面上的响应有所差异,尤其是在子洲、米脂、绥德一带,马五段下部石盐岩、石膏岩、石灰岩以及白云岩交互发育,在地震剖面上有比较清楚的反映。

在制作合成记录之前,要先对测井曲线进行整理和校正,尤其是要对声波测井曲线和密度测井曲线进行校正。同时要提取合适的地震子波,使得最终的合成记录与地震剖面有较好的对比性。从合成记录标定图(图6-44)上可以看出,合成记录与地震记录的对比关系较好,这为后续工作奠定了扎实的基础。

制作好的合成记录要和实际地震剖面进行对比。图6-45显示了过镇川1井、米1井和榆9井的地震剖面与合成记录的对比关系,可以看出合成记录和地震剖面有比较好的对应关系。

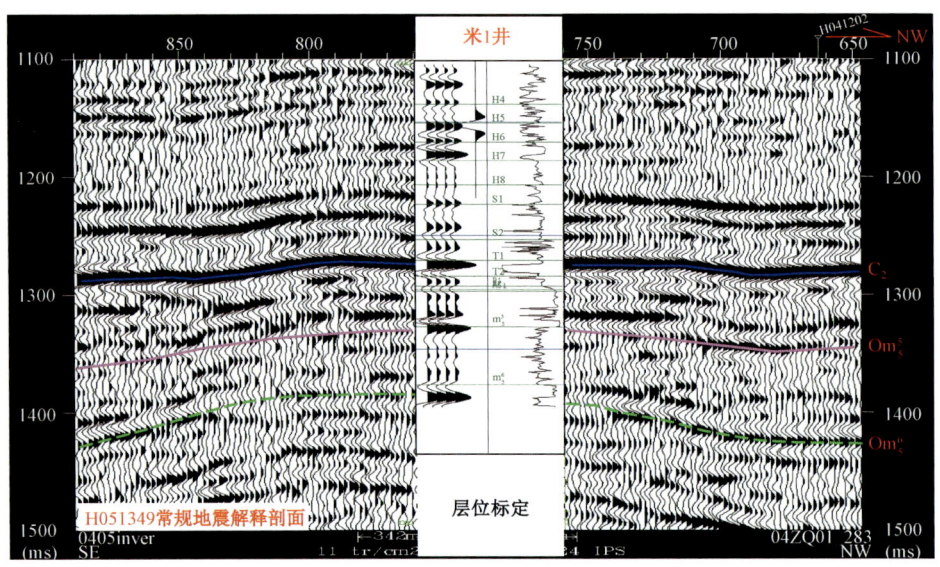

图 6-44 米 1 井合成地震记录

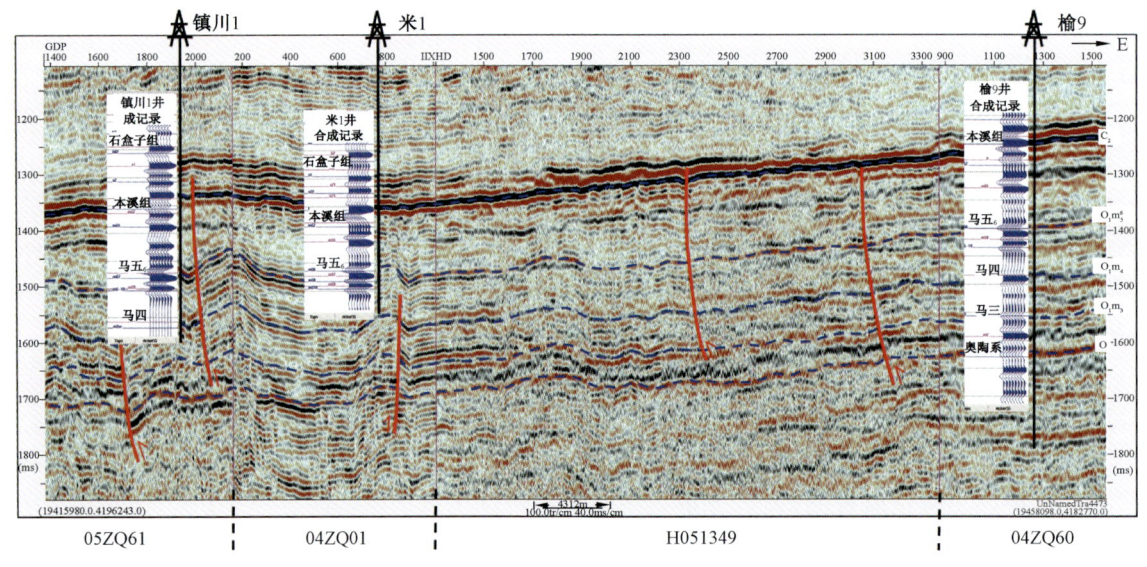

图 6-45 过镇川 1、米 1 和榆 9 井的联合标定地震剖面

(2) 主要反射层相位特征。

通过榆 9 井层位标定的合成记录相位特征及全区其他几口井的标定结果分析,结合剖面波组相位特征,对目标层马五$_6$—马一的相位特征进行对比追踪。

马五$_6$ 为一套低阻抗盐岩,其下伏的马五$_7$ 以石灰岩为主,形成一个比较强的反射界面,在地震剖面上表现为强反射。

马五$_6$ 下伏的马五$_7$、马五$_9$ 以石灰岩和白云岩为主,表现为较高的地震速度,一般速度值约为 6300m/s,马五$_6$、马五$_8$ 和马五$_{10}$ 以石盐岩和含膏盐岩为主,速度相对较低,纯石盐岩的速度一般为 4200m/s 左右。这样就形成了较强的波阻抗界面,在地震剖面上显示为较强的反射同相轴,表现出两个强的波峰和三个较强的波谷,横向变化较大,可以追踪识别。马四段是一套以石灰岩和白云岩为主的地层,速度相对较高,与上覆和下伏地层之间存在较大的波阻抗差异,形成较强的反射,在剖面上可以追踪识别。马三段以石盐岩和石膏岩互层为主,总体速度偏低。由于夹层较多,造成地震反射较为杂乱,其底部与马二段形成一较强的反射界面,可以追踪。马二段又是以石灰岩和白云岩为主的地层,速度相对较高,与上覆和下伏地层之间存在较大的波阻抗差异。马一段以石盐岩和石膏岩互层为主,总体速度偏低。地层底部与下伏寒武系呈不整合接触,表现为较强反射。

(3) 马五$_6$底构造特征

从地震剖面上可以看出这一时期的断裂活动具有瞬时性(图6-46),LH041327地震测线上表明,在马五$_6$膏盐岩地层沉积后,盐下断裂发生活动。在断裂活动带,马五$_6$厚度横向变化剧烈,充分表明沉积环境的不均衡性。

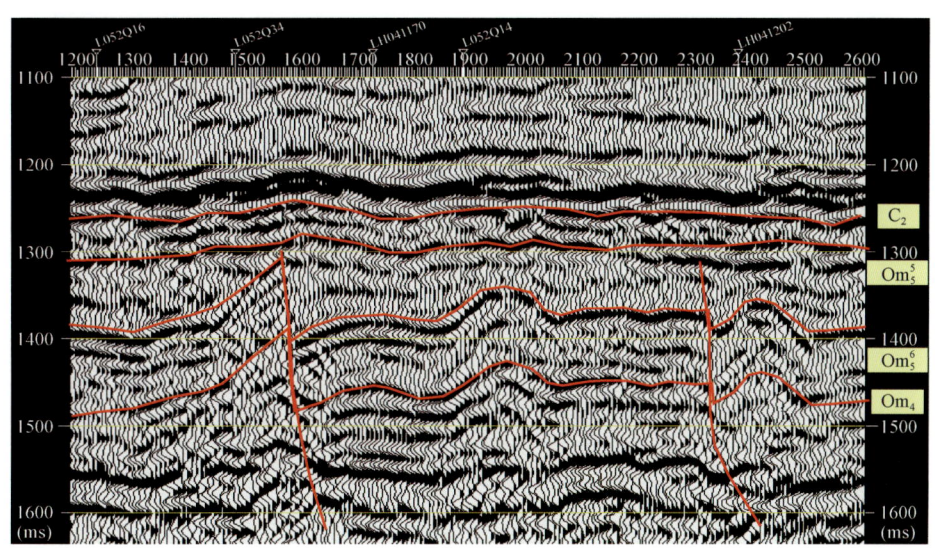

图6-46 LH041327地震测线

这些局部发育的断裂呈北北东向展布,断面倾向为南东方向,最大断距小于200m,水平最大延伸长度可以达到40~50km,主要发育在奥陶系内部。

(4) 圈闭落实情况

对该区域内地震测线进行了重处理,发现子洲—米脂地区马五$_6$底界发育七个背斜、半背斜构造(A1、A2、B1、B2、B3、C1、C2)。七个背斜、半背斜构造单元呈南西—北东向分布,面积为1.5~4.9km^2(图6-47)。

A1:位于尚家沟,圈闭较为落实。A2:位于敦家砭以东,圈闭较为落实。B1:位于子洲南东方向,受南西—北东向断裂控制,圈闭较为落实。B2:位于子洲北东方向,受南西—北东向断裂控制,2010年龙探2井钻探及试气结果表明,龙探2井马三段试气日产5万余立方米气体(主要成分为CO_2和N_2),进一步证实了圈闭的可靠性。B3:位于赵家砭以西,受南西—北东向断裂控制,圈闭较为落实。C1、C2:分别位于米脂南西和北西方向,圈闭落实程度较低。

2. 结论认识与有利钻探目标预测

(1) 盆地东部奥陶系泥质岩和泥质碳酸盐岩有机碳含量较高,普遍达到有效烃源岩有机碳下限标准(0.3%),具有一定的生烃能力。

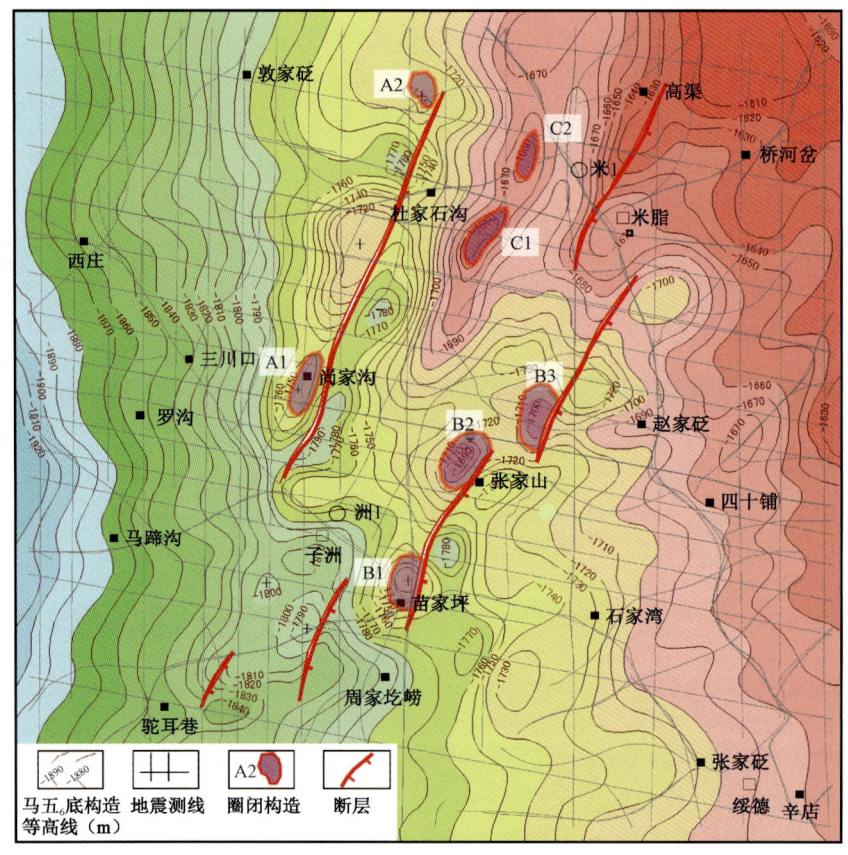

图 6-47　鄂尔多斯盆地东部奥陶系马五$_6$底面构造图

（2）马五$_7$和马五$_9$发育白云岩晶间孔、晶间溶孔型储层，储集性能较好。结合烃源岩发育特征分析，马五$_7$应是盐下天然气勘探的主力目的层，其次为马二段，马五$_9$和马四段应作为兼探层。

（3）天然气勘探的有利目标并不一定是膏盐岩最为发育的区域，盆地中部乌审旗—靖边—子洲—榆林围限区域各层段白云岩叠合发育，储层钻遇率较高。

（4）盆地中部乌审旗—靖边—志丹一带各层段白云岩与石灰岩间互发育，具有形成有效圈闭的有利条件。

（5）盐下马五$_7$、马五$_9$和马四段上部在乌审旗—靖边—志丹一带及其以西区域储层可能受到古风化壳期岩溶作用改造，储层储集性能具有变好的趋势。

（6）盆地现今构造形成时期与上古生界煤系烃源岩大量生排烃时间基本一致，乌审旗—靖边—志丹一带及其以西区域由于上覆地层的剥蚀，马五$_7$、马五$_9$储层距离煤系烃源岩较近，不排除上古生界煤系烃源岩在盐下储层运聚成藏的可能。

（7）龙探 1 井在马五$_7$试气获 407 m^3/d 低产气流，志丹西南方向的陕 322 井马五$_7$段试气获 1000 m^3/d 低产气流，北部乌审旗东北侧的地鄂 1 井和地鄂 5 井在马二段钻遇明显含气异常，上述各井钻探成果表明，盐下领域具有一定成藏潜力。

（8）龙探 1 井所处位置盐下烃源岩较为发育，马五$_7$钻遇晶间孔型储层，储集性能较好。

(9)龙探 2 井局部构造发育在马五$_6$同沉积期,在马三段试气获 $5.6320 \times 10^4 m^3/d$ 的气流,进一步证明局部构造可以形成有效圈闭。但盐下烃源岩层薄、分布分散且连续性差,需要进一步强化对盐下有效烃源岩的生烃潜力研究与评价,建议暂缓钻探,结合钾盐探井的钻探情况,进一步评价盐下成藏潜力。

目前,盐下勘探存在的主要问题有两个:一是盐下烃源岩能否形成工业性气源;二是盆地中东部榆林—绥德地区,在盐下马五$_6$底界发现了四个局部构造圈闭,其成藏可能性有待进一步落实。据此提出勘探建议:(1)加强盐下烃源岩成烃能力研究,搞清分布、规模及资源量,为勘探决策提供依据;(2)加强聚集条件研究,寻找较大规模的岩性圈闭或者构造—岩性复合圈闭。

第三节 寒武系勘探潜力及有利区带

一、寒武系基本成藏地质条件

(一)寒武系烃源岩条件

寒武系烃源岩主要发育在徐庄组及毛庄组,岩性主要为暗色泥质云岩及部分灰色泥岩,尽管寒武系毛庄组泥岩较厚,但是颜色为紫红色,整体有机碳含量低。目前分析的有机碳在 0.1%~0.7% 之间(图 6-48),有机碳含量及生烃潜力普遍较低,如果烃源岩有机碳下限以 0.3% 为标准判断,大于 0.3% 的样品接近 50%,总体以中—差烃源岩为主。

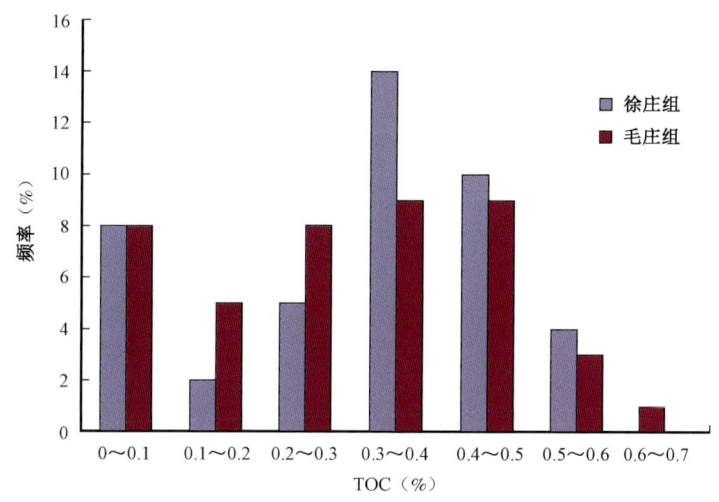

图 6-48 寒武系烃源岩有机碳含量频率分布图

(二)寒武系储集条件

寒武系储层主要发育在张夏组、三山子组,岩性以颗粒云岩或具颗粒幻影粉晶云岩、细晶—粗晶云岩为主;储集空间主要为白云岩晶间孔、溶蚀孔洞及裂缝(图 6-49)。统计分析表明寒武系白云岩储层物性总体较差,局部存在较高孔渗段,实测孔隙度介于 0.05%~6.76% 之间,均值为 0.68%(图 6-50);渗透率介于 0.004~41.4mD 之间,均值为 1.16mD(图 6-51)。

(a) 灵1井，3981.36m，张夏组，白云岩晶间孔　　(b) 旬探1井，4099.74m，张夏组，鲕粒云岩，粒间溶孔

图6-49　寒武系白云岩显微结构及孔隙发育特征

(三) 寒武系圈闭条件

寒武系发育一套完整的海进—海退旋回，形成一套有利的生储组合，张夏组海侵深灰色细粒碳酸盐岩与中、上寒武统颗粒云（灰）岩构成良好的生储组合。以张夏组为例，其相带分布也具有东西分异的特点，这就为后期岩性圈闭的形成创造了条件，而且对已有寒武系含气显示井的分析也表明其圈闭均为岩性圈闭。

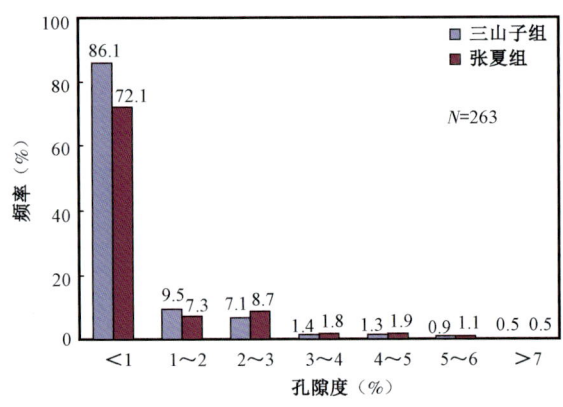 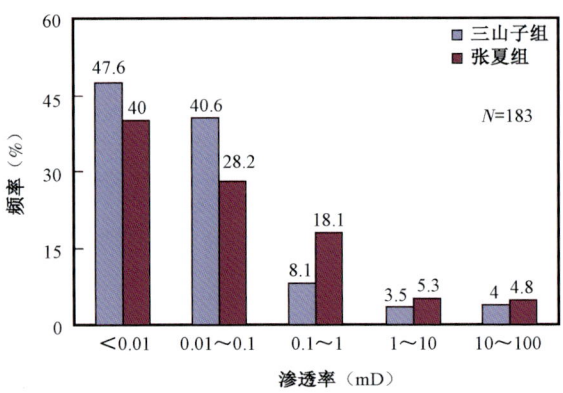

图6-50　张夏组和三山子组岩心孔隙度频率分布图　　图6-51　张夏组和三山子组岩心渗透率频率分布图

二、寒武系潜在的成藏区带预测

寒武系是鄂尔多斯盆地除了奥陶系之外另一最大的碳酸盐岩发育层段，但是整体勘探程度较低，目前的勘探及研究表明其白云岩储层具有一定的储集性能，而且其内部的岩相变化也有利于形成局部的岩性圈闭。但是寒武系自生的烃源岩条件较差，尽管发育泥质岩，但主要以紫红色为主，生烃条件较差，这就极大地限制了形成自生自储型气藏的可能性，综合分析表明在盆地西南部地区可以与上古生界煤系烃源岩接触，具有形成上生下储型气藏的潜力，可以作为远景油气勘探的后备目标。

(一)古隆起周边寒武系上生下储型地层—岩性气藏

早古生代,在来自秦岭海槽向北挤压应力和贺兰坳拉槽向东挤压应力的共同作用下,形成了以西南部为核心、近南北向展布的中央古隆起,导致盆地早古生代沉积产生明显的分化,对其后的天然气成藏也产生了重要影响。早古生代中央古隆起核部(缺失下古生界、出露前寒武系)位于盆地西南部镇原地区,向北与伊盟古陆相连,具有"近南北向展布、西陡东缓、南陡北缓"的展布形态。古隆起东侧下古生界向古隆起方向逐渐剥露,利于奥陶系下组合、寒武系白云岩储层与上古生界煤系烃源岩形成有效的配置关系(图6-52),具备地层—岩性圈闭成藏潜力。

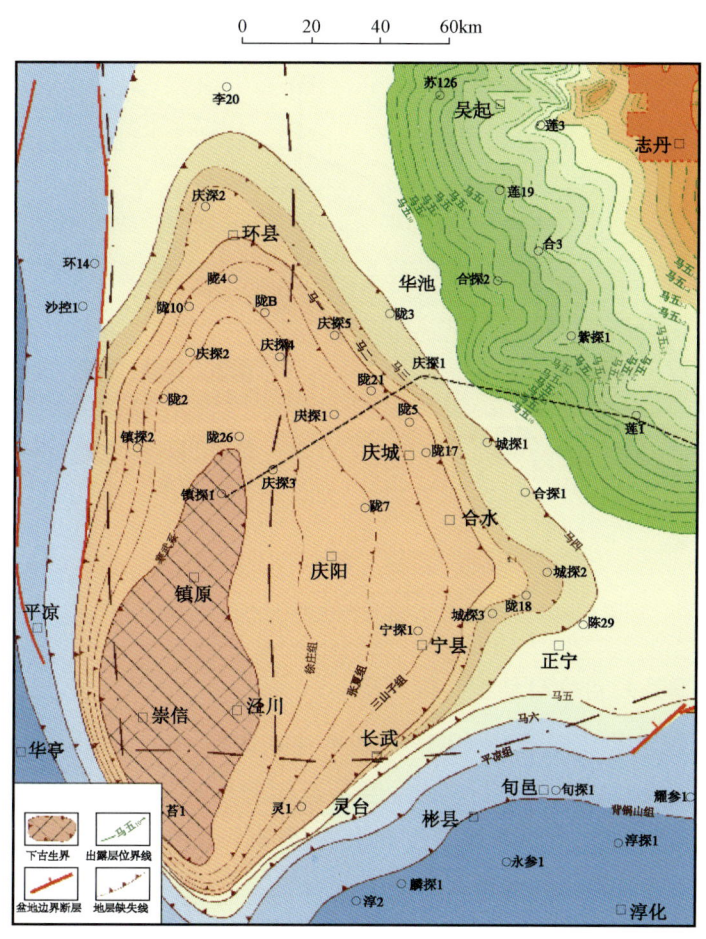

图6-52　盆地西南部前石炭纪古地质图
标识出图6-53剖面位置

寒武纪,古隆起周边沉积期水动力较强,滩沉积较发育,经历云化可以形成白云岩晶间孔型储层;而且由于该区寒武纪末、前石炭纪均处于古岩溶高地、岩溶斜坡部位,溶蚀作用强烈,有利于改善白云岩储层的储集性能。

在经历了古隆起控制下的寒武纪—早奥陶世东西分异的沉积演化之后。中—晚奥陶世,由于加里东运动的开始,鄂尔多斯地块以古隆起为核心开始整体抬升,古隆起区地层被逐层剥露,并一直持续到晚古生代早期,形成了由东西两侧向古隆起方向奥陶系—寒武系—前寒武系逐层剥露的分布特征,并在其上沉积了石炭—二叠系煤系地层。

盆地西南部邻近古隆起核部区域,奥陶系下组合及寒武系等更老的地层被逐层剥露,与上古生界煤系烃源岩直接接触,形成"上生下储"的源储配置关系。

燕山期,盆地东部抬升,寒武系东侧区域岩性相变可以在上倾方向形成有效的岩性圈闭遮挡条件,上古生界煤系烃源生成的天然气侧向运移,易形成地层—岩性圈闭气藏(图6-53)。

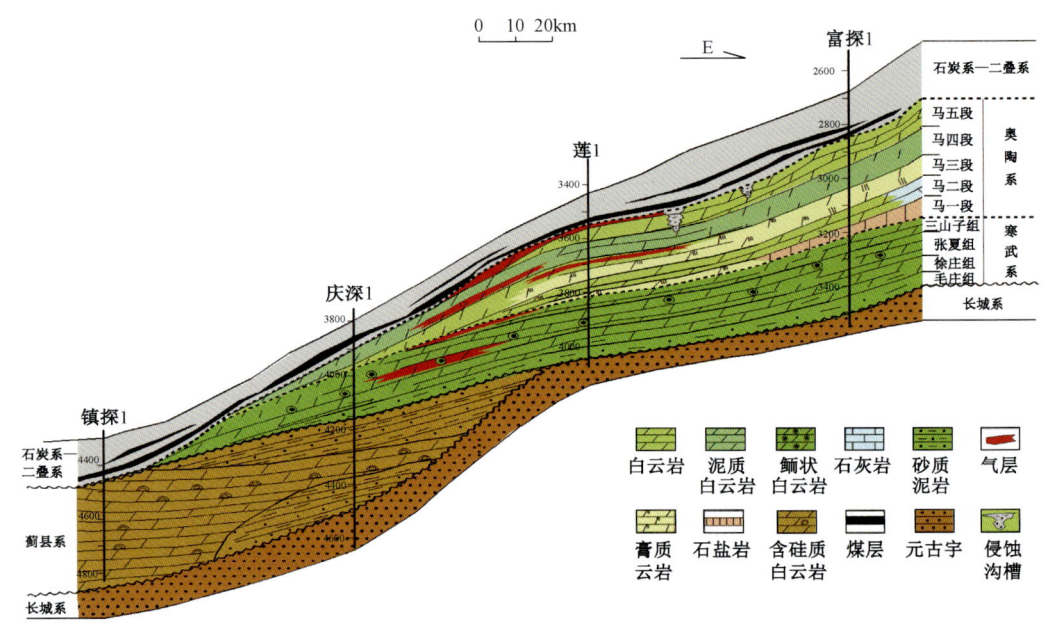

图6-53 古隆起东侧下古生界天然气成藏模式图

(二)盆地东部寒武系自生自储型岩性气藏

据分析试验及统计,徐庄组、毛庄组TOC基本在0.2%~0.6%之间,烃源条件相对较差。尽管盆地东部地区钻入寒武系的探井极少,但是近年的地震勘探发现在东部地区确实存在中—新元古界的局部裂陷槽,受沉积继承性的影响,既有可能在东部的局部地区发育局部的生烃洼陷(图6-54)。有可能发育下寒武统下部辛集组(苏峪口组—五道趟组)富有机质沉积层,可能具有一定的生烃能力。这种海相烃源岩与上覆寒武系张夏组的白云岩储层具有下生上储的源储配置关系,具有形成寒武系自生自储型气藏的潜力。

如近期在盆地北部针对长城系桃59井的钻探中,在元古界坳槽中见到寒武纪较早期的沉积残留,表明寒武纪早期的沉积对元古宙坳槽具有一定的继承性。该井寒武系缺失徐庄组、张夏组等上部地层,寒武系仅发育毛庄组;且在毛庄组发现深灰色泥岩,见小圆货贝(*Obellida*)及三叶虫(*Hsuchuangia*)化石(时代属中寒武世早期)。其毛庄组灰色泥岩厚30.5m,化验分析TOC含量为0.08%~0.67%,具有一定的生烃能力。这为借助地震资料认识寒武系分布提供了一定的线索。图6-54为根据地震资料预测结合有限的钻孔资料勾绘的寒武系地层厚度图,显示寒武系在盆地东部地区可能存在局部的沉积坳陷,因而具有发育有利寒武系烃源岩层、进而在寒武系形成自生自储型岩性圈闭气藏的潜力。

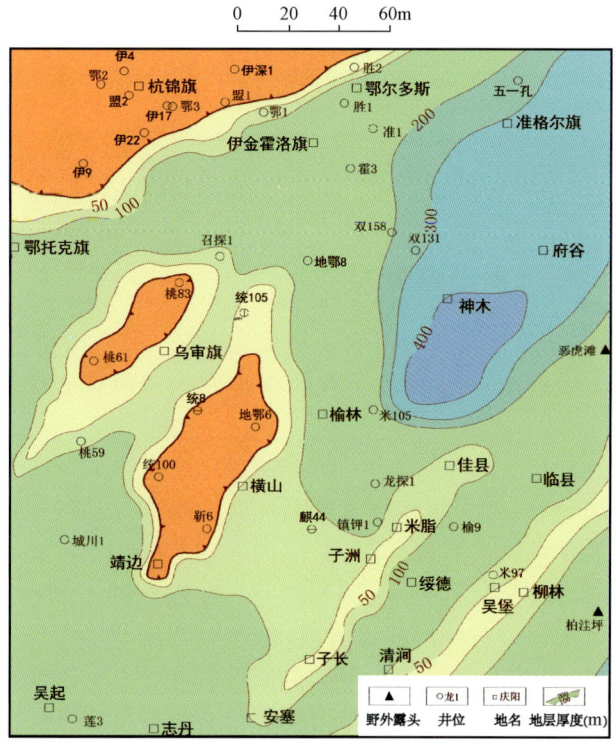

图6-54 鄂尔多斯盆地东北部寒武系地层厚度图

第七章　下古生界碳酸盐岩勘探与开发成果

第一节　下古生界古风化壳气藏勘探

一、靖边古风化壳气田的勘探发现

靖边气田位于鄂尔多斯盆地中部，跨陕西、内蒙古两省，现今构造上主体处于伊陕斜坡构造单元，主力产层为奥陶系马家沟组马五$_{1+2}$亚段含膏白云岩风化壳储层，是我国陆上最大的整装碳酸盐岩气田。

20世纪80年代末，长庆油田通过多年的科技攻关，按照煤成气理论及"陕北奥陶系复合含气区"的地质认识，将天然气勘探战场由盆地周边转向腹部。1989年陕参1井、榆3井在奥陶系马家沟组马五$_{1+2}$亚段分别获得日产$28.3 \times 10^4 m^3$、$13.6 \times 10^4 m^3$的高产工业气流，发现了奥陶系风化壳气藏。随着勘探评价的不断深入以及开发进程的不断推进，气田规模和良好的开发效果逐渐显露，通过四年艰苦的勘探大会战，探明了我国当时最大的、整装海相碳酸盐岩气田——靖边气田（图7-1）。

靖边气田的探明展示了鄂尔多斯盆地海相碳酸盐岩良好的勘探前景，开创了盆地大规模天然气勘探的新格局。多年来，长庆油田始终坚持深化奥陶系成藏富集规律研究，不断拓展风化壳气藏勘探范围，气田储量规模不断扩大。截至2016年底，靖边气田奥陶系风化壳已经累计探明天然气地质储量$6547.1 \times 10^8 m^3$，较探明之初翻了一番。气田储量规模的不断扩大，有力支持了气田的高效开发及持续稳产。自1997年投入开发以来，靖边气田已累计生产天然气超过$750 \times 10^8 m^3$，具备年产$55 \times 10^8 m^3$天然气的能力，为保障对北京及盆地周边地区的安全平稳供气发挥了重要作用。

鄂尔多斯盆地古生界天然气勘探经历了艰难而漫长的过程。靖边气田的发现与理论认识的创新密不可分，并引领了盆地相当长一段时间内碳酸盐岩层系的勘探思路。其发现与勘探过程大体经历了以下四个阶段。

（一）气田发现阶段（1987—1989年）

1987年，通过分析盆地中部奥陶系古风化壳沉积岩相与古岩溶发育特征，并结合局部构造，确定了榆3井井位，该井位于陕西省横山县南12km的赵石畔鼻隆上，当时因交通问题未按时开钻。同时与中国石油天然气股份有限公司勘探开发研究院共同确定了一口科学探索井——陕参1井，该井位于陕西省靖边县东北8km砂石峁村南、林家湾背斜构造轴部附近，两井都在中央古隆起东北部的斜坡上。

陕参1井于1988年1月24日开钻，同年11月30日至12月3日中途测试，在奥陶系风化壳获$5.9844 \times 10^4 m^3/d$的工业气流，酸化后井口产量$13.9 \times 10^4 m^3/d$，无阻流量$28.3 \times 10^4 m^3/d$；同年8月在榆3井同一层系发现了12.6m含气段，测井解释气层8.5m，中途测试获$6.7997 \times 10^4 m^3/d$流量，酸化后达$9.49 \times 10^4 m^3/d$，计算无阻流量为$13.6 \times 10^4 m^3/d$。该两口井的发现

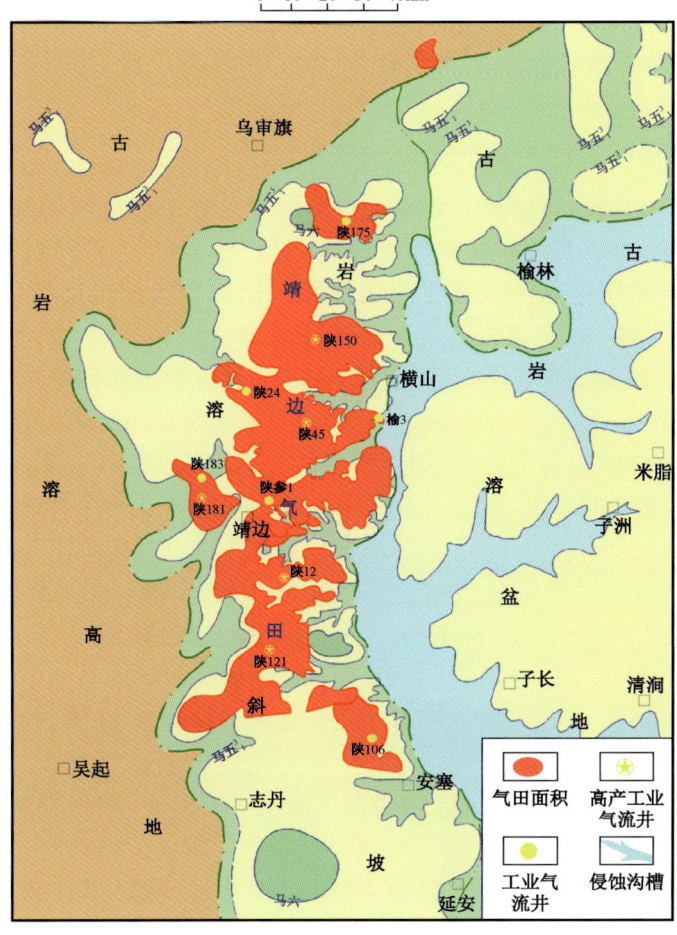

图 7-1 靖边气田天然气勘探成果图

揭开了鄂尔多斯盆地勘探大气田的序幕。为了证实气藏是否受局部构造控制,1989 年下半年,首先在当时的地震构造低部位和林家湾构造的东翼确定并钻探了林 1 井、林 2 井和陕 2 井,其结果同样获得工业气流,由此表明该区域存在非构造控制的大型岩溶古地貌成岩圈闭,提出了"古潜台"的概念,并依此建立了岩溶古地貌成藏模式,拓展了稳定地台区天然气勘探的思路。

(二)探规模,定类型,整体解剖阶段(1990—1991 年)

这一阶段是靖边气田勘探的关键时期。根据岩溶古地貌形态的预测及马五$_{1+2}$含气层的分布规律,确定了"区域甩开、探规模、定类型、整体解剖"的勘探方针。在北起雷龙湾,南至天赐湾,东到横山—高家沟,西达河南—石窑沟,面积 3200km^2 的范围内,进行整体解剖。部署了南北长达 210km、东西宽 60km 的"十"字钻井剖面,即自北向南部署陕 9 井、陕 10 井等 7 口预探井,自西向东部署陕 6 等 4 口预探井,同时部署地震剖面 800km,形成天然气勘探战略态势。

1990 年第一批完钻的林 1 井、林 2 井和陕 2 井钻探结果表明,位于陕参 1 井东侧 3.5km 的林 1 井奥陶系不仅没有东倾,而且比陕参 1 井高出 10.9m,林家湾背斜构造根本不存在。位于构造最低部位的林 1 井、林 2 井和陕 2 井含气层位与陕参 1 井完全可以对比,马五$_1$、马五$_2$ 和马五$_4$ 三个层位均产工业气流,说明含气圈闭不受构造的控制,而是单斜上大面积含气,且含气层位稳定,溶蚀孔洞型储层发育,展现了大气田的苗头。至1990年,累计钻井11口,其中8口井获工业气流。特别是发现了产量大于 $100 \times 10^4 m^3/d$ 的陕5、陕6两口高产井,使勘探取得重大进展。到1991年底完钻的36口评价井中,23口获工业气流,探明含气面积达 $1039 km^2$,探明天然气地质储量 $632.44 \times 10^8 m^3$。

(三)总体评价,集中探明阶段(1992—1999年)

1992年是靖边气田天然气储量大幅度增加的一年。处于勘探的关键时刻,依据"台中有滩、台外有槽"的认识,在靖边岩溶阶地的前缘,确定了南北向主力沟槽。从而为天然气勘探的南北展开及大气田的迅速探明发挥了积极作用。勘探继续向南北发展,分别在南区面积 $1200 km^2$ 和北区面积 $1000 km^2$ 范围内扩大评价勘探,全年完成钻井55口,提交北区和南区天然气探明储量 $710.78 \times 10^8 m^3$,含气面积 $1310.92 km^2$。累计探明地质储量达 $1343.22 \times 10^8 m^3$,控制储量达 $642.15 \times 10^8 m^3$。

1993年以储量持续增长为中心,气田规模继续扩大,分别在南二区、南三区、北二区和陕118井区继续进行工业评价勘探,取得显著成果。全年共完钻各类探井44口,在南二区马五$_1$ 新增探明储量 $321.0 \times 10^8 m^3$,含气面积 $610.6 km^2$;在陕121井获得 $181.844 \times 10^4 m^3/d$ 的高产气流。在陕181井区首次提交马五$_4$ 气层探明储量 $51.03 \times 10^8 m^3$,含气面积 $84.0 km^2$。又在南三区、北二区圈定马五$_1$ 气藏含气面积 $1526.3 km^2$,提交控制储量 $874.8 \times 10^8 m^3$。从而使靖边气田累计探明储量达 $1715.25 \times 10^8 m^3$。1994年继续沿着靖边岩溶台地主体向南北发展,以北二区为重点进行评价勘探,至年底共钻探井31口,在北二区和陕24井区共新增探明含气面积 $736.6 km^2$,地质储量 $343.0 \times 10^8 m^3$。在陕175井区完成控制储量 $263.7 \times 10^8 m^3$,含气面积 $498.5 km^2$。1995年又在北三区和南三区探明含气面积 $431.2 km^2$,新增探明地质储量 $241.88 \times 10^8 m^3$。

至此,靖边气田的展布格局基本明朗,气田规模基本清楚,累计探明天然气地质储量 $2300.13 \times 10^8 m^3$,含气面积 $4212.3 km^2$。

(四)创新认识,气田规模扩大阶段(2000年至今)

靖边气田发现以后,围绕其周边是否能形成类似的成藏地质环境一直是勘探研究的重点。进入新世纪,研究的重点逐渐转向围绕风化壳古地貌形态的精细刻画与有效储层形成机理研究,并取得了多个新的认识,为靖边气田周边含气范围扩大提供了依据。

1. 气田东延,新增储量千亿立方米

2000年以来,通过不断深化岩相古地理及古沟槽展布模式的研究与形态的精细刻画,认为靖边岩溶古潜台主体部位向东延伸,为含气面积向东扩大提供了地质依据。

随着勘探的不断深入、钻井资料的补充及地震预测精度的提高,突破了传统沟槽展布模式,精细完善刻画岩溶古地貌形态和古沟槽网络发育特征,主力沟槽展布的方向由南北向延伸改变为由西向东延伸(何自新等,2006),大大开拓了勘探的思路与视野。2003—2006年以向东扩大风化壳含气面积和实现储量升级为目的,按照"找潜台、定边界、探规模"的勘探思路,优选了潜台东部巴拉素、艾好峁、黄草峁、玉皇坪、枣湾等多个有利目标实施评价勘探,取得重大进展,通过地震地质结合优选井位,完钻探井58口,获工业气流井35口,马五$_{1+2}$ 储量面积进一步落实和扩大,新增探明地质储量 $1288.95 \times 10^8 m^3$(图7-2),成功实现了气田面积向东的大幅度延伸。

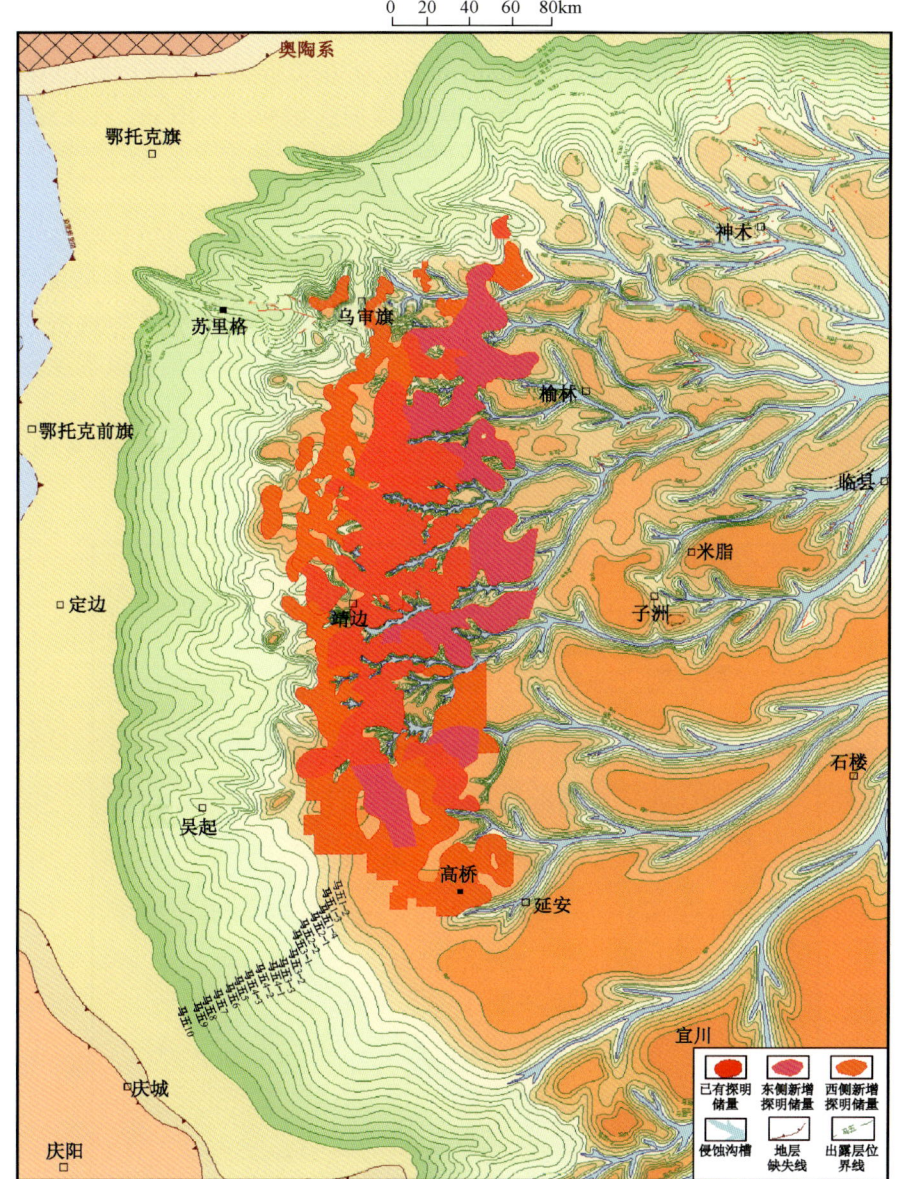

图7-2 靖边气田周边储量增长示意图

2. 气田西扩,新增储量两千亿立方米

靖边气田东侧的成功勘探,启发我们重新审视气田西侧的勘探。靖西地区位于盆地中央古隆起东北侧,早期甩开勘探遇阻,认为岩溶古高地风化壳主力气层(马五$_{1+2}$)缺失。通过重新认识盆地沉积构造格局、精细刻画岩溶古地貌、深入研究岩溶储层形成机理,深化了对风化壳储层发育及分区差异性的认识,认为靖边气田西侧处于古岩溶高地与古岩溶斜坡的过渡地带,具有良好的溶蚀条件,有利于风化壳储层的形成和发育。

2007—2010年积极向靖边气田南侧、西侧甩开勘探,多口探井试气获得高产,落实召94、陕339、陕356等多个有利含气区块,预示着风化壳气藏的含气面积向西也有进一步扩大的潜力。2011年,通过深化勘探,落实了在靖边潜台西侧多个奥陶系风化壳气藏高产富集目标,有

— 139 —

利含气面积进一步扩大,新增预测储量 $2086.96\times10^8m^3$ 。2012 年以储量升级为目的,继续加大靖西地区风化壳气藏的勘探力度,新增天然气探明地质储量 $2210.09\times10^8m^3$,这是靖边气田发现以来,首次在碳酸盐岩领域一次性提交探明储量超两千亿立方米,使靖边地区碳酸盐岩风化壳气藏的探明天然气地质储量从 1999 年的 $2300.13\times10^8m^3$ 增加到 $6547.1\times10^8m^3$,在十余年时间储量增长了近两倍,从而为靖边气田每年 $55\times10^8m^3$ 产能的长期稳产奠定了坚实的资源基础。

二、盆地东部致密风化壳气藏勘探

风化壳储层微观特征研究表明:孔隙充填物类型及充填程度控制了有利储层的分布,盆地东部风化壳期属于岩溶盆地,以方解石充填为主,储层较靖边气田本部更为致密,但局部存在马家沟组马五$_{1+2}$亚段保存较全的岩溶古残丘,排水较为通畅,溶蚀孔洞充填程度较低,发育有效储层,局部含气性好。目前已经发现米 15 井区、双 20 井区和神 5 井区等多个岩溶残丘含气目标,获工业气流井 14 口,最高单井产量 $5.75\times10^4m^3/d$,平均单井产量 $2.3\times10^4m^3/d$,有利含气面积 $3500km^2$ (图 7-3)。

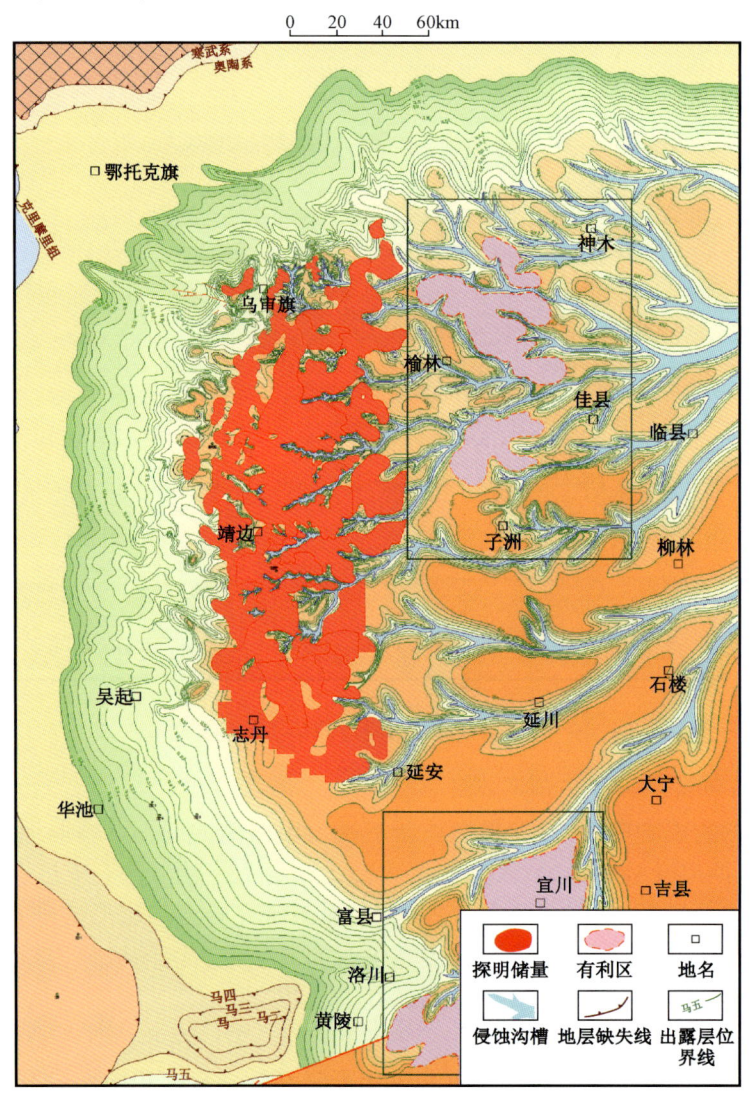

图 7-3 奥陶系风化壳气藏勘探成果图

以往认为,盆地东南部奥陶系顶部普遍保留有马六段石灰岩地层(10~20m),使马五段含膏白云岩风化淋滤作用减弱,影响风化壳储层的发育。近期孔隙成因分析表明,盆地东南部加里东风化壳期邻近古隆起,在岩溶斜坡区因顺层岩溶作用仍可在马六段石灰岩之下形成马五$_{1+2}$溶孔储层。2009年在黄龙矿权区实施了矿权保护探井宜6井,该井在马五$_{1+2}$钻遇溶蚀孔洞型储层9.6m,试气获2.0820×10^{4}m^3/d的工业气流,发现了新的风化壳含气有利区(图7-3)。2010年在该区部署天然气探井十余口,均不同程度地钻遇风化壳气层,显示出较好的勘探前景。

目前,盆地东部岩溶残丘及宜川—黄龙地区风化壳等区块已作为近年风化壳气藏勘探的重点目标,有望继续扩大奥陶系风化壳气藏含气面积和规模,为长庆油田增储上产提供保障。

第二节 下古生界碳酸盐岩新领域勘探

自靖边气田发现以来,其规模到底有多大,相邻区带勘探前景如何,碳酸盐岩风化壳以外是否还有其他的成藏组合,盆地其他海相领域能否找到新的气藏类型,这些已成为不断追求突破的长庆人在海相碳酸盐岩勘探中必须回答的问题。多年来,在突出上古生界大型致密气藏勘探的同时,始终坚持下古生界碳酸盐岩勘探不放松,通过深化碳酸盐岩成藏富集规律研究、加大关键技术攻关力度、精选勘探目标,在风化壳气藏以外的古隆起东侧中组合、奥陶系盐下及盆地西部台缘带等多个碳酸盐岩新领域的勘探也取得新的突破与发现。

一、古隆起东侧奥陶系中组合勘探取得新发现

(一)早期对古隆起周边白云岩储集体的探索

20世纪90年代初,在立足盆地中部风化壳气藏勘探的同时,就曾积极向外甩开勘探。早在靖边气田发现不久的1993年,在定边地区甩开预探的定探1井就曾在奥陶系马家沟组马四段发现良好的白云岩储层,其孔隙类型及岩石特征明显不同于靖边风化壳溶孔型储层,为其细晶结构的白云岩晶间孔型储层,储渗性能及发育规模也大大优于风化壳储层,但试气产水1793m^3/d,后续的勘探也进一步证实了马四段白云岩储层区域上的规模发育,试气也大都产水,未发现有效的天然气聚集,似乎令人大失所望。但尽管如此,对该区白云岩体的勘探却带来了重要的启示:除风化壳溶孔型储层外,奥陶系内幕仍发育有效的白云岩晶间孔型储层,有望成为下一步勘探的重要接替领域。

在随后的风化壳气藏勘探过程中,坚持打下去,以期在远离风化壳的奥陶系内幕能有新的发现。1994年在乌审旗地区甩开钻探的陕196井于马五$_5$亚段发现白云岩储层,试气获得11×10^{4}m^3/d工业气流,再次激起了长庆勘探者的热情。但紧随其后追踪部署的几口井却均未发现白云岩储层,当时凭借有限的资料分析认为:马五$_5$区域上以石灰岩为主,白云岩分布局限,可能难成大的气候。

定边地区马四段发育大规模白云岩储层却不成藏,乌审旗地区马五$_5$白云岩见到工业气流但气藏规模小。白云岩体的勘探到底该去向何方,这一困惑成为摆在长庆勘探人面前的一道坎。

(二)对中组合白云岩成藏规律认识的深化

面对白云岩勘探亟待解决的地质问题,经过十多年的艰难徘徊与苦苦思考,通过系统开展白云岩储层分布规律、有效圈闭形成机理以及气源条件等方面的研究,终于在地质认识上取得

了突破性的进展,为白云岩体的勘探找到了理论上的指导。

一是重新认识奥陶系成藏组合特征。随着勘探的不断深入,在马家沟组中部和下部相继发现新的储集类型和含气层系。通过储层发育及成藏特征研究,首次将奥陶系划分为三套含气组合(图7-4):马五$_1$—马五$_4$风化壳为上组合,马五$_5$—马五$_{10}$白云岩为中组合,马四段及以下白云岩为下组合。其中上组合是靖边气田的主力气层,以风化壳溶孔储层为主;中组合与下组合均以白云岩储层为主,但下组合主体位于盆地西倾单斜的低部位,成藏条件极为复杂;以马五$_5$—马五$_{10}$为主力含气层系的中组合似乎是更值得重视的勘探新领域。

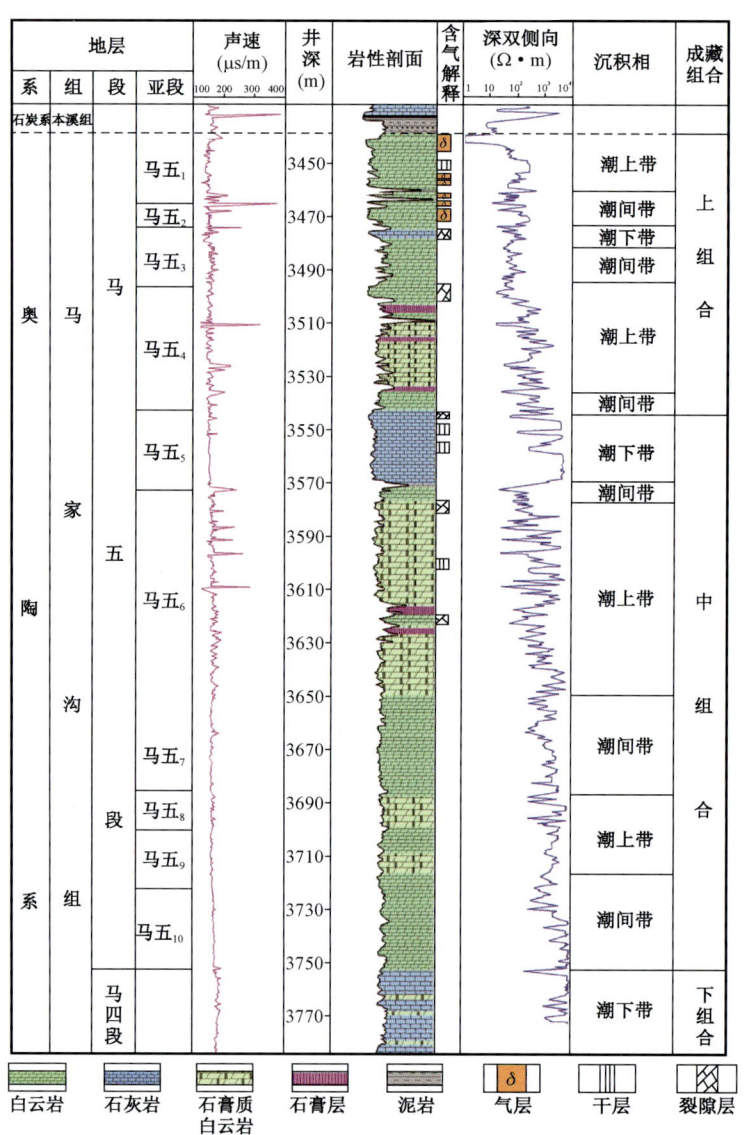

图7-4 鄂尔多斯盆地中东部奥陶系马家沟组成藏组合划分

二是明确了中组合白云岩储层的形成及分布规律。首先是开展沉积相带对白云岩储层发育控制作用的研究,表明马五$_5$是盆地内一次较大的海侵期,沉积相带围绕盆地东部洼地呈环状分布(图7-5),其中邻近古隆起的靖西台坪相带最有利于白云岩化作用进行,从而形成有效的白云岩晶间孔型储层。

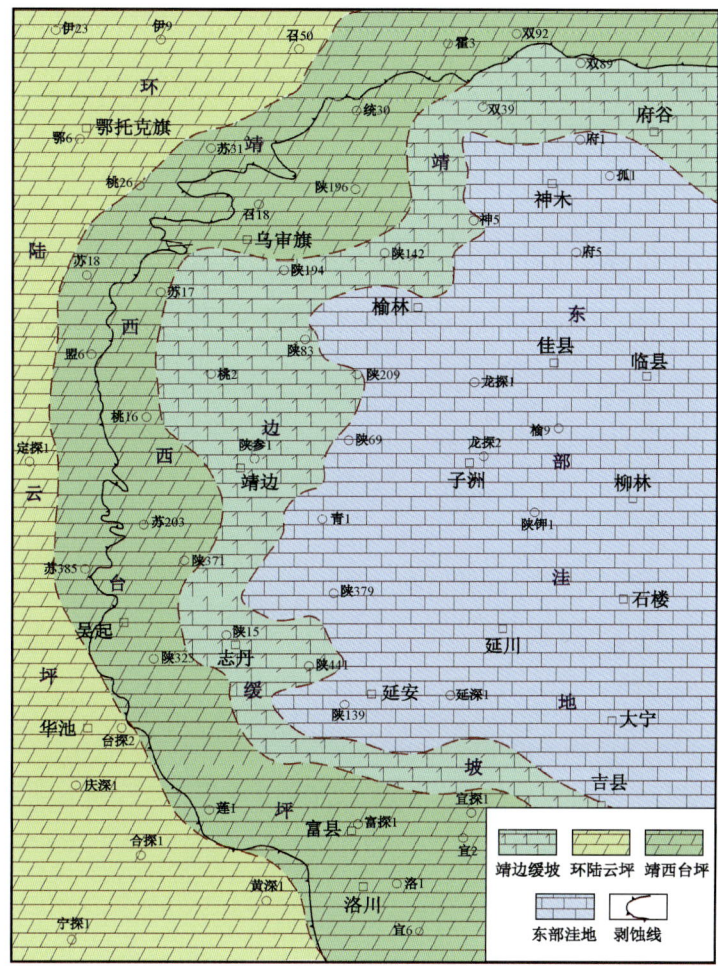

图 7-5 古隆起东侧马五$_5$岩相古地理图

三是建立了白云岩岩性圈闭成藏模式。沉积相研究表明中组合存在区域性的岩性相变，为岩性圈闭形成提供了有利条件。以马五$_5$为例，白云岩向东相变为泥晶灰岩，在燕山期构造反转后即构成东侧上倾方向的岩性遮挡，形成有效的岩性圈闭。另外，加里东风化壳期，马家沟组自东向西逐层剥露，中组合滩相白云岩储层与上古生界煤系烃源岩直接接触，构成良好的源储配置，供烃面积大、范围广，对中组合的规模成藏极为有利（图 7-5）。

通过以上储层—圈闭—成藏的综合地质研究，最终把中组合勘探目标锁定在古隆起东侧，开始着手对下古生界碳酸盐岩勘探领域进行新的战略转移。

（三）中组合的勘探发现

在勘探领域明确后，下一步的关键就是预探井位的部署。

结合早期风险勘探对奥陶系中组合白云岩天然气成藏的认识，2010 年在苏里格地区上古生界的勘探中，继续兼探古隆起东侧奥陶系中—下组合，在奥陶系中组合发现苏 203 井、苏 322 井高产富集区。其中苏 203 井在马五$_5$试气获 $104.89 \times 10^4 \mathrm{m}^3/\mathrm{d}$（AOF）高产工业气流，苏 322 井在马五$_6$试气获 $41.59 \times 10^4 \mathrm{m}^3/\mathrm{d}$（AOF）高产工业气流（图 7-6）。

针对苏 203 等井奥陶系中组合的勘探新发现，地质研究加强了对古隆起东侧奥陶系成藏

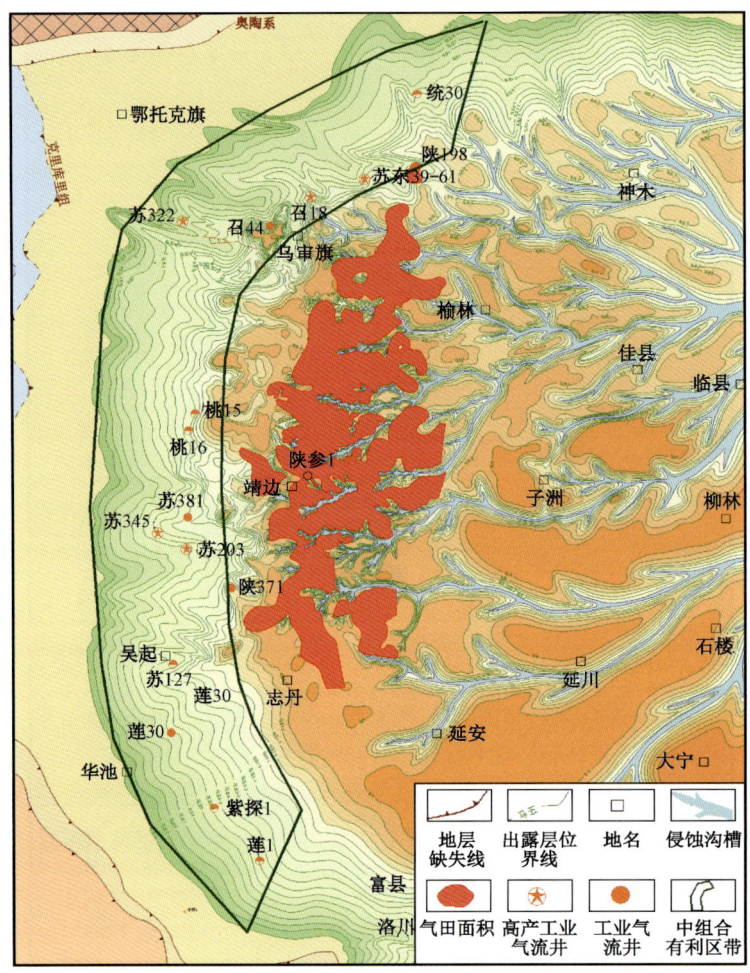

图7-6 奥陶系中组合勘探成果图

条件的综合分析。沉积演化史分析表明,马$五_5$、马$五_7$和马$五_9$同为夹在蒸发岩层序中的短期海侵沉积,沉积相带自西向东呈环带分布,依次发育环陆云坪、靖西台坪、靖边缓坡及东部石灰岩洼地。靖西台坪的局部高部位是台内滩相颗粒灰岩发育的有利位置,经后期云化后可形成云化滩储层。沉积微相分析表明,马$五_5$亚段自下而上依次发育藻粘结丘、藻屑滩和潮上云坪微相,其中藻屑滩微相沉积层段最易发生白云岩化作用,从而形成有效的白云岩晶间孔型储层。在沉积微相分析与马五段中部白云岩化机理研究的基础上,以奥陶系中组合白云岩岩性圈闭气藏为目标,加大了对古隆起东侧奥陶系中组合的甩开勘探力度,2012年—2013年有40口探井钻遇马$五_5$气层,并落实了桃33区块等6个有利目标区。目前,已在古隆起东侧地区的马$五_5$勘探中初步落实天然气地质储量近千亿立方米,预计最终可形成$(2000\sim3000)\times10^8 m^3$的储量规模。

马$五_5$勘探的突破,使我们对奥陶系中组合成藏规律有了更深入的认识,也引领我们把目光延伸到中组合的下部层系。对中组合的深化研究表明,马$五_5$—马$五_{10}$具有多旋回的沉积特征,马$五_5$、马$五_7$和马$五_9$同为夹在蒸发岩层序中的短期海侵旋回沉积,均有利于滩相白云岩储层的发育。进一步细分小层的岩相古地理研究也表明,马$五_7$和马$五_9$也在古隆起东侧附近发育广泛的白云岩滩相储层。

于是,在马五₅勘探取得重大突破的同时,积极向下延伸勘探层系,马五₆—马五₉等新层系也取得重要发现。其中,苏322、莲30、桃38等井分别在马五₆、马五₇和马五₉获得高产,展现出中组合其他层系也具有较大的勘探潜力。

二、盆地中部奥陶系盐下勘探取得新突破

(一)早期对盆地东部盐下勘探的认识

鄂尔多斯盆地下古生界奥陶系发育巨厚的膏盐岩地层,其中尤以马家沟组马五₆亚段膏盐岩分布范围最广(图7-7),具有良好的区域封盖条件。由于膏盐层具有特殊的封盖作用,因而与油气的成藏关系密切(Chritopher等,2009;文竹等,2012;雷怀彦,1996;李勇等,2006;徐世文等,2005)。据最近的不完全统计,在世界上122个含工业性油气田的沉积盆地中,有71个具有蒸发岩沉积(约占58%),这些盆地控制着已探明石油储量的87%和天然气储量的90%。因此,鄂尔多斯盆地的奥陶系盐下长期以来也一直是天然气勘探关注的重点(杨华等,2011;

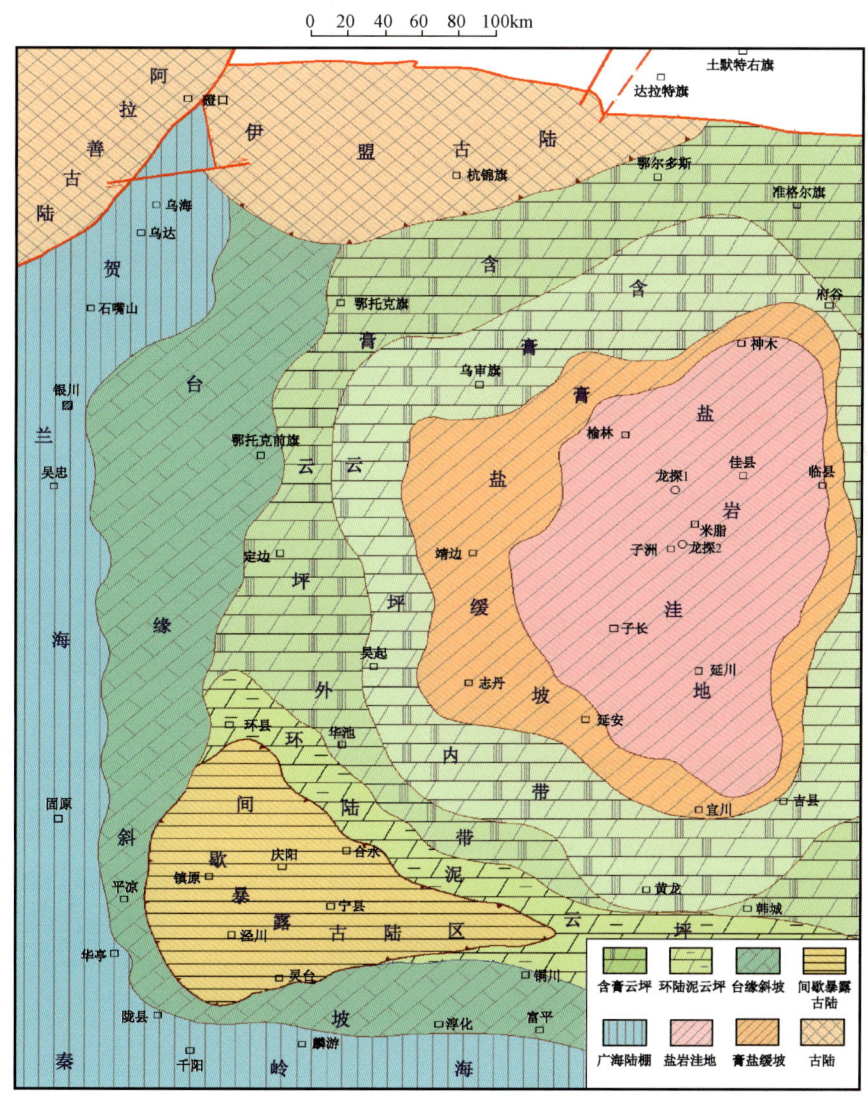

图7-7 鄂尔多斯盆地马五段沉积期岩相古地理及各期膏盐岩分布图

贾亚妮等,2006;夏明军等,2007;苗忠英等,2011;张吉森等,1991;杨华等,2009),成为一直在不断探索的重要后备领域。早期针对鄂尔多斯盆地奥陶系盐下成藏的研究认为,由于巨厚膏盐岩层的阻隔,上古生界煤系烃源岩难以穿过厚层膏盐岩层而在其下聚集成藏(杨华 2009;米敬奎等,2012);盐洼沉积区沉积水体相对较深,且盐度高有利于有机质的保存,可能发育一定规模的有效烃源岩层,加之巨厚膏盐岩层的良好封盖作用,盐下及盐间的马$五_7$、马$五_9$和马四段等白云岩中也发育良好的晶间孔型白云岩储层,并具备岩性及岩性—构造圈闭等多种类型的圈闭条件,具有形成"自生自储型"天然气藏的潜力。因而在这一认识的指导下,长庆油田公司重点针对盆地东部马$五_6$厚层盐岩分布的盐洼中心区域开展了奥陶系盐下天然气成藏地质研究,并先后针对盆地东部的盐下勘探目标部署实施了龙探1和龙探2两口风险探井,但实钻仅在龙探1井的马$五_6$盐下试气获 $407m^3/d$ 的低产气流。通过对盆地东部奥陶系烃源岩、储层及圈闭等关键成藏要素的综合分析表明,盐下储层、圈闭等条件均较为有利,唯烃源岩条件总体较差,盐下的海相烃源层多呈薄层、分散状分布于蒸发岩及碳酸盐岩地层中,且有机质丰度整体偏低,TOC 大部分小于 1%,大于 0.3% 的不足 20%,显示盐下烃源层的总体生烃能力较差。

(二)奥陶系盐下成藏的地质新认识

针对盆地东部奥陶系盐下的风险钻探证实盆地东部盐下自身的海相烃源层生烃能力总体较差,尤其在米脂盐洼中心地带的盐下虽储层及盖层条件均较好,却未能形成"自生自储型"天然气藏,说明气源仍是控制该区盐下天然气成藏最为重要的关键因素。那么盆地奥陶系盐下整体的生烃条件均较差,是否意味着广大的中东部地区盐下都成不了藏呢?

近期在鄂尔多斯盆地奥陶系中组合勘探突破(杨华等,2011)的启示下,提出膏盐岩之下的奥陶系中—下组合地层在其西侧下倾方向存在供烃窗口,与上古生界煤系烃源岩层直接沟通接触,因而具有侧向供烃成藏的有利条件。具体可概括为以下几方面的要点:一是盐下地层在延伸至邻近古隆起东侧地区时,在前石炭纪直接剥露到近地表附近,与后续披覆沉积的上古生界煤系烃源岩直接接触,形成有利的"供烃窗口";二是燕山运动造成盆地本部构造反转,东高西低的构造格局有利于上古生界煤系烃源岩生成的天然气经由"供烃窗口"进入膏盐下白云岩储集体后,会进一步沿着盐下的马$五_7$—马$五_{10}$白云岩输导层向东侧上倾高部位运移;三是膏盐下白云岩中岩性相变带的存在也为天然气区域性的聚集形成有效的岩性圈闭体系提供了有利条件。

因此综合分析认为,位于盐洼西侧盆地中部地区的奥陶系膏盐岩下仍具有上古生界煤系烃源岩侧向供烃成藏的潜力,有望开启盆地奥陶系膏盐下天然气勘探的新局面。

(三)奥陶系盐下天然气勘探的重大突破

在"上古烃源侧向供烃,岩性圈闭规模成藏"的盐下天然气成藏新认识指导下,2013年优选盐洼西侧的膏岩发育区作为风险勘探的有利目标,并上报申请风险探井获得论证通过,部署实施了专门针对盐下勘探的靳探1井,沉寂了几年的盐下勘探又开始起航了。

靳探1井部署实施后,果然不负众望,在盐下层位试气获 $2.44 \times 10^4 m^3/d$ 的气流。靳探1井获得发现后,对该区勘探早期钻入盐下的探井复查分析发现:有多口探井在盐下层位有含气显示,只是由于早期关注奥陶系顶部风化壳气藏,一直未受到到重视。对已有的盐下试气井及含气显示井平面成图发现,这些探井在整个靖边气田本部地区均有零星的分布,在平面上呈现出主体位于膏岩发育区之下的一个带状区域,纵向上发育多个含气层位,靖边气田之下奥陶系深层的多层系规模成藏新区带初具规模,多年以来萦绕在大家心头的"雾霾"也一扫而光。

对盐下领域的前期勘探尽管几经曲折,但随着桃38、靳探1等井的发现,其主力勘探层位、圈闭类型等逐渐明晰,上古生界煤系侧向供烃的认识也逐渐成熟,盐下的勘探范围有多大、究竟有无规模成藏的潜力等问题逐渐成为勘探关注的重点。

对于盐下天然气成藏的控制因素研究表明:在东高西低的构造格局下,白云岩储层在上倾方向由于岩性、物性变化形成的区域性侧向遮挡是天然气成藏的重要因素。针对这一发现,科研人员集中对该区域内已有的钻入马家沟组中—下段的探井资料进行了系统分析,以主力层段的岩性资料为基础,并结合地震对膏盐层的识别,发现横山—靖边东—安塞地区是沉积期盐岩向膏岩过渡的相变区域,基于沉积发育的继承性,创新性地提出盐下岩性相变带也可能处于这一带状区域附近,这一区域下倾部位,更利于侧向运移而来的天然气聚集,其勘探潜力可能较之西侧的桃38井、靖探1井更大。

2014年,为了进一步探索奥陶系盐下领域天然气勘探潜力,优选部分探井打到盐下深层,多口井在盐下白云岩储层中钻遇含气显示,其中统74井在马五$_7$亚段钻遇含气白云岩10m,试气获无阻流量$127.98 \times 10^4 m^3/d$,奥陶系盐下天然气勘探终于获得重大突破(图7-8)。目前预测的盐下有利勘探范围约$1 \times 10^4 km^2$,通过深化勘探,预计可以在奥陶系深层形成新的数千亿立方米储量规模的天然气接替新领域,实现长庆人梦寐以求的"靖边下边找靖边"的夙愿。

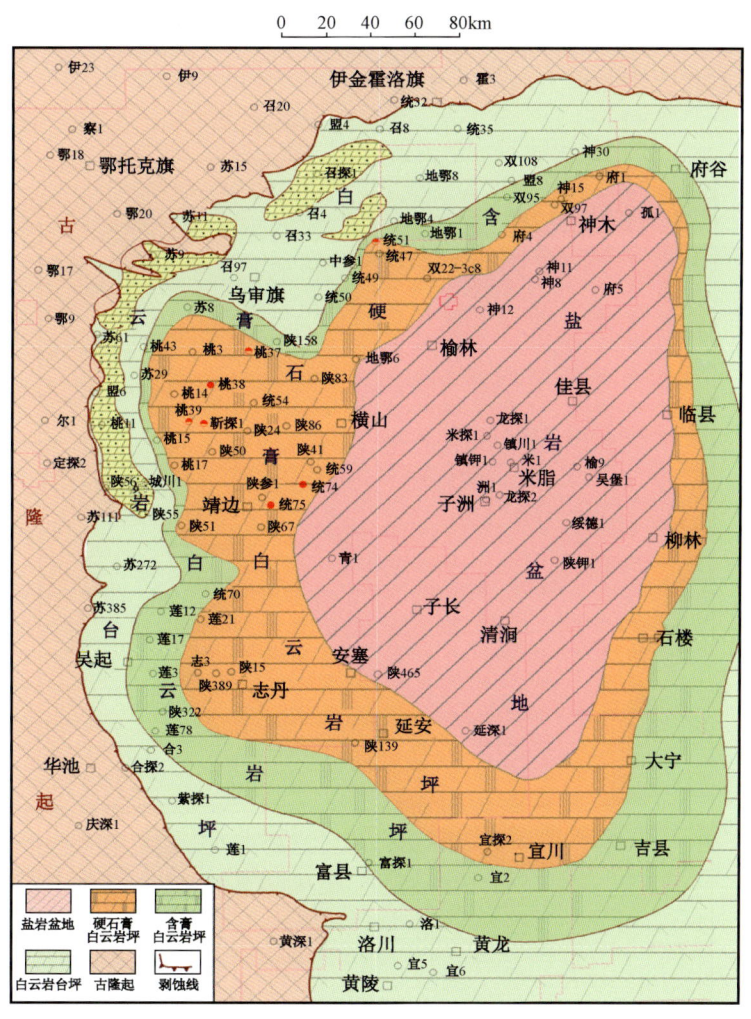

图7-8 鄂尔多斯盆地马五$_6$亚段沉积期岩相古地理及盐下勘探成果图

三、盆地西部奥陶系台缘相带勘探进展

盆地西部奥陶系克里摩里组处在鄂尔多斯台地与贺兰海槽过渡部位,具有成礁的地质背景。近年通过加大对台缘相带圈闭成藏条件的研究,明确了该区主要存在礁滩体岩性圈闭、岩溶洞穴圈闭和穹隆构造圈闭三种圈闭类型,近期针对礁滩体岩性圈闭和岩溶洞穴圈闭优选目标实施钻探,获得较好钻探效果,发现礁滩体岩性圈闭及岩溶缝洞体含气新苗头。

(一)台缘礁滩体勘探

克里摩里组发育台缘礁滩沉积,风险勘探棋探 1 井发现较好的礁灰岩储层;苏 357 克里摩里组云化滩相储层试气获 5038m^3/d 的低产气流,进一步证实礁滩体岩性圈闭的有效性。

(二)岩溶缝洞体勘探

克里摩里组为台缘斜坡相,发育石灰岩,为岩溶作用奠定了基础;风化壳期该区处于岩溶高地,岩溶作用强烈,形成缝洞型岩溶储层;余探 1 井在克里摩里组洞穴型储层试气获 $3.45 \times 10^4 m^3$/d 气流。近期地震—地质结合,进一步完善了地震解释预测模式,落实礁滩体及岩溶洞穴体有利面积超过 800km^2;而且克里摩里组向北、向南沉积环境类似,这两类储集体有进一步扩大的可能,仍具有较大勘探潜力(图 7-9)。

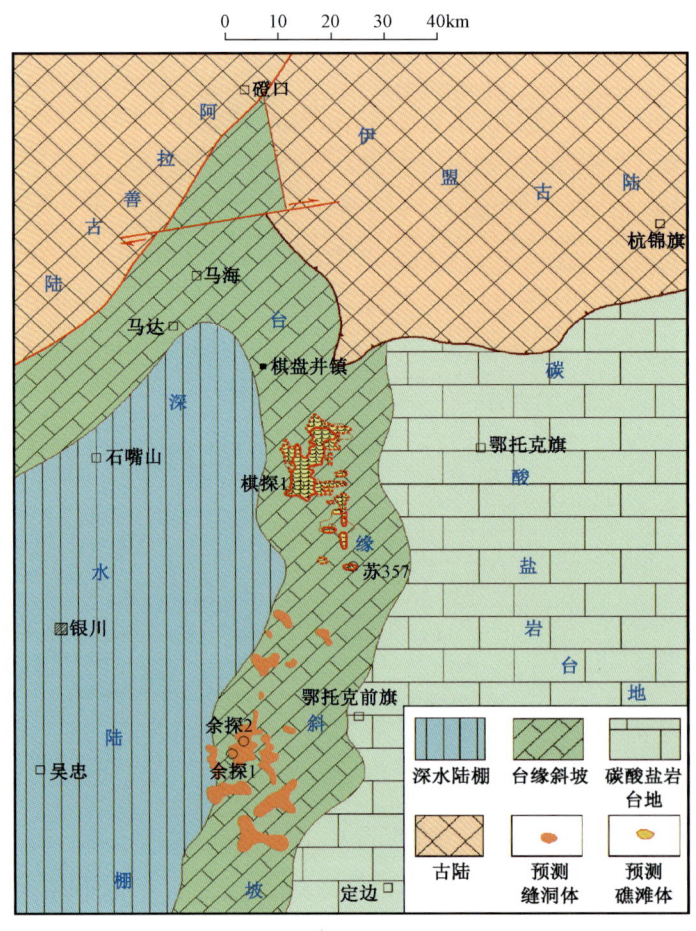

图 7-9 鄂尔多斯盆地西部奥陶系克里摩里组沉积相图

第三节　下古生界碳酸盐岩气藏开发成果

靖边气田是鄂尔多斯盆地最早发现并投入规模开发的下古生界碳酸盐岩风化壳型气田,也是盆地古生界天然气开发的主力气田,具备 $55\times10^8\mathrm{m}^3$ 的年生产能力。近年来,随着靖边西侧奥陶系中组合白云岩岩性圈闭气藏的勘探发现,也为下古生界天然气开发提供了新的建产区域,初步建成了 $10\times10^8\mathrm{m}^3$ 的年生产能力,成为苏里格气田开发建产的重要组成部分。这里仅就靖边风化壳气田的开发及稳产技术做简要介绍。

一、靖边气田开发历史

靖边气田自 1997 年开始规模建产,至 2004 年达到 $55\times10^8\mathrm{m}^3$ 的年生产能力(图 7-10),至今以 $(50\sim55)\times10^8\mathrm{m}^3/\mathrm{a}$ 的规模稳产已 12 年,累计产气 $750\times10^8\mathrm{m}^3$。目前气田已进入稳产末期,保证持续稳产也面临诸多难题。

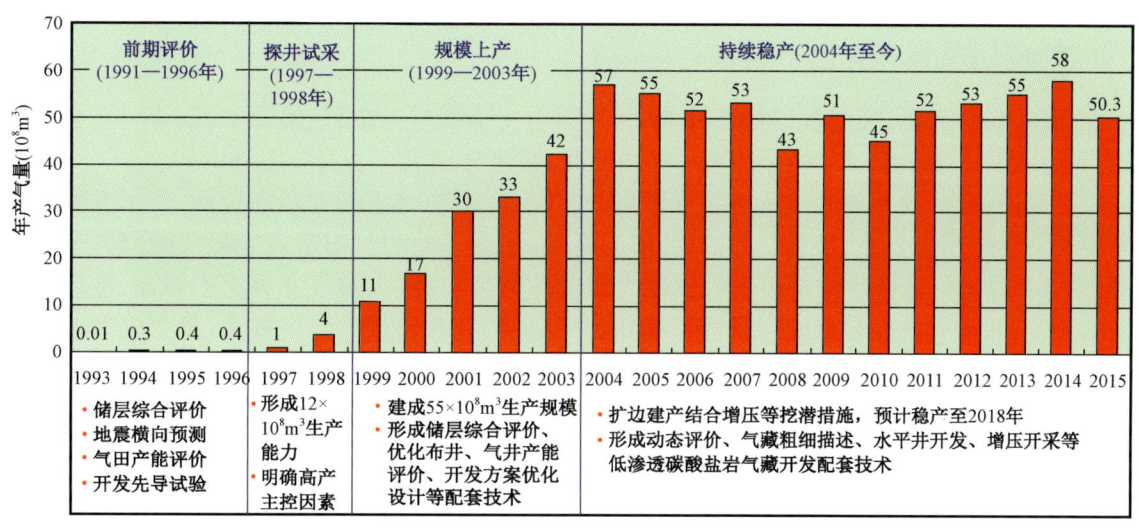

图 7-10　靖边气田历年产量及开发阶段划分

气田的开发到目前为止可划分为前期评价、探井试采、规模上产和持续稳产四个阶段。

前期评价阶段(1993—1996 年):主要利用已有的探井资料,对主力目的层段的储层发育特征和分布规模进行综合评价,同时对气田实际的生产能力进行初步评价,并开展先导性的开发试验。

探井试采阶段(1997—1998 年):利用已有探井开展试采,评价气井生产的稳定性及可靠性,以确定合理生产产量的工作制度。这阶段陕京、靖西输气管线已建成,并开始向北京试供气,利用探井形成 $12\times10^8\mathrm{m}^3$ 的年生产能力,并初步明确了高产富集的主控因素。

规模上产阶段(1999—2003 年):开始整体开发规划及建产部署,利用 5 年时间建成 $55\times10^8\mathrm{m}^3/\mathrm{a}$ 的生产能力,并形成了储层综合评价、优化布井、气井产能评价和开发方案优化设计等配套开发技术。

持续稳产阶段(2004 年至今):自 2003 年投入规模开发以来,气田进入了持续稳产阶段,到 2015 年底已连续稳产 12 年。预计通过扩边建产并结合增压开采等挖潜措施,可稳产至

2022 年。经过近 20 年的开发,已形成了开发动态评价、气藏精细描述、水平井开发和增压开采等低渗透碳酸盐岩气藏开发配套技术。

自全面开发以来,气藏日产气量稳定在 $(1200\sim1600)\times10^4\mathrm{m}^3$ 之间,日产水基本小于 $400\mathrm{m}^3$,井口压力下降速度逐渐减缓,气藏生产状况基本稳定。但同时随着开发的深入,气田面临的问题逐渐显现。例如气藏地层压力逐年降低,部分中、高产气井井口压力低于或接近外输压力而导致调峰能力降低;气田非均衡开采严重,年压降较大;气藏周边、沟槽边部、储层相对致密的低产区储量不能有效动用;纵向上主力气层动用程度高,非主力气层产量低、储量动用程度低;间歇井和产水井增多等问题,在气田开发生产中逐渐显现出来,严重制约气田持续稳产和高效开发。

靖边气田储层非均质性强,受储层物性、单井控制储量等因素影响,气井生产动态特征差异较大,根据开发过程中丰富的动态资料,分析气井、气藏开发动态特征及主要面临的问题,在此基础上,针对气田的地质与生产状况,经过深入分析研究,形成了靖边气田稳产技术系列,其中地层压力评价、动储量评价技术为气田加密调整、工作制度优化提供了重要依据,水平井作为提高单井产量的有效途径,成为靖边气田稳产阶段主要的产能建设开发方式。

二、靖边气田气井生产特征

到 2016 年为止,靖边气田投产井 672 口,其中主力区块 532 口,潜台东部 140 口,累计产气 $748\times10^8\mathrm{m}^3$,累计产水 $184\times10^4\mathrm{m}^3$;平均油压、套压分别为 6.31MPa、8.44MPa。

受储层物性、单井控制储量等因素影响,气井生产表现出不同的动态特征,为了开展不同类型井的生产动态分析,根据气井的动、静态参数,建立了靖边气田下古生界气藏气井分类标准(表 7 – 1)。据此标准将靖边下古生界气藏气井分为三类:Ⅰ类气井具有产量高、稳产能力强的特征;Ⅱ类气井在较低配产条件下气井生产稳定,具有较强的稳产能力;Ⅲ类气井产量递减快,稳产能力较差(表 7 – 2)。从分类结果来看,以Ⅰ类和Ⅱ类井为主。标准将动、静态资料相结合,不同时期划分结果相对固定,评价结果更利于不同阶段对气井的跟踪分析管理。

表 7 – 1 靖边气田下古气藏气井分类标准

参数类型	技术指标	Ⅰ类	Ⅱ类	Ⅲ类
静态参数	渗透率(mD)	>0.8	0.3~0.8	<0.3
	孔隙度(%)	>7.0	5.0~7.0	<5.0
	$KH(\mathrm{mD}\cdot\mathrm{m})$	>5.0	1.8~5.0	<1.8
	储能系数(S_g,H,ϕ)	>0.32	0.15~0.32	<0.15
	无阻流量($10^4\mathrm{m}^3/\mathrm{d}$)	>30	5~30	<5
动态参数	动储量($10^8\mathrm{m}^3$)	>3	0.4~3	<0.4
	日产量($10^4\mathrm{m}^3$)	>4	1~4	<1
	生产情况	稳产能力强	稳产能力一般	稳产能力差

表 7 – 2 靖边气田下古生界气藏气井分类结果表

气井类型	井数		累计产气量	
	井数	比例(%)	产量($10^8\mathrm{m}^3$)	比例(%)
Ⅰ类	170	25.3	417.7	55.8
Ⅱ类	351	52.2	286.1	38.3
Ⅲ类	151	22.5	44.2	5.9
合计	672	100	748	100

（一）Ⅰ类气井生产动态特征

靖边气田下古生界气藏目前Ⅰ类气井有 170 口，占气井总数的 25.3%，单井平均产量 $4.82 \times 10^4 m^3/d$；累计产气 $417.7 \times 10^8 m^3$，占靖边下古生界气藏累计产量的 55.8%；目前平均油压 6.16MPa，平均套压 7.55MPa；根据最新年实测压力统计，该类气井平均生产压差 1.7MPa，单井平均控制动储量 $4.4 \times 10^8 m^3$，单位压降采气量 $1454 \times 10^4 m^3/MPa$。Ⅰ类气井总体动态特征表现为单井控制储量大、生产压差小、稳产能力强。

这类气井一般位于侵蚀沟槽边沿或鼻隆部位，裂缝比较发育，储层连通性好，单井控制储量大，这是气井高产、稳产的主要条件。

（二）Ⅱ类气井生产动态特征

靖边气田下古生界气藏目前Ⅱ类气井有 351 口，占气井总数的 52.2%，单井平均产量 $1.54 \times 10^4 m^3/d$；累计产气 $286.1 \times 10^8 m^3$，占靖边气田下古生界气藏累计产量的 38.3%；目前平均油压 6.00MPa，平均套压 8.22MPa；根据最新实测压力统计，该类气井平均生产压差 2.41MPa，单井平均控制动储量 $1.7 \times 10^8 m^3$，单位压降采气量 $396 \times 10^4 m^3/MPa$。Ⅱ类气井总体动态特征表现为产量相对较低，但生产稳定。

该类气井大多数位于鼻翼或斜坡部位，储层存在一定的微裂缝但发育程度较Ⅰ类气井差。

（三）Ⅲ类气井生产动态特征

靖边气田下古生界气藏目前Ⅲ类气井有 151 口，占气井总数的 22.5%，单井平均产量 $1.27 \times 10^4 m^3/d$；累计产气 $44.2 \times 10^8 m^3$，占靖边气田下古生界气藏累计产量的 5.9%；目前平均油压 7.17MPa，平均套压 9.94MPa；单井平均控制动储量 $0.91 \times 10^8 m^3$，单位压降采气量 $25 \times 10^4 m^3/MPa$。Ⅲ类气井总体动态特征表现为初期产量低，产量递减快，后期往往不能连续生产，需经常关井恢复压力，间歇生产。

（四）水平井生产动态特征

靖边气田自 2006 年开展水平井开发试验以来，已有 35 口水平井投入开发，生产实践证明，水平井具有较好的增产效果和稳产能力。如龙平 1 井于 2007 年 5 月 12 日投产，配产 $25 \times 10^4 m^3/d$。截至 2016 年底，日产气量 $11.1 \times 10^4 m^3$，累计产量 $5.7 \times 10^8 m^3$，目前油压、套压分别为 6.12MPa、7.78MPa。该气井投产以来，气井配产基本保持在 $(25 \sim 27) \times 10^4 m^3/d$ 之间，井口压力由投产初期的 21.6MPa 降低至目前的 7.78MPa，后期油压平均年下降 2.0MPa，气井产量高、生产稳定，具有较好的稳产能力。水平井开发在靖边气田已取得一定成效，成为低渗透气藏提高单井产量的有效措施。

三、气田开发技术政策及稳产技术

经过 10 余年的开发，靖边气田取得了突出的成绩，但同时随着开发的深入，气田面临的问题逐渐显现。例如气藏地层压力逐年降低，部分中、高产气井井口压力低于或接近外输压力而导致调峰能力降低；气田非均衡开采严重，年压降较大；气藏周边、沟槽边部、储层相对致密的低产区储量不能有效动用；纵向上主力气层动用程度高，非主力气层产量低、储量动用程度低；间歇井和产水井增多等问题，在气田开发生产中逐渐显现出来，严重制约气田持续稳产和高效开发。

针对目前存在的问题,通过技术攻关,形成了气藏精细描述、增压开采等稳产技术系列;其中利用地层压力评价、动储量评价技术精细描述气藏动态,为气田加密调整、工作制度优化提供了重要依据,利用水平井技术及增压开采技术提高单井产量及储量动用程度,对延长稳产期、提高开发效益起着重要的作用。因此下面将重点介绍地层压力评价、增压研究、动储量评价及水平井开发技术研究及应用情况。

(一)地层压力评价

地层压力是气藏能量的直接体现,及时、准确地掌握气藏的地层压力变化,对于气藏动储量计算、气井产能核实、气藏开发效果预测和加密井部署都具有重要的意义。地层压力评价是认识气藏开发规律的基础,靖边气田针对气田渗透率低、关井压力恢复速度慢、恢复时间长,关井测压与生产需求存在很大矛盾的难题,形成了不关井测压条件下的地层压力评价方法,实现了气井地层压力的连续跟踪分析;并在地层压力评价的基础上结合产量递减规律分析等预测气井的增压时机,评价增压开采效果。

评价地层压力最可靠的方法就是关井测压,但是靖边气田储层渗透率低,关井恢复时间长,同时气田面积大、井数多,受供求影响,无法开展大面积的关井测试工作,因此在广泛调研的基础上,根据靖边气田气井生产动态特征,探索了井口压力折算法、拟稳态数学模型法、拓展二项式产能方程法、压降曲线法和产量不稳定分析法等多种地层压力评价方法,各种方法均具有不同的适用性,从而形成了靖边气田地层压力评价的技术系列。

靖边气田面积大、储层非均质性强,为了准确掌握气藏地层压力变化特征,经过多年的完善和发展,已经形成了观察井、定点测压、新井投产前压力测试、区块整体关井测压等比较完善的地层压力监测体系,同时结合井口压力折算法、二项式产能方程法、拟稳态数学模型法等地层压力评价方法,为全面评价气井地层压力创造了条件。

利用地层压力评价方法,结合动态监测资料,综合评价了靖边气田672口井的目前地层压力(实测地层压力121口,井口压力折算法评价302口,扩展二项式产能方程法评价78口,拟稳态数学模型法评价93口,产量不稳定分析法评价501口)。单井地层压力评价结果(图7-11)表明,目前靖边气田已进入稳产的中—后期阶段,有92.1%的气井地层压力低于20MPa,较原始

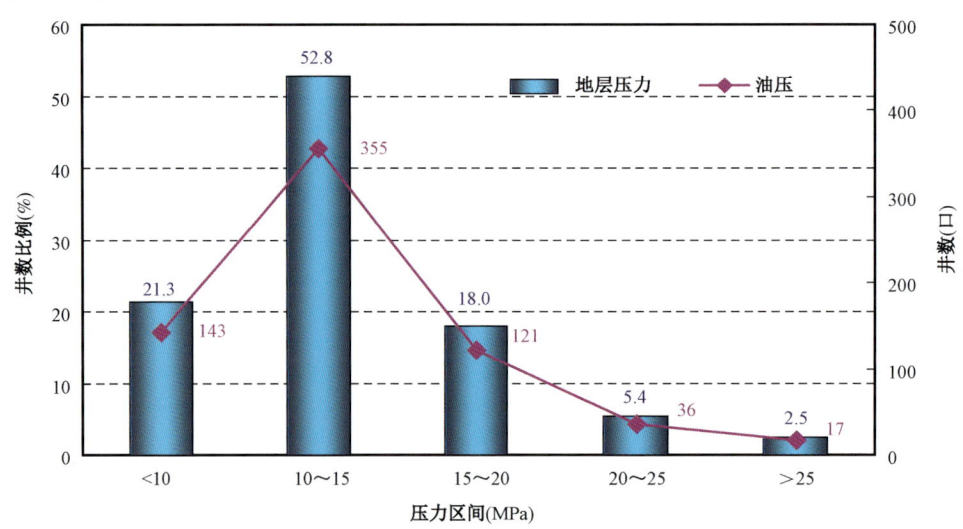

图7-11 靖边气田开发中期单井评价地层压力分布频率图

地层压力降低了三分之一;21.3%的气井地层压力小于10MPa,多为增压开采或者间歇生产的气井;2.5%的气井大于25MPa,主要是新投产气井。综合评价靖边下古生界气藏2015年气田本部平均地层压力为14.1MPa(表7-3),地层压力下降16.7MPa。

表7-3 靖边气田本部初—中期地层压力评价结果表

区块	地层压力(MPa)													
	原始	2003	2004	2005	2006	2007	2008	2009	2010	2011	2012	2013	2014	2015
陕175井区	29.8	29.4	27.6	26.6	25.5	24.7	24.3	23.5	22.2	20.5	19.7	18.8	18.2	17.5
北二区	30.3	26.8	25.7	24.1	22.5	21.3	20.4	19.7	18.9	16.0	14.9	14.2	13.7	13.0
北区	30.4	24.8	23.6	22.1	20.6	19.4	18.6	17.7	16.7	15.1	14.1	13.4	12.8	12.0
陕24井区	31.3	25.4	24.0	22.6	21.4	20.2	19.4	18.2	17.3	15.4	14.6	13.6	12.9	12.3
中区	30.8	25.9	23.7	22.3	20.9	19.7	18.9	18.1	17.0	15.1	14.3	13.0	12.4	11.5
陕181井区	31.8									15.4	13.9	13.3	12.6	11.9
南区	32.0	26.1	25.2	23.9	22.3	21.1	20.1	19.3	18.3	16.1	15.2	14.1	13.4	12.7
南二区	31.9	29.0	25.2	23.6	22.1	20.7	19.4	18.1	15.9	14.6	13.8	13.1	12.4	
陕106井区	30.7	30.3	27.9	26.9	25.5	24.1	23.2	22.6	21.8	17.7	15.8	15.7	15.0	14.3
平均/合计	31.0	26.3	25.0	23.5	22.0	20.8	20.0	19.1	18.2	17.3	16.5	15.7	14.9	14.1

2005—2015年平均压降1.04MPa/a,采出$1×10^8m^3$天然气平均地层压力下降0.027MPa。近年来,靖边气田积极开展优化气井工作制度,进行气井合理配产,实行气井分类管理等稳产技术对策,下古生界气藏压降速度逐渐变缓(图7-12),由早期的年压降1.44MPa,逐步减小到目前的0.7MPa。同时,12口观察井年平均年压降由初期的2.02MPa逐渐下降到目前的0.96MPa,年压降趋势有所减缓(图7-13)。特别是相对高渗高产区域,地层压力下降速度明显降低,由2004、2005年的2MPa/a左右下降到2015年的0.8MPa/a左右,基本缓解了高渗高产区域长期以来地层压力下降快的矛盾,非均衡开采状况有所改善。

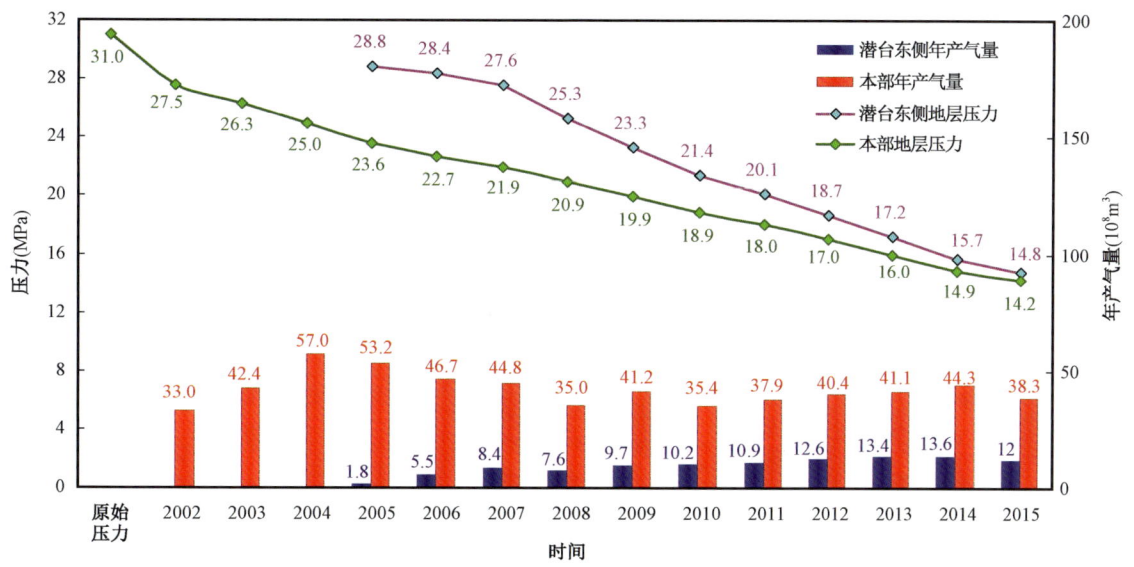

图7-12 靖边气田下古生界马五$_{1+2}$气藏压力变化图

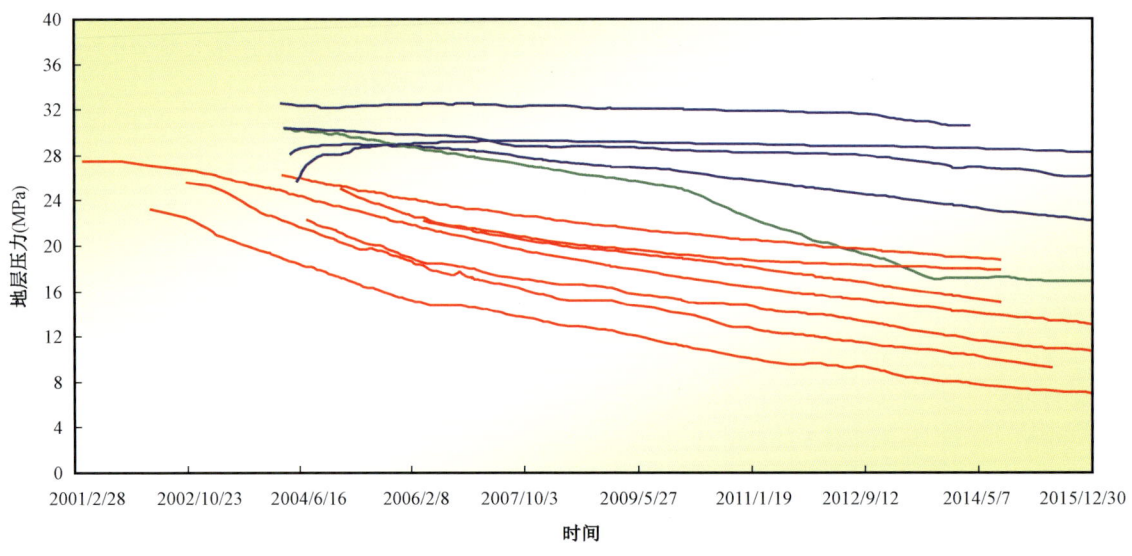

图 7-13 靖边气田观察井历年地层压力变化曲线

但是,一方面由于沟槽和低渗带的分布,储层的连通性差异较大,导致地层压力分布不均匀;另一方面受投产时间和气井生产能力等影响,经过近十年的生产,平面上表现出较强的非均衡开采特征,虽然近年来通过区块调控,气田的非均衡特征有所改善,但平面上地层压力分布仍然不均匀(图7-14)。地层压力分布主要受储层渗透率及其非均质性影响。裂缝发育、储层连通性好的区域,地层压力低、低压区分布范围大、分布比较均匀。地层压力小于14MPa的低压区分别位于陕17、陕24、陕37、陕45、陕62、陕66、陕78、陕121、陕150、G5-8井等主要压力单元的中心区域。低压区周边地层压力逐渐增高,其中大于20.0MPa的高压区主要分布

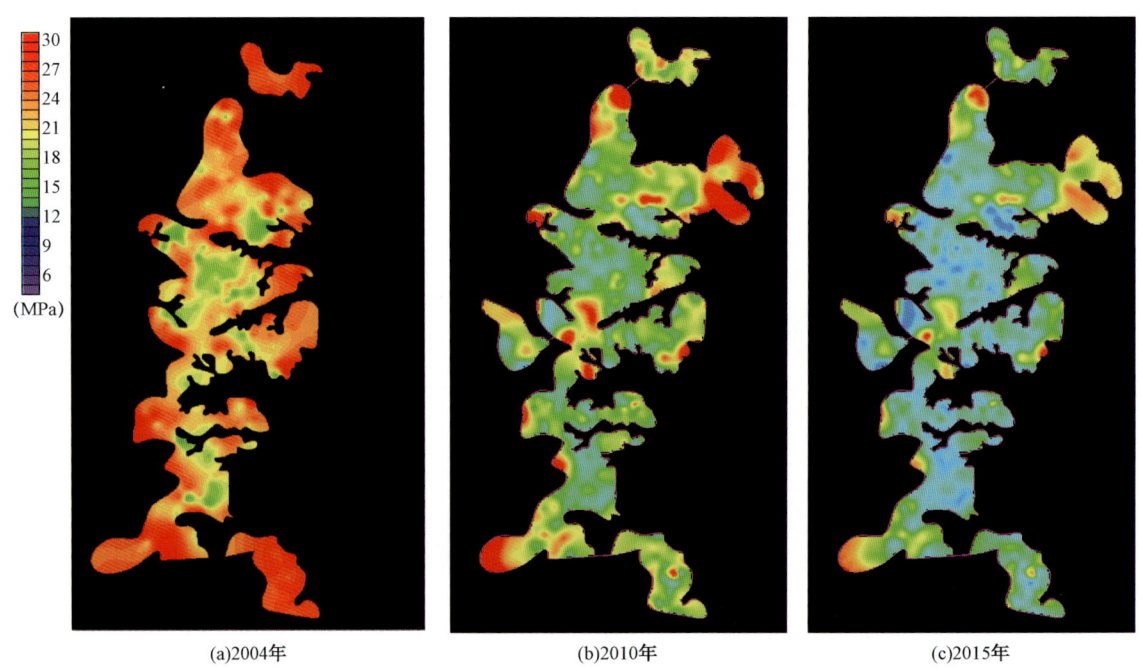

(a)2004年　　　　　　(b)2010年　　　　　　(c)2015年

图 7-14 靖边地区历年地层压力分布图

在陕106井压力单元北部、G5-8井压力单元周边、陕17井压力单元周边、陕45井压力单元东侧、陕37井压力单元周边、陕78井压力单元西侧、陕66井压力单元等,以及由于气井未投产或转采上古生界气层而造成井网控制程度低的区域。

(二)气田增压开采时机预测

由地层压力评价结果可以看出,陕45、陕17井等高产井区大部分气井的地层压力在2011年已经低于16MPa,井口压力也已经接近或者达到系统集输压力,气田稳产难度较大。为延长气田稳产期、提高采收率,需逐步开展增压工程。在增压时机预测的基础上,通过数值模拟、技术经济评价等方法综合优选增压开采吸气压力,并根据定压生产试验、数值模拟等方法综合研究不同增压井口压力条件下的气井产量递减规律,预测气田增压开采效果。

根据气井井口压力、进站压力等生产动态资料,采用拟稳态法、产量不稳定分析法和数值模拟方法等多方法综合预测下古生界气藏气井增压时机。由于受储层物性、气井工作制度等多种因素影响,井间自然稳产期差异较大,分析结果见表7-4。当时预测在 $55\times10^8 \mathrm{m}^3/\mathrm{a}$ 的生产规模下,77.2%的气井可自然稳产至2011—2012年。

表7-4 靖边气田气井增压时机统计表

自然稳产时间	井数(口)	井数比例(%)	日产气($10^4\mathrm{m}^3$)	日产气量比例(%)
2008	34	6.31	66.1	3.96
2009	38	7.05	103.0	6.18
2010	68	12.62	162.3	9.73
2011	159	29.50	722.3	43.30
2012	117	21.71	444.4	26.65
2013	15	2.78	90.5	5.43
2014	4	0.74	5.5	0.33
间歇井	56	10.39	19.0	1.14
已增压气井	20	3.71	29.5	1.77
积液井、井下作业、观察井	28	5.19	25.1	1.51
合计	539	100	1667.7	100

靖边气田含气面积大、储量规模大、井数多,因此同一时间整体增压的方案很难实施,并且受储层强非均质性和气井投产时间差异的影响,井口压力差异较大,气井按照目前生产状况的增压时机差异大,宜采取分期分批增压的方式。根据长庆气区天然气发展规划,靖边气田通过增压开采和产能建设保持 $55\times10^8\mathrm{m}^3/\mathrm{a}$ 规模长期稳产,并且要考虑保证靖边气田具备一定的调峰能力,因此具有调峰能力的气井和区块应尽量延长自然生产期,合理安排分年增压。根据上述原则,在保证气田生产规模的条件下,通过调整单井产量,使同一增压单元内气井压力下降趋势基本一致。调整配产的原则是最大限度发挥气井自然稳产能力,确保气田平稳供气。调整方法是利用递减分析法、产量不稳定分析方法调整气井的稳产期,在单井调整的基础上,用数值模拟方法对主要区块进行微调,使区块内各井稳产期基本一致,应用上述方法对靖边气田518口井进行了配产调整,以集气站为单元预测了各集气站的增压时机和增压规模,见表7-4。结果表明,靖边气田2010年开始实施增压工程,2010—2015年靖边气田本部有62座集气站需要进行增压开采,2014—2015年潜台东部有16座集气站需要进行增压开采。

（三）动储量评价

动储量是气田开发的物质基础,可靠落实的动储量对气田动态分析及开发指标的预测至关重要。研究表明,动储量受多种因素影响,比如储层物性、气井产水及井网完善程度等。

靖边气田由于整体具有低渗透、储层非均质性强等特征,加上部分气井产水、水化物堵塞、高峰期提产等造成气井工作制度频繁改变,导致气井生产特征及渗流特征差异大,进而使动储量评价难度较大。

针对这些特点,结合靖边气田开发经验,形成了多方法一体化、相互验证的动储量评价方法系列(图7-15)。

主要包括压降法、流动物质平衡法、优化拟合法、压差曲线法和弹性二相法等,有时也用到气藏影响函数法、产量不稳定分析法等,各自适应于不同的生产状况和储渗条件。通过实践应用,对各方法的适应性进行了综合分析。对于低渗透强非均质性碳酸盐岩气藏,产量不稳定分析法、压降法及其他方法的有机结合,为气井单井控制储量全面评价奠定了技术基础。

2007年以来,综合采用压降法、流动物质平衡法、优化拟合法和气藏影响函数法对靖边气田单井进行动态储量评价,评价井数迅速增加,2015年靖边气田动储量评价井数达到了654口。动储量评价结果表明,靖边气田气井动储量最大为 $11.82 \times 10^8 m^3$（G42-8井）,最小为 $0.02 \times 10^8 m^3$（G24-22井）,平均为 $2.10 \times 10^8 m^3$。动储量的全面评价,落实了目前井网条件下控制的储量基础,为气田的开发调整提供了直接参考依据。

从气田动储量平面分布图(图7-16)可以看出:动储量较大的区域主要分布在陕17、陕45、陕150、陕37等井区,位于气田的中部;动储量较小区域的主要位于陕66、陕106等井区,分布在气田的边部。

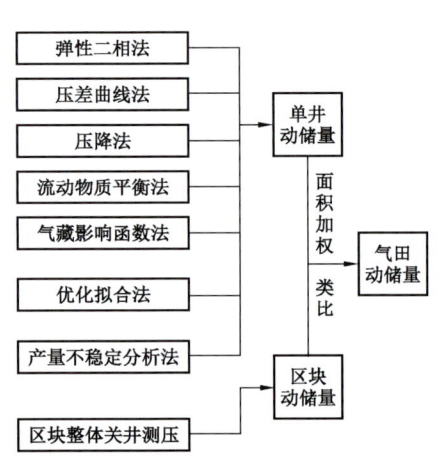

图7-15 长庆低渗透气田动储量评价技术系列图

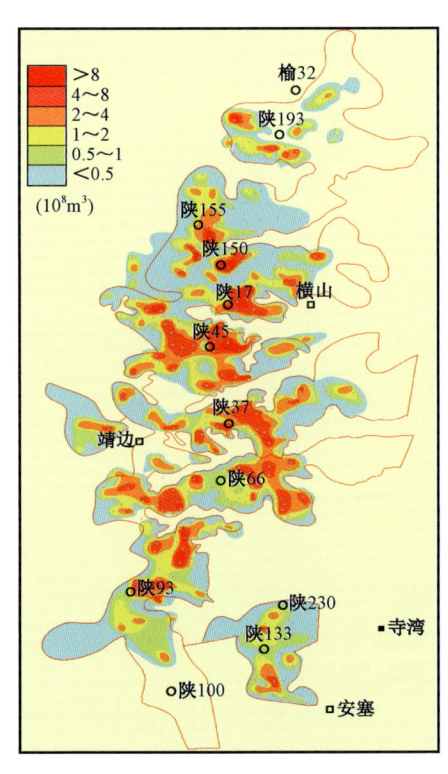

图7-16 靖边气田动储量平面分布图

(四)气田开发技术政策优化调整

开展靖边气田单井控制储量全面评价,为可采储量标定、开发潜力预测奠定了基础,尤其在指导气田加密井部署、储层二次改造、开发技术政策优化等方面起到了关键的作用,进一步提高了气田储量动用程度。

1. 气田加密井部署

根据气井动储量评价泄流半径,是靖边气田加密井位优选最有效的手段。靖边气田下古生界气藏采取非均匀布井方式,平均井距2km。根据动储量评价结果,结合气井所处地区储量丰度,折算气井泄流半径,评价气田井网完善程度。

评价结果表明,除陕106、南二区等局部低渗、致密井区外,靖边气田本部井网基本完善(表7-5);部分沟槽边部井网不完善,但布井地质风险大;军事征地区、油区、地方合作开发区等特殊区域,井网目前无法完善。

表7-5 靖边气田下古生界气藏泄流半径评价结果表

井区	评价泄流半径(km)	评价结果	井区	评价泄流半径(km)	评价结果
北二区	1.09	完善	陕24	0.93	完善
南二区	0.68	不完善	陕37	0.96	完善
南区	0.81	基本完善	陕4	0.86	基本完善
陕106	0.61	不完善	陕45	1.17	完善
陕17	1.06	完善	平均	0.89	基本完善
陕175	0.7	不完善			

在动储量评价和气井泄流半径研究的基础上,开展加密井部署,提高了气田储量动用程度。截至目前靖边气田共实施加密井181口,建产能 $11.3 \times 10^8 m^3$。

概算2008—2015年加密建产 $2.9 \times 10^8 m^3$(图7-17),预测20年可累计产气 $32.0 \times 10^8 m^3$,预计可实现利润9.45亿元(未考虑折现)。

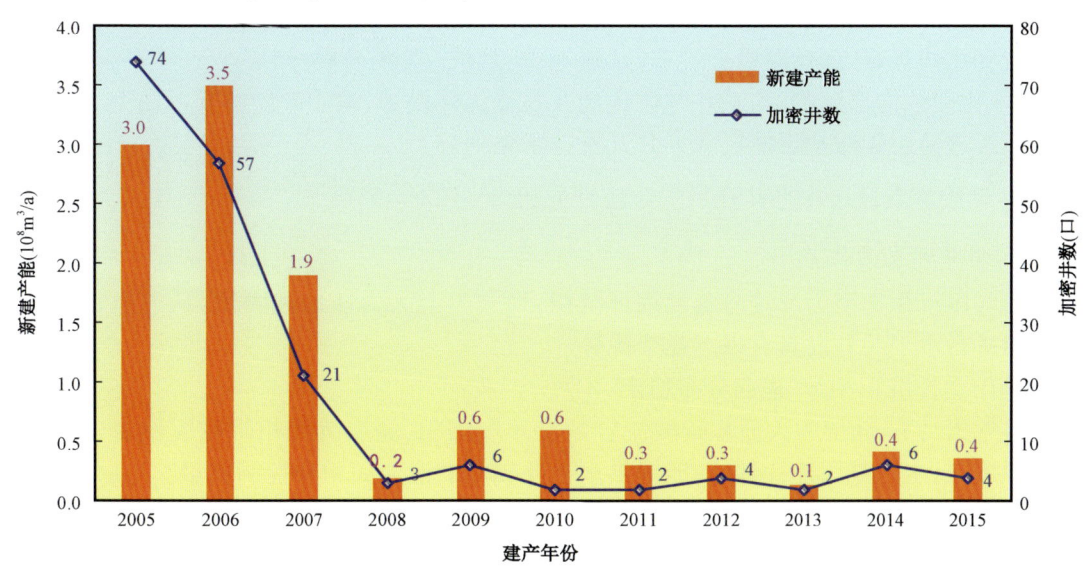

图7-17 靖边气田历年加密钻井及建产成果图

2. 气井储层重复改造

根据单井控制储量评价结果,并结合气井生产动态特征诊断单井控制储量,为气井储层重复改造提供依据,取得了较好的效果。

选取单井控制储量较大、产气量偏低的气井重复改造,提高气井生产能力。如 G4-10 井,通过评价单井控制储量为 $1.8\times10^8m^3$,储量较大,但日产气量仅 $1.1\times10^4m^3$;2004 年 11 月对该井进行二次酸化改造,气井产量由 $1.1\times10^4m^3/d$ 提高到 $2.3\times10^4m^3/d$。

选取储层物性好、但单井控制储量低的气井重复改造,提高储量动用程度。如 G08-12 井,测井解释储层物性相对较好(有效厚度 7m,渗透率 0.33mD,孔隙度 5.8%),初期日产气 $1.0\times10^4m^3$,间歇生产,初期单井控制储量仅 $1.13\times10^8m^3$;2004 年 10 月对该井进行二次酸化改造,日产气提高到 $2.0\times10^4m^3$,单井控制储量提高到 $2.34\times10^8m^3$。

3. 气田生产制度优化

根据单井控制储量评价结果及原始地层压力,评价靖边气田高、中、低产不同类型气井单位压降采气量,其中评价高产井 38 口,单位压降采气量 $2300\times10^4m^3/MPa$;中产井 41 口,单位压降采气量 $1200\times10^4m^3/MPa$;低产井 67 口,单位压降采气量 $500\times10^4m^3/MPa$。不同类型井单位压降采气量差异较大,一定程度上说明流体渗流过程中在高渗区压力损失较小。因此对于同一压力系统内的气井,保证高、中产井以较高产量生产,并进行不定期的关井恢复,使外围低渗区储量向高产低压区补给,更多的气体从高渗区流出,从而优化气田生产制度。

靖边气田陕 17 井区,2004 年根据单井控制储量评价结果计算泄流半径,井区基本连通,其中 G11-13 井和 G10-14 井控制范围覆盖了储层物性较差的 G11-14 井,因此 2005 年 5 月将 G11-14 井关闭,设为观察井,对区块生产制度进行了优化,在不影响产气量的情况下,减少了操作成本。

四、碳酸盐岩薄储层水平井开发技术

靖边气田马五$_{1+2}$气藏属古地貌(地层)—岩性复合圈闭的弹性定容气藏,具有低孔、低渗、低产和非均质性强等特点。水平井开发此类气藏主要面临侵蚀沟槽发育、主力气层厚度薄、小幅度构造变化快等难点,针对以上难点,开展地震、地质、气藏工程、储层改造等多学科联合攻关,不断深化侵蚀沟槽预测、水平井井位优选及轨迹优化设计、地质导向等技术研究,逐步形成了一套低渗透薄层碳酸盐岩储层水平井开发技术系列。

(一)碳酸盐岩储层水平井开发的适应性分析

1. 水平井开发的优势

靖边气田沉积类型为滨浅海蒸发潮坪沉积,气藏类型为岩性地貌圈闭,从地质特征来看,靖边气田进行水平井开发具有以下几个优势。

1)储层受控沉积相带、横向分布稳定

靖边气田马五$_1$储层为大面积碳酸盐岩蒸发潮坪沉积,储层沉积相带宽缓稳定,呈近南北向大面积展布,主力气层连片性好,能提供水平井较大的泄流面积和控制储量。

2)主力储层段小层优势显著

靖边气田下古生界马家沟组马五$_1^3$小层优势明显。马五$_1^3$厚度 3~5m,分层测试证实,马五$_1^3$储层产气比例占马家沟组各层的 95% 以上,为下古生界气藏的主要产气层段,所以将马

五$_1^3$储层定为水平井钻井的目标层位。但马五$_1^3$储层地质储量占下古生界总储量的45.95%,考虑到可动储量比例,同时部署相应的直井,不会造成储量和产能的损失。

3) 储层风化裂隙发育

靖边气田马五$_1$碳酸盐岩储层裂缝发育,是水平井开发极为有利的条件。裂缝发育程度对水平井的增产效果有重要的影响,水平段可以沟通不同组系的裂缝,大幅度提高单井产能。根据靖边气田岩心剖面、扫描电镜可以观察到马五$_1$储层段风化裂隙较为发育,对水平井开发较为有利。

4) 气田所在区域整体构造平缓

靖边气田位于伊陕斜坡中部,整体构造为一西倾单斜,地层倾角不足1°。气田所在区域整体构造比较平缓,适合水平井室内轨迹设计和现场操控。

2. 水平井开发的难点

靖边气田下古生界马家沟组储层主力气层薄、侵蚀沟槽发育、局部小幅度构造变化快,而且具有明显的低渗透、强非均质性等特征,水平井开发也存在较大难度。

1) 主力气层马五$_1^3$气层厚度较薄,储层预测和地质导向难度较大

统计靖边气田本部钻遇马五$_1^3$气层的完钻井555口,其中301口井马五$_1^3$气层厚度小于3m,占总井数的54%;186口完钻井马五$_1^3$气层厚度在3~4m之间,占总井数的34%;综合小于4m的井数占到了总井数的88%。而地震一般仅能识别地层厚度大于15m的地层,利用地震直接识别马五$_1^3$小层气层段根本无法做到。另外,工程钻井时,根据钻井能力的情况和实施风险考虑,一般要求水平段钻头飘移误差可在±1m之内,也就是说要求地质对水平段靶点的误差不得大于2m。因此气层厚度薄成为靖边气田水平井开发的主要阻碍之一。

2) 前石炭纪古地貌侵蚀沟槽发育,实施水平井存在主力储层缺失风险

鄂尔多斯盆地在沉积马家沟组含膏碳酸盐岩后,受加里东期运动抬升的影响,发生区域性沉积间断,缺失中奥陶统—下石炭统,使奥陶系遭受逾亿年漫长的风化剥蚀。这种风化剥蚀作用大约以城川西—吴旗—庆阳一带的中央古隆起为分水岭,分成东、西两个体系。东部地区可划分为三个二级古岩溶地貌单元,分别是西部古岩溶高地、中部古岩溶斜坡和东部古岩溶盆地,古地貌总趋势为西高东低。其中西部古岩溶高地奥陶系剥蚀严重,残留厚度小,保存层位老;东部古岩溶盆地奥陶系厚度最大,保存层位新,马六段大面积分布。

靖边气田位于中部古岩溶斜坡上,基本为由广阔低矮的台地和宽缓浅凹的谷地组成的准平原,局部发现溶蚀坑、洼。中部古岩溶斜坡又进一步划分出古台地、古残丘和古沟槽或古谷地等次级地貌单元。

由于古沟槽的存在,使得水平井开发存在主力储层地层缺失的风险,因此部署水平井时必须保证部署区域侵蚀沟槽认识清楚,且保证水平段方向储层落实,马五$_1^3$保存齐全。

3) 局部小幅度构造起伏大,对现场地质导向要求较高

前已述及,靖边气田今构造面貌为一区域性西倾大单斜,坡降4~10m/km,倾角不足1°。在极其平缓的构造背景上发育有两个方向的小幅度褶皱,以北东向为主,北西向为后期叠加的褶皱。小幅度构造整体趋势虽然较缓,但局部构造起伏较大,最大处可达到40m/km以上。由于马五$_1^3$厚度仅在3~5m之间,若对地层坡降预测不准,实施水平段时可能钻穿马五$_1^3$,进入马五$_1^2$或马五$_1^4$,则造成水平段进尺的较大浪费。

4) 储层非均质性强,水平井部署存在一定难度

马家沟组深度在3540m左右,有效厚度在0.8~5.2m之间,平均为2.8m;气层系数在3.16~3.87之间;气层渗透率在0.15~10mD之间,平均为4.1mD;单井可采储量在0.16×

$10^8 \sim 10.13 \times 10^8 \mathrm{m}^3$ 之间,平均为 $2.57 \times 10^8 \mathrm{m}^3$;千米深产气量在 $0.3 \times 10^4 \sim 5.7 \times 10^4 \mathrm{m}^3/\mathrm{d}$ 之间,平均为 $1.22 \times 10^4 \mathrm{m}^3/\mathrm{d}$。将以上参数与气藏水平井适应性条件对比可知,除气层厚度不能满足适应性条件外,其他(如气藏深度、气层系数 βh)均能满足条件,另外气层渗透率、单井可采储量、千米深产气量等,需选取较好的区块才可达到适应性条件。

综上,靖边气田下古生界储层地质特征具备一定水平井开发优势,同时也存在水平井开发风险。整体来看,为提高开发经济效益,可根据具体井区地质特点,开展分散或整体实施的水平井开发。

3. 水平井技术经济适应性评价

水平井钻井成本较高,从经济效益的角度来看,并不是所有储层都适合水平井开发,从经济角度评价水平井适应性也十分必要。根据盈亏平衡原理,按照长庆气田 2006—2009 年实际发生的钻井工程费用,水平井钻井投资约为 3100 万元/井;加上地面工程投资、天然气气价、操作成本、水平井单井稳产期、递减率等因素,水平井经济界限产量约为 $2 \times 10^4 \mathrm{m}^3/\mathrm{d}$。目前投产水平井产量平均为 $7.8 \times 10^4 \mathrm{m}^3/\mathrm{d}$,均能达到经济界限产量,可以取得相应经济效益。

如采用靖边气田平均地质参数,建立了水平井渗流地质模型,用产能分析的方法对比水平井和直井开发效果,可以知道随着穿越气层段的增加,水平气井产量逐渐增大,但是增加的幅度是逐渐减小的。一般水平井产能要达到直井的 3 倍以上,水平段有效长度需达到 400 米以上。

水平井钻井成本较高,考虑经济效益,并不是所有的储层都适合水平井开发,存在经济极限渗透率问题,需要通过数值模拟和经济分析的方法研究水平井开发的地质条件。通过数值模拟方法研究,对于靖边气田下古生界储层,如果水平段有效长度达到最低有效长度,水平井产量要达到经济界限产量,经济极限渗透率为 0.3mD。用技术经济评价方法分析,目前靖边气田本部水平井的井控储量为 $(3 \sim 5) \times 10^8 \mathrm{m}^3$,则经济极限渗透率为 $0.3 \sim 0.5 \mathrm{mD}$。综合数值模拟与经济评价方法,确定靖边气田水平井经济极限渗透率为 0.3mD 左右,原则上渗透率大于 0.3mD 井区适合进行水平井开发。

4. 水平井适应性评价标准

综合靖边气田储层地质特征分析与水平井技术经济评价,根据完钻水平井实施效果,以指导水平井规模有效开发为目的,建立了水平井适应性评价标准(表 7-6),包含 5 个方面定性标准和 5 个方面定量标准。

表 7-6 靖边气田下古生界储层水平井适应性评价标准

定性条件	侵蚀沟槽相对落实
	岩溶古地貌为台地或斜坡
	井区构造相对平缓
	储层综合评价为有利区
	投产井生产稳定,无阻流量相对较高
定量条件	马五$_{1+2}$残余厚度大于 15m
	马五$_1^3$气层厚度大于 1.0m
	马五$_1^3$气层渗透率大于 0.3mD
	水平井单井可采储量大于 $2 \times 10^8 \mathrm{m}^3$
	井区地层压力大于 18MPa

依据水平井适应性标准,对靖边气田全区进行了整体评价,划分出了水平井优势开发区,作为部署水平井的基本依据。

(二)水平井井位优选

靖边气田本部开发井网已经基本完善,周缘地质情况复杂,水平井井位部署存在较大风险。靖边气田本部储量动用程度达95%以上,剩余储量主要分布在富水区、低渗区及沟槽边部,气田本部剩余储量动用难度大。气田周边地质情况复杂,一是侵蚀沟槽(尤其是毛细沟槽)发育复杂;二是储层致密,孔洞充填程度高,给储层预测及井位部署带来困难。

针对水平井井位部署中存在的问题,加强基础地质研究和技术攻关,以水平井开发适应性评价标准为依据,抓住气藏富集主控因素,进行储层综合评价研究,重点开展岩溶古地貌恢复研究和井间小幅度构造描述,保障水平井开发区"储层落实、构造平缓",形成了一套适合靖边下古生界水平井开发的井位优选技术和部署流程(图7-18)。

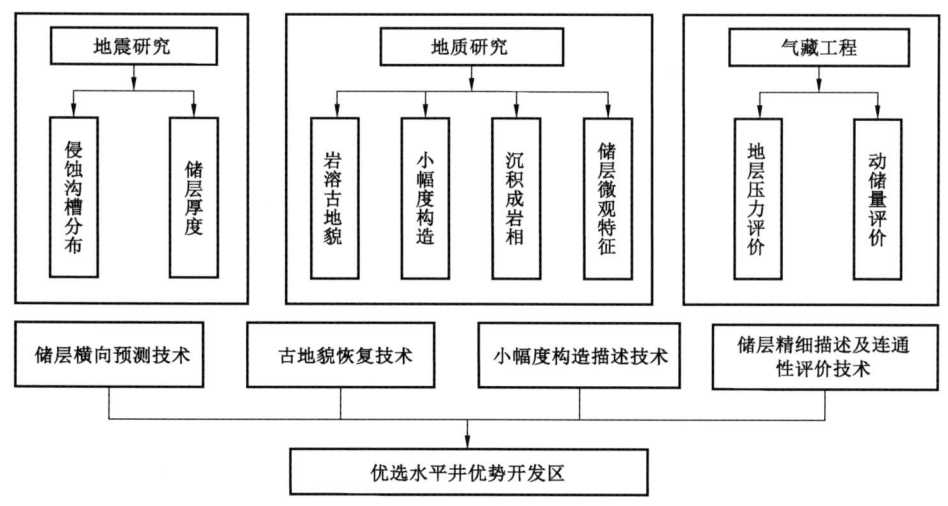

图7-18 水平井井位优选技术流程图

1. 储层横向预测

储层横向预测技术主要解决侵蚀沟槽的分布与下古生界储层的落实等问题。主要通过技术攻关和方法改进来提高二维地震预测水平,并在水平井优势开发区积极推广三维地震技术方法。

二维地震采集上,部署十字测线和非纵小地震,增加覆盖次数,提高信息量。解释上除利用正演模型进行沟槽识别外,突出了属性分析和地质模型约束反演,进行毛细沟槽预测及小幅度构造描述,为水平井井位部署提供支持。

在局部的三维地震区则利用三维地震技术进行古地貌解释(图7-19),主要综合利用相干分析、水平切片、多属性综合分析、聚类分析、90°相移、谱分解技术和曲率属性分析等技术方法综合确定,进而确定侵蚀沟槽走向与分布。

2. 岩溶古地貌恢复

靖边气田下古生界储层为岩溶风化壳型储层,前石炭纪岩溶古地貌控制奥陶系碳酸盐岩地层的保存程度和储层发育程度,因此研究前石炭纪岩溶古地貌形态及划分地貌单元对水平井井位部署具有重要意义。

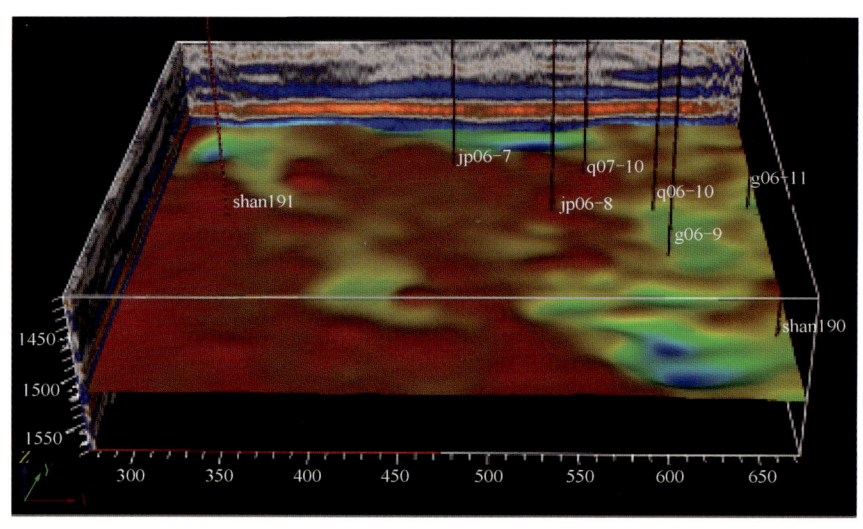

图 7-19 靖平 06-8 井区三维区块前石炭纪古地貌图

在岩溶古地貌恢复研究中,首先对古地貌恢复研究方法进行了大量调研,掌握了古地貌恢复技术现状与进展,地质、地震结合,总结形成了多种古地貌恢复方法,其中印模法、残余厚度法和层拉平技术等方法准确性较好,操作性更强。因此,实际进行古地貌恢复时,综合了三种方法,对靖边气田前石炭纪岩溶古地貌进行了恢复,分析认为前石炭纪奥陶系碳酸盐岩岩溶古地貌形态控制岩溶作用强度。岩溶古地貌残丘部位地层保存厚度大,物性相对发育,单井无阻流量较高;岩溶古地貌斜坡部位地层保存厚度中等,物性发育良好,单井无阻流量高;岩溶古地貌凹地部位地层保存厚度薄(甚至剥蚀殆尽),物性相对发育差,单井无阻流量较低。根据岩溶古地貌恢复结果,确定了水平井有利部署区域,如靖平 47-22 井部署于陕 230 井区探明储量面积线外,周围邻井试气产量低,无地震测线支持,但通过岩溶古地貌恢复,认为该井位于剥蚀残丘侧翼,具有较好开发潜力,实钻获无阻流量 $101.08 \times 10^4 m^3/d$。

3. 小幅度构造精细描述

近年来,随着水平井技术在靖边气田的应用和发展,井间小幅度构造预测精度越来越成为制约水平井井位优选和现场导向技术发展的瓶颈。而且,靖边气田在平缓的构造背景上发育有一系列小幅度鼻隆,局部小幅度构造与产能有一定的相关性,是寻找高产区的有利指向之一。因此,迫切需要应用新理论、新方法,提高井间小幅度构造预测的技术水平。

针对靖边气田水平井开发的技术难点,充分利用现有钻井、测井及地震资料,根据"二维全区刻画,三维重点精描"的研究思路,通过小层精细划分与对比,以钻井资料为依据,精细标定地震剖面,分析地震界面时间值与钻井深度的关系,利用地震资料追踪井间标志层起伏形态,绘制目的层段顶、底面构造图,综合分析小幅度构造形态和研究区地层空间展布特征,同时对有利区水平井钻遇动态资料进行跟踪分析,重点预测水平井区小幅度构造,提高井间小幅度预测的精度,为气田水平井部署、水平井现场地质导向提供依据(图 7-20)。

根据小幅度构造研究成果,在水平井部署区优选构造平缓且下倾的部位部署井位,取得了良好的实施效果。如按该思路部署实施的靖平 06-8 井水平段长度 1301m,有效储层钻遇率 60%,试气无阻流量 $113.96 \times 10^4 m^3/d$(图 7-21)。

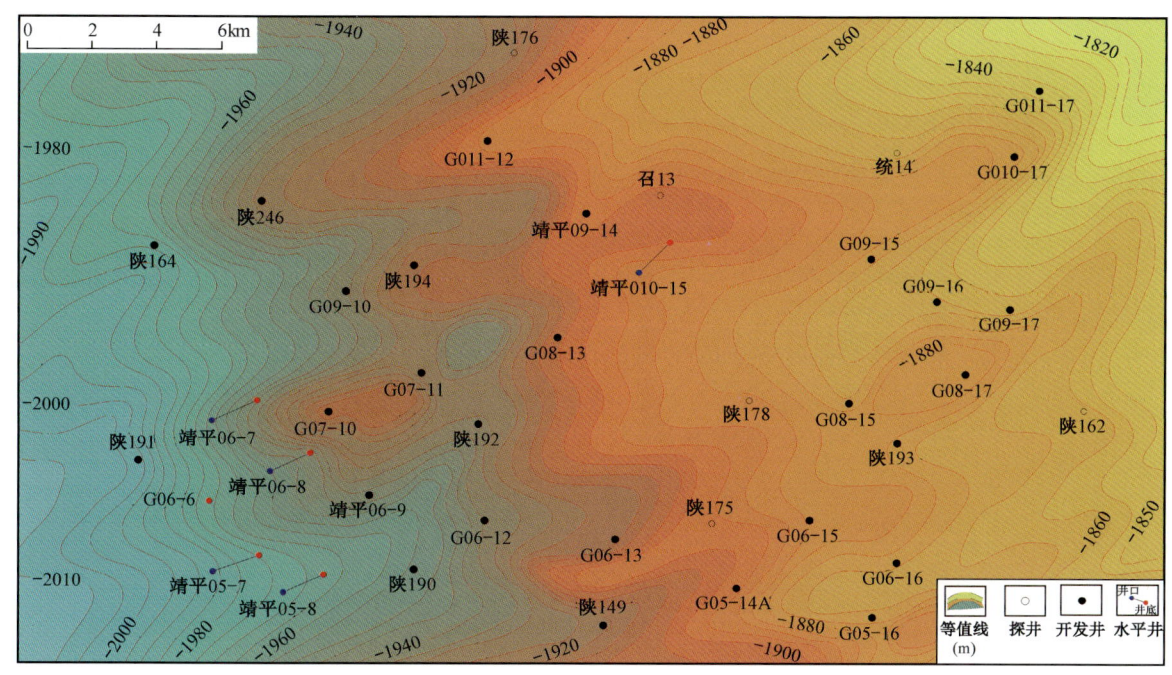

图 7-20　靖平 06-9 井区马五$_1^3$顶面构造图

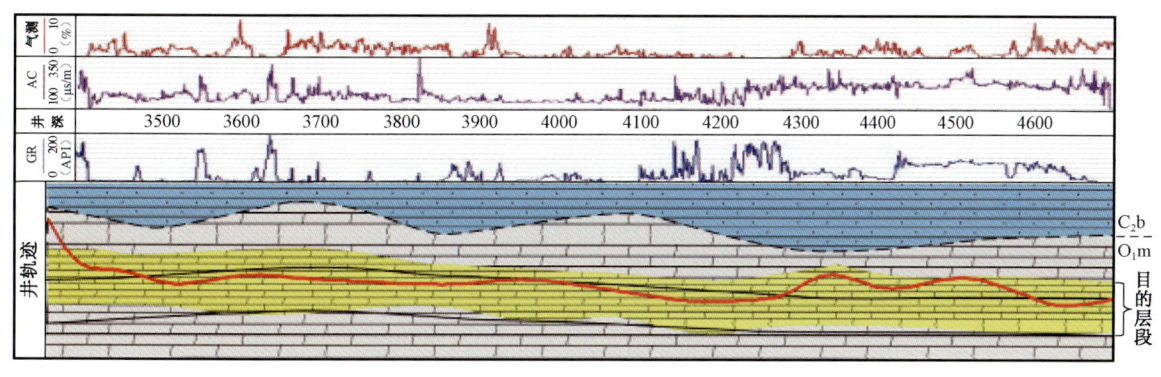

图 7-21　靖平 06-8 井水平段解释成果图

4. 水平井井位优选

根据水平井适应性评价标准,综合应用水平井井位优选技术,结合完钻水平井实施情况,紧扣岩溶古地貌恢复、小幅度构造等关键地质因素,确立了"古地貌选井区,小幅度构造定靶点"的水平井部署原则,形成了水平井位优选的"八要素""十五图一表"(图 7-22)及相应的部署流程,实现了水平井井位优选标准化、流程化。

(三)水平井轨迹优化设计

靖边气田靶点设计的难点主要体现在两个方面:一是上古生界厚度变化大,地震预测的石炭系及马五$_{1+2}$厚度不能满足水平井轨迹设计的精度要求,确定入靶点位置难度大;二是马五$_1^3$厚度薄,局部小幅度构造形态复杂,沿水平段方向预测水平段靶点难度大。

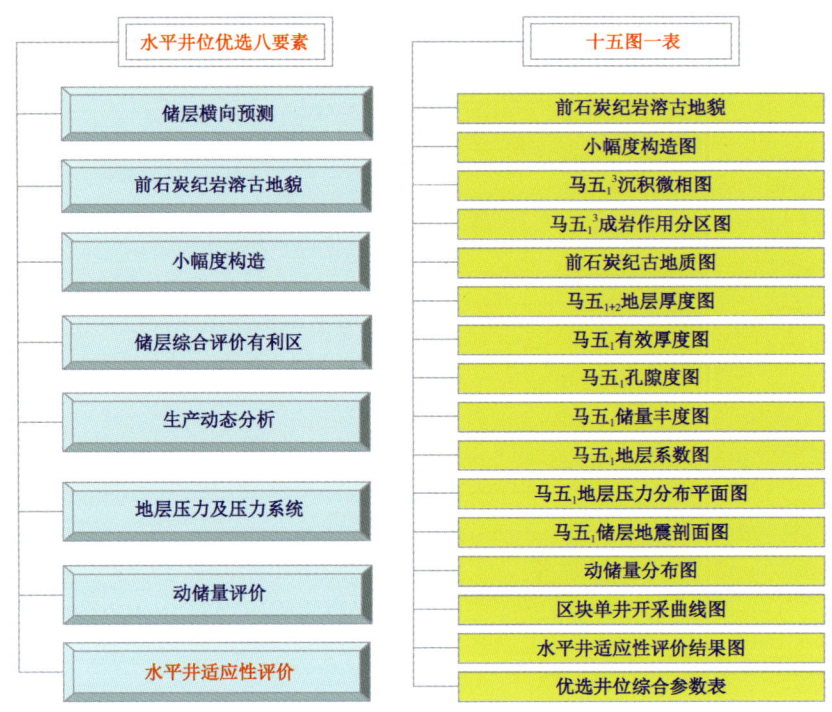

图 7-22　靖边气田下古生界水平井井位优选要素及图表

针对轨迹设计中的难点,将地震与地质结合,精细预测小幅度构造和地层厚度的变化,建立了"四气层、五构造、八厚度"的水平井设计模式。同时在建立井区精细三维地质建模的基础上开展水平段长度、方位及靶点优化设计研究。

1. 靖边气田井型选择

靖边气田下古生界气藏碳酸盐岩储层在横向上分布稳定,主力储层优势明显,针对气田地质条件,优选出适合靖边碳酸盐岩气藏的水平井井型。

常规水平井:靖边气田马五$_{1+2}$各小层均发育气层,其中马五$_1^3$气层分布范围广、产气贡献率大,主力层优势明显,因此将常规水平井作为气田水平井开发的主要形式。

双阶梯水平井:靖边气田除优势层位马五$_1^3$外,部分井区马五$_1^2$和马五$_1^4$气层较为发育,可根据导眼井实施情况进行阶梯式水平井试验,以有效开发多套含气层系。

双分支水平井:针对储层稳定且含气范围较大的井区,进行双分支水平井试验,以达到增大供气面积、提高采收率的目的。双分支水平井可应用到矿权复杂区,提高钻井征地利用率,降低投资成本。

2. 水平井井区精细地质建模

由于靖边气田复杂的地质特点和受地震分辨率的影响,地震约束的多井反演预测精度有时还不能完全满足薄层水平井设计的需要,以地震反演结果为约束,再利用沉积微相做控制,同时结合岩溶古地貌恢复结果,应用随机模拟法预测岩相,建立三维精细地质模型,包括精细构造模型、岩性模型和储层属性模型,精细描述靖边气田水平井井区构造与储层特征。

3. 水平段方位选择

靖边气田水平井水平段方位的选择上主要考虑三个方面的因素,第一是储层因素,就是水平段方向尽量远离沟槽或避开沟槽,并指向储层物性较好的高产井区;第二是构造因素,水平段方向应该尽可能处在构造的高部位,如鼻隆或鼻翼部位利于气井高产,另外可要求水平段方向指向下倾方向,有利于水平井施工;第三个因素为裂缝走向,根据前人研究认识,靖边气田马五$_1$储层主要裂缝走向为近东西向,为使水平井沟通较多裂缝,水平段应垂直于裂缝走向。综合以上各方面因素确定靖边气田水平井水平段方位应大于190°~330°。

同时,运用VSP井中地震技术更精确预测水平段储层发育情况及微构造空间形态,可以对水平段方位进一步优化。运用该技术对靖平51-13井水平段方位进行优化设计,确定208°方向为水平段实施有利方向。

4. 水平段长度的确定

由于水平井钻井成本较高,从经济效益的角度来看,水平段长度并不是越长越好。结合靖边气田的地质特点,采用了气藏工程和经济分析的方法,来确定水平段合理长度。

根据经济评价结果,对于常规水平井而言,当水平段长度在1000~1200m之间时,财务净现值达到最大;当水平段长度大于1200m时,随着水平段的增加财务净现值逐渐减小。因此综合确定靖边气田碳酸盐岩储层常规水平井水平段合理长度应该在1000~1200m之间。

而对于多层开发的阶梯式水平井而言,则针对马五段气藏多层含气、层间非均质性强的特征,根据分层测试结果,建立三层气藏模型,进行分层水平段长度优化。数值模拟时,设计水平段总长度1000m,生产长度800m。

设计生产长度比例方案,以稳产期末采出程度和日产气量为依据,当次生产层与主力产层长度比例为200m/600m时,开发效果最好,稳产期末采出程度最大,因此确定主产层生产长度为600m,次产层生产长度为200m。

5. 靶点设计

根据靖边气田的地质特点,通过小层对比和地震横向预测,结合地层倾角和小层厚度变化情况,多方法计算靶点,以达到精确预测靶点的目的。

(四)水平井地质导向与调整技术

水平井地质导向技术是指在地质研究的基础上,基于随钻测井技术,综合录井、钻井等工程技术,对水平井井眼轨迹进行监测和控制的技术。靖边气田下古生界储层存在层薄、小幅度构造复杂、非均质性强等复杂的地质情况,对水平井精确入靶和轨迹控制提出了更高的要求。因此对于低渗透薄层水平井的钻探而言,水平井现场地质导向方法应用是否得当,直接关系到水平井的最终成功与否。

通过近几年的水平井开发实践,靖边气田水平井地质导向存在四大难点:一是下古生界马家沟组马五各小层储层岩性相近,均为褐灰色细晶—粉晶白云岩,肉眼分辨难度大,给层位归属及确定入靶点带来困难;二是主力气层厚度薄(3~5m),而工程钻井时一般要求水平段钻头飘移误差可在±1m之内,水平段轨迹容易出层;三是小幅度构造变化复杂,靖边气田小幅度构造整体趋势虽然较缓,但局部构造起伏较大,最大处可达到40m/km以上,由于马五$_1^3$厚度仅在3~5m之间,若对地层坡降预测精度不够,实施水平段时可能钻穿目的层;四是目前使用的地质导向仪器落后,距离井底存在13m左右的测量盲区,一些关键随钻数据只能人为预判,给现场轨迹控制造成一定的困难。

根据地质导向中存在的难点,经过不断的探索和研究,形成了针对低渗透薄层碳酸盐岩储层的地质导向技术,包括小幅度构造二次描述、靶点调整时机选取、入靶点位预测、水平段地质导向等。限于篇幅,此处不再一一赘述。

总体上通过水平井开发技术的应用,水平井的气层钻遇率和试气无阻流量不断攀升,实现了靖边气田下古生界气藏水平井的规模开发。截至目前,投产水平井平均单井日产气量达到了 $10 \times 10^4 m^3$ 以上,有效提高了下古生界薄层碳酸盐岩气藏的开发效果。

第八章 碳酸盐岩天然气勘探关键技术

第一节 碳酸盐岩地震目标评价与储层预测技术

自 20 世纪 80 年代末盆地中部靖边古风化壳气田发现以来,围绕奥陶系顶部岩溶古地貌形态及风化壳储层分布预测,地震勘探克服各种困难,发展出了适合鄂尔多斯复杂地表条件、针对风化壳型碳酸盐岩储层的地震勘探配套技术系列,对靖边风化壳型碳酸盐岩大气田的勘探和开发发挥了重要作用(蒋加钰等,1993)。

进入 21 世纪以来,随着碳酸盐岩勘探工作的深入和领域的不断拓展,地震勘探技术也取得了长足的进展,概括来讲,主要表现在以下三个方面:一是针对风化壳储层预测技术的完善和发展;二是针对奥陶系内幕白云岩储层地震预测的尝试和探索;三是针对台缘相带礁滩体及岩溶缝洞体目标的预测及评价。

一、奥陶系顶部古风化壳气藏地震目标评价

(一)气田勘探早期地震预测模式的建立

早在靖边气田勘探初期,在基本认识清楚了气藏分布主要受奥陶系顶部的岩溶古地貌控制、侵蚀沟槽的发育和识别是天然气勘探井位部署的关键因素后,即将地震勘探工作的主要力量用在了对奥陶系顶部岩溶古地貌的识别上,实践证明其在风化壳古地貌的刻画及井位部署中确实具有不可或缺的作用。

早期地质研究认为,风化壳期之后沉积的上石炭统—下二叠统,具有对风化壳期形成的侵蚀构造进行"填平补齐"的作用,可以根据其厚度变化的规律性,反过来推断奥陶系顶部侵蚀沟槽的分布等古地貌特征。而上石炭统—下二叠统下部厚度的变化一般在 15~30m 之间,恰好在地震剖面可以识别的范围内。

于是,地震与地质结合,依据上石炭统—下二叠统下部本溪组和太原组厚度的变化情况,建立了"复波型""下凹—复波型""充填型"三类侵蚀沟槽充填的正演模型(图 8-1)。并在大区上划分了"本溪组+太原组厚度正常区"(奥陶系顶部地层保留为马五$_1^1$)、"本溪组+太原组厚度加厚区"(奥陶系顶部地层保留为马五$_1^1$或马六段)和"区域剥蚀区"(奥陶系顶部地层保留为马五$_1^2$以下),并在此基础上结合地震、地质刻画奥陶系顶部岩溶古地貌形态(图 8-2)。

(二)地震古地貌识别与精细刻画技术的近期发展

早期古地貌刻画是建立在地震反射波形特征分析的基础之上,主要通过模型正演和波形分类形成基本的识别模式。但由于黄土塬区地貌、地表条件复杂,尤其是浅地表黄土层覆盖,地震波衰减严重,加之风化壳之上的上古生界煤层的吸收以及奥陶系顶面强烈侵蚀地貌引起的地震波散射等因素影响,使得奥陶系顶面附近的地震反射信号弱、信噪比低,给精细的古地貌刻画带来了较大的难度。

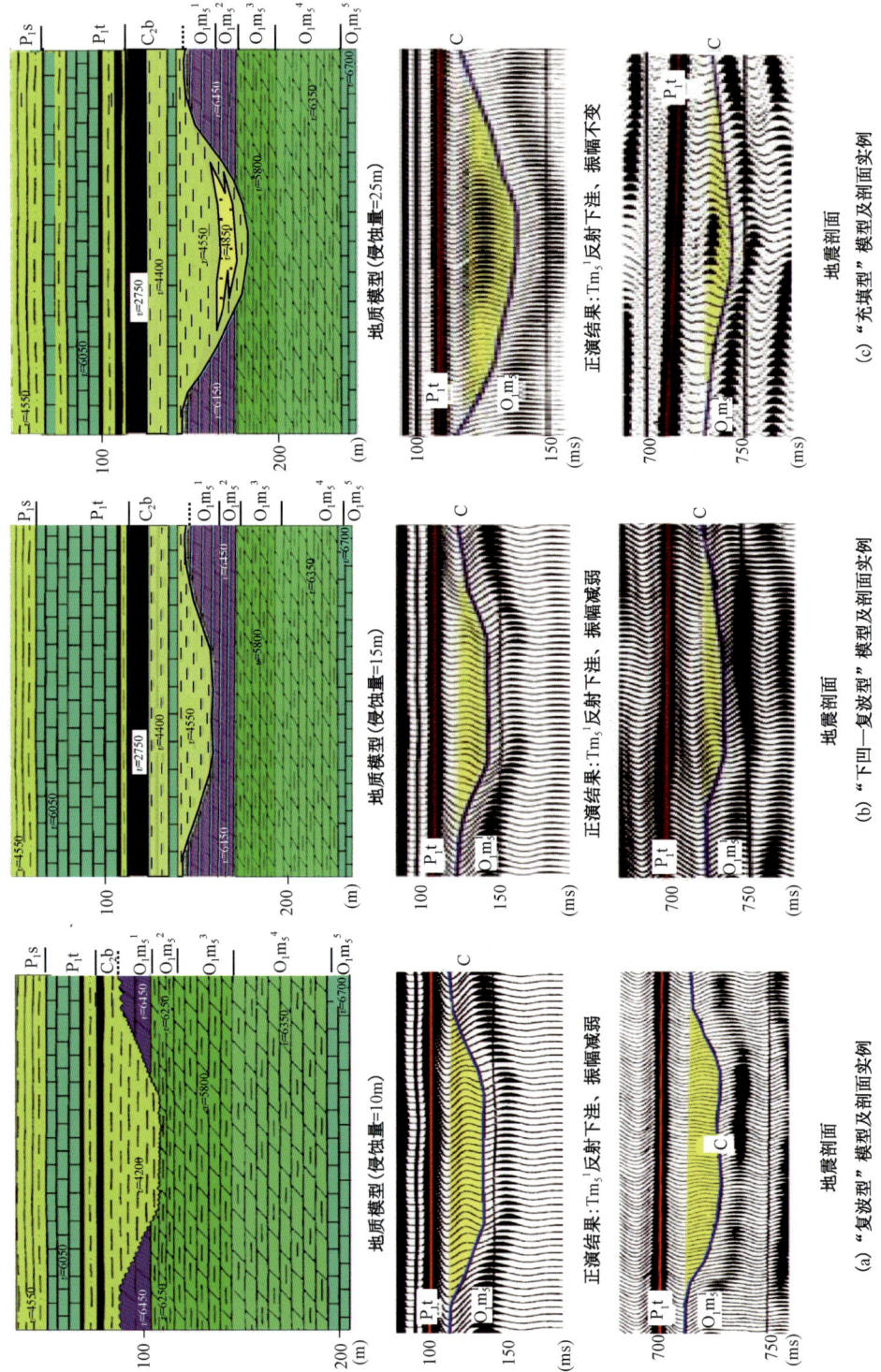

图8-1 靖边地区奥陶系顶部侵蚀沟槽地震反射模式

经过近年来持续的一体化攻关,包括宽线大组合、高密度、非纵等地震采集技术的攻关,使得针对奥陶系顶部风化壳的地震技术取得了长足的发展,目前已初步形成"定性—定量"的古地貌恢复技术系列,其核心是波阻抗反演技术。

1. 分区建立了10种古地貌正演模式

受区域上岩溶古地貌单元差异的影响,不同地区岩溶作用的强度、沟槽发育特征、下切深度等方面都存在较大差异,因而在某一特定区块建立的沟槽预测模式,往往在别的区块就不一定适用。为此,为适应大范围古地貌预测及成图的需求,分6个大区,建立了10种古地貌正演模式。

2. 层拉平、属性辅助识别及波阻抗反演综合应用

层拉平:针对上古生界底部可以大范围连续追踪的Tc2强反射层进行层拉平处理,可有效排除晚期构造、静校正等因素对奥陶系顶部古地貌的不利影响,使古沟槽在地震剖面上的反映更显直观明了。

属性辅助识别:超越简单的波形特征分

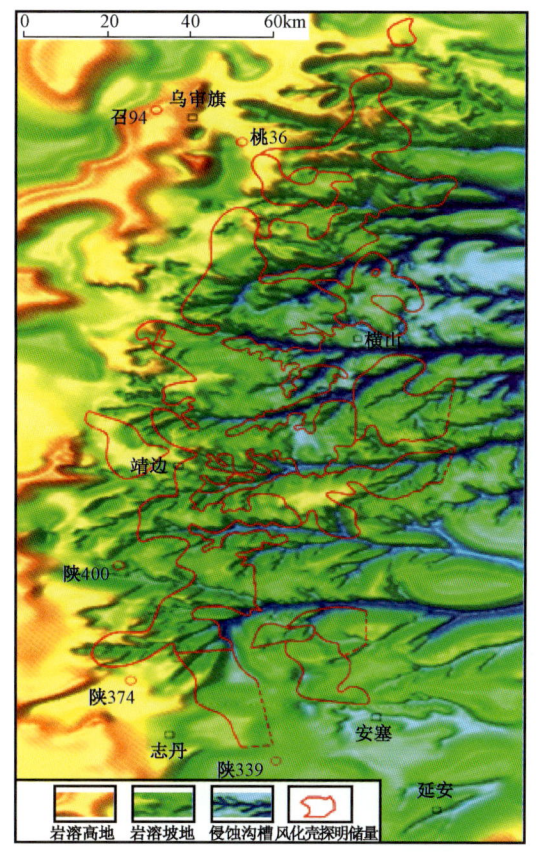

图8-2 地震、地质结合编绘的盆地
中部前石炭纪岩溶古地貌图

析,利用频率、相位、振幅及其在横向上的相对变化特征等地震反射信息的提取,可使沟槽识别等古地貌分析的方法更具多样性,大幅度提高了古地貌分析的精度和可靠性。

波阻抗反演:上古生界碎屑岩及煤层与下古生界碳酸盐岩具有明显波阻抗界面,上古生界砂泥岩地层的地震波速度一般为3200~3500m/s,波阻抗值为6500~15000(g/cm^3)·(m/s);煤层的地震波速度一般为2600~3000m/s,波阻抗值为3500~5500(g/cm^3)·(m/s),均明显低于下古生界的碳酸盐岩[地震波速度一般为5300~6600m/s,波阻抗值为15000~19000(g/cm^3)·(m/s)],因而在其界面附近会产生较强的地震反射。如果横向上发育侵蚀沟槽,在波阻抗反演剖面上也会表现出一定的横向变化的差异性。因而可以利用波阻抗反演技术,对侵蚀沟槽等古地貌特征开展精确有效的识别(图8-3)。

3. 古地貌预测精度及可靠性显著提高

在对奥陶系顶部岩溶古地貌的地震预测中,通过精细的对比分析发现,应用波阻抗剖面对古地貌识别的可靠性及预测精度明显优于常规地震剖面对古地貌的识别与预测。如图8-4所示,通过探井的验证,利用纵波阻抗剖面预测某探井古风化壳顶部充填石炭系厚度(印模法刻画奥陶系顶部岩溶古地貌的定量指标)的误差仅为3m,而利用常规地震剖面预测的误差则达10m左右。由此可见,在精细的奥陶系顶部古地貌刻画中,波阻抗反演等新技术的应用有着广阔的前景。

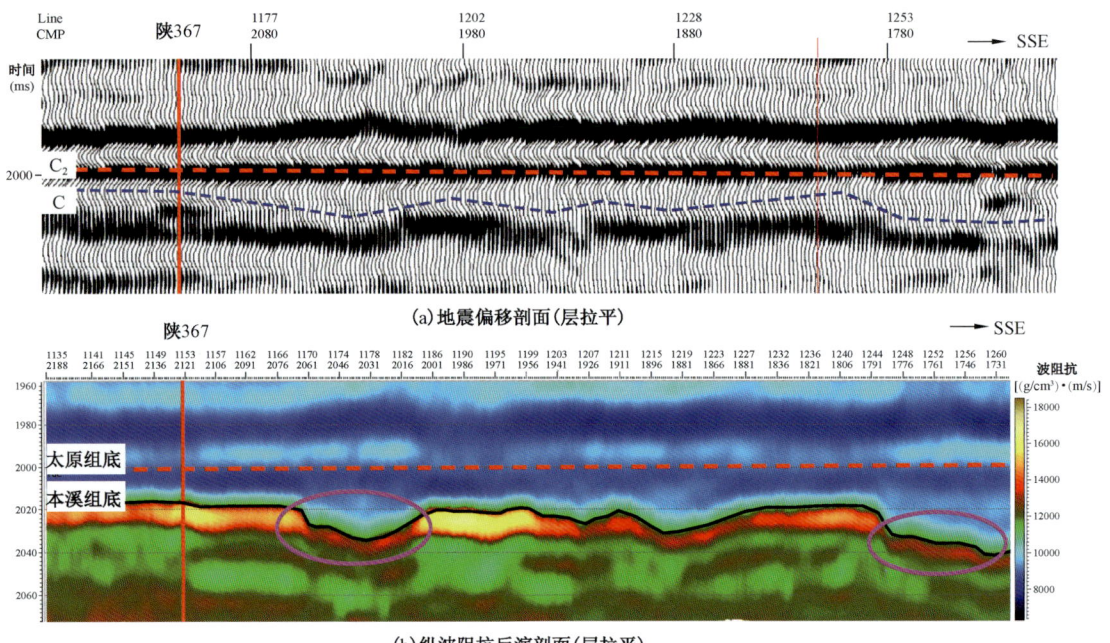

图 8-3　地震偏移剖面与纵波阻抗反演剖面

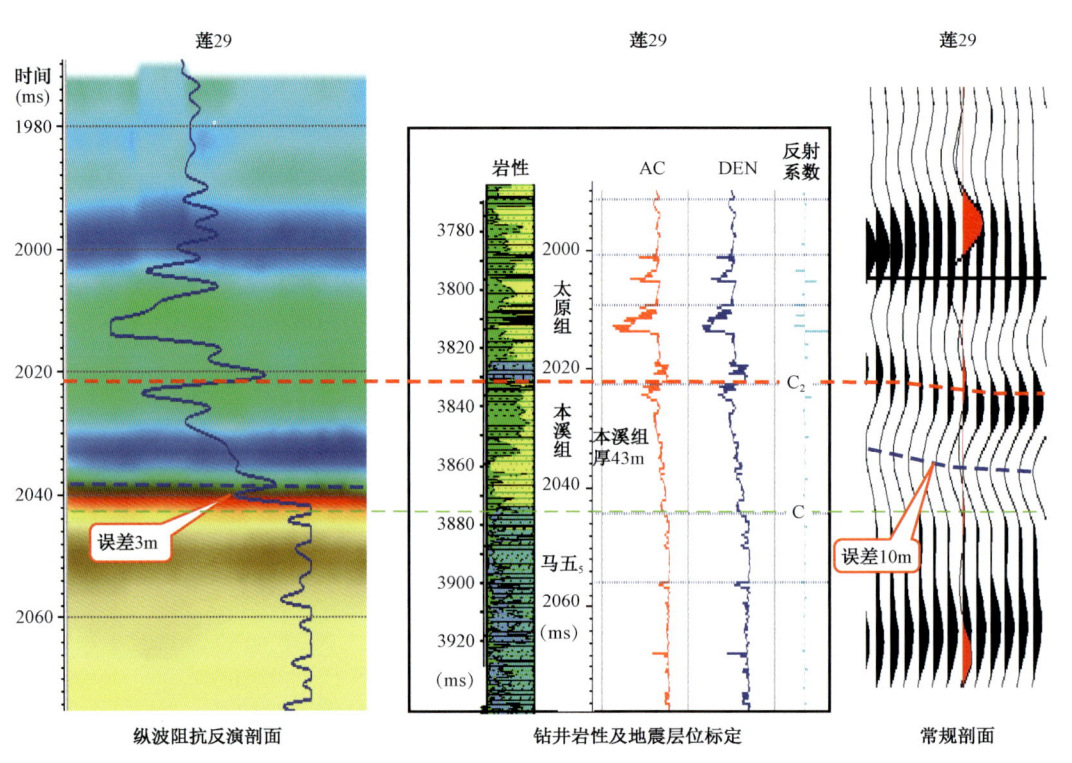

图 8-4　波阻抗剖面与常规剖面识别古地貌精度对比

(三) 风化壳储层预测及含气性检测技术

奥陶系顶部的风化壳储层厚度较薄，有效储层的厚度通常在 3～8m 不等，这给地震储层预测乃至含气性检测都带来极大的挑战。通过近 10 余年来的探索与努力，在风化壳储层预测

— 170 —

及含气性检测方面终于取得了一定的发展。其技术的核心是对储层预测敏感性因子的分析，通过反复的对比分析表明，针对石灰岩与白云岩、储层与非储层、含气与非含气等判识因素，地震波阻抗及泊松比等弹性参数的交会分析对上述因素具有较好的区分性（图8-5）。于是，在这一发现的指引下，创新应用"叠前弹性反演"和"频率域属性分析"技术，实现了风化壳储层的有效预测及含气性检测，在针对风化壳储层的探井部署中取得了较好的应用效果（图8-6）。

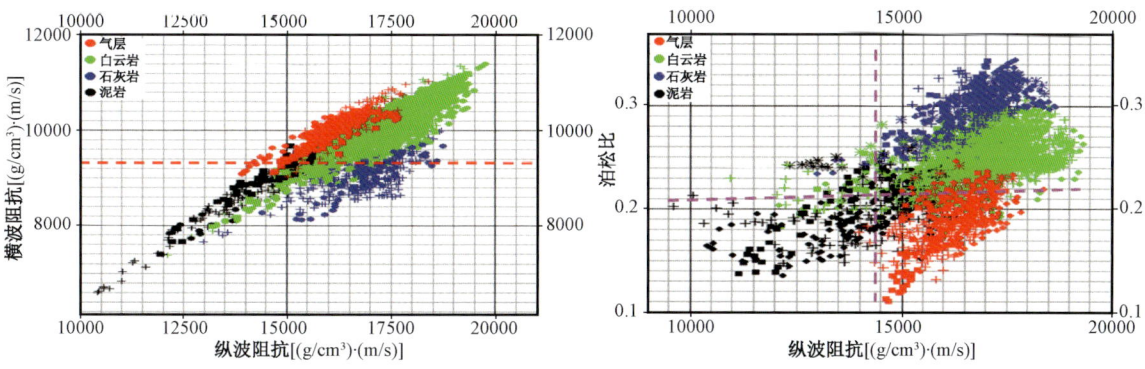

图8-5 风化壳储层预测及含气性检测敏感性因子分析

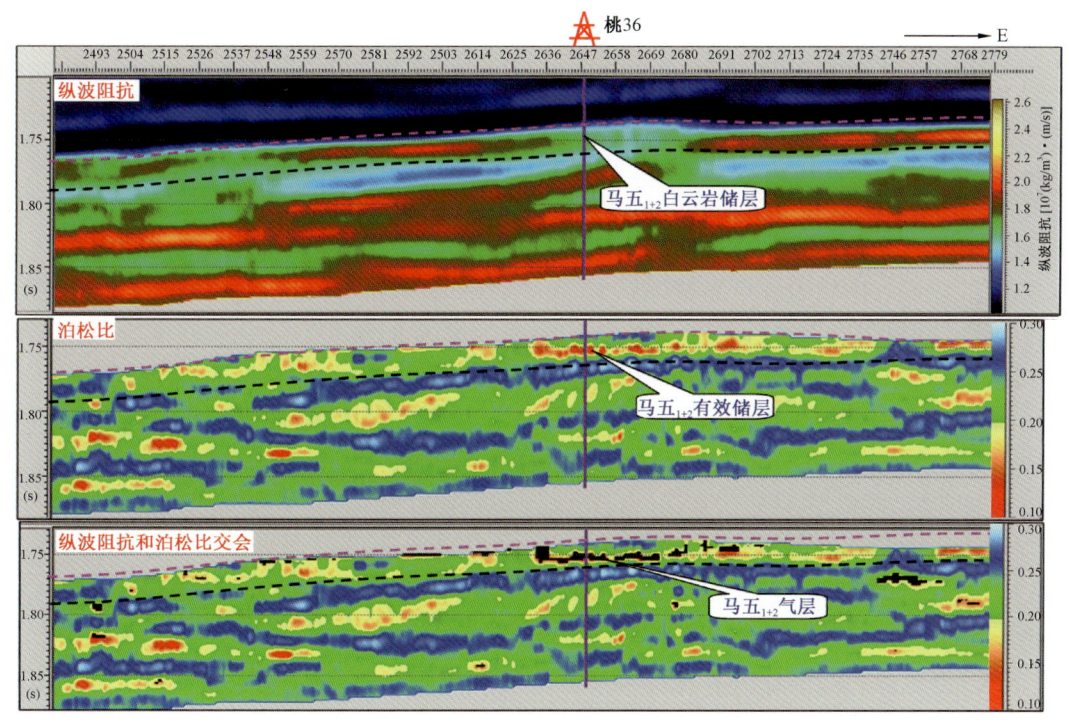

图8-6 07KF6865测线叠前弹性反演及交会剖面实例

桃36井马五$_{1+2}$气层厚9.9m，试气获112.5×10^{4}m^3/d

二、奥陶系内幕白云岩储层预测

（一）白云岩与膏盐岩等围岩岩石力学参数的差异

远离风化壳的奥陶系内幕白云岩储层，其岩石孔隙类型及岩石结构特征，以及储集岩与周

— 171 —

围围岩的关系等都与风化壳储层有显著的不同,风化壳储层的白云岩以泥晶—粉晶结构的白云岩为主,储层孔隙类型主要为膏盐结核溶解形成的球状溶孔,储层岩石结构与非孔隙性的白云岩围岩基本相似,但由于多有凝灰质泥岩夹层分隔及球状溶孔发育程度对波阻抗的影响,通常在地震响应上具有一定的可区分性。奥陶系内幕的白云岩储层孔隙类型主要为白云石晶间孔,岩石类型以粗粉晶—细晶结构的晶粒白云岩为主,其围岩有硬石膏岩、盐岩、石灰岩以及致密白云岩等复杂的变化及空间展布关系,预测难度明显加大。因此精细分析白云岩储层与各类围岩岩石物理及地震响应参数的差异,是有效预测内幕白云岩储层的关键。

通过对该区白云岩储层与各类围岩岩石物理参数的对比分析表明(表 8 – 1),白云岩与石盐岩类围岩有明显的波阻抗差异,但与石灰岩、硬石膏岩的差异相对较小,且当白云岩中孔隙较发育时,其波阻抗又与石灰岩更趋接近。因此,要在这种复杂的围岩背景下分析白云岩储层的地震响应特征,必须进一步分析其所处地层纵向及横向的岩石组合规律。

表 8 – 1　白云岩储层与各类围岩地球物理参数对比

岩性	声波时差（$\mu s/m$）	地震波速（m/s）	密度（g/cm^3）	波阻抗 $[(g/cm^3)\cdot(m/s)]$
石灰岩、云质灰岩	150 ~ 165	6660 ~ 6060	2.76 ~ 2.69	18380 ~ 16300
白云岩	148 ~ 170	6750 ~ 5880	2.87 ~ 2.70	19370 ~ 15870
硬石膏岩	155 ~ 165	6450 ~ 6060	2.96 ~ 2.88	19090 ~ 17450
石盐岩	225 ~ 240	4440 ~ 4160	2.20 ~ 2.16	9770 ~ 8980

(二) 白云岩围岩及盖层岩石类型分区性的确定

奥陶系中组合的白云岩储层主要分布在马五$_5$、马五$_7$ 及马五$_9$ 等小层中,而马五$_5$、马五$_7$ 及马五$_9$ 都是夹在蒸发岩旋回中短期海侵沉积形成的碳酸盐岩,其本身在地震剖面中的响应特征与其上、下的蒸发岩围岩岩性有直接关系,而蒸发岩的岩性差异大,易于在地震上产生可识别的响应特征。因而按照先易后难的原则,可以先将容易区分的马五$_6$ 等蒸发岩层段在面上的岩性分区先区别开来,然后再分区建立目的层段白云岩储层的预测模式。

1. 马五$_6$ 蒸发岩层段岩性识别与分布预测

通过综合应用叠前反演及现代体属性分析等方法,可较为准确地确定马五$_6$ 白云岩与硬石膏岩分界线,以及硬石膏岩与石盐岩的分界线,进而在宏观上明确马五$_6$ 的岩性分区(图 8 – 7),为后期盐下白云岩储层及相带预测奠定基础。

利用地震属性预测盆地马五$_6$ 亚段硬石膏岩分布范围约 7680km^2,结合地质综合分析认为是膏盐岩下马五$_7$、马五$_9$ 天然气成藏最有利的目标区带。

由图 8 – 8 可见,在马五$_6$ 白云岩—硬石膏岩分界的确认过程中,常规地震剖面中硬石膏岩与白云岩实际上由于其波阻抗差异很小而很难准确确认,但在密度反演剖面、振幅属性剖面及高亮体属性剖面中却可以较好地反映其岩性分区特征。

2. 马五$_5$ 岩性相变识别

马五$_5$ 亚段位于马五段中部,地层厚度一般在 25 ~ 30m 之间,是夹在蒸发岩地层中的一段短期海侵沉积的碳酸盐岩。其地层岩性存在区域性的岩性相变,在鄂尔多斯东部主要为石灰岩分布区,向中部靠近古隆起区逐渐相变为以白云岩为主。对其岩性变化区域的准确刻画,是寻找马五$_5$ 岩性圈闭气藏有利目标的关键。

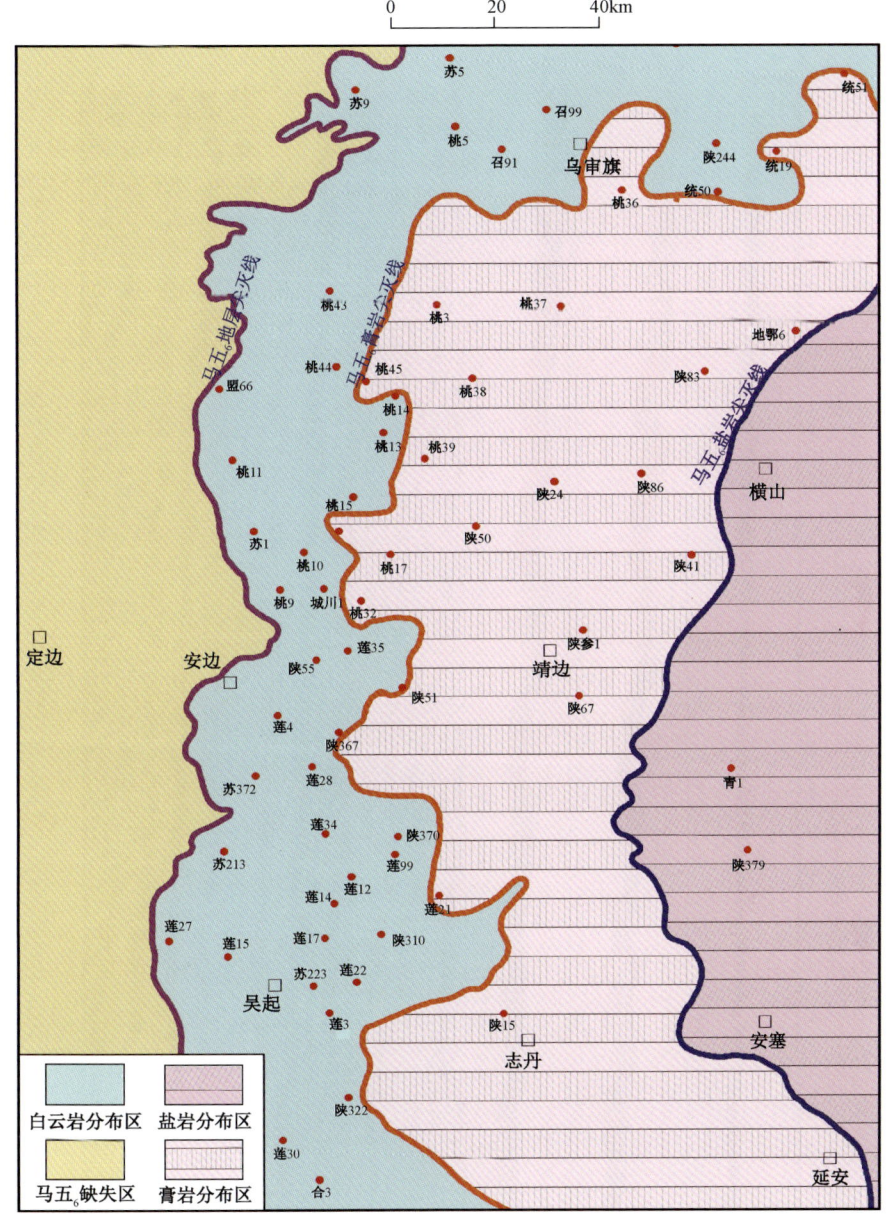

图 8-7 地震、地质预测古隆起东侧马五₆亚段岩性分区图

在常规的地震资料分析中,由于石灰岩与白云岩地震波速度及密度差异均较小,因而波阻抗差异也必然较小,导致在常规地震反射剖面上很难识别马五$_5$岩性在横向上的变化特征。

针对这一情况,通过岩石物理参数分析,发现在波阻抗与光电截面指数(Pe)交会图上(图 8-9),石灰岩与白云岩有较显著的分区性。尤其当区分了横波阻抗与纵波阻抗时,石灰岩与白云岩在横波阻抗上空间重叠区域相对更小,也就更有利于应用波阻抗剖面来识别其岩性变化。由此,通过参数优选,创新研制出了叠前纵波和拟横波阻抗联合预测技术,显著提高了利用地震资料进行马五$_5$石灰岩与白云岩分布预测的精度,为结合地质分析对马五$_5$相带展布研究和白云岩岩性圈闭成藏目标预测奠定了较为可靠的基础。

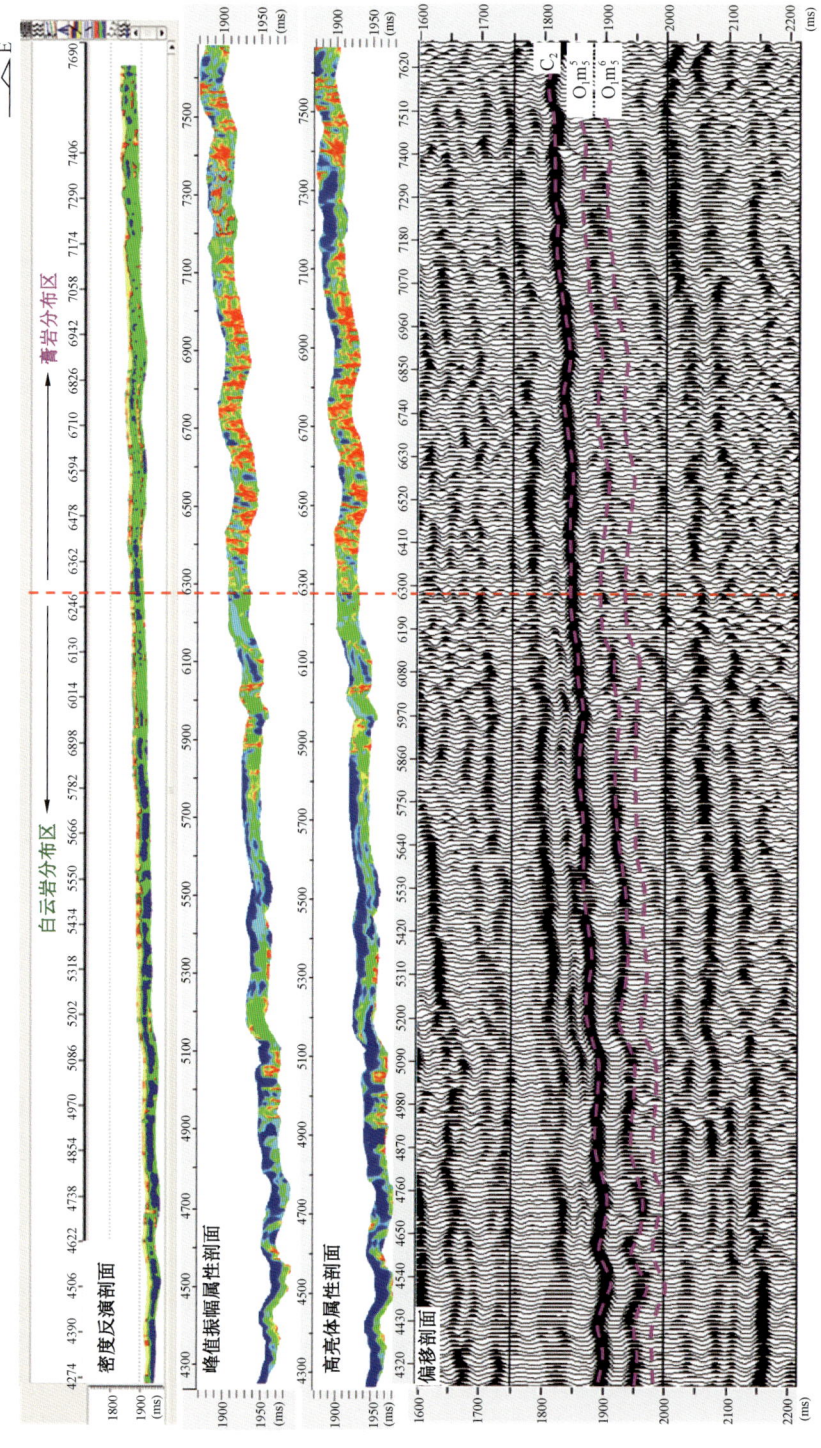

图8-8 H106473测线偏移、叠前反演及属性剖面综合识别马五₆岩性分区

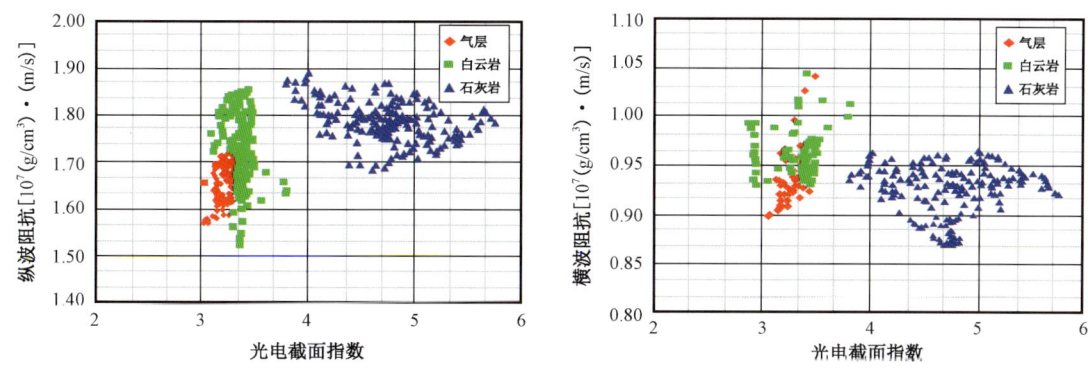

图 8-9 马五$_5$亚段波阻抗与光电截面指数(Pe)交会图

(三)内幕白云岩储层预测及含气性检测

1. 井震结合建立不同相区目的层段附近的地震响应模式

通过不同相区典型代表井段的地层岩性结构及其地球物理参数的变化分析,结合过井地震剖面的地质层位精细标定,建立了目的层段附近各自不同的地震响应模式(图 8-10)。

如图 8-10 所示,在马五$_6$盐岩分布区,马五$_7$白云岩与盐岩围岩波阻抗差异较大,反射系数达 0.128~0.243,表现为中—强能量反射;在马五$_6$硬石膏岩分布区,由于马五$_7$白云岩与硬石膏岩围岩波阻抗差异较小,硬石膏岩与白云岩反射系数仅为 0.015~0.061,所以表现为中—弱能量反射特征;马五$_6$白云岩分布区,马五$_7$白云岩与上覆围岩波阻抗差异极小,白云岩与灰质云岩间的反射系数基本为 0,因而多表现为空白或弱反射特征。

2. 多参数属性分析预测白云岩储层

针对奥陶系内幕白云岩储层与致密白云岩围岩之间波阻抗差异小的难点,通过岩石物理分析优选参数,创新应用叠前纵波和拟横波阻抗联合预测技术,提高了白云岩储层的预测精度。对盐下勘探的新领域,则尝试开展了应用高亮体属性分析来预测膏盐岩下白云岩储层的新技术(图 8-11)。

3. 集成应用分频能量对比、泊松比反演等解决含气性检测难题

通过综合分析岩电试验参数及已有试气探井在目的层段的测井响应特征,并对比各类属性参数变化在过井地震剖面上的响应特征后发现,泊松比与分频能量对比对内幕白云岩的含气性有较敏感的反映(图 8-12,图 8-13)。

根据上述对比资料的分析,在岩性及储层预测的基础上,集成应用叠后分频能量对比、吸收衰减、振幅频率比和泊松比反演技术,以试图解决奥陶系内幕白云岩含气性检测的难题(图 8-14)。对于盐下白云岩储层,还尝试应用了叠前波阻抗反演及纵横波速度比等技术来预测其含气性。

三、盆地西部及南缘台缘相带地震储层预测

奥陶纪马家沟组沉积末期开始,鄂尔多斯地区的构造及沉积演化的差异性凸显,尤其表现在西南部秦祁海域的沉积特征与鄂尔多斯本部华北海域具有显著的不同,秦祁海域具开阔海陆棚及深水盆地沉积特征,而代表华北海域的鄂尔多斯本部地区则处在陆表海台地的末期并开始整体抬升,现今所谓的盆地西部及南缘当时则刚好处在两大海域的过渡交汇部位,具有明

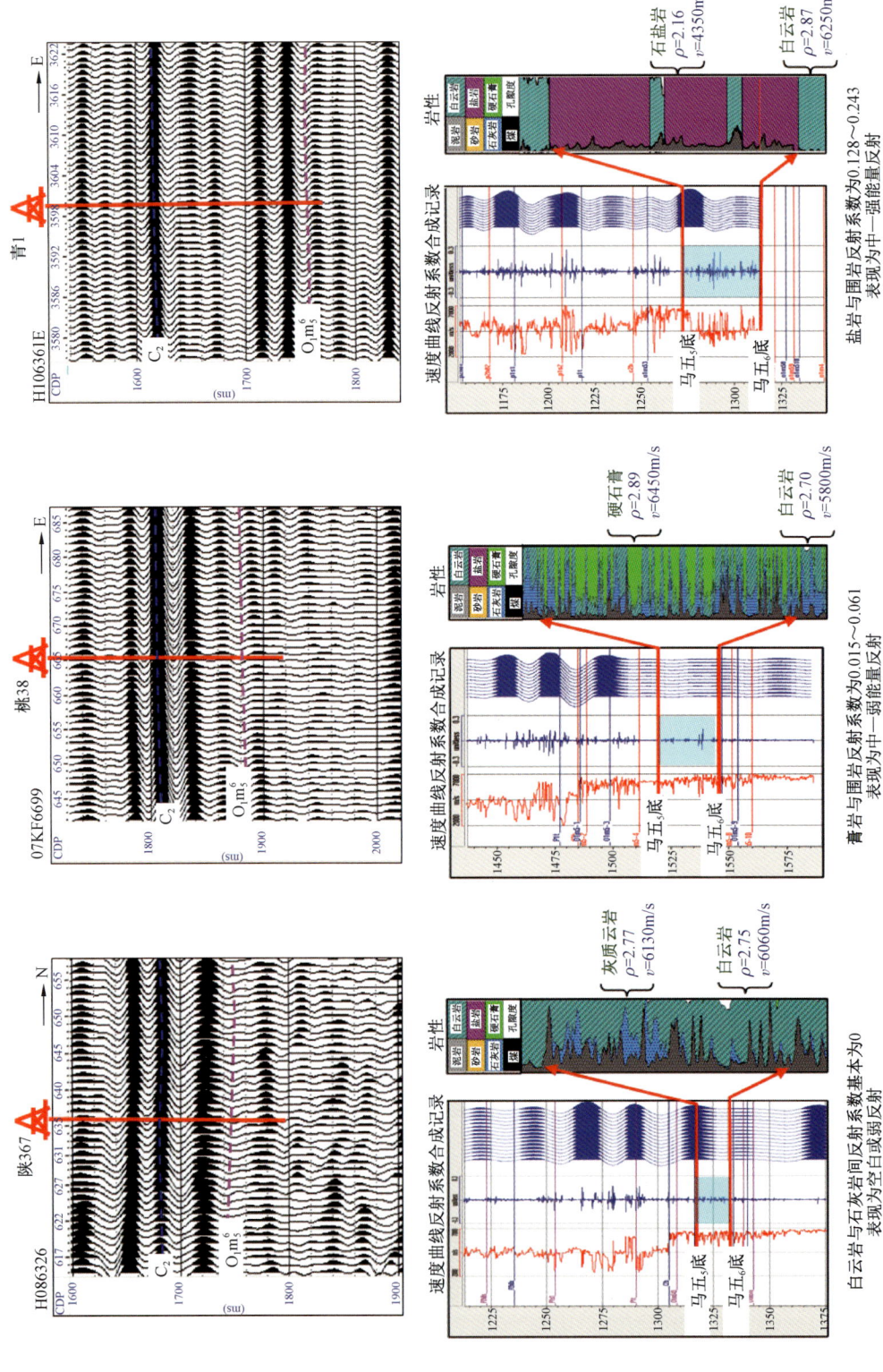

图8-10 不同相区过井地震剖面与地层岩性反射特征对比

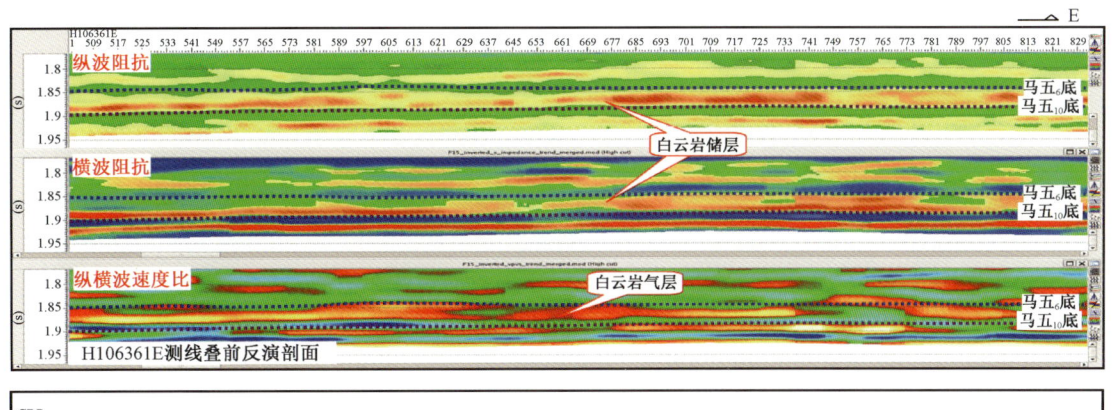

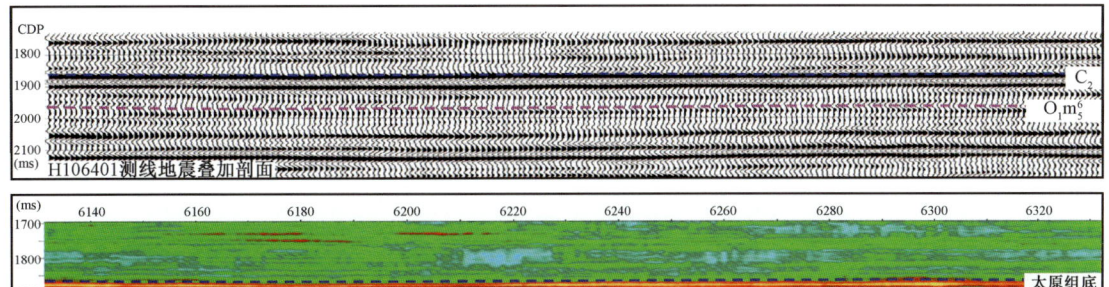

图8-11 波阻抗反演及高亮体属性剖面预测盐下白云岩储层及含气性

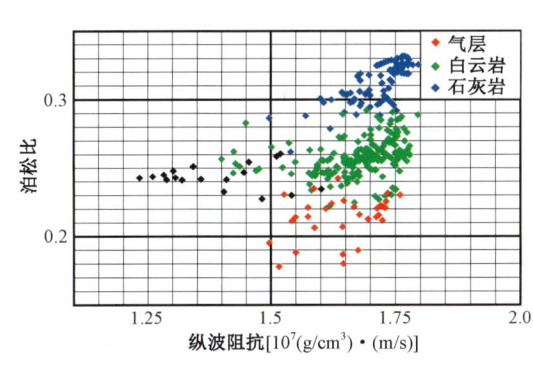

图8-12 奥陶系内幕白云岩
纵波阻抗与泊松比交会图

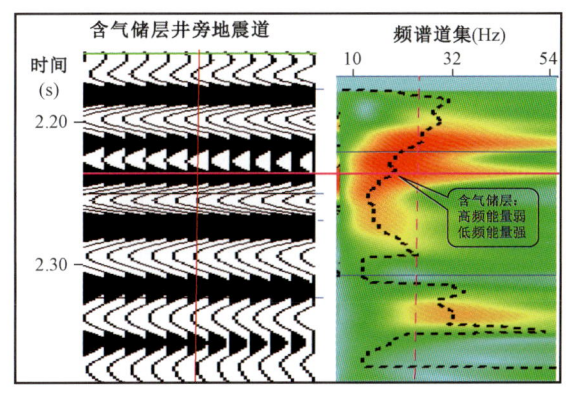

图8-13 分频道集与白云岩含气性分析

显的台地边缘相带的沉积特征。由于构造及沉积环境的特殊性,导致其所在区域奥陶纪沉积的地质体特征与鄂尔多斯本部也具有显著的不同,从近期天然气勘探的角度来讲,主要发育岩溶缝洞体、台缘礁滩体、白云岩体等需要地震勘探工作者特殊关注的异常地质体。

(一)台缘礁滩体地震识别

1. 地质研究建立基本的沉积相模式

在鄂尔多斯盆地奥陶纪大区岩相古地理及沉积相研究的过程中,通过东、西两大海域古构造及古地理环境的对比分析,逐步认识到盆地本部与西部及南缘沉积特征存在明显的差异,并

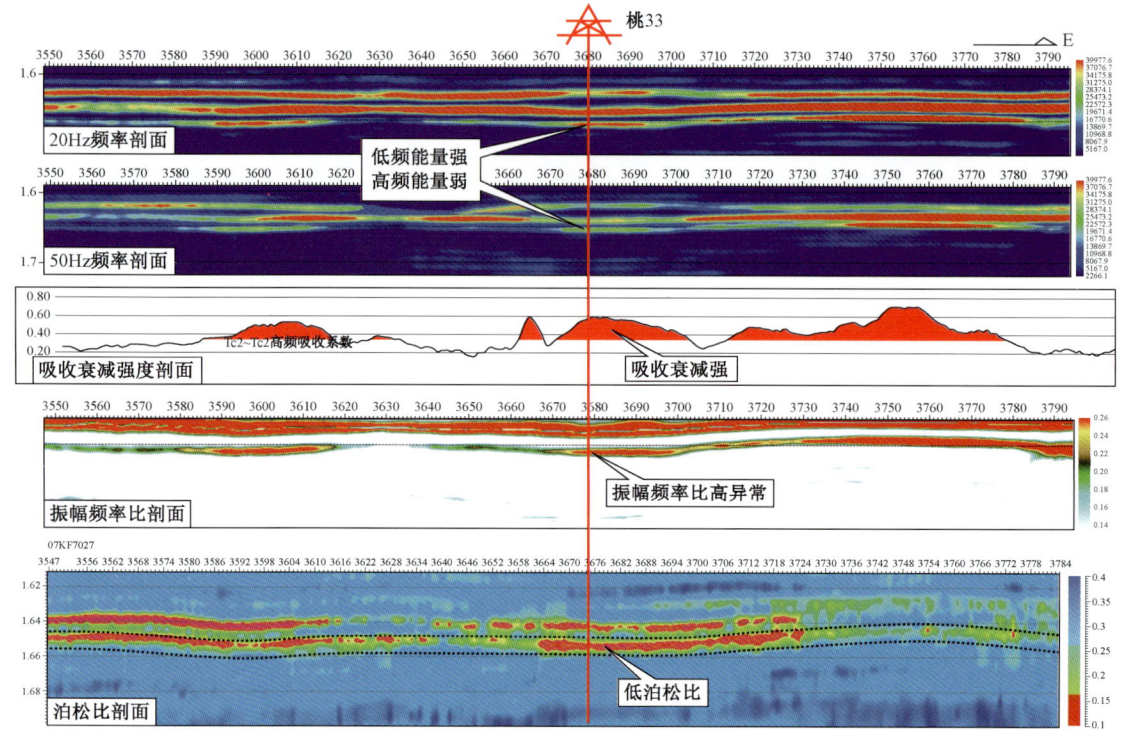

图8-14 07KF7027测线马五₅白云岩含气性检测分析剖面

桃33井马五₅气层25.3m,试气获无阻流量$31.54 \times 10^4 m^3/d$

开展了与四川盆地二叠纪—三叠纪海相沉积特征的对比研究,提出了奥陶纪克里摩里组沉积期,盆地西部及南缘处于陆棚与台地的过渡部位,可能存在着台地边缘礁滩相带的认识。

在此基础上,初步建立了台缘相带的沉积模式,预测了可能发育礁滩沉积体的位置,提出了针对礁滩体勘探的二维地震部署目标(盆地西北部的天环北目标区和西南缘的麟游北目标区),并同时预测了礁滩体在地震剖面上可能出现的异常反射特征:(1)由台地向海槽方向奥陶系呈楔状增厚趋势;(2)局部发育由规模生物建隆作用引起的丘状隆起反射形态,以便于在后续地震勘探部署与采集设计及资料处理等工作中建立适宜的技术方案和正确的解释识别模式时能起到一定的指导作用。

2. 地震资料采集

针对盆地西北部地区地表条件尚可(半干旱沙漠草原区),但低降速带厚度大的特点,地震采集开展了井炮和可控震源两种激发方式的对比实验,以寻找适合该区地表及浅层地质条件的地震采集新方法。通过实验,选定可控震源合理的激发方式:排列方式:4870—90—20—90—4870;覆盖次数:160。

利用可控震源技术,2008年在盆地西北部天环北段针对奥陶系礁滩体勘探的地震采集处理中取得较好效果,资料品质明显提升,主要表现在如下几个方面:(1)地震资料信噪比明显提高;(2)反射连续性增强;(3)内幕反射较为清晰;(4)深部信息增强,异常体反射特征更为清晰。

如图8-15所示,可控震源采集的地震剖面与常规震源采集的剖面相比,目的层段反射连续性明显增强,奥陶系内部反射也更为清晰,对于在面上落实可疑礁滩体的分布发挥了较为重要的作用。

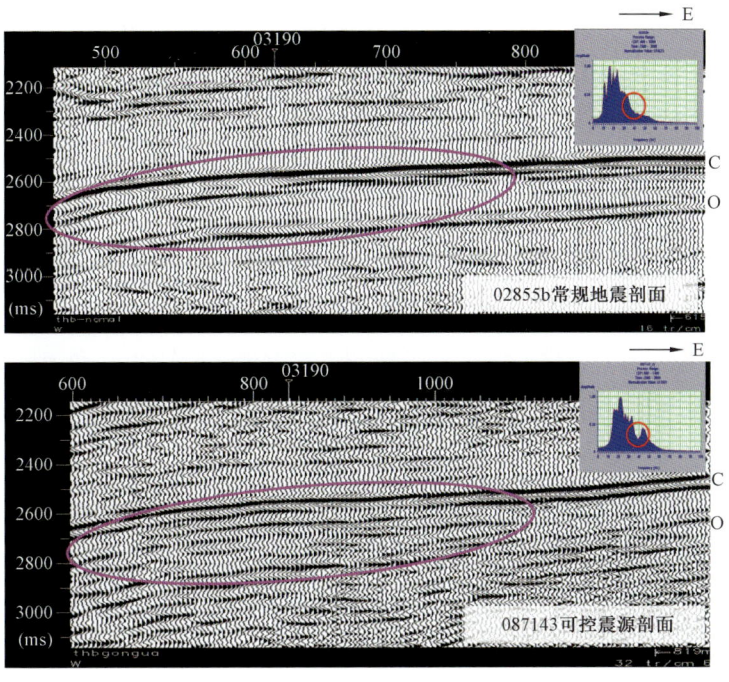

图 8-15 天环北目标区可控震源采集地震剖面与常规采集对比

可控震源:8X4;排列方式:4870—90—20—90—4870;覆盖次数:160

在盆地西南缘麟游北目标针对礁滩体的地震勘探,则由于受地表条件的限制(主要为黄土山地,不便于可控震源的采集作业),仍采用常规的地震采集技术进行,但由于采集密度及覆盖次数的提高,总体上仍获得了较好的地震资料品质,基本上也可用于奥陶系内幕礁滩体的地震预测。

3. 地震相分析建立识别模式

在盆地西北部天环北目标区及西南缘麟游北目标区针对奥陶系台缘相带礁滩体的勘探中,依据地震反射特征,可将奥陶系内幕地震反射特征划分出"强—不连续反射相"、"弱—空白反射相"和"中强—连续反射相"三种典型的地震相,在与四川盆地二叠系礁滩体典型地震反射特征对比分析后认为,"强—不连续反射相"即是本区奥陶系内幕礁滩体的典型地震反射响应特征(图8-16)。

并且,这种反射多出现在一定规模的"丘状隆起"反射形态的范围之内,与地质预测局部隆起内幕可能具有"杂乱反射、空白反射"等异常反射特征的分析基本吻合,在结合区内已有古生界探井的地质分析基础上,大胆预测了奥陶系礁滩体在目标区范围的分布,并据此提出了针对奥陶系礁滩体勘探的风险探井部署目标及井位建议,目前已初步取得一定的勘探成效。

如盆地西北部天环北目标区针对奥陶系礁滩体部署实施的一口风险探井——棋探1井,在奥陶系克里摩里组钻遇海绵骨架礁灰岩16.4m,海绵骨架孔隙较发育,试气产水315m³/d,证实该区确实发育礁滩体储层,具备天然气成藏的储集条件,也进一步验证了地震礁滩体预测的可靠性。

另外,在盆地西南缘麟游北目标区针对奥陶系台缘相带礁滩体部署的一口风险探井(麟探1井),在礁滩体预测方面也取得了较好的地质效果。

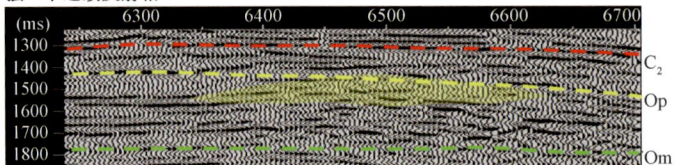

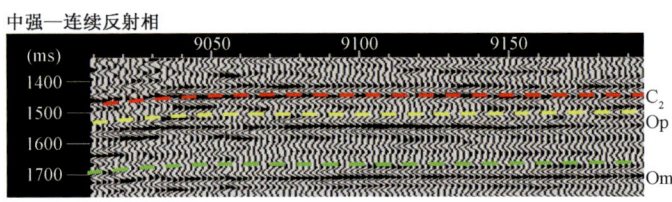

图 8-16 奥陶系礁滩体地震识别模式

（二）台缘相带岩溶缝洞体地震预测

盆地西北部地区奥陶系克里摩里组发育大段的石灰岩地层,在加里东构造抬升的古风化壳期,由于经历了长期的大气淡水淋滤,加之构造抬升导致的张性断裂及裂隙的配合,多发育有规模分布的岩溶缝洞体储层。这种缝洞性储层一般发育在克里摩里组中—上部的纯石灰岩地层中,对原始沉积组构具有一定的选择性,因而在空间上多呈不连续的似层状（或准层状）分布,从已有探井的钻遇情况看,其在平面上的分布有较大的不确定性,因而有必要借助地球物理手段开展岩溶缝洞型储集体的分布预测。

1. 岩溶缝洞体的地震响应特征

由于岩溶缝洞型储集体通常表现为未充填、半充填或全充填的岩溶洞穴及部分垮塌、裂缝发育的顶板围岩。即使是全充填的岩溶洞穴,由于围岩的支撑与围限作用,其内部的角砾状充填物通常成岩程度差,结构相对较为疏松,与周围的致密灰岩围岩仍具有较大的波阻抗差异,因而在地震剖面上也应具有较明显的响应特征。

如图 8-17 所示,通过对已有探井岩溶缝洞段实际测井资料的分析,结合由缝洞段的声速、密度等岩石物性参数与围岩对比建立的正演模型研究,表明缝洞体主要为"短轴状的强反射"特征,与过井地震剖面所反映的实际反射特征有较好的一致性,表明这种反射特征基本上可以用于缝洞型储集体的识别和预测。

此外,除了基本的波形特征分析外,属性特征对于缝洞体储层的预测也具有一定的实际意义。如本区在针对缝洞体勘探的余探 1 井部署中,除应用常规的波形特征外,还尝试应用了振幅属性和甜点属性的剖面资料,通过形态和属性资料的互相参照而综合选定了具体井位（图 8-18）。该井实钻在奥陶系克里摩里组上部,钻遇角砾状充填的石灰岩洞穴层 11.5m,试气获 $3.46 \times 10^4 m^3/d$ 天然气流,使岩溶缝洞体勘探见到了一线新的曙光。

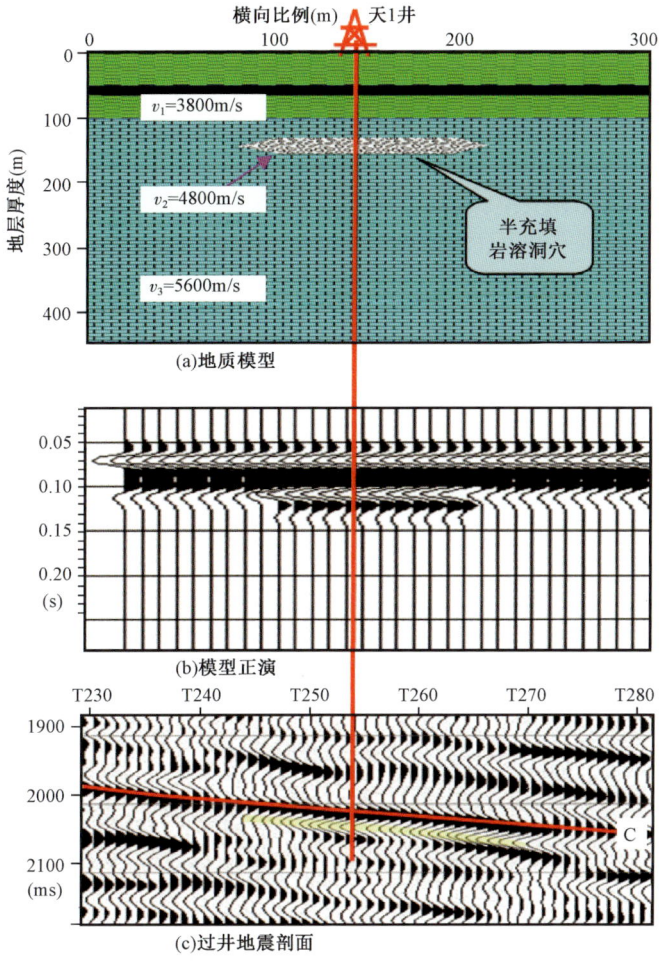

图 8-17 岩溶缝洞体模型正演及过井地震剖面特征

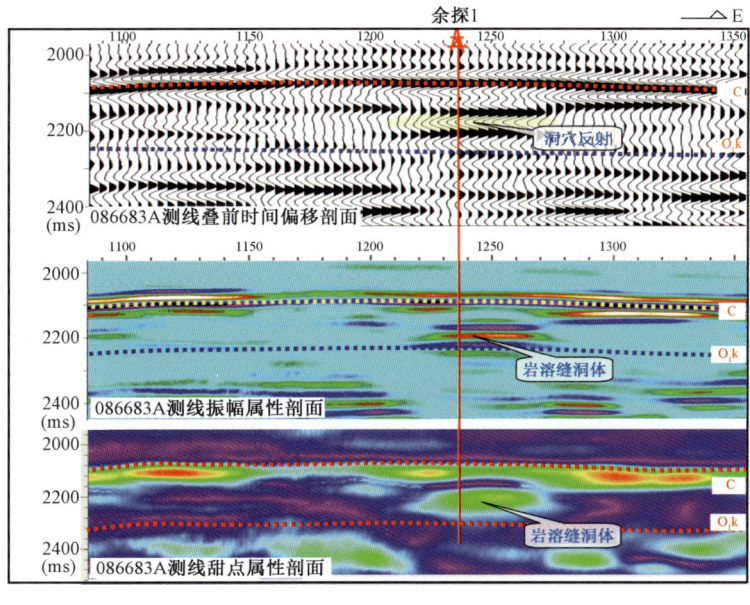

图 8-18 岩溶缝洞体地震常规及属性反演剖面特征

— 181 —

2. 岩溶缝洞体平面分布预测

通过对岩溶缝洞体地震响应特征的分析,初步明确了利用二维地震资料预测缝洞体分布的基本方法,即波形特征分析与属性反演的有机结合。

按照这一思路和方法,结合岩溶缝洞体储层发育的地质规律分析,对盆地西北部地区(天环北目标区)已有的二维地震资料进行了系统的排查,并在缝洞体异常反射点段识别的基础上,强化地震属性识别等技术攻关,沿台缘带向南、北两个方向连续追踪,整体预测了目标区内缝洞体的平面分布(图8-19)。共识别岩溶缝洞体40余个,总面积约1500km^2,为进一步拓展祁连海域勘探新领域提供了重要目标。

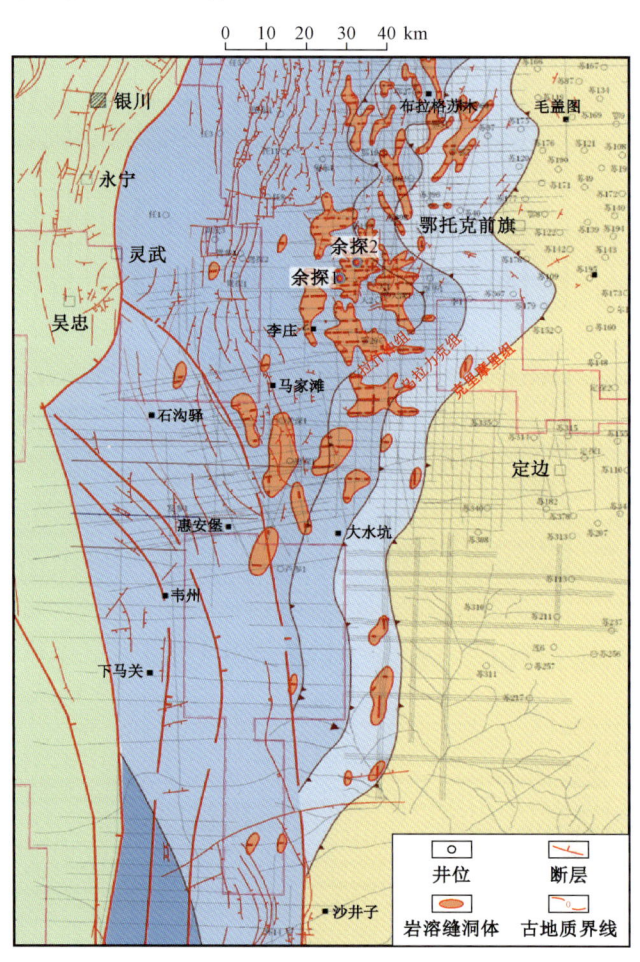

图8-19 鄂尔多斯盆地西北部地震预测奥陶系岩溶缝洞体分布图

在上述地质研究及地震预测技术攻关的基础上,针对奥陶系岩溶缝洞体部署实施的余探1井、余探2井相继在克里摩里组岩溶缝洞段取得发现,使盆地西部奥陶系岩溶缝洞体的勘探取得初步成效。

(三)层拉平技术预测白云岩储集体发育的有利相带

台缘相带白云岩储集体的分布主要受沉积相带的控制,沉积期的古沉积底形特征是白云岩储集体发育的基础。对盆地西北部地区奥陶系白云岩发育规律的地质分析认为,沉积时古沉积底形的相对高部位对于古生物礁体的繁盛和水下生物建隆的形成十分必要。因此,寻找沉积时的局部相对高部位就成为追寻白云岩储集体分布的关键。

在盆地西北部地区奥陶系古沉积底形的分析中,勘探工作者尝试应用二维地震资料,用"定洼探隆、反弹琵琶"的方法寻找古沉积底形的相对高部位,进而预测白云岩储集体发育的有利沉积相带。提出这一方法的由来,主要是由于该区钻入下古生界的探井相对稀少,分布也极不均匀,很难利用钻孔资料控制古沉积底形在面上的变化格局;而区内地震资料相对较丰富,面上分布也较均匀,因而有条件在面上展开分析。但问题是在单纯针对目的层段(主要是奥陶系克里摩里组)的分析中,地震反射资料的分辨率又达不到要求,难以准确分辨和追踪克里摩里组的顶、底界反射界面。

经过反复的层位标定及比对分析,研究人员发现中—上奥陶统(主要为泥质碳酸盐岩及泥质岩类)与下伏的克里摩里组(以纯碳酸盐岩为主)有相对明显的反射界面,基本上可以在横向上连续追踪对比,加之中—上奥陶统的顶界面与上古生界为区域性不整合接触,是可以连续追踪的可靠强反射界面,因而可通过其顶底界面的追踪,在面上较准确地刻画出中—上奥陶统厚度的变化特征,尤其是"隆洼分布"的基本格局。应用地震反射剖面的层拉平分析技术,可以直观地显现出中—上奥陶统在横向上"洼槽"的分布(图8-20),那么与"洼槽"相邻则必然有"隆起"的存在,由此可以在面上确定出中—上奥陶统的隆洼分布格局。

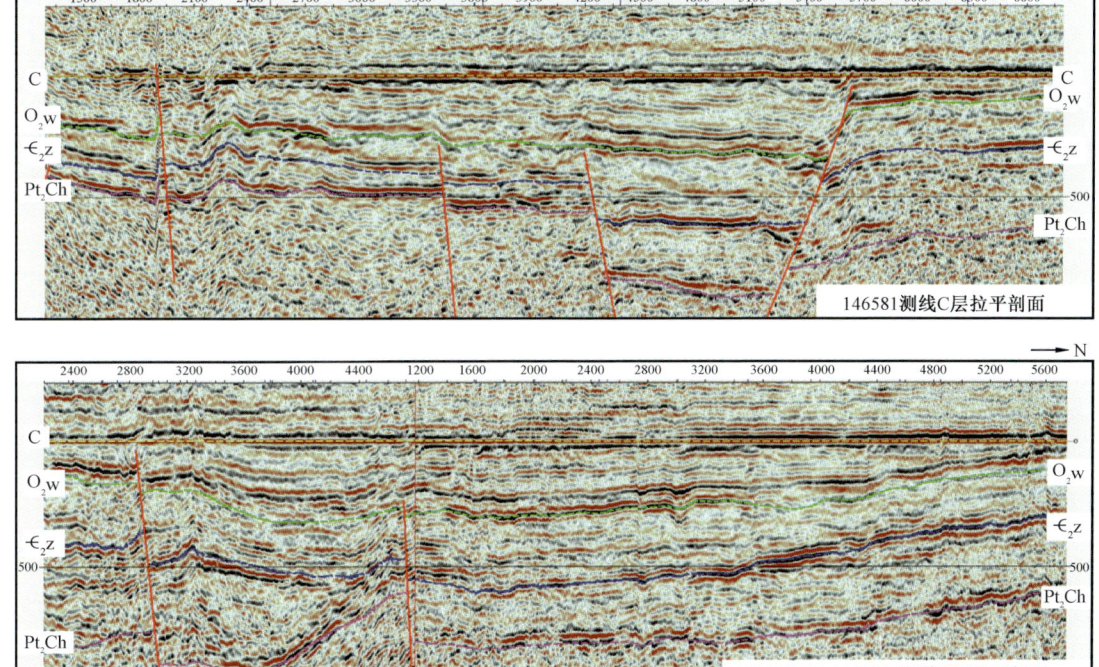

图8-20 地震层拉平剖面显示中—上奥陶统隆洼分布特征

然后,根据中—上奥陶统与克里摩里组为连续的沉积,期间没有大的沉积间断,其沉积环境的演化应有较好的继承性,据此可间接推断出克里摩里组沉积期沉积底形的"隆洼分布"格局,即中—晚奥陶世的"洼"基本对应着克里摩里组沉积期的"洼",中—晚奥陶世的"隆"也基本对应着克里摩里组沉积期的"隆"。由此,即可通过中—上奥陶统的地层厚度变化分析(图8-21),间接推断出克里摩里组沉积期古沉积底形的基本特征,进而为克里摩里组白云岩储集体分布的预测以及有利成藏目标的优选提供了较为可靠的地质依据。

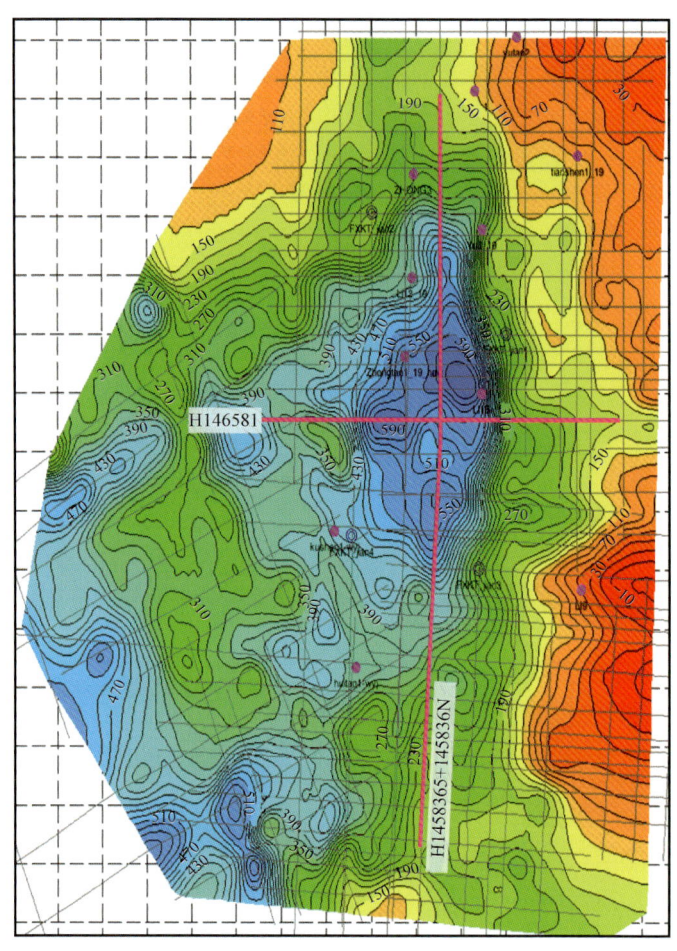

图 8-21　鄂尔多斯盆地西北部地震预测中—上奥陶统地层厚度图(单位:m)

第二节　碳酸盐岩测井气层判识技术

测井技术在油气田的勘探及开发过程中发挥着十分重要的作用,在鄂尔多斯地区下古生界碳酸盐岩气藏的勘探中也更是如此。其突出作用可简单概括为以下几个重要的方面:一是提供了连续的岩性解释剖面,为研究地下地质情况、进行沉积环境和层序分析提供了较为可靠且连续完整的纵向剖面资料;二是可以较为准确地判识天然气储层及其含气性,为试气选层提供可靠的地质依据;三是通过对储层的测井精细评价,可为储量计算参数的提取提供基本保障。

本节结合鄂尔多斯地区下古生界碳酸盐岩地层发育及气层分布的特点,着重讨论测井技术对钻井钻遇复杂碳酸盐岩—蒸发岩层系进行地层岩性的识别,以及测井在碳酸盐岩储层及气水层判识中的一些实用方法,并简要介绍成像测井新技术在本区碳酸盐岩地层天然气勘探中的一些应用情况。

一、碳酸盐岩—蒸发岩层系的测井岩性识别

在鄂尔多斯地区奥陶系马家沟组碳酸盐岩—蒸发岩层系中,由于气候旋回及海平面变化

旋回交迭的影响,碳酸盐矿物、硫酸盐矿物及石盐类矿物反复交迭出现,使其形成的岩石地层在剖面结构上往往较为复杂,这给钻井之后利用测井资料进行钻孔钻遇地层的岩性识别带来较大的难度。因而不像在砂泥岩地层中,简单地利用自然伽马曲线就基本可以区分开砂岩与泥岩,在碳酸盐岩—蒸发岩层系中情况则要复杂得多,除自然伽马外,还要综合考虑利用密度、声波时差和光电截面吸收指数(Pe)等多种方法来综合识别钻孔钻遇地层的岩性,并进而结合地质录井分析等资料来建立可靠且连续完整的测井岩性综合解释剖面,这也正是钻孔沉积学分析、储层识别及油气水层判识的基础。

本区下古生界天然气勘探及开发过程中所采用的常规测井仪器主要是5700(或3700)测井系列,或与之相应的 EIlog 系列。针对本区古生界所采用的测井曲线类型主要有双侧向—微球形聚焦、声波时差、岩性密度、自然伽马能谱、自然电位、补偿中子、井径、Pe 和地层倾角等,其中可用于岩性解释的曲线类型主要有密度、声波时差、光电界面吸收指数(Pe)、自然伽马和井径等,用于储层孔隙性解释的则主要是声波时差(AC)、密度(DEN)和自然电位(SP)等,用于含气性解释的则主要为深浅侧向电阻率、感应电阻率及补偿中子(CNL)等。

而在岩性解释中则主要利用造岩矿物在密度、时差、Pe 等方面的测井响应不同(表8–2)进行综合交会识别。如理论上讲,方解石与白云石的声波时差分别为 155.6μs/m 和 143.2μs/m,但实际上由于岩石结构、裂缝发育等因素的影响,两者在声波时差曲线上很难区分,但通过 Pe 的差异(方解石 Pe 为 5.08,白云石 Pe 为 3.14)却可以很好地在 Pe 曲线上区分之;再如硬石膏岩与石灰岩在 Pe 曲线上很难区别(硬石膏 Pe 为 5.05,方解石 Pe 为 5.08),但结合密度曲线却很容易将两者区别开来(方解石为 2.71g/cm³、硬石膏为 2.98g/cm³)。

表8–2 碳酸盐岩层系主要造岩矿物测井响应特征参数对比表

名称	化学式	声波时差 ($\mu s/m$)	测井密度 (g/cm^3)	Pe (巴/电子)	自然伽马、井径等其他 测井曲线响应特征
方解石	$CaCO_3$	155.6	2.71	5.08	石灰岩层段自然伽马通常较低,遇有裂隙层段有扩径
白云石	$CaMg(CO_3)_2$	143.2	2.87	3.14	白云岩层段自然伽马有高有低,井径一般较正常
硬石膏	$CaSO_4$	170.6	2.98	5.05	硬石膏层段通常自然伽马低,井径正常
石盐	NaCl	229.3	2.04	4.65	石盐岩层段通常自然伽马较低,井径多出现异常扩径
黏土矿物	$(Al,Mg)_2[Si_4O_{10}]$ $(OH)_2 \cdot nH_2O$		2.52	3.45	泥岩层段具高自然伽马异常
石英	SiO_2	182.1	2.64	1.81	砂岩层段低自然伽马,部分渗透好的层段有缩径现象
钠长石	$NaAlSi_3O_8$	160.8	2.59	1.68	

注:表中声波时差、密度、Pe 等参数取自斯伦贝谢公司的测井参数表,声波时差单位由英制换算为 SI 制;黏土矿物种类繁多、成分复杂,这里仅以蒙皂石为代表。

由此,通过各类测井参数的综合判识,即可在连续的测井剖面上得到连续完整的测井岩性解释剖面(图8–22),这对于后续碳酸盐岩—蒸发岩地层的沉积相分析及沉积环境演化研究,乃至有效储层及油气水层的判识甚为重要。

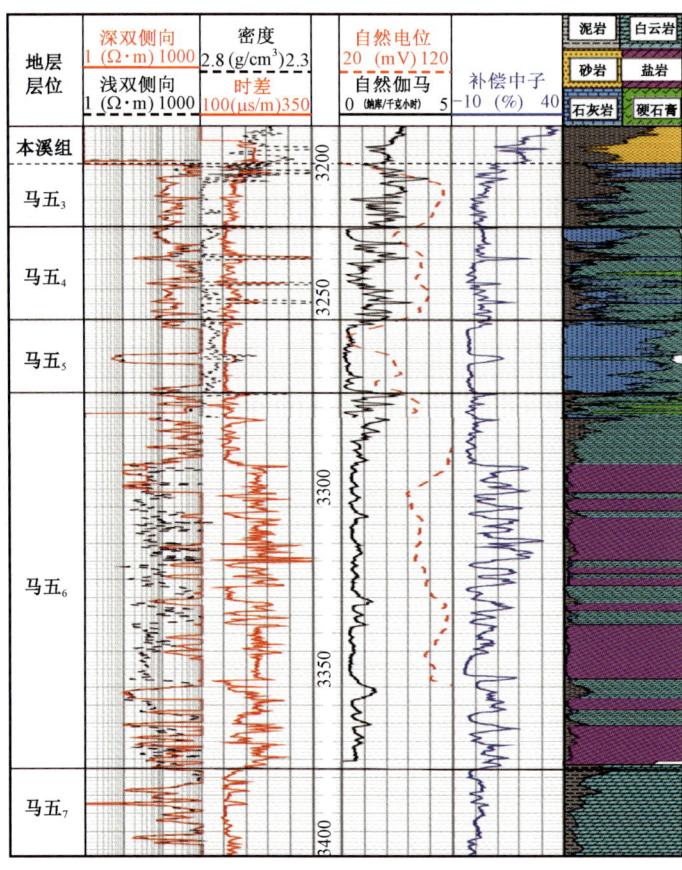

图 8-22 青1井奥陶系马五段中—上部测井岩性解释剖面图

二、碳酸盐岩储层及气水层测井判识

（一）可能的有利储层发育层段排查

鄂尔多斯地区下古生界碳酸盐岩及碳酸盐岩—蒸发岩层系中,有效储层主要发育在碳酸盐岩地层中,石灰岩、白云岩中均发育有效储层,但以白云岩储层居多。从本区现有的碳酸盐岩实际勘探经验看,有效储层一般都发育在较纯的石灰岩或白云岩地层中。通过近年来的测井实践,逐步形成本区碳酸盐岩储层判识的基本方法,即先在连续的测井岩性解释剖面中寻找较纯的石灰岩或白云岩层段,然后再看这些层段是否具有明显的声波时差及密度异常（即明显偏离正常岩石骨架的声波时差或密度值）,并判断这些异常是否是由于异常的井径等因素引起,最后才选定待精细分析的这些可能的有效储层段,即针对不同类型储层需采用不同的判识标准。

（二）有效储层段精细解释

对有效储层段的精细解释,主要基于孔隙性岩石相对于理论上无孔骨架岩石的声波时差和密度等参数的相对变化,以及实际孔隙度、渗透率分析资料对声波时差和密度等参数的"刻度"比对,来求取储层岩石的孔隙度、渗透率等储层物性参数,这些参数可以根据测井曲线的实际采样精度（一般为每 0.125m 一个采样点）逐点进行求取,最后再分段求取平均值,并给出各精细解释层段的物性解释参数及相关的敏感测井曲线参数。

利用声波时差计算碳酸盐岩孔隙度的公式为：

$$\phi = 100\left(AC - 146.547 + 100 \times \frac{GR - GR_{min}}{GR_{max} - GR_{min}} \times \frac{AC - 150}{620 - 250}\right) \times \frac{1}{294.7} \quad (8-1)$$

式中，ϕ 为孔隙度；AC 和 GR 分别代表测井的声波时差和自然伽马；GR_{max} 和 GR_{min} 分别为纯泥岩和纯石灰岩（白云岩）的自然伽马值。

渗透率解释公式为：

$$\lg K = 1.363 \times \left(2.017 - 0.479 \times \frac{R_t - R_{xo}}{R_t} + 0.325 \times \frac{CNL}{DEN} - 2.654 \times \frac{GR - GR_{min}}{GR_{max} - GR_{min}} - 0.345 \times E_f\right) \quad (8-2)$$

式中，K 为渗透率；R_t、R_{xo}、CNL 和 DEN 分别代表测井的深侧向电阻率、冲洗带电阻率、补偿中子和密度；E_f 为剪切模量。

（三）气、水层判识

油气水层判识是矿场地球物理测井工作的核心内容，它是关系到最终选层开展试油或试气工作成败的重要环节。

对于碳酸盐岩层系而言，判识油、气和水的关键技术细节与砂岩地层又有着一定的差异。本区碳酸盐岩地层天然气勘探及开发中的测井评价工作，是在储层岩石类型及微观孔隙结构研究的基础上，结合地质录井及气测录井资料的综合分析，逐步建立起来的适合于本区碳酸盐岩储层气水判识的有效方法，并通过最终试气结果的校正，形成了适应于本区碳酸盐岩气藏地质特征的测井气水判识标准图版，其中电阻率—声波时差交会图版是气层识别和流体性质判识的最有效方法之一（图 8-23）。

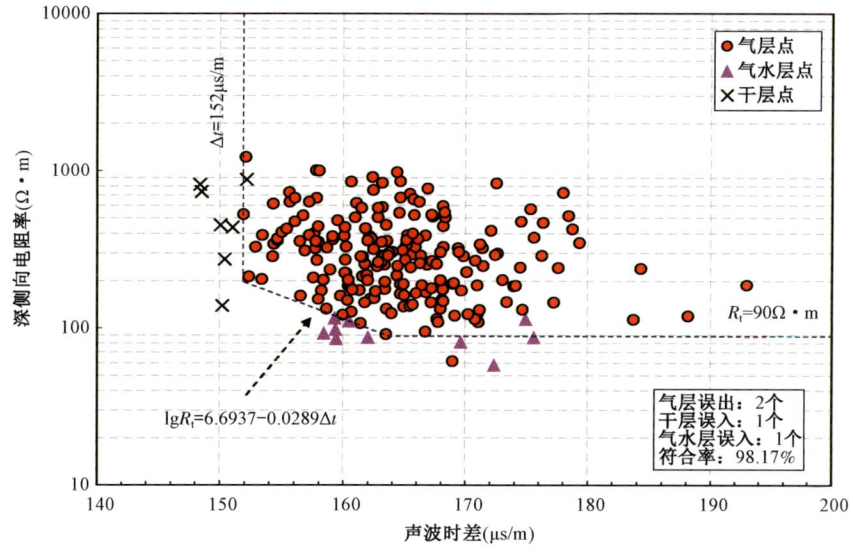

图 8-23 靖边气田西侧马五$_{1+2}$风化壳储层及气水层判识图版

采用 84 口井 202 个气层点，10 个气水层点，7 个干层点

对于风化壳储层，储层孔隙主要为硬石膏结核溶蚀后形成的球状溶孔，孔径大小多在 3~5mm 之间，多有风化裂隙相互沟通，岩石基质主要为泥晶—粉晶白云岩，结构相对较致密，非孔隙层段的致密围岩结构特征与孔隙层段的岩石基质结构基本相同。因此，当孔隙较发育时，

孔隙层段与围岩有较明显的对比性差异,并导致在气水层的判识上也具有明显的标志性特征。通常,如果储层完全含气(不含水时),深侧向电阻率一般大于200Ω·m,深、浅侧向为正差异(即深侧向电阻率大于浅侧向电阻率),表明钻井液以减阻侵入为主;相反,如果储层以含水为主,则深侧向电阻率通常小于100Ω·m,深、浅侧向电阻率多为负差异(即深侧向电阻率小于浅侧向电阻率),钻井液表现为增阻侵入特征;储层中如果气水同层时,则电阻率值多在100～200Ω·m之间,深、浅侧向电阻率差异多不明显,钻井液以增阻侵入为主。但在具体的气水层判识过程中,常由于储层孔隙发育程度、微裂缝发育情况以及地层水矿化度等因素的影响而具有一定的复杂性,因而也常导致气水层的误判。为解决这一问题,常常要根据各区块地质条件的不同分区建立风化壳储层的气水层判识标准及图版,并结合感应测井、补偿中子等其他测井项目进行综合判识(图8-23)。

对于白云岩晶间孔型储层,由于其在岩石基质结构和孔隙类型及孔隙结构特征等方面与风化壳溶孔型储层有一定的差异,因而导致其在储层评价及气水层判识上也存在一定的差异。

白云岩晶间孔型储层的岩石基质结构主要为细晶—粗粉晶白云石晶粒结构,孔隙类型以白云石晶间孔为主,此外也伴有一定量的溶孔和少量构造微缝,岩石孔隙分布相对较均匀,孔隙之间多以晶间微细喉道相连通,具有一定"弥散性"或"透入性"的孔喉结构特征;岩石基质结构与孔喉结构基本呈互为补充的有机整体。而风化壳溶孔型储层岩石基质以泥晶—粉晶白云石它形镶嵌结构为主,基质结构相对较致密,孔隙以较大的球状溶孔为主,孔隙之间多以网状风化裂隙相连通,孔喉连通性相对较好,岩石基质结构与孔喉结构似乎呈互不相干的两组结构单元。

因此,当白云岩晶间孔型储层的孔隙较发育时,通常表现为大段的高时差、低密度特征(时差一般>160μs/m,密度ρ<2.75g/cm^3),且由于孔隙层段多发育在较纯的白云岩层段中,因而储层段也多具有低伽马的特征。

在气、水层判识上,由于孔隙结构及岩石基质结构的差异,白云岩晶间孔储层与风化壳溶孔储层也有明显的不同(图8-24)。如在判识气、水层时,深、浅侧向电阻率的正差异(钻井液减阻侵入)往往并不能有效判识储层是否含气,即深、浅侧向正差异仍有可能是水层(图8-25)。但深侧向电阻率的绝对值对气水层的判识仍较为可靠,其气层段的深侧向电阻率值多在150Ω·m以上,补偿中子多小于10%。气层、水层的各项测井参数的差异可参考表8-3所列数据进行比对。

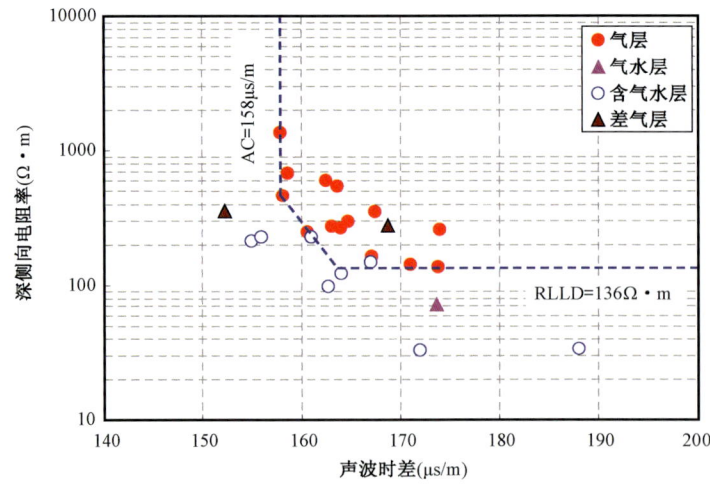

图8-24 靖西地区马五$_5$亚段气水层判识电阻率与声波时差交会图

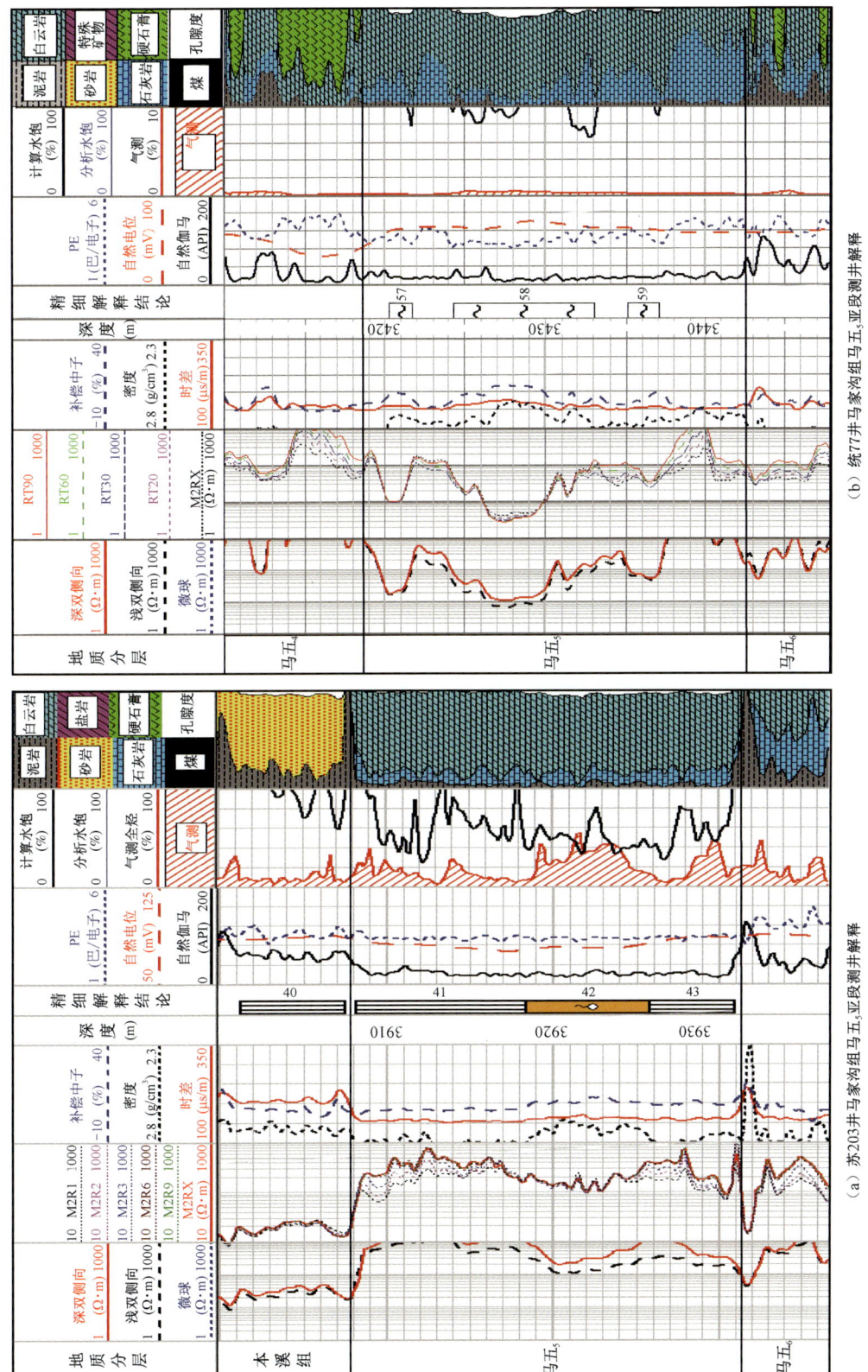

图8-25 奥陶系马家沟组马五₁亚段测井解释

(a) 苏203井马家沟组马五₁亚段测井解释

(b) 统77井马家沟组马五₁亚段测井特征对比图

表 8-3 奥陶系马家沟组马五$_5$白云岩典型气层与水层测井特征对比表

井号	层位	井段 (m)	厚度 (m)	电阻率 (Ω·m)	深、浅侧向电阻率差异	视孔隙度 (%)	时差 (μs/m)	密度 (g/cm³)	补偿中子 (%)	视气饱 (%)	解释结论	峰值 (%)	基值 (%)	井口产量 (m³/d)	无阻流量 (m³/d)
苏203	马五$_5$上	3908.1~3918.4	10.3	2045.9	正差异	2.1	156.0	2.80	6.72	18.72	干层	2.88	0.39		
苏203	马五$_5$中	3918.4~3925.8	7.4	461.5	正差异	5.0	163.4	2.73	10.93	66.94	气层	5.52	0.43	222673	1040882
统77	马五$_5$上	3420.3~3421.8	1.5	60.5	正差异	4.0	164.0	2.74	8.96	0.00	水层	0.44	0.33	综合解释为水层,未试气	
统77	马五$_5$中	4060.1~4065.6	5.5	2258.0	正差异	5.9	168.3	2.72	9.41	0.11	水层	0.63	0.36		

三、成像测井在碳酸盐岩储层精细评价中的应用

成像测井是近年来发展较快的矿场地球物理测井新技术。由于成像测井资料能够将地层的各种层理构造和孔缝结构等现象直观显示,因此利用成像测井资料进行沉积相研究具有独特的优势;此外碳酸盐岩溶孔及裂缝等在成像测井资料上也有一定的反映,加之孔隙发育本身就与沉积相及微相结构有着直接的关联性,因而成像测井在本区碳酸盐岩储层精细评价中也得到了较好的应用效果。

(一)风化壳储层成像测井评价

成像测井的关键是建立成像资料与实际地质资料之间的对应关系。最直接的地质资料应当是钻井取心资料。因而在本区风化壳储层的成像测井分析中,以岩心取样为第一参照标准,通过对岩心进行全井周扫描,并结合岩心物性、微观孔隙结构及宏观的孔洞缝发育及产状特征与孔洞充填物性质分析,在岩心储层发育及分布规律方面和测井图像特征之间建立起刻度关系,并进而建立风化壳储层的成像测井解释模式。

针对本区碳酸盐岩风化壳储层,主要利用微电阻率扫描成像资料和电成像孔隙谱资料来分析储层孔隙发育特征并进行产能预测评价。

1. 风化壳层段基本成像测井解释模式

利用电成像测井(微电阻率扫描)所呈现的图像资料和实际风化壳地层段岩心观察和物性分析所获得的其与岩石储集性能对应关系的分析,建立了风化壳地层岩石的四种基本测井成像模式,即"单一暗块模式""不规则组合暗线模式""暗色斑线模式""均匀亮块模式",它们分别代表了"风化壳地表""垂直渗透带""溶蚀带""基岩带"的成像测井响应特征(图8-26)。

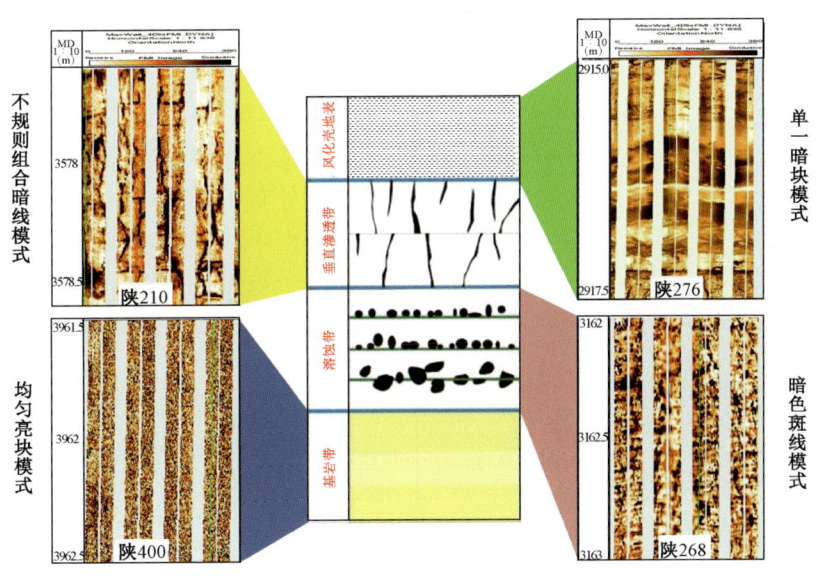

图8-26 鄂尔多斯盆地中部奥陶系顶部风化壳储层成像测井解释模式

单一暗块模式:成像呈具一定层理的暗斑状特征,间夹亮色的层状条带,基本反映了风化壳地表后期覆盖充填的泥质风化角砾岩或风化残积的铝土质泥岩的地层岩石特征,岩性一般较为致密,通常没有太大的储集意义。

不规则组合暗线模式：成像的明暗组合特征不规则，但明显可见一些不规则分布的暗线条纹，以纵向为主，少量水平状分布，主要反映了"垂直渗透带"风化裂隙发育层段岩石的岩性结构特征，一般具有一定的储集性能、但储层物性不是很好。

暗色斑线模式：成像中亮色部分占据成像的大面积主体，暗色的斑状及线状结构分布较均匀，基本反映了溶孔及网状裂隙发育的"溶蚀带"岩石的成像特点，是盆地中部奥陶系风化壳主力储层段马五$_1^3$储层岩石的典型成像特征。

均匀亮块模式：成像呈较均匀的灰色亮块状，其中均匀分布的暗色"麻点"与孔隙没有对应性关系，主要反映了未受溶蚀改造的"基岩带"的成像特征，一般岩性较为致密，大多不具有效的储集性意义。

2. 风化壳储层成像测井孔隙谱评价

本区奥陶系顶部的碳酸盐岩风化壳储层普遍发育大量次生成因的孔、洞、缝，这与常规的以原生孔隙为主的砂岩储层存在明显不同。由于孔、洞、缝发育程度的差异，岩石的渗透性相差悬殊。裂缝可使岩石的渗透性比基块渗透率增大几个数量级，孔洞则次之。

受钻井液侵入的影响，在冲洗带周围钻井液滤液存在于由孔、洞、缝组成的渗流网络中，这一网络体系的渗流通道和岩石的孔洞缝结构特征密切相关，构成了岩石的导电通道。常规电阻率测井只能反映环带网络体系的平均导电效应，无法反映孔、洞、缝的结构特征，但电阻率成像测井却能够精细反映这一网络体系的面元结构特征。成像测井仪采用钮扣电极系（微型电极矩阵）测量，在井周横向和纵向上的采样间隔为 0.1in，分辨率为 0.2in。由于采用了点阵式测量方式，具有高分辨率井周扫描特点。

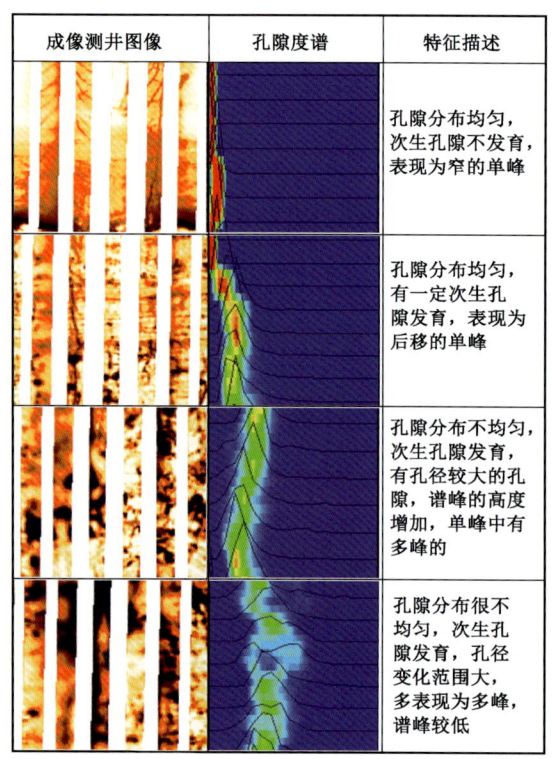

图 8-27 风化壳储层电成像测井资料计算孔隙度谱分布图

高渗透网络区域的电阻率相对较低，成像图颜色深，为暗线、暗斑或暗块组合特征，斑块的外包络线与孔、洞、缝的结构特征趋势一致。而低渗透区电阻率相对较高，成像图颜色浅，为亮块状特征，如图 8-27 所示，该成像图基本能够反映孔、洞、缝网络体系的井周平面分布特征，其高渗透层段发育溶洞和裂缝。由于成像测井在一次采样后，得到的并非一个数据点，而是沿井周分布的一组数据体，因而使成像测井数据可以在采样窗口里绘制成一个谱。

根据谱的形态，可以知道该窗口对应的地层中孔隙度大小的分布情况。当地层中主要发育原生孔隙时，孔隙度分布图上峰向左偏；当地层中主要发育次生孔隙时，孔隙度分布图上峰向右偏。地层中孔隙成分的多少不同，其分布状况是不同的。当地层中孔隙变化较大时，可以看到双峰。当地层中不同孔径的孔隙分布较均匀时，即各孔径段的孔隙在地层中都有分布时，直方图上的峰值就较低，且比较宽。随着次生孔隙在总孔隙中占比的增加,右峰的高度将逐渐增高。

在孔隙谱的表征参数中,能反映储集性能和渗透能力的参数为孔隙谱均值和方差(或变异系数)。利用孔隙谱均值和方差(或变异系数),可以对非均质碳酸盐岩储层有效性进行综合评价。

孔隙谱均值、方差的交会图具有特定的工程意义,孔隙谱均值代表了储层储集性能的强弱,均值越大,储集性能越好;孔隙谱方差代表了储层的非均质性,孔隙谱方差越大,表示储层大小孔隙分布范围宽,储层的渗透性好。对气层、差气层和干层的孔隙谱均值和方差作交会图,交会数据点可以分为四个区域(图8-28),这四个区域分别对应了高产层、中—高产层、中—低产层和非产层的概率范围,有明确的工程意义和解释标准。其中中—高产层和中—低产层是指需要一定工程技术后能达到一定产能标准的产层。

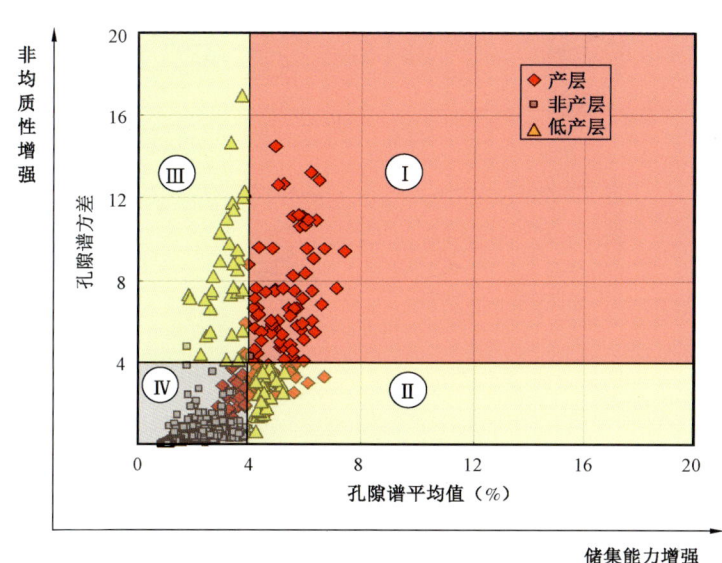

图8-28 风化壳储层段成像测井孔隙谱均值—方差交会图

交会点在Ⅰ区占有一定优势,表明该储层段不但有大的孔隙度成分,储集能力强,而且大小孔隙的分布范围宽,孔、洞、缝之间的搭配好,有很好的连通性,试气可以获得高产;交会点在Ⅱ区占优势,表明储层孔隙度较大,但裂缝不发育,经工程措施后,可获得中—高产能;交会点在Ⅲ区占优势,表明孔隙度低,但裂缝发育,措施后有中—低产能;交会点大部分在Ⅳ区,孔隙和裂缝均不发育,应为低产层。

在针对本区风化壳型碳酸盐岩储层的成像测井分析中,利用电成像测井资料,提取各层段孔隙分布频率谱的资料(简称孔隙谱),并利用孔隙谱中孔隙谱均值与孔隙谱方差的交会图,对各层段的储渗性能进行分类评价(图8-29)。

这样就可将成像测井所得的孔隙频谱资料作为试气选层的主要依据。如图8-29所示,通过对高桥地区某探井奥陶系风化壳各层段成像测井资料的逐层分析,最后优选孔隙频谱特征较为明显的马五$_1^3$、马五$_2^2$和马五$_3^1$三个Ⅰ类层段进行试气,经酸化改造后获得日产50.5×$10^4 m^3/d$的高产工业气流。

(二)奥陶系中组合白云岩储层成像测井分析

中组合是近年来鄂尔多斯盆地奥陶系天然气勘探中新发现的碳酸盐岩储集及成藏类型。其所指代的地质层段是指马五段中—下部马五$_5$—马五$_{10}$亚段,是明显有别于上组合(马五$_1$—马五$_4$)风化壳溶孔型储层的一个新的储集类型,其储集空间类型以白云石晶间孔为主,并伴生一

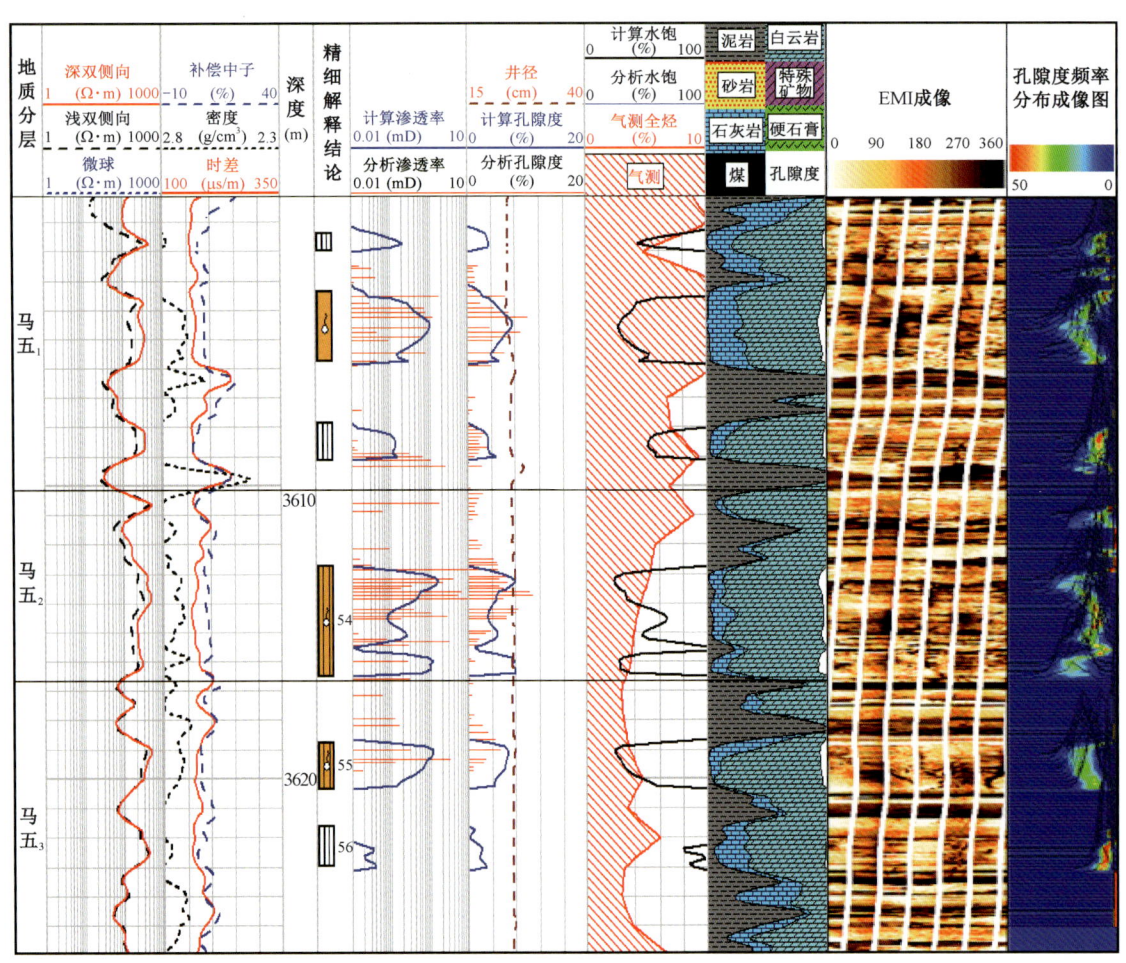

图 8-29　陕 384 井风化壳储层成像测井孔隙度谱定量处理成果图

定不规则溶孔等,勘探上称之为白云岩晶间孔型储层,以有别于风化壳溶孔型储层。这类储层的典型代表层段是马五$_5$亚段,在盆地中部的靖边以西地区(即靖西地区)储层发育程度最高。下面即以五$_5$亚段为重点,讨论成像测井在白云岩储层微相及有效储层识别方面的应用情况。

1. 中组合(白云岩)成像测井模式

为建立中组合成像测井的解释模式,以岩心取样为第一参照标准,对岩心进行全井周扫描,然后对岩心和测井图像对应关系良好的典型层段进行岩心刻度解释,建立了鄂尔多斯盆地中组合(白云岩)成像测井解释的五大成像模式,分别为斑状模式、块状模式、层状模式、线状模式和条带状模式(图 8-30)。

(1)斑状模式:图像上主要以暗色斑状为主,分杂乱暗斑状和层形暗斑状两种形态。孔隙发育,兼有微裂缝,储层渗透性好,是优势相模式。

如桃 33 井马五$_5$亚段(图 8-31),从岩心来看,该段为深灰色含气细晶—粉晶云岩,水平缝、垂直缝、斜交缝发育,部分岩心见有缝合线。图像上以层形暗斑为主。

(2)块状模式:图像主要以亮块状为主,代表致密白云岩储层,岩石致密坚硬,发育少量晶间孔。

如桃 45 井马五$_5$亚段,岩石为灰褐色灰质云岩,致密坚硬,成像测井为亮块状模式(图 8-32)。

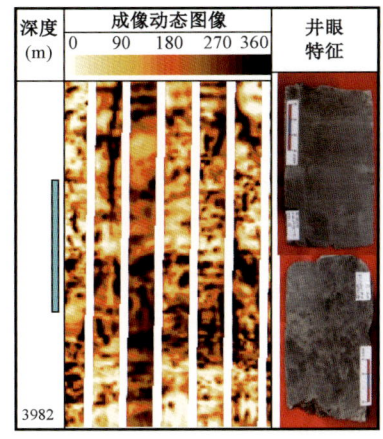
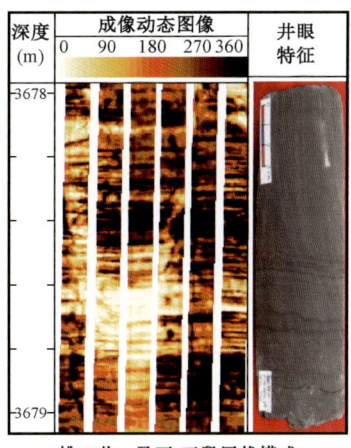
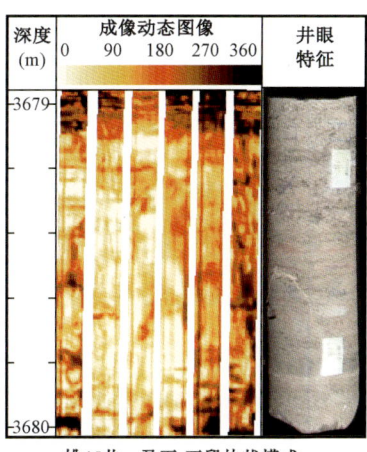
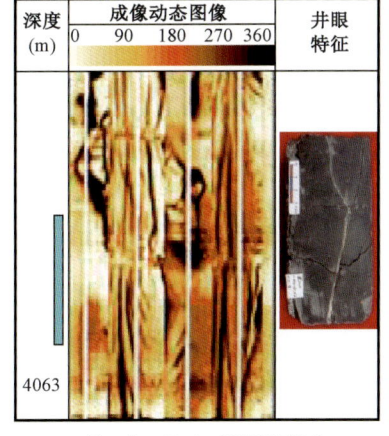
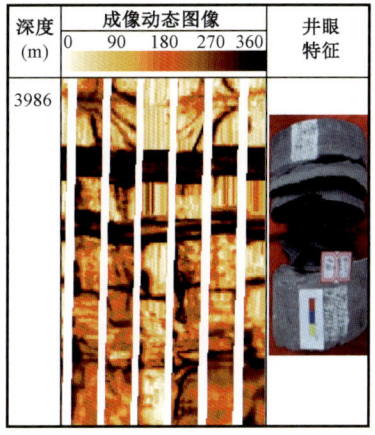

苏345井，马五$_5$亚段斑状模式　　　桃45井，马五$_5$亚段层状模式　　　桃45井，马五$_5$亚段块状模式

莲30井，马五$_9$亚段线状模式　　　陕367井，马五$_5$亚段条带状模式

图 8-30　中组合成像测井模式（相）划分

（3）层状模式：图像上显见成层分布的暗色斑线，多发育以晶间孔为主的白云岩储层，在岩石上可以见到层形结构，岩石的致密程度介于斑状模式和块状模式代表的岩石之间。

如陕 398 井马五$_5$亚段中部夹层的深褐色含气粉晶白云岩，见多处缝合线，岩心上可见到明显的层形结构，上部发育裂缝，裂缝形态不规则，略呈网格状，整段岩心裂缝连通较好，成像上呈层状模式（图 8-33）。

（4）线状模式：图像上以不规则的暗线和平滑暗线为主，多数分布在亮块状背景基础上，代表了在均一岩性基础上，岩石裂缝较发育（图 8-34）。

如莲 12 井马五$_5$亚段，本段岩心为灰褐色含灰云岩，岩性较均一，裂缝发育，岩心较破碎。岩心观察显示，垂直裂缝发育较多，岩心出筒多处自然断开，部分岩心发育水平裂缝。有的裂缝贯穿整个岩心，宽 1~2mm，被泥质和方解石半—全充填。

（5）条带状模式：图像上以规则的暗形条带为主，代表泥质条带夹层，多为酸不溶物，致密坚硬，细晶—粉晶结构。

如苏 222 井马五$_5$亚段，上部岩石以泥质为主，多为酸不溶物，致密坚硬，细晶—粉晶结构，瓷状断口，成像为条带状模式（图 8-35）。

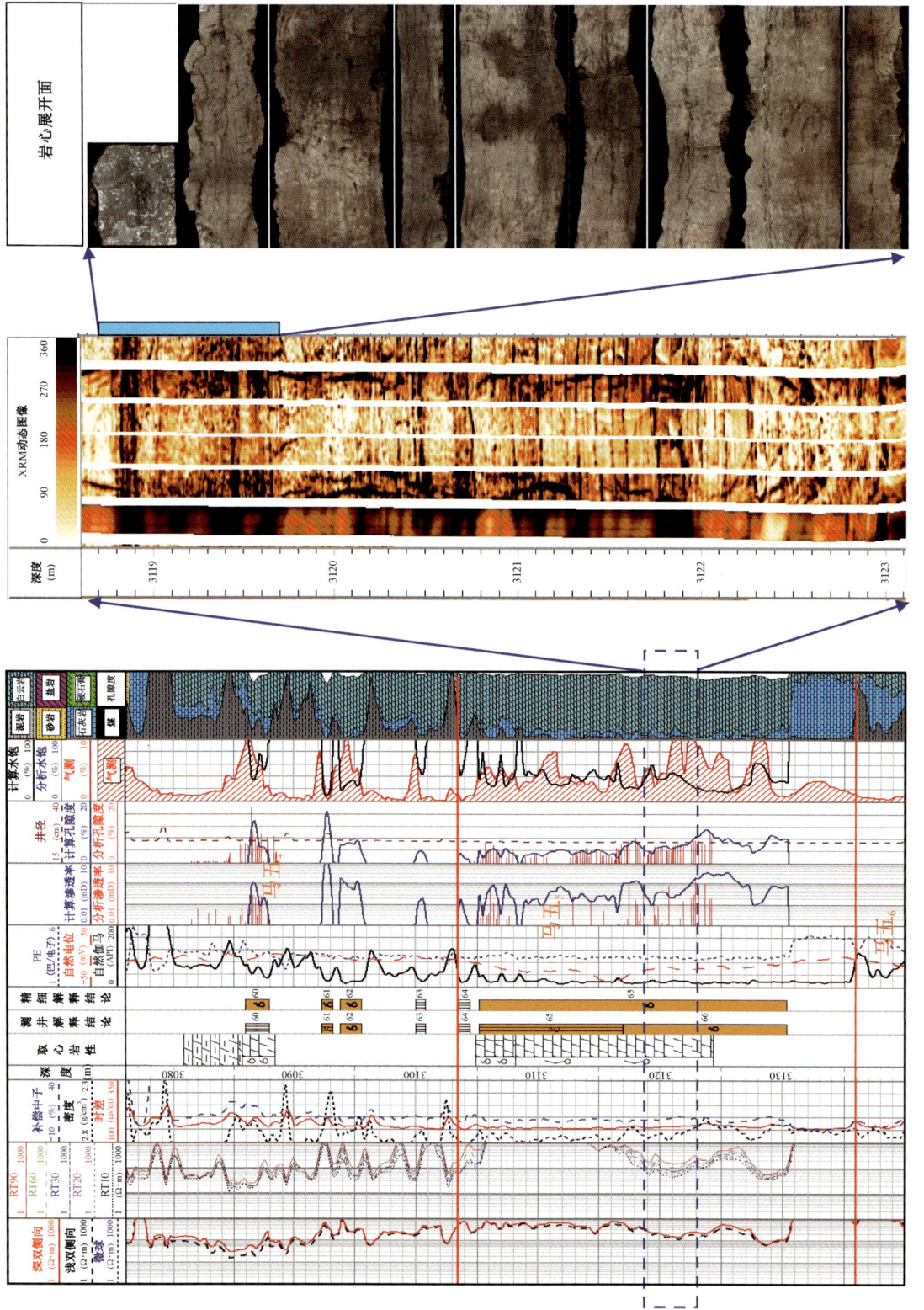

图8-31 桃33井马五₅亚段斑状成像测井模式图

— 196 —

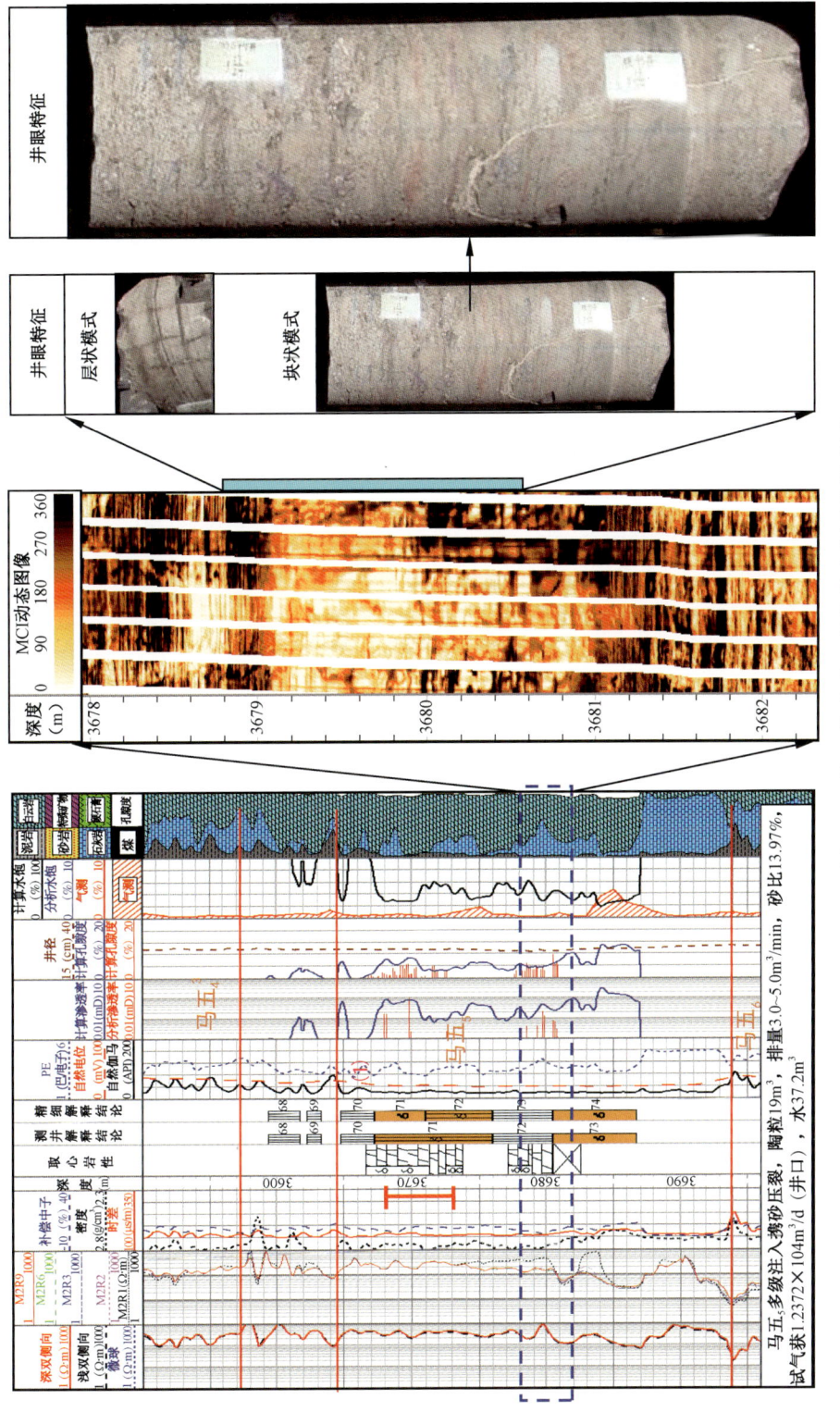

图8-32 桃45井马五₅亚段块状成像测井模式图

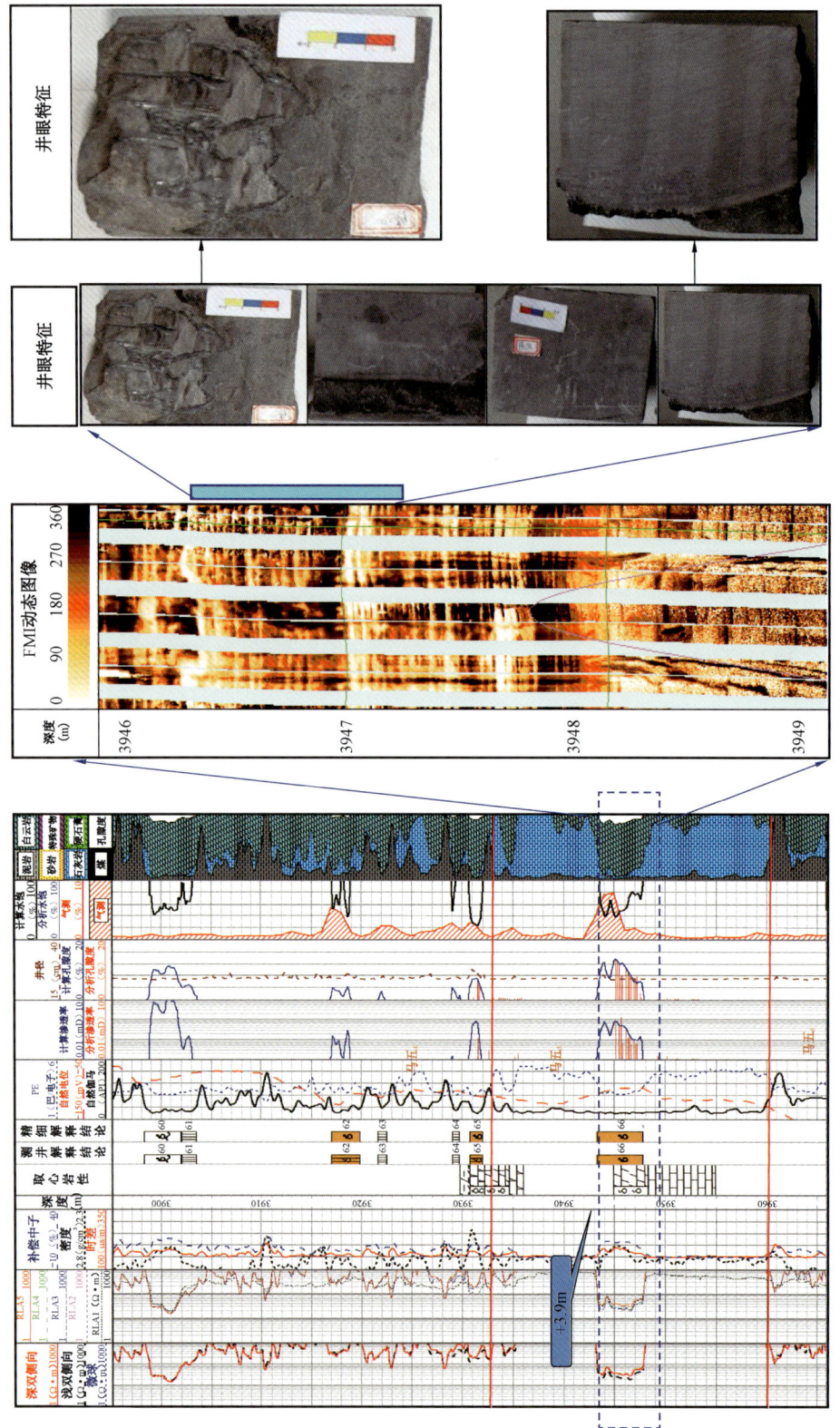

图8-33 陕398井马五₅亚段层状成像测井模式图

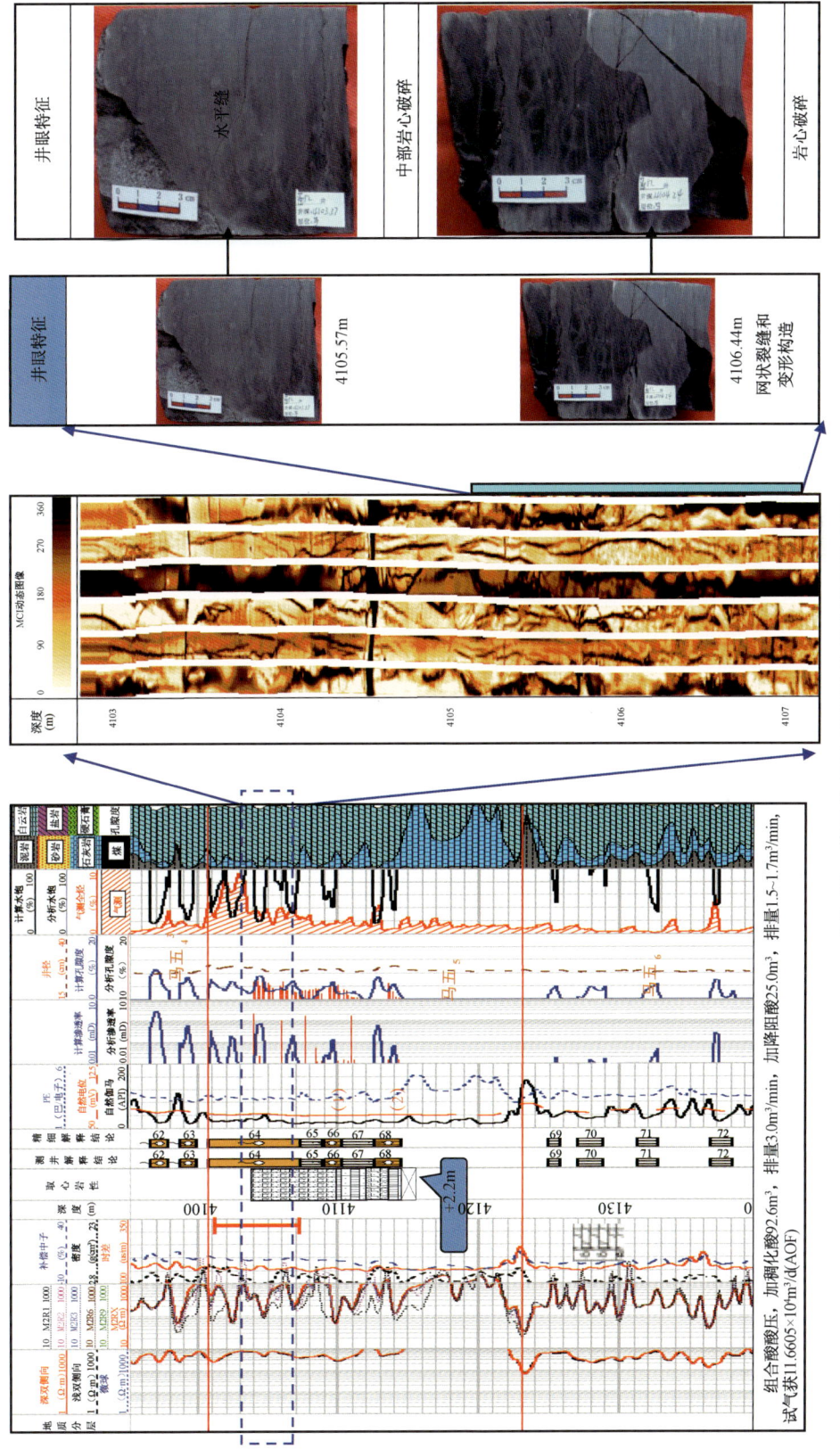

图8-34 莲12井马五₅亚段线状成像测井模式图

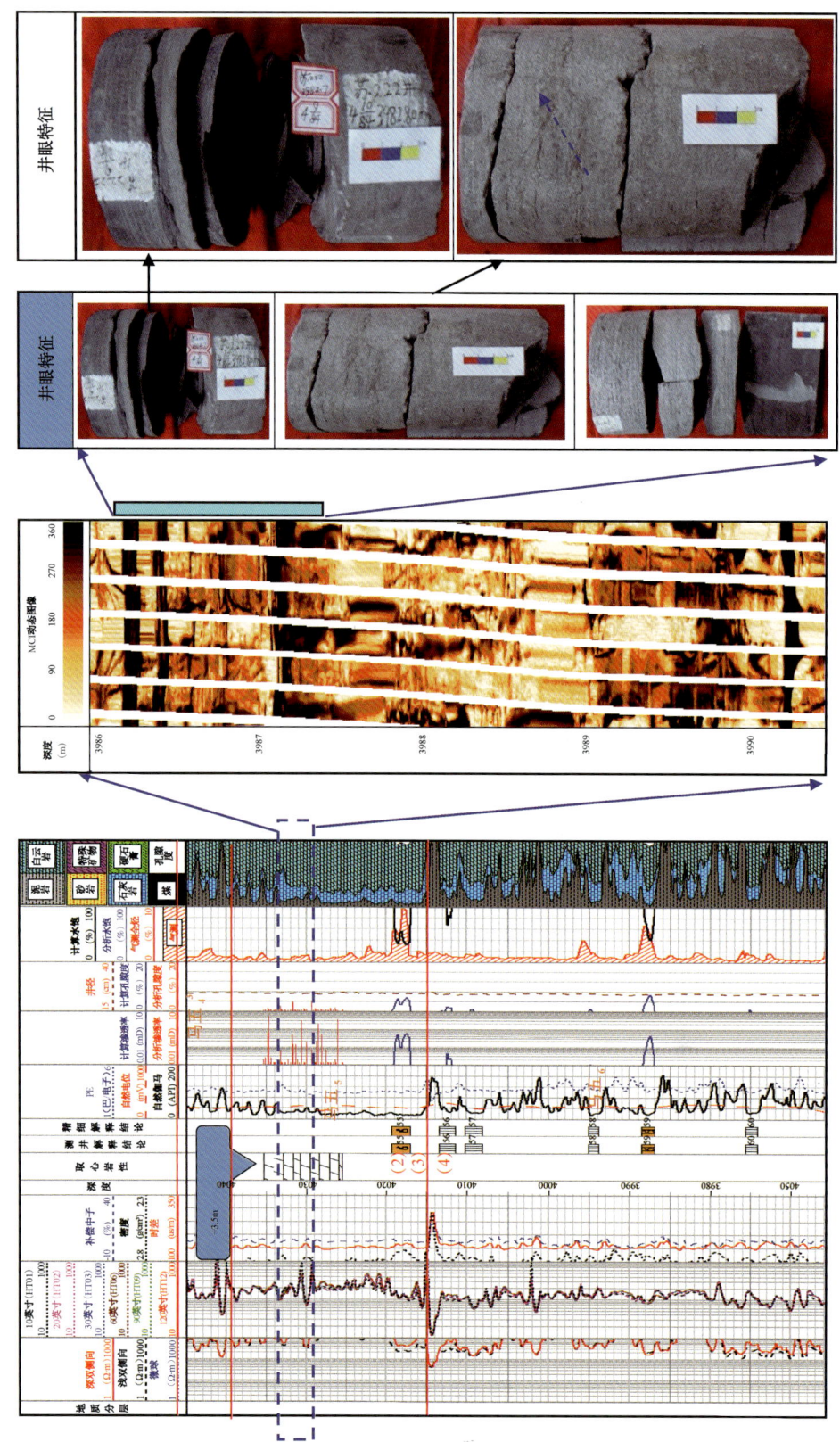

图8-35 苏222井马五₅亚段条带状成像测井模式图

2. 马五₅亚段岩性结构与白云岩储层分布

马五₅纵向上可分为整段白云岩化、中—上段白云岩化、中段白云岩化、下段白云岩化和多段夹层式白云岩化五种地层结构类型(图8-36),不同类型有不同的成像测井组合特征。中组合成像测井解释模型就是建立在上述地层结构分析的基础之上的。

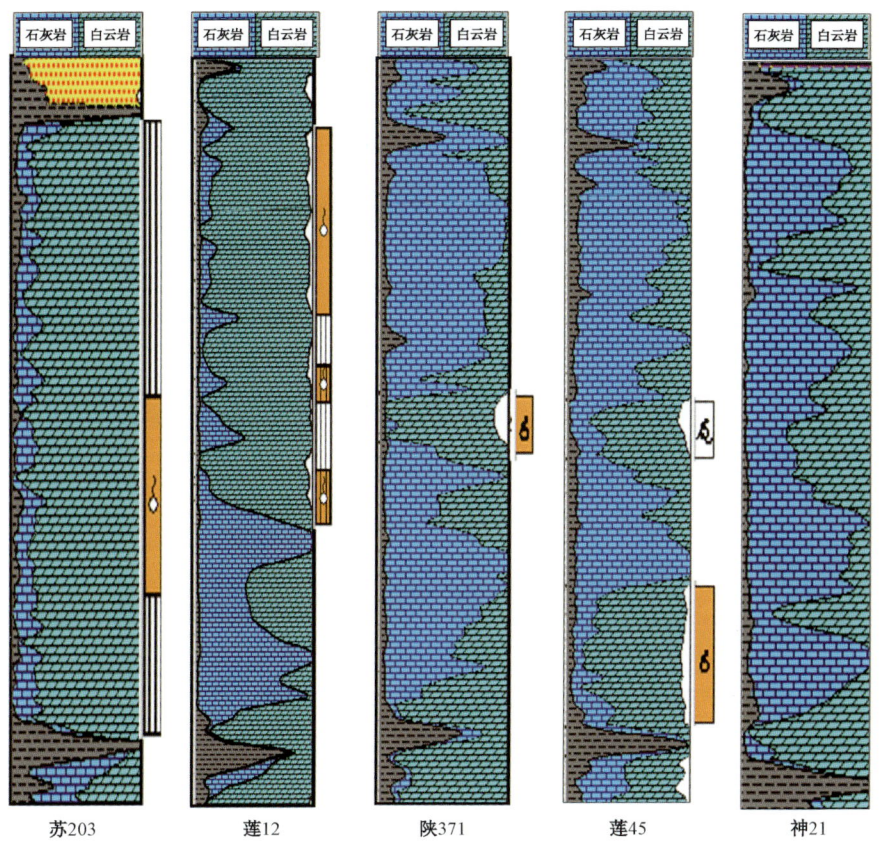

图8-36 奥陶系马五₅亚段地层结构及储层分布特征

1)中—上段白云岩化

中—上段白云岩化储层发育在靖边—安塞地区,盆地东部和古隆起东侧也有分布。该类储层的成像模式以线状模式和块状模式为主。裂缝发育,储层连通性较好。

2)中段白云岩化

中段白云岩化储层发育在靖边—安塞地区。该类储层的成像模式以层状模式为主,上、下石灰岩段是典型的块状模式(针尖形致密块状)。缺少线状模式,裂缝不发育。

3)下段白云岩化

下段白云岩化储层发育在盆地东部,靖边—安塞地区也有分布。该类储层的成像模式以层状模式和块状模式为主,缺少斑状模式,水平层理发育,裂缝不发育(图8-37)。

4)整段白云岩化

整段白云岩化储层主要发育在古隆起东侧。该类储层的成像模式包含了大部分模式:斑状模式、层状模式、块状模式、线状模式,唯条带状模式较少见,但优势相(斑状模式)大部分出现在这类储层中。

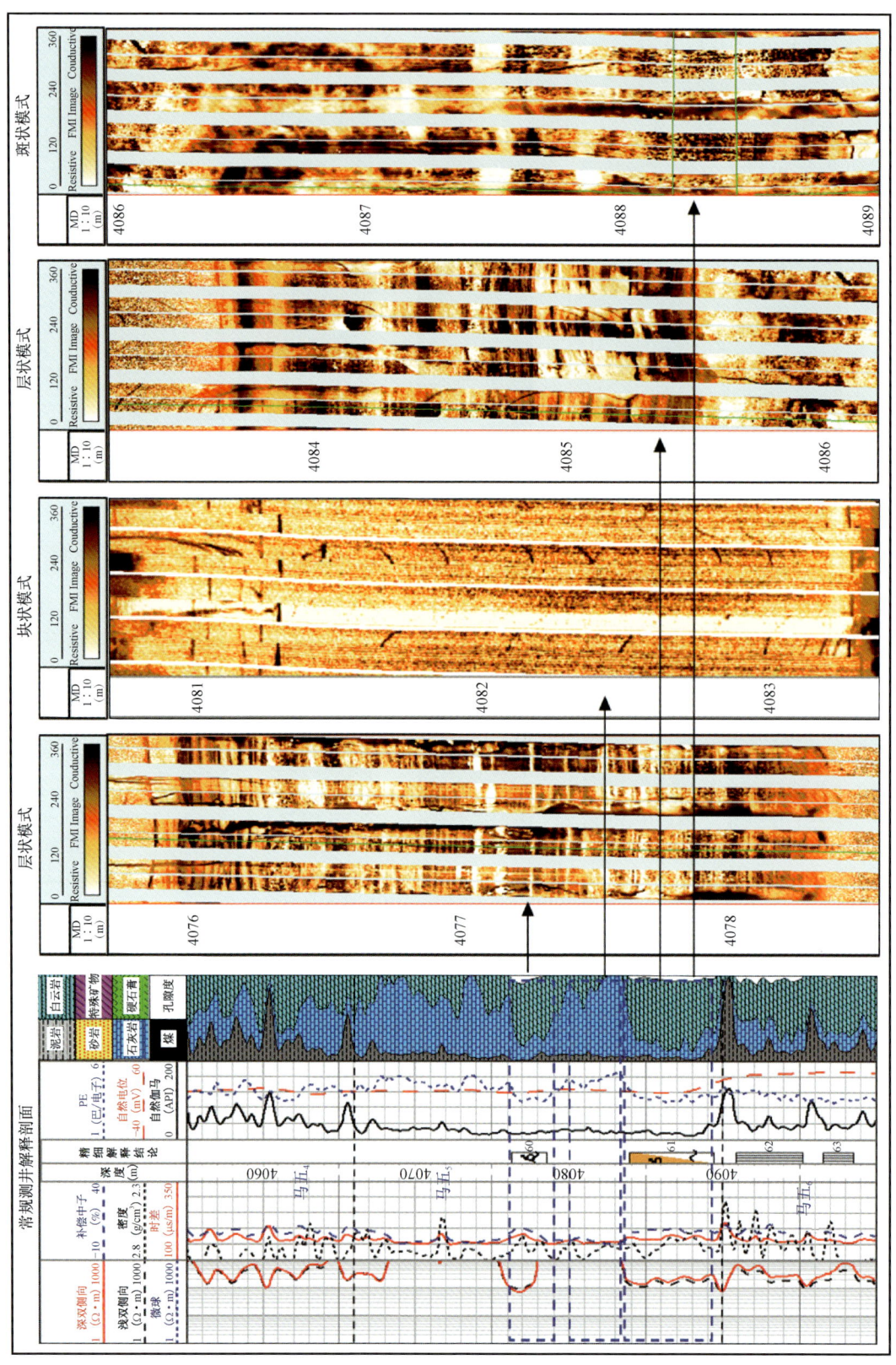

图8-37 莲45井马五₅亚段成像测井特征图

5)多段夹层式白云岩化

白云岩化层段呈夹层状间或分布于石灰岩地层中,通常下部及中—上部的白云岩夹层具有一定的储集性。主要发育在盆地东北部的神木地区,白云岩储层的成像模式以层状模式为主,上、下石灰岩段是典型的块状模式(针尖形致密块状)。

3. 中组合成像测井相模式与储层发育的关系

中组合典型层段成像测井图版库展示出丰富的模式变化,揭示马五$_5$沉积过程中复杂多变的沉积环境变化。根据岩电标定和中组合成像测井基本相模式的分析,总结出了中组合成像测井相的典型岩心—成像测井响应模版68幅,包括40余口井的实例。可将中组合成像特征划分五大相模式(即前述的五类成像测井模式)以及八类微相模式(图8-38)。

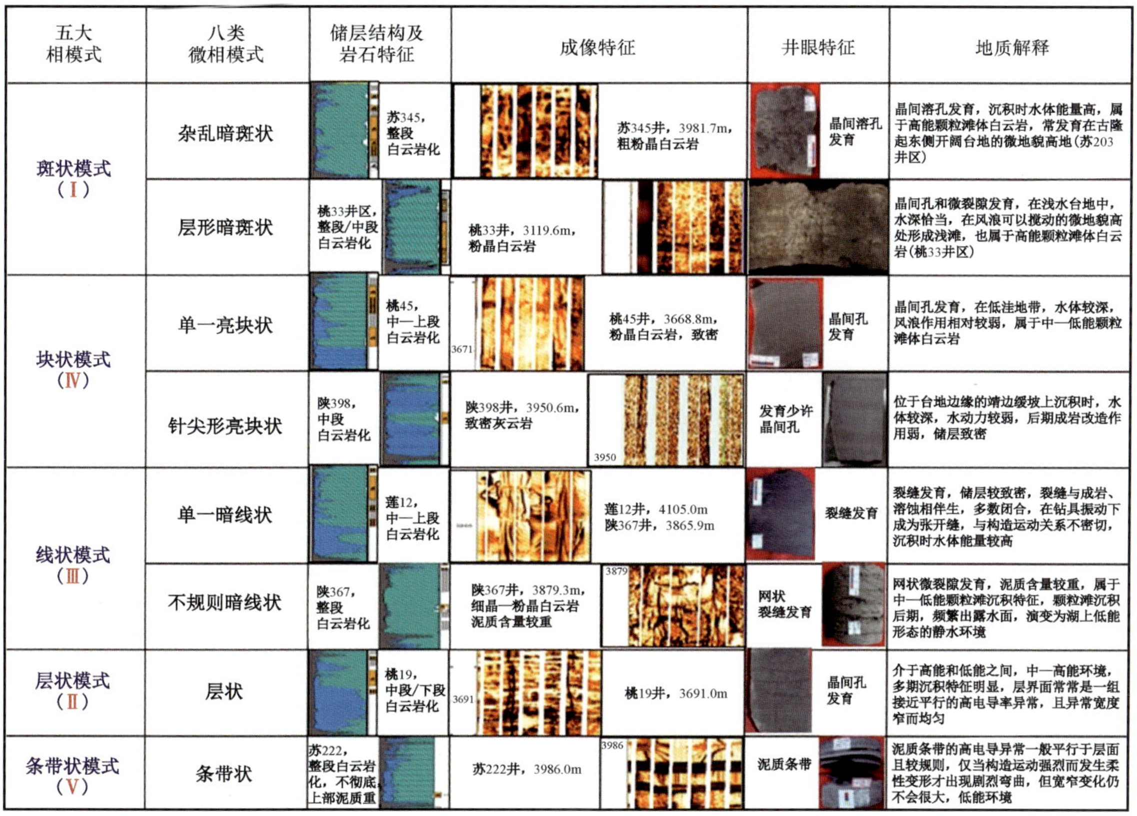

五大相模式	八类微相模式	储层结构及岩石特征	成像特征	井眼特征	地质解释
斑状模式(Ⅰ)	杂乱暗斑状	苏345,整段白云岩化	苏345井,3981.7m,粗粉晶白云岩	晶间溶孔发育	晶间溶孔发育,沉积时水体能量高,属于高能颗粒滩体白云岩,常发育在古隆起东侧开阔台地的微地貌高地(苏203井区)
	层形暗斑状	桃33井区,整段白云岩化	桃33井,3119.6m,粉晶白云岩		晶间孔和微裂隙发育,在浅水台地中,水深恰当,在风浪可以搅动的微地貌高处形成浅滩,也属于高能颗粒滩体白云岩(桃33井区)
块状模式(Ⅳ)	单一亮块状	桃45,中—上段白云岩化	桃45井,3668.8m,粉晶白云岩,致密	晶间孔发育	晶间孔发育,在低洼地带,水体较深,风浪作用相对较弱,属于中—低能颗粒滩体白云岩
	针尖形亮块状	陕398,中段白云岩化	陕398井,3950.6m,致密灰云岩	发育少许晶间孔	位于台地边缘的靖边缓坡上沉积时,水体较深,水动力较弱,后期成岩改造作用弱,储层致密
线状模式(Ⅲ)	单一暗线状	莲12,中—上段白云岩化	莲12井,4105.0m 陕367井,3865.9m	裂缝发育	裂缝发育,储层较致密,裂缝与成岩、溶蚀作用伴生,多数缝合,在钻具振动下成为张开缝,与构造运动关系不密切,沉积时水体能量较高
	不规则暗线状	陕367,整段白云岩化	陕367井,3879.3m,细晶—粉晶白云岩,泥质含量较重	网状裂缝发育	网状微裂隙发育,泥质含量较重,属于中—低能颗粒滩沉积特征,颗粒滩沉积后期,频繁的出露地表,演变为湖上低能形态的静水环境
层状模式(Ⅱ)	层状	桃19,中段/下段白云岩化	桃19井,3691.0m	晶间孔发育	介于高能和低能之间,中—高能环境,多期沉积特征明显,层界面常常是一组接近平行的高电导率异常,且异常宽度窄而均匀
条带状模式(Ⅴ)	条带状	苏222,白云岩化,不彻底,上部泥质重	苏222井,3986.0m	泥质条带	泥质条带的高电导异常一般平行于层面且规则,仅当构造运动强烈而发生柔性变形才出现剧烈弯曲,但宽窄变化仍不会很大,低能环境

图8-38 中组合成像测井相模式与储层发育特征综合分析图

成像测井相模式与储层优劣密切相关。对于鄂尔多斯盆地马家沟组中组合马五$_5$而言,优势相为斑状模式(相),其次为层状模式(相),线状模式(相),最差为块状模式(相)。马五$_5$高产储层的组合是"斑状模式+层状模式"。

第三节 低丰度海相烃源岩综合评价技术

前已述及鄂尔多斯地区下古生界也发育海相烃源岩,但总体有机质丰度(TOC)偏低,大部分TOC均小于1%,即使相对稍好一点的烃源岩,其TOC也大多处在0.4%~0.8%之间,基本处在有效烃源岩的界限附近;加之有效烃源岩的厚度相对较薄,分布不集中,大多分散地分布在非烃源碳酸盐岩及蒸发岩地层中,这给烃源岩总体生烃潜力的准确评价带来极大的困难。

由于烃源岩有机质丰度低、厚度薄,其生烃潜力评价的关键自然就是如何确定有效烃源岩的有机碳下限标准,以及如何利用钻井资料识别有效的烃源岩层段,进而对于烃源岩的空间分布和生烃潜力评价提供较为客观的地质依据。

本次研究尝试从工业化评价的角度将烃源岩地球化学实验分析资料和钻孔的测井资料相关性研究相结合,以探索针对本区下古生界低丰度海相烃源岩定量评价的有效方法。

一、以热模拟实验为基础的有机碳下限标准确定

针对鄂尔多斯盆地下古生界低丰度、高演化的古老海相烃源岩地质特点,在系统的热模拟实验基础上,参考世界碳酸盐岩大油气田烃源岩有机碳统计分析数据,初步厘定了可能更为适合于本区碳酸盐岩层系地质特点的有机碳下限标准。

(一)国内外不同的碳酸盐岩烃源岩有机碳下限标准

有机碳下限标准是烃源岩评价的关键参数,对碳酸盐岩层系也不例外。而且,对于碳酸盐岩烃源岩来讲,有机碳下限标准的分歧更大,无论国内、国外都是如此。如表 8-4 所示,不同学者的有机碳下限标准取值从 0.05% 变化到 0.5%,大有令人莫衷一是之感。这除了学术观点的不同外,可能与各学者研究的不同盆地油气地质特征的差异也有一定关系。

表 8-4 不同单位及学者提出的碳酸盐岩烃源岩有机质丰度下限值

机构或学者	TOC(%)	机构或学者	TOC(%)
美国地化公司	0.12	陈丕济等	0.10
法国石油研究所	0.24	付家谟等	0.08,0.10
罗诺夫等	0.20	郝石生	0.30
挪威大陆架研究所	0.20	大港油田研究院	0.07,0.12
庞加实验室	0.25	田口一雄	0.20
亨特	0.29,0.33	帕拉卡斯	0.30,0.50
蒂索	0.30	埃勃	0.30
刘宝泉	0.05,0.10	梁狄刚等	0.50

(二)鄂尔多斯西南缘奥陶系低演化烃源岩热模拟试验

根据对盆地西南缘热演化程度相对较低的奥陶系平凉组烃源岩(R_o 为 0.76%)进行系统采样后开展的热模拟实验结果,随着烃源岩样品有机碳含量的不同,在热模拟初始阶段(R_{ob} 在 1.8% 左右)的气态烃产率差异并不显著;但随温度升高(对应 R_{ob} > 2.5%)以后,TOC 不大于 0.3% 和 TOC 大于 0.3% 样品的气态烃产率差异显著增大,且 TOC 不大于 0.3% 的样品随温度进一步升高,后续气态烃产率渐趋平缓,而 TOC 大于 0.3% 的样品却仍有较大幅度增加的趋势(图 8-39)。由此说明,"0.3%" 可能对本区海相烃源岩而言具有气态烃产率上的明显分界性。

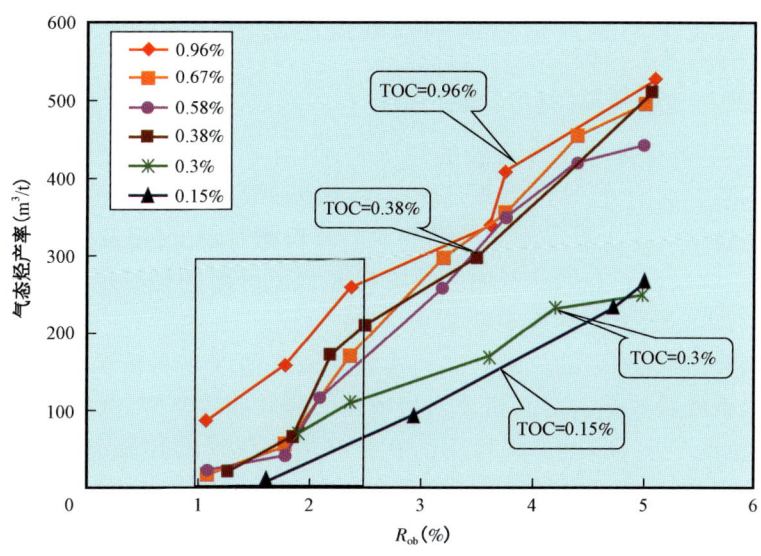

图 8-39 鄂尔多斯盆地南缘奥陶系平凉组不同丰度烃源岩热模拟实验对比

(三) 适用于本区碳酸盐岩层系的烃源岩有机碳下限取值

就本区下古生界碳酸盐岩层系而言,绝大部分岩石的有机碳含量(TOC)都在 0.1% ~ 0.2%之间,如果下限标准定得太低,那么几乎所有的碳酸盐岩层系都可划归为有效的烃源层,这与本区碳酸盐岩广布而气藏分布却极为有限的勘探事实显然不符。另外,如果把绝大部分的碳酸盐岩都划为烃源岩,那么从"源控论"角度进行战略选区的勘探指导意义就无从谈起。

其次,根据对世界上碳酸盐岩盆地已发现大油气田的统计(图 8-40),绝大多数大油气田的烃源岩平均有机碳含量都大于 0.5%,仅有两个油气田的烃源岩平均有机碳含量小于 0.5%,其中最低值为 0.28%。

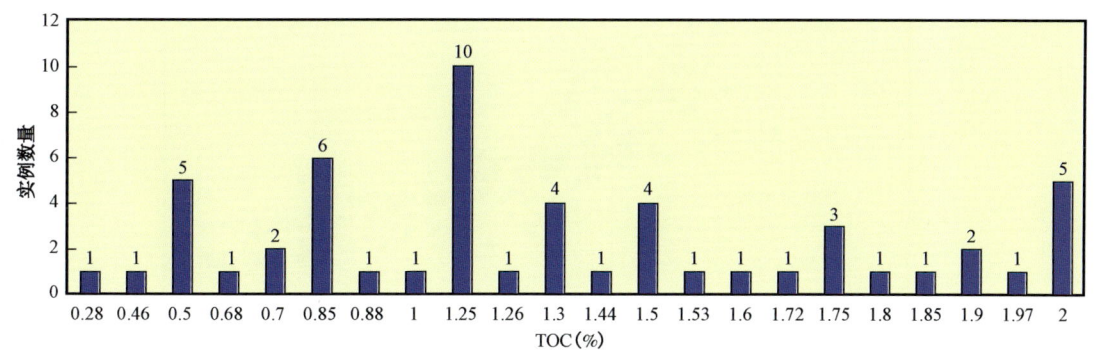

图 8-40 世界碳酸盐岩大油气田烃源岩总有机碳分布频率图(据美国 IHS 公司研究报告)

因此,综合考虑本区碳酸盐岩层系烃源岩的有机碳分布、热模拟结果以及世界碳酸盐岩层系中烃源岩有机碳的统计资料,笔者以为从对勘探实际指导意义的角度讲,有机碳下限标准不宜定得太低,也不宜过高;而对鄂尔多斯地区下古生界碳酸盐岩层系而言,"0.3%"可能是一个较为合理的有效烃源岩有机碳下限的取值标准。

二、有机地球化学与测井结合识别有效烃源层段

(一)用有机地球化学资料"刻度"测井曲线

鄂尔多斯地区下古生界也发育有效的烃源岩,但由于总体上有机质丰度较低,且多处在 0.3% 的有机碳下限标准附近,这给有效烃源层段的识别带来较大难度。尤其是对于深埋地下的盆地内部地区,针对下古生界烃源层的钻井取心资料相对较少,用常规的地质分析方法更难准确识别有效的烃源层段。如果能利用测井资料来判识可靠的烃源层,这将对本区下古生界生烃潜力的评价有着更为重要的现实意义。

利用测井资料评价烃源岩的关键是如何建立起测井曲线与有机质含量之间的对应关系。为解决这一问题,首先是要选取对有机质含量敏感的测井曲线类型,然后建立测井参数与有机质含量之间的定量或半定量关系,即利用已有钻井取心获得的化验分析有机碳含量资料来"刻度"测井参数,从而建立起利用测井资料评价烃源岩有效性的基本标准。

(二)测井有效烃源层段解释

通过对电阻率、声波时差、自然伽马、自然电位和补偿中子等各种测井参数与有机碳含量相关性的分析与比对表明,对有机质含量较为敏感的测井参数有深侧向电阻率、补偿中子和自然伽马等,而利用深侧向电阻率与补偿中子的交会,对于识别烃源岩和非烃源岩有较高的可靠性,如图 8-41 所示,在补偿中子与深侧向电阻率的交会图中,TOC 大于 0.3% 的烃源岩和小于 0.3% 的非烃源岩有较好的分区性,由此,即可利用这两类测井参数的交会并结合自然伽马曲线等,来综合判识有效的烃源层段。

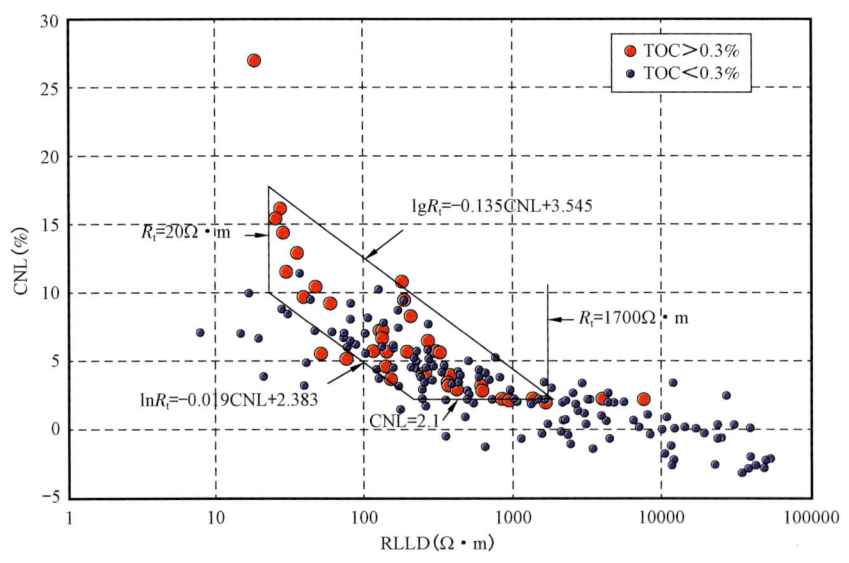

图 8-41 补偿中子(CNL)与电阻率(RLLD)交会法判识图版

图 8-42 为对盆地南部淳 2 井奥陶系平凉组烃源层段的测井烃源岩评价解释结果,利用测井资料综合识别出有效烃源岩 6 层,总计厚 88m,大部分与利用已有岩心及岩屑所做的有机碳分析结果都有较好的吻合性,测井解释烃源岩层段的 TOC 基本都大于 0.3%,说明利用电阻率与补偿中子交会的方法解释有效烃源层段总体具有较高的可靠性。

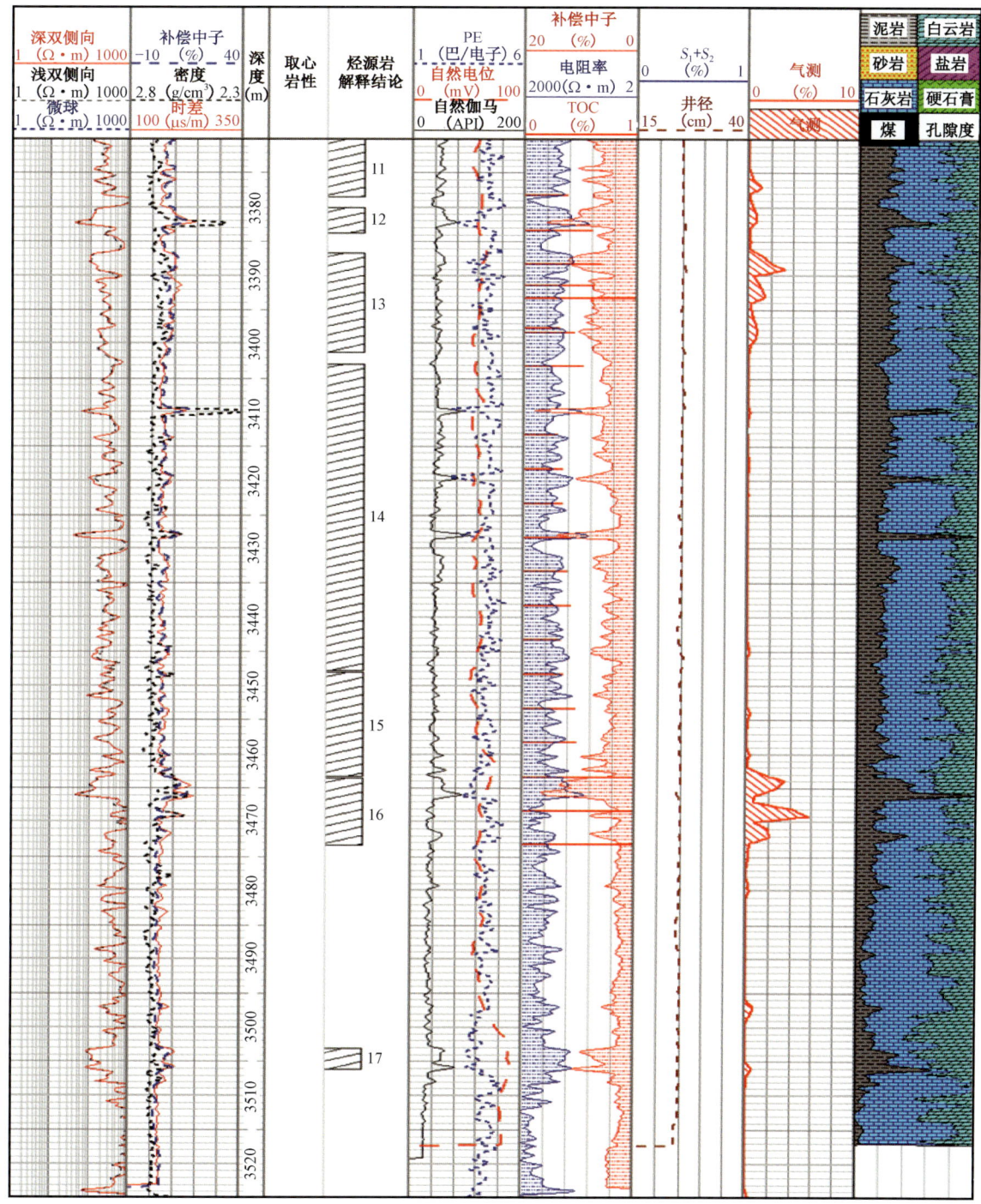

图 8-42 淳 2 井平凉组测井烃源岩解释成果图

三、有效烃源岩分布确定与综合评价

（一）编绘有效烃源岩厚度分布图

在前述烃源岩有机碳下限标准确定与测井有效烃源层判识的基础上，综合已有的有机地球化学及沉积相分析等资料,针对盆地内钻入下古生界的探井开展了有效烃源层段的识别,并结合露头、剖面资料对海相烃源岩的分布进行了系统的编图分析。综合分析后整体认为:盆地下古生界海相烃源层主要分布在两个沉积相区的不同层段中,一个是盆地西部及南缘的中—上奥陶统台地边缘及斜坡相泥质碳酸盐岩及灰质泥岩;另一个是盆地东部马家沟组局限海台地相蒸发岩层系的薄层状泥质碳酸盐岩。总体上西南缘中—上奥陶统烃源层有机质丰度较高,有效烃源岩厚度也相对较大,生烃条件相对较好;而盆地东部马家沟组蒸发岩层系有效烃源层厚度薄,有机碳含量低,总体生烃潜力有限。两个相区总的烃源厚度分布如图8-43所示。

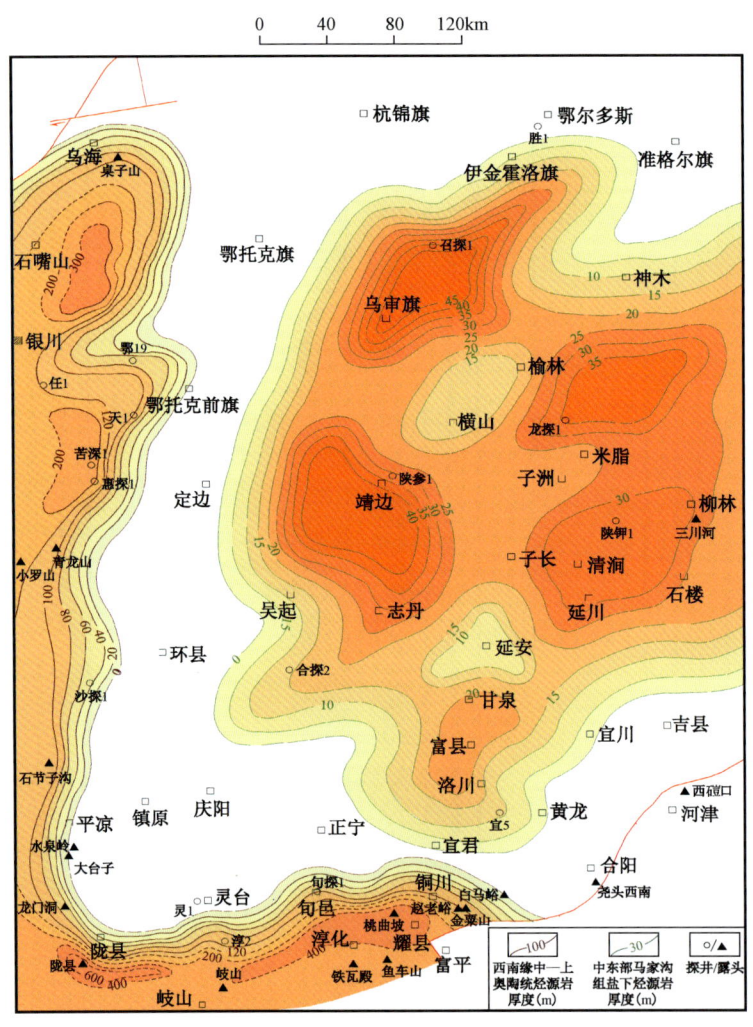

图8-43 鄂尔多斯盆地奥陶系有效烃源岩分布图

(二)定量分析总体生烃潜力

在测井有效烃源层段识别的基础上,可进一步根据有机碳含量与敏感测井参数之间的定量关系,结合实际有机地球化学分析资料,对有效烃源层段进行半定量的分级评价,根据本区海相烃源层的有机碳含量特征,初步拟定按有机碳含量0.3%~0.6%、0.6%~1.0%和大于1.0%的区间分三个级别对烃源层厚度进行统计分析,并分别编绘三个级别的烃源岩厚度图,然后三个级别分别取 0.45%、0.75% 和 1.35% 的有机碳含量平均值,计算烃源岩的总有机碳含量。最后,再根据热模拟实验所得每单位有机碳的生气量数据即可计算出总生气量数值,以及各分区的生烃强度数值(每平方千米的总生气量数值)。至于通过总有机碳及热模拟数据来估算生气量的方法,因为都是比较传统和成熟的有机地球化学方法,在此就不再赘述。

第四节　碳酸盐岩储层改造工艺技术

一、碳酸盐岩储层改造工艺技术的发展阶段

鄂尔多斯盆地的海相碳酸盐岩气藏以靖边气田为代表,属典型的低渗透、特低渗透气藏,储层改造已成为"三低"气藏提高单井产量的必要手段。

盆地下古生界海相碳酸盐岩气层改造始于 1989 年靖边气田勘探初期,由于储层本身的低渗透、低压特性,使得酸化工艺技术在气田勘探中发挥了显著作用,同时也促进了气井酸化工艺技术的巨大发展。经历 20 世纪 80 年代的前期探索、"八五"以来的持续大规模技术攻关和装备水平的不断升级,特别是进入 21 世纪以来长庆油田快速发展的历史机遇,长庆低渗透碳酸盐岩气藏改造从单井到区块,技术特色日益鲜明,工艺系列已基本形成,储层改造实现了配套齐整,在近二十年长庆油田快速增储上产过程中发挥了不可替代的作用,为长庆油田实现油气当量 $5000 \times 10^4 t$ 提供了有力的技术支撑。

鄂尔多斯盆地海相碳酸盐岩储层改造工艺技术系列在 1999—2012 年靖边气田本部、潜台东部和 2013 年以来的靖边南区等下古生界碳酸盐岩储层的勘探开发过程中逐步形成并不断完善,其储层改造工艺的形成主要经历了四个主要发展阶段。

(一)深度酸化改造工艺的形成

勘探初期(1989—1990 年),采用常规盐酸解堵型酸化改造,相继在陕参 1、榆 3 等 7 口井获得工业气流,探明发现了我国第一个世界级大气田——靖边气田。但试验发现了 70% 以上的中—低渗气井改造效果不理想。根据 27 口井统计,酸化前气层普遍存在着严重堵塞现象,表皮系数一般大于 10,最高达 186.3,平均为 52.83。因此,单纯以解堵为主要目的的基质酸化效果较差。

"八五"期间,长庆油田组织开展了国家项目"陕甘宁盆地碳酸盐岩储层酸化改造技术研究"科研攻关,在进行了储层地质特征研究和室内试验的基础上,进行了多种酸化工艺技术的现场试验,主要包括普通酸酸压、变浓度酸酸压、缓速酸酸压、稠化酸酸压、前置液酸压和多级注入酸压—闭合酸化等。

在反复试验和不断加深认识的基础上,建立起以普通酸酸压、稠化酸酸压和多级注入酸压—闭合酸化三项工艺技术为主体、三项配套技术(排液技术、负压射孔予处理技术和施工质量控制技术)为补充、适合于盆地碳酸盐岩储层改造的酸化工艺模式(李宪文,1995),解决了压开地层、实现对储层的深度酸化改造和低压气井排液三大技术难点,提高了酸化改造效果(魏红红等,1998 年;徐永高等,2005;胥云,2005;周宗强等,2006;李月丽,2010)。酸化工艺措施与综合作业费用回收期分别为 35 天和 41 天,远低于国际评价酸化压裂改造费用有效回收期(180 天)。1995 年 10 月 22 日国家项目验收会专家组验收认为:该项技术"对提高气田开发效果将发挥重大作用,整体上达到国际先进水平"。勘探期间攻关初步形成的深度酸化改造工艺体系,为靖边气田规模开发提供了关键技术储备。

（二）深度酸压工艺的完善和加砂压裂工艺的形成

1999 年靖边气田开发以来,在勘探时期形成的普通酸酸压、稠化酸酸压工艺在物性相对较好的Ⅰ类、Ⅱ类储层继续应用,但对物性较差的Ⅲ类储层改造效果较差,Ⅲ类储层试气井普遍达不到工业气流。同时针对储层物性的变化和开发区块的转变,针对Ⅱ类偏下储层和物性更差的Ⅲ类储层,2000—2008 年期间,在原来普通酸酸压的基础上,又先后开展了多种酸压与加砂压裂工艺的现场试验,主要包括稠化酸＋普通酸组合酸压、变黏酸酸压、下古生界加砂压裂和交联酸携砂压裂等工艺试验。在前期稠化酸酸压工艺的基础上,进一步发展完善了酸压工艺。完善形成了稠化酸与普通酸组合酸压工艺,数值模拟表明其酸蚀缝长和酸蚀裂缝导流能力要好于稠化酸酸压注入工艺。研发形成了新型的变黏酸酸压工艺,有效降低了酸岩反应速度,能形成更长的缝长并提高残酸返排能力。2000—2003 年在适用于Ⅰ、Ⅱ类储层井共试验变黏酸酸压 24 口井,平均试气无阻流量 $40.3 \times 10^4 \mathrm{m}^3/\mathrm{d}$,较区块同类 50 口采用普通酸酸压、稠化酸与普通酸组合酸压井(平均 $28.45 \times 10^4 \mathrm{m}^3/\mathrm{d}$)增产 41.7%,应用效果较好。

针对下古生界物性较差的Ⅲ类储层($\phi \leq 4\%$,$\Delta t < 155 \mu \mathrm{s}/\mathrm{m}$)酸压技术产量低的问题,2000—2008 年先后开展了下古生界加砂压裂和交联酸携砂压裂试验。

针对下古生界致密Ⅲ类储层提出白云岩储层水力加砂压裂技术思路,采用非反应性流体并加入支撑剂,有利于提高改造缝长和裂缝导流能力,扩大泄流面积,达到增产目的。试验始于 2000 年,通过三个阶段开展系统研究,采用 40～60 目小粒径陶粒作为主支撑剂,降低缝内桥堵几率,研发耐高温、易破胶的 JL-3 压裂液体系,较好地解决携砂和破胶矛盾,对加砂程序进行技术优化,采用支撑剂段塞、暂堵剂等技术,下古生界加砂压裂工艺进一步优化,实现了白云岩储层加砂压裂技术突破,成为Ⅲ类储层的主体增产改造技术。通过技术逐步完善,压裂施工成功率和加砂量有了较大提高。截止 2006 年在靖边、榆林地区应用 34 口井,取得了明显增产效果,平均试气无阻流量 $8.54 \times 10^4 \mathrm{m}^3/\mathrm{d}$,实现了提高单井产量的目的;加砂规模较大,平均单井加砂量 $24.45 \mathrm{m}^3$,最大单井加砂量达 $33.0 \mathrm{m}^3$,施工成功率达到 95% 以上,提高了储层改造程度。

2006 年以后,随着靖边气田产建逐步转移到潜台东部,气田地质情况日益复杂,主要为低渗透—致密高充填Ⅲ类白云岩储层。针对高充填致密Ⅲ类白云岩储层,单纯应用加砂压裂效果不理想,提出了交联酸携砂压裂工艺思路,通过加砂压裂技术与酸压改造技术集成,依靠酸化溶蚀作用与加砂压裂双重效果结合,以进一步提高单井产量。2006 年,在靖边气田开展了 5 口井的交联酸携砂压裂工艺先导性试验研究。通过工艺不断优化,交联酸携砂压裂工艺在靖边气田日益成熟,截至 2010 年底,已经应用 20 余口井,平均试气无阻流量 $13.6 \times 10^4 \mathrm{m}^3/\mathrm{d}$,最高加砂量突破 $25 \mathrm{m}^3$,试验井生产稳产能力较强,展示了良好的应用前景。交联酸携砂压裂工艺的成功应用,为长庆气田下古生界高充填储层的有效开发提供了强有力的技术支撑。

通过持续攻关、反复试验和不断深化认识,逐步形成了针对靖边气田下古生界储层的普通酸酸压、稠化酸＋普通酸组合酸压、加砂压裂、交联酸携砂压裂四项主体工艺以及上古生界、下古生界叠合储层的机械分层压裂工艺。这套改造工艺技术系列成为靖边气田开发、稳产的直井主体改造技术,为靖边气田建成年产 $55 \times 10^8 \mathrm{m}^3$ 和持续稳产提供了重要的技术支撑。

（三）水平井分段酸压技术攻关

低渗透储量是长庆油田持续上产的重要资源,随着主力建产区块储层物性变差,单井产量持续下降,以靖边气田为例单井日产气量由开发初期的 $(5.7～6.0) \times 10^4 \mathrm{m}^3$ 下降到 2006 年的 $2.2 \times 10^4 \mathrm{m}^3$,需要探索转变开发方式、大幅度提高单井产量的新技术途径。

水平井是国外低渗透—致密气藏开发广泛应用的一项重要技术。水平井在长庆油田用于开发低渗透油藏早有尝试(20世纪90年代),但效果普遍不好,原因是分段压裂的关键技术未获突破,这一时期油田采用"填砂+液体胶塞"技术实现分段压裂,但段数少(2~4段)、周期长(125天),气田水平井采用酸洗或酸化笼统改造。

针对制约水平井应用的水平井分段压裂技术瓶颈,中国石油天然气股份有限公司2006年专门设立了水平井低渗透改造重大攻关项目"水力喷砂压裂及连续油管酸化配套技术研究",通过前期试验认识,针对长庆低渗透的"三低"储层特点,确立了"水力喷砂分段压裂技术"研究主体方向,历时五年共两个阶段开展了技术攻关。通过攻关,气田创新研发了适应下古生界主力开发层系的碳酸盐岩储层连续油管均匀酸化和水力喷射分段酸压两大技术(曹成寿等,2010;任发俊等,2011),在靖边气田试验效果显著。

2006年靖边气田进行了水平井开发初步探索,位于靖边气田中部的龙平1井经过油管布酸+酸化改造后,取得了一定的增产效果。2008年开始了大规模的水平井开发试验,水平井主要部署于气田本部外围区域,储层物性变差,为提高改造效果,试验了连续油管均匀布酸+酸压工艺,取得了一定的效果,解决了油管布酸施工结束后起油管存在的井控风险。2009年,进一步完善了连续油管布酸工艺,改造采用了重点井段定点挤酸,提高了物性较好、较均质的碳酸盐岩储层钻井液污染解除效果,实现深度改造。2010年以提高致密储层改造效果为目标,试验了水力喷射分段酸压和裸眼封隔器分段酸压技术。2011年水力喷射分段酸压技术获得重大进展,分段改造能力显著提高,由前期的5段提高到15段,试验改造效果明显。

不同酸压工艺试气效果表明,与前期油管酸压、裸眼封隔器酸压和连续油管均匀布酸工艺比较,水力喷射分段酸压和连续油管分段酸化+酸压等深度改造工艺增产效果明显,尤其是水力喷射分段酸压工艺取得了突出的增产效果。2009—2011年水力喷射分段酸压试验11口井,平均无阻流量$84.69 \times 10^4 m^3/d$,是区块直井的5.7倍,是前期水平井的2.67倍,已成为靖边气田致密、非均质性强碳酸盐岩储层的主体分段酸压技术。2012年以来,水力喷射分段酸压工艺作为气田下古生界碳酸盐岩储层水平井改造的主体技术,在苏里格东区、苏里格南区和靖边南等下古生界碳酸盐岩储层得到了推广应用。

(四)复杂岩性碳酸盐岩储层转向酸酸压、体积酸压工艺探索

2012年以来,长庆气区下古生界碳酸盐岩储层开发主要区块由靖边气田本部、潜台东部转移到物性更差的靖边南地区、苏里格南区等区块,改造对象由以主力层马家沟组马五$_1^3$为主向以马家沟组中—下组合马五$_4$、马五$_9$、马五$_{10}$等为主转变,储层非均质性更强,开发方式采用直井+水平井混合开发,要求进一步提高工艺针对性。

为探索国内外针对强非均质性碳酸盐岩改造技术(A. M. Gomaa等,2010;Nisha Pandya和Sushant Wadekar,2013;沈建新等,2012)在鄂尔多斯盆地碳酸盐岩储层改造中的适用性,2012年提出了通过封堵部分溶洞、降低酸液滤失、增加酸液作用距离实现深度改造的技术思路,研发了新型清洁转向酸酸液体系(李小玲等,2014),在靖边南、苏里格南区区块开展先导性试验4口井,总体增产效果明显,在强非均质性储层改造中显示出较好的应用前景。2013年从增加提高致密碳酸盐岩储层改造酸液作用距离和改造体积出发,进一步完善酸液体系,形成了"高排量、大酸量、缝内暂堵"酸压工艺,现场在靖边南、苏里格南区共试验28口井,平均无阻流量$25.5 \times 10^4 m^3/d$,较区块常规酸压井增产21.4%,整体应用效果较好。

针对靖边南下古生界致密碳酸盐岩储层,以大幅增加酸蚀裂缝体积为目标,积极开展体积酸压探索试验,采用新型清洁转向酸酸液体系,攻关形成"多体系、大液量、高排量、交替注入"的复合酸压模式,现场试验增产效果明显。2014年苏里格南区、神木下古生界开展体积酸压

先导试验 21 口井,完试 18 口井平均试气无阻流量 $36.7\times10^4\mathrm{m}^3/\mathrm{d}$,其中苏南投产 7 口井,投产初期日产量 $8.2\times10^4\mathrm{m}^3$,较邻近相似井增产 41.4%,增产效果显著。体积酸压工艺已成为致密碳酸盐岩、不含水储层大幅度提高单井产量的重要技术手段。

二、风化壳型白云岩储层酸化改造工艺技术系列

鄂尔多斯盆地海相碳酸盐岩以靖边气田风化壳白云岩储层最具典型性,通过"八五"以来 20 余年的持续攻关试验、国内外合作与技术创新集成,长庆气区碳酸盐岩储层改造技术从无到有、从薄弱到成熟、从单项到配套,已形成了具有长庆特色的下古生界碳酸盐岩储层改造工艺技术系列。

(一)碳酸盐岩储层酸压技术系列

通过多年应用和完善,目前已形成了普通酸酸压、稠化酸+普通酸组合酸压、变黏酸酸压、清洁转向酸酸压等主体酸压技术,满足了气田碳酸盐岩不同类型储层的改造需求。

1. 普通酸酸压

该工艺"八五"期间开始应用,适用于物性较好的 I 类储层($\Delta t\geq167\mu\mathrm{s}/\mathrm{m}$, $\phi\geq8\%$, $S_\mathrm{g}\geq80\%$)改造,酸压后表皮系数一般降低到 $-5\sim-2$,试井和压降分析部分井形成一定长度的裂缝。截至 2004 年在开发井共应用 100 多井次,平均无阻流量 $31.2\times10^4\mathrm{m}^3/\mathrm{d}$。

2. 稠化酸+普通酸组合酸压

该工艺是对稠化酸酸压工艺的改进,通过稠化酸控制滤失来增加酸蚀有效作用距离,再注入普通酸发挥后顶液的作用,既提高稠化酸利用率,又可弥补近井地带导流能力。1999 年开始试验,试验 12 口井平均无阻流量 $16.38\times10^4\mathrm{m}^3/\mathrm{d}$;2000 年实施 39 口井,平均无阻流量 $33.19\times10^4\mathrm{m}^3/\mathrm{d}$。2001—2004 年在靖边气田下古生界气层开发期间,应用 119 井次施工,选层主要针对物性中等的 II 类储层($4\%\leq\phi<8\%$, $155\mu\mathrm{m}/\mathrm{s}\leq\Delta t<167\mu\mathrm{m}/\mathrm{s}$),平均稠化酸用量为 $54\mathrm{m}^3$,普通酸用量为 $25\mathrm{m}^3$,改造后平均试气无阻流量 $20.1\times10^4\mathrm{m}^3/\mathrm{d}$,总体上获得了较好的改造效果。

3. 变黏酸酸压

2000 年,为进一步提高酸压的改造效果,研究试验了变黏酸酸压工艺。变黏酸酸液包含一种独特的化学体系,其特点是该酸液体系在初始状态保持了稠化酸的性能,酸液的黏度为 $30\sim45\mathrm{mPa\cdot s}$,进入地层后,随着酸岩反应,当 pH 值不小于 2—3 时,由于 Fe^{3+} 的交联作用使其黏度大幅度提高,酸液黏度瞬间迅速大幅度升高,大大地降低了酸液滤失速度,该酸液的滤失在同等条件下可较稠化酸减少 50% 以上,达到非反应性流体的滤失水平,从而提高酸蚀缝长,而当酸岩反应进一步进行,随着酸液质量浓度的进一步降低或消耗,当酸液 pH 值大于 4 后,液体又恢复到原来的线性流体状况,黏度随之降低,有利于提高残酸的返排能力。该工艺适用 I 类、II 类储层,2000—2003 年共试验 24 口井,平均无阻流量达到 $40.3\times10^4\mathrm{m}^3/\mathrm{d}$,是区块同类型井的 1.41 倍。

4. 清洁转向酸酸压

该工艺适用于强非均质性碳酸盐岩储层,可有效提高储层总体改造程度,避免常规酸压工艺高渗透层改造充分、低渗透层改造程度低的问题。

针对非均质性较强的碳酸盐岩储层,为进一步降低酸液滤失、增加酸液总用距离,2012 年

研发了一种新型的清洁转向酸酸液体系,通过化学增黏原理,对部分溶洞进行封堵,实现非均质储层的深度改造。酸液中含有黏弹性表面活性剂,在鲜酸中分散为单个小分子,酸液进入储层与岩石反应后在岩石表面迅速形成片状胶束,就地迅速在岩石表面变黏,从而达到降滤失和缓速效果,并且在残酸时可自行降黏,有利于克服降压后的返排阻力。

2013年通过酸液体系改进和注入方式、注入级数、施工排量和酸量等关键工艺参数优化,形成了"高排量、大酸量、缝内暂堵"酸压工艺,现场在靖边南、苏里格南区下古生界储层试验28口井,平均无阻流量$25.5 \times 10^4 m^3/d$,较区块常规酸压改造井平均增产近20%。2014年至今,清洁转向酸多级注入酸压作为一项主体工艺在气田碳酸盐岩储层直井改造和水平井体积酸压改造中得到了推广应用。

(二)碳酸盐岩加砂压裂技术系列

通过近十年的研究和应用,目前已形成了下古生界加砂压裂、交联酸携砂压裂两项主体工艺技术系列,满足了气田针对普通低渗透碳酸盐岩储层和高充填致密白云岩储层的改造需求。

1. 普通低渗透碳酸盐岩储层加砂压裂工艺

通过2000年以来的持续技术探索,形成了一套适合长庆低渗透碳酸盐岩储层加砂压裂的技术与做法:

(1)压前酸预处理措施降低破裂压力;
(2)采用支撑剂组合段塞降滤技术;
(3)形成了耐高温易破胶的JL-3交联胍胶压裂液体系;
(4)选用小粒径陶粒作为主支撑剂降低加砂难度和桥堵几率;
(5)采用大排量施工增加缝宽减少滤失;
(6)选用较大的3½in油管降低施工压力,提高施工排量;
(7)采用前置液液氮伴助提高返排率。

截至2006年,该工艺在靖边、榆林地区规模应用34口井,平均试气无阻流量$8.54 \times 10^4 m^3/d$,平均单井加砂量$24.45 m^3$,最大单井加砂量达$33.0 m^3$,施工成功率达到95%以上,技术已经成熟,目前主要应用于物性较差的Ⅱ类偏下、Ⅲ类致密碳酸盐岩储层。

2. 高充填致密白云岩储层交联酸携砂压裂技术

针对潜台东侧下古生界碳酸盐岩储层低渗透、致密和高充填的特点,2006—2010年经过室内的研究和对现场施工的认真分析,针对交联酸的配制、施工工艺和施工设备等各方面进行了探索,在国内目前没有此类施工经验可以借鉴的情况下,通过室内研究和现场试验的相互结合,逐步完善了交联酸携砂压裂工艺技术,形成了国内领先水平的交联酸携砂压裂工艺技术,初步形成了交联酸携砂压裂工艺的主要技术与作法。

(1)开发了具有优良耐温性能并能在强酸条件下交联携带支撑剂的交联酸液体系,该体系在强酸高温条件下具有较高的黏度和优良的耐温抗剪切性能,并能够满足下古生界碳酸盐岩储层改造过程中缓速酸化、稳定携砂和及时破胶的要求。

(2)探索试验了酸基液携砂、水基液交联、两套混砂车同时施工的交联酸携砂压裂现场施工工艺技术,较好地解决了交联酸携砂压裂现场施工难题,在国内首次实现了交联酸携砂压裂的现场施工。

(3)后期通过完善配套耐酸混砂车,进一步简化了施工工艺。

(4)形成了变酸液质量浓度提高砂比、采用40/60目陶粒作为交联酸携砂压裂主支撑剂、前置液氮伴注助排技术等交联酸携砂压裂的配套工艺技术；

交联酸携砂压裂工艺从 2006 年开展先导性试验以来，截至 2010 年已在靖边气田应用 20 余口井，平均试气无阻流量 $13.6\times10^4\mathrm{m}^3/\mathrm{d}$，最高加砂量突破 $25\mathrm{m}^3$。目前主要应用于气田 II 类、III 类致密碳酸盐岩储层和高充填白云岩储层。

（三）水平井分段酸压技术系列

通过 2006—2010 年水平井攻关试验，碳酸盐岩储层水平井改造工艺经历了油管布酸 + 酸化改造→连续油管均匀布酸 + 酸压改造→连续油管均匀步酸 + 重点段定点挤酸 + 酸压改造→水力喷射分段酸压、裸眼封隔器分段酸压试验等发展，目前已形成了下古生界储层水平井水力喷射分段酸压和裸眼封隔器分段酸压两项主体改造工艺。

长庆油田创新研发了水平井不动管柱水力喷砂分段压裂工艺和国产化水平井裸眼封隔器分段压裂工具，实现了水平井分段改造，打破了国外技术垄断，工具成本较国外同类产品降低 75%，水平井单井产量达到了直井的 3~5 倍，促进了气田开发方式的转变。

不动管柱水力喷砂压裂工艺具有低成本、操作简单的特点，适用于物性相对较好的均质储层（图 8–44）。通过采用水力喷砂射孔、油套同注，可实现 4½in 套管完井一次分压 10 段、6in 裸眼完井最多一次分压 23 段的能力。

裸眼封隔器分段压裂工艺具有作业效率高的特点，对井眼轨迹要求较高，适用于非均质较强的高充填、致密储层。通过采用裸眼封隔、速溶球，可实现 6in 裸眼完井一次最多分压 23 段的能力（图 8–45）。

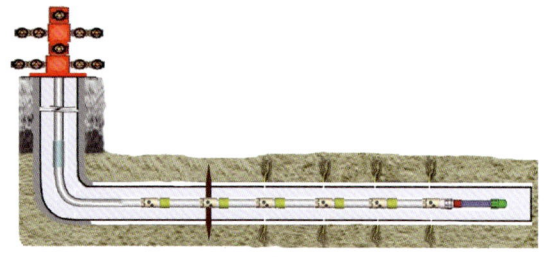

图 8–44　不动管柱水力喷射分段
酸压压裂管柱示意图

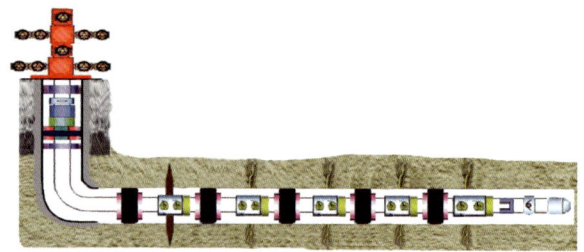

图 8–45　裸眼封隔器分段
酸压压裂管柱结构示意图

2011—2015 年，长庆气田下古生界碳酸盐岩储层水平井共改造 49 口井，平均水平段长 1383.4m，有效储层 831.2m，储层钻遇率 60.2%，平均改造 7.7 段，平均试气无阻流量 $54.63\times10^4\mathrm{m}^3/\mathrm{d}$（表 8–5）。

表 8–5　2011—2015 年长庆下古生界水平井分段酸压改造数据表

年度	井数（口）	层位	水平段（m）	有效储层（m）	平均改造段数	无阻流量（$10^4\mathrm{m}^3/\mathrm{d}$）
2011	6	马五$_1$	1245	905	8.0	107.62（5 口）
2012	7	马五$_1$、马五$_5$	1372	889	7.9	14.40（6 口）
2013	15	马五$_1$	1327	877	7.6	36.22（15 口）
2014	12	马五$_1$	1606	1042	8.9	69.40（11 口）
2015	9	马五$_1$	1367	443	6.1	45.49（7 口）

参 考 文 献

安太庠,张安泰,徐建民.1985.陕西耀县、富平奥陶系牙形石及其地层意义.地质学报,59(2):97-108.
包洪平,杨承运,黄建松.2004."干化蒸发"与"回灌重溶"——对鄂尔多斯盆地东部奥陶系蒸发岩成因的新认识.古地理学报,6(3):279-288.
包洪平,杨承运.2000.碳酸盐岩层序分析的微相方法:以鄂尔多斯盆地奥陶系马家沟组为例.海相油气地质,5(1):153-157.
曹成寿,张耀刚,贾浩民,等.2010.靖边气田水平井试气新工艺、新技术及应用.天然气工业,30(7):48-51.
陈安定,张文正.1987.煤系有机质的热演化成烃机制//戴金星.煤成气地质研究.北京:石油工业出版社.
陈安定.1994.陕甘宁盆地中部气田奥陶系天然气的成因及运移.石油学报,15(2):1-10.
陈方鸿,谢庆宾.1999.碳酸盐岩成岩作用与层序地层学关系研究——以鄂尔多斯盆地寒武系为例.岩相古地理,19(1):20-24.
陈均远,周志毅,林尧坤,等.1984.鄂尔多斯地台西缘奥陶纪生物地层研究的进展.中国科学院南京地质古生物研究所集刊,(20):1-31.
陈均远.1976.中国北方奥陶纪地层及头足类化石研究的进展.古生物学报,15(1):57-142.
崔智林,孙勇,王学仁.1995.秦岭丹凤蛇绿岩带放射虫的发现及其地质意义.科学通报,40(18):1686-1688.
代金友,铁文斌,蒋盘良.2010.靖边气田碳酸盐岩储层沉积—成岩演化模式.科技导报,28(11):68-73.
党犇.2003.鄂尔多斯盆地构造沉积演化与下古生界天然气聚集关系研究.西安:西北大学.
董云鹏,张国伟.2003.北秦岭构造属性与元古代构造演化.地球学报,24(1):3-10.
段杰.2009.鄂尔多斯盆地南缘下古生界碳酸盐岩储层特征研究.成都:成都理工大学.
冯增昭,鲍志东,康祺发,等.1999.鄂尔多斯早古生代古构造.古地理学报,1(2):84-91.
冯增昭,鲍志东,张永生,1998.鄂尔多斯奥陶纪地层岩石岩相古地理.北京:地质出版社.
冯增昭,陈继新,张吉森.1991.鄂尔多斯地区早古生代岩相古地理.北京:地质出版社.
傅力浦.1981.陕西耀县桃曲坡中、上奥陶统及其对比.西北地质科学,(1):107-114.
何登发,李德生,童晓光,等.2008.多期叠加盆地古隆起控油规律.石油学报,29(4):475-488.
何登发,谢晓安.1997.中国克拉通盆地中央古隆起与油气勘探.勘探家:石油与天然气,2(2):11-19.
何自新,黄道军,郑聪斌.2006.鄂尔多斯盆地奥陶系古地貌、古沟槽模式的修正及其地质意义.海相油气地质,11(2):25-28.
何自新,杨奕华.2004.鄂尔多斯盆地奥陶系储层图册.北京:石油工业出版社.
何自新,郑聪斌,陈安宁,等.2001.长庆气田奥陶系古沟槽展布及其对气藏的控制.石油学报,22(4):34-38.
何自新,郑聪斌,王彩丽,等.2005.鄂尔多斯盆地靖边气田的发现与勘探.海相油气地质,10(2):37-44.
侯方浩,方少仙,赵敬松.2002.鄂尔多斯盆地奥陶系碳酸盐岩储层图集.成都:四川人民出版社.
黄建松,郑聪斌,张军.2005.鄂尔多斯盆地中央古隆起成因分析.天然气工业,25(4):23-27.
黄正良,包洪平,任军峰,等.2011.鄂尔多斯盆地南部奥陶系马家沟组白云岩特征及成因机理分析.现代地质,25(5):926-930.
黄正良,武春英,马占荣,等.2015.鄂尔多斯盆地中东部奥陶系马家沟组沉积层序及其对储层发育的控制作用.中国石油勘探,20(5):20-29.
霍福臣,潘行适,尤国林,等.1989.宁夏地质概论.北京:科学出版社.
贾进斗,何国琦,李茂松,等.1997.鄂尔多斯盆地基底结构特征及其对古生界天然气的控制.高校地质学报,3(2):144-153.
贾亚妮,李振宏,郑聪斌,等.2006.鄂尔多斯盆地东部奥陶系盐下储层预测.石油物探,45(5):472-475.
蒋加钰,程光清.1993.陕甘宁盆地中部气田奥陶系风化壳储层地震横向预测.天然气工业,13(5):6-13.
雷怀彦.1996.蒸发岩沉积与油气形成的关系.天然气地球科学,7(2):22-28.
李道燧,张宗林,徐小蓉.1994.鄂尔多斯盆地中部古地貌与构造对气藏的控制作用.石油勘探与开发,21

(3):9-14.

李宪文.1995.陕甘宁盆地中部气田碳酸盐岩储层酸化工艺技术研究.石油钻采工艺,17(3):66-70.

李小玲,丁里,石华强,等.2014.新型清洁转向酸的研制及性能评价.陕西科技大学学报:自然科学版,32(6):105-109.

李勇,钟建华,温志峰,等.2006.蒸发岩与油气生成、保存的关系.沉积学报,24(4):596-606.

李月丽.2010.靖边气田变黏酸酸压工艺效果评价方法研究.成都:成都理工大学.

刘德正.2002.华北地层大区寒武纪早期地层统一划分与对比问题.安徽地质,12(1):1-24.

刘全有,金之钧,王毅,等.2012.鄂尔多斯盆地海相碳酸盐岩层系天然气成藏研究.岩石学报,28(3):847-858.

刘晓光,陈启林,白云来,等.2012.鄂尔多斯盆地中寒武统张夏组沉积相特征及岩相古地理分析.天然气工业,32(5):14-18.

梅志超,陈景维,卢焕勇.1982.陕西富平中奥陶统平凉组的深水碳酸盐碎屑流.石油与天然气地质,3(1):49-56.

梅志超,李文厚.1986.陕西富平中—上奥陶统深水碳酸盐重力流沉积模式.沉积学报,4(1):34-42.

米敬奎,王晓梅,朱光有,等.2012.利用包裹体中气体地球化学特征与源岩生气模拟实验探讨鄂尔多斯盆地靖边气田天然气来源.岩石学报,28(3):859-869.

苗忠英,陈践发,张晨,等.2011.鄂尔多斯盆地东部奥陶系盐下天然气成藏条件.天然气工业,31(2),39-42.

冉隆辉,陈更生,徐仁芬.2005.中国海相油气田勘探实例之一四川盆地罗家寨大型气田的发现和探明.海相油气地质,10(1):43-47.

任发俊,贾浩民,张耀刚,等.2011.水平井水力喷射分段改造工艺在靖边气田的应用.天然气工业,31(10):57-60.

任军峰,杨文敬,丁雪峰,等.2016.鄂尔多斯盆地马家沟组白云岩储层特征及成因机理.成都理工大学学报,43(3):275-281.

任文军,张庆龙,张进,等.1999.鄂尔多斯盆地中央古隆起板块构造成因初步研究.大地构造与成矿学,23(2):191-196.

沈建新,周福建,张福祥,等.2012.一种新型高温就地自变粘酸在塔里木盆地碳酸盐岩油气藏酸化酸压中的应用.天然气工业,32(5):28-30.

孙勇,卢欣祥,韩松,等.1996.北秦岭早古生代二郎坪蛇绿岩片的组成和地球化学.中国科学:D辑,26(增刊):49-55.

汤锡元,郭忠铭,陈荷立.1992.陕甘宁盆地西缘逆冲推覆构造及油气勘探.西安:西北大学出版社.

汤显明,惠斌耀.1993.鄂尔多斯盆地中央古隆起与天然气聚集.石油与天然气地质,14(1):64-71.

王学仁,华洪,孙勇.1995.河南西峡湾潭地区二郎坪群微体化石研究.西北大学学报:自然科学版,25(4):353-358.

魏红红,彭惠群,荆蔼林.1998.鄂尔多斯盆地中部气田稠化酸深度酸化效果分析.西北大学学报:自然科学版,28(1):88-91.

文竹,何登发,童晓光.2012.蒸发岩发育特征及其对大油气田形成的影响.新疆石油地质,33(3):373-378.

夏明军,郑聪斌,戴金星,等.2007.鄂尔多斯盆地东部奥陶系盐下储层及成藏条件分析.天然气地球科学,18(2):204-208.

项礼文,朱兆玲,李善姬,等.1981.中国地层典·寒武系.北京:地质出版社.

解国爱,张庆龙,郭令智.2003.鄂尔多斯盆地西缘和南缘古生代前陆盆地及中央古隆起成因与油气分布.石油学报,24(2):18-29.

解国爱,张庆龙,潘明宝,等.2005.鄂尔多斯盆地两种不同成因古隆起的特征及其在油气勘探中的意义.地质通报,24(4):373-377.

谢庆宾,韩德馨,陈方鸿,等.2001.鄂尔多斯盆地下古生界三山子白云岩体成因及储集性.中国石油大学学报:自然科学版,25(6):6-12.

胥云. 2005. 低渗透复杂岩性油藏酸压技术研究与应用. 成都:西南石油大学.

徐世文,于兴河,刘妮娜,等. 2005. 蒸发岩与沉积盆地的含油气性. 新疆石油地质,26(6):715-718.

徐永高,陈宝春,管宝山,等. 2005. 长庆气田变黏酸酸压工艺的研究与应用. 天然气工业,25(4):103-105.

杨承运,A. V. 卡罗兹. 1986. 碳酸盐岩实用分类及微相分析. 北京:北京大学出版社.

杨华,包洪平. 2011. 鄂尔多斯盆地奥陶系中组合成藏特征及勘探启示. 天然气工业,2011,31(12):11-20.

杨华,付金华,包洪平. 2010. 鄂尔多斯地区西部和南部奥陶纪海槽边缘沉积特征与天然气成藏潜力分析. 海相油气地质,15(2):1-13.

杨华,付金华,魏新善,等. 2011. 鄂尔多斯盆地奥陶系海相碳酸盐岩天然气勘探领域. 石油学报,32(5):733-740.

杨华,付锁堂,马振芳,等. 2004. 鄂尔多斯盆地天环地区奥陶系白云岩储集体成因及天然气成藏地质特征. 天然气工业,24(9):11-14.

杨华,张文正,昝川莉,等. 2009. 鄂尔多斯盆地东部奥陶系盐下天然气地球化学特征及其对靖边气田气源再认识. 天然气地球科学,20(1):8-14.

杨华,郑聪斌,席胜利. 2000. 鄂尔多斯盆地下古生界奥陶系天然气成藏地质特征//闵琪,杨华. 鄂尔多斯盆地油气勘探开发论文集. 北京:石油工业出版社.

杨俊杰,裴锡古. 1996. 中国天然气地质学(卷四):鄂尔多斯盆地. 北京:石油工业出版社.

杨俊杰,谢庆邦,宋国初. 1992. 陕甘宁盆地中部奥陶系古地貌模式及气藏序列. 天然气工业,12(4):8-13.

杨俊杰. 2002. 鄂尔多斯盆地构造演化与油气分布规律. 北京:石油工业出版社.

张国伟,梅志超,周鼎武,等. 1988. 秦岭造山带的形成及其演化. 西安:西北大学出版社.

张吉森,费安琦,刘平均. 1982. 鄂尔多斯西南部中奥陶世环陆架沉积特征. 石油与天然气地质,3(4):3-8.

张吉森,曾少华,黄建松,等. 1991. 鄂尔多斯东部地区盐岩的发现、成因及其意义. 沉积学报,9(2):34-43.

张抗. 1981. 鄂尔多斯地区寒武纪海侵及其地层的时侵. 地质科学,(3):254-258

张抗. 1982. 鄂尔多斯断块太古代至早元古代构造发育特征. 地质科学,(4):352-363.

张抗. 1987. 神木天封苑火井祠气苗是我国最早发现的煤型气. 天然气工业,7(4):26.

张抗. 1989. 鄂尔多斯断块构造和资源. 西安:陕西科学技术出版社.

张韦. 1983. 鄂尔多斯盆地东南缘的寒武系. 石油与天然气地质,4(3):246-253.

张文堂,朱兆玲,袁克兴,等. 1979. 华北南部、西南部寒武系与上前寒武系的分界. 地层学杂志,3(1):51-56.

赵重远. 1983. 鄂尔多斯西缘构造演化及板块应力机制初探.//内蒙古自治区石油学会. 鄂尔多斯盆地西缘地区石油地质论文集. 呼和浩特:内蒙古人民出版社.

赵重远. 1990. 鄂尔多斯地块西缘构造单位划分及构造展布格局和形成机制//杨俊杰. 鄂尔多斯盆地西缘逆冲带构造与油气. 兰州:甘肃科学技术出版社.

赵宗溥. 1980. 华北断块区结晶基底的形成与演化//赵宗溥. 华北断块区的形成与发展. 北京:科学出版社.

郑聪斌,冀小琳,贾疏原. 1995. 陕甘宁盆地中部奥陶系风化壳岩溶发育特征. 中国岩溶,14(3):280-288.

郑聪斌,谢庆邦. 1993. 陕甘宁盆地中部奥陶系风化壳储层特征. 天然气工业,13(5):26-30.

郑浩夫. 2015. 鄂尔多斯盆地东南部张夏组和三山子组储层特征研究. 成都:成都理工大学.

周宗强,王小朵,张燕明,等. 2006. 长庆靖边气田深度酸压改造技术的发展与完善. 钻采工艺,29(2):48-50.

Chritopher G, Kendall S C, Weber L J. 2009. The giant oil field evaporite association——A function of the Wilson cycle, climate, basin position and sea level. AAPG Annual Convention, 40471.

Economdes M J, Nolte K G. 油藏增产措施(第三版). 张保平,译. 北京:石油工业出版社.

Gomaa A M, Mahmoud M A, Nasr-El-Din H A. 2010. A Study of Diversion Using Polymer-Based In-Situ-Gelled Acids Systems. SPE 132535.

Pandya N, Wadekar S. 2013. A Novel Emulsified Acid System for Stimulation of Very High-Temperature Carbonate Reservoirs//International Petroleum Technology Conference.